破解基因碼的人

The Code Breaker

Jennifer Doudna, Gene Editing and the Future
of the Human Race by Walter Isaacson

華特·艾薩克森————著

麥慧芬————譯

破解基因碼的人

The Code Breaker

Jennifer Doudna, Gene Editing and the Future
of the Human Race by Walter Isaacson

華特・艾薩克森———著

麥慧芬———譯

愛麗斯・梅修   卡洛琳・瑞蒂

謹此紀念愛麗斯・梅修[1]與卡洛琳・瑞蒂[2]

有幸看到她們的笑容，真是開心。

1   Alice Mayhew，1932～2020，美國編輯，曾任 Simon＆Schuster 副總裁與總編輯。

2   Carolyn Reidy，1949～2020，美國企業家，曾任Simon＆Schuster總裁，2019年被《出版者週刊》(*Publishers Weekly*) 選為出版界年度風雲人物。

第 1 篇　　生命的起源

第 2 篇　　CRISPR

第3篇
基因編輯

跟著好奇心寫下基因編輯的序曲

國立臺灣大學生命科學系教授　丁照棣

　　孟德爾遺傳學的再發現為 20 世紀展開了新頁，科學家們很快的摸索到基因與功能的連結，20 世紀中葉之後隨著 DNA 雙螺旋的發表、重組 DNA 技術的建立，我們似乎逐漸觸及到遺傳密碼的邊緣。遺傳學家與分子生物學家的共同夢想是破解基因密碼。第一個劃時代的跨國合作計畫──「人類基因體定序」在 20 世紀的最後一個 10 年華麗登場，逐步完成的「基因解碼」工作引導許多年輕科學家投入閱讀基因解碼的工作。基因解碼的第一步是完整的將人類基因組染色體的遺傳資訊完整呈現、再來是基因註釋，完整的註釋至少包含蛋白質編碼區、完整轉譯區間、到非編碼區的基因調控區段，當凡特和柯林斯同時宣布「人類基因體」閱讀完成的時候，我們對染色體上的編碼區的了解區區可數，大規模的「基因解碼」工作才正式展開。

　　「基因解碼」可以涵蓋的層面很廣，對基因的完整了解除的功能區的標示外，最重要的還有基因在細胞裡或個體上的功能，傳統遺傳學家，通常藉由失能突變（loss of function mutation）所呈現的表現型來了解基因的功能，例如：*Pax6* 基因失能的小鼠眼睛會出現問題，科學家可以藉此推斷 *Pax6* 的功能和眼睛發育有關。人類基因體解碼後，染色體上充滿了功能未知的基因，除了建立基因表達圖譜和蛋白質結構之外，如何有效率的建立失能突變或是基因剔除是解碼基因功能的第一步。2012 年的春天，我和一位同行聊到基因剔除的困難和我在研究上遇到的瓶頸，她請我注意在細菌中的自體免疫（adaptive immunity）機制，她告訴我這將是一個我們研究基因功能的利器。當時的我和我實驗室的

學生正在評估將當紅的 TALEN 技術應用在我們的工作上，幾個月之後我們興奮的讀到《科學》刊登了 CRISPR 基因編輯的文章，如同揭開《破解基因碼的人》一書中的描述，CRISPR 技術成為基因編輯的新里程碑。

　　《破解基因碼的人》一書以珍妮佛・道納為主角貫穿全書，與其說本書是一個科學家的傳記，不如說這是一本描寫 CRISPR 技術發展的科學史。作者以《雙螺旋》和幼年珍妮佛・道納作為開場，書中開始的章節巧妙的將遺傳、基因體計畫的發展嵌入珍妮佛・道納的求學歷程與職涯歷程。CRISPR 技術的肇始是一群對細菌有興趣的基礎科學研究者，例如莫伊卡，在定序古細菌的工作時第一次發現規律重複排列的迴文序列，就對這些序列著迷一頭鑽進一個全新的未知領域。從 1995 年到 2005 年正式發表，莫伊卡的好奇心驅使他成為第一位提出細菌免疫系統的科學家。珍妮佛・道納從一位鑽研 RNA 的結構生物學家，因為同事的合作邀請投入全新的領域嘗試以結構生物學的方式了解 CRISPR 的功能與運作。從莫伊卡、道納到夏彭蒂耶他們都是因為好奇心的驅使一步一步地解開 CRISPR 的神秘面紗，也因為追尋 CRISPR 功能的這趟旅程，讓珍妮佛・道納和夏彭蒂耶將 CRISPR 設計為基因編輯的利器。在 CRISPR 基因編輯技術發表之前，科學界已經發展了幾個基因剔除的技術，重要的步驟是在標的基因製造 DNA 雙股斷裂，雖然 1972 年限制酶的發現促成了重組 DNA 技術的建立，但是在我們 30 億鹼基對的基因體中找到獨特的序列去切斷 DNA 一直是很難突破的關卡，CRISPR 的出現剛好成為重要的通關密語，在不到一年的時間 CRISPR 基因編輯技術被應用在各種模式與非模式生物的研究，並獲選為 2015 年《科學》期刊的年度突破研究（breakthrough of the year）。

　　《破解基因碼的人》大部分的篇幅呈現了 CRISPR 基因編輯技術發展中，各個研究團隊既競爭又合作的面向，從學術發表的期程、申請專利的競爭、第一個基因編輯人類胚胎的誕生、到冠狀病毒檢測，作者的生動筆觸牽引著我的每一個神經細胞，我如同閱讀偵探小說般無法中斷。中場作者也用重組 DNA 在 1970 年代造成的震驚與恐慌為背景，烘托出基因編輯技術應用層面的倫理爭議，科學家們一方面欣喜新技術帶來的各項可能，同時也積極的討論與自省該如何設定應用的範疇，當然珍妮佛・道納成為全書的靈魂人物，從一個 RNA

結構生物學家跨足到基因治療的領域，雖然有一些不順遂的小插曲，但全書在2020 年諾貝爾獎殊榮為道納和夏彭蒂耶的歷史定位畫下了完美的句點。書中另一個貫穿的佈景是羅莎琳‧法蘭克林和她著名的第 51 號照片，這位隱身在雙螺旋背後的結構生物學者，襯托出同樣是女性結構生物學者珍妮佛‧道納的智慧、勇氣、與使命感。

研讀科學發展的同時，我也喜歡作者刻畫科學家性格的方式，書中以專訪與側記等方式描述科學家們的觀點與看法，書中的每一位人物在作者的筆下神靈活現的穿梭在書中，尤其是在結束之前珍妮佛‧道納和夏彭蒂耶線上聚會的那一幕，讓我看到因忙碌而日漸生疏的二位好朋友再次踏上合作之路。

今天 CRISPR 在學術研究上逐漸發展成多功能的分子瑞士刀的同時，在醫學上也成功展開各項單基因遺傳疾病的臨床治療，以珍妮佛‧道納為首的科學團隊正琢磨著如何師法細菌阻止 COVID-19 的蔓延，這也將是繼冠狀病毒檢測之後，又一項 CRISPR 的重要的應用。《破解基因碼的人》中文版問世的同時，一場以基因編輯主導的猛獁象重建計畫也正如火如荼的展開，CRISPR 帶來的無限可能才正要展開新頁。但是，別忘記了好奇心是這整個重頭戲的開端，基礎研究又再一次的對全人類做出重大貢獻。

《破解基因碼的人》
——帶我回首從前的精彩 CRISPR 開創者傳記

中央研究院生物化學研究所　助研究員／凌嘉鴻

　　CRISPR 基因編輯技術無庸置疑是最重要的世紀發明之一，這技術徹底改革了科學研究，為生物科技、農業和醫學開拓了超乎我們想像的新邊界。它的發明家 Dr. Jennifer Doudna 和 Dr. Emmanuelle Charpentier 的貢獻也因此獲得無數的榮耀與肯定，其中包括 2020 年的諾貝爾化學獎。然而這些亮麗光環的背後隱藏著許多鮮為人知的辛酸。

　　雖然過去已有許多關於 CRISPR 的報導和書籍，但都不及本書作者 Walter Isaacson 精彩的真實筆錄，完整描繪出雲霄飛車般的 CRISPR 開發心路歷程。

　　本書如同時光機一般，彷彿把我帶回到當年 Dr. Jennifer Doudna 的實驗室，回到 CRISPR 這台瘋狂飛車的起點。我還敢再次上車嗎？當然會！

艾薩克森的《賈伯斯傳》和《達文西傳》讓他聲名大噪，所以像《破解基因碼的人》這樣的書名，可能意味著一本與不那麼重要人物有關的不那麼重要的書。但是發展出了 CRISPR 基因編輯技術的 2020 年諾貝爾化學獎得主珍妮佛‧道納，是憑藉自己實力站起來的巨人。CRISPR 很可能將開創出本世紀一些最偉大的機會，並帶來一些最令人困擾且讓人不知所措的議題。所有的這些，都在本書完整的故事中一一揭露。

——克里斯‧舒洛普，亞馬遜書店書評（Chris Schluep, Amazon Book Review）

艾薩克森這次生動敘述的是一個令人無法放手的偵探故事，也是一幅令人難以忘懷的肖像之作。他刻畫的是一位在少女階段被告知女孩子不可以從事科學的革命思想家。——《歐普拉雜誌》網站（Oprah Magazine.com）

《破解基因碼的人》是完美作者、完美主題與完美時機的匯聚。結果當然也絕對是今年最重要的一本書。

——《明尼阿波利斯明星論壇報》（*Minneapolis Star Tribune*）

艾薩克森對科學程序的捕捉極其出色，連機會在其中所扮演的角色都沒有錯過。實驗台上的辛苦工作、靈感的閃現，作為創意鍋釜的會議重要性、有時友善，有時不太友善的競爭，以及共同的目標感，全都在他的敘述中躍然眼前。《破解基因碼的人》描述一支隨著時間的音樂翩然起跳的舞蹈，自達爾文與孟德爾以降的所有科學程序都被編入舞步當中，而且絲毫不見舞終人散的跡象。

——《經濟學人》（*The Economist*）

艾薩克森以他一貫明晰的散文風格，把一切都攤在大家眼前；整本書明快、令

人信服，甚至有趣。闔上書時，我們對科學本身以及科學成果如何而來——包括過程中出現的惡作劇，都會有更深刻的瞭解。

——《華盛頓郵報》（*The Washington Post*）

因為艾薩克森的生花妙筆，這個故事保證讓人手不釋卷。

——《衛報》（*The Guardian*）

《破解基因碼的人》揭露了一則迷人的偵探故事。野心與夙怨、實驗室與會議、諾貝爾獎得主與自學而成的特立獨行俠，都是故事的爆點。這本書探究我們共有的人性，但對於科學在智識與複雜度上的規格，卻沒有一絲妥協，這是艾薩克森在紙上展現才賦的實證。

——《O 雜誌》

筆觸靈巧地講述了 CRISPR 的歷史，同時也探討了更大的主題：發現的本質、生物科技的發展，以及成為許多科學家動力來源的競合之間的平衡。

——《紐約書評》（*New York Review of Books*）

從某一個角度來說，是我們 2020 疫情年的一份通報。

——《紐約時報》（*The New York Times*）

華特‧艾薩克森是我們的文藝復興傳記作家，也是一位擁有非凡眼界與深度的作者，他曾經探索天才們的生活，闡明攸關人性本質的根本真理。從《達文西傳》到《賈伯斯傳》，從《班傑明‧富蘭克林》到《愛因斯坦》，艾薩克森給了我們一種無人可望其項背的作品標準，他記述了我們一路走到當下生活方式的過程。現在，在一本優秀、引人入勝，又百分之百原創的著作中，他的注意力轉到了下一個邊境，那是基因編輯與科學在重塑生命本質過程中可能扮演的角色。這是一個重要、冷靜、易懂，而且整體而言，極其傑出的一個成就。

——美國歷史學家與傳記作家喬恩‧米查姆（Jon Meacham）

當一位偉大的傳記作家把自己對科學的著迷，結合了他優異的敘事風格時，結果必然帶有魔力。這本重要且強而有力的作品，循著《雙螺旋》的傳統而成，跟著書中精彩的故事，我們不僅看到了一位傑出且具啟發性的科學家如何參與激烈的競爭，我們自己也能經歷到自然的神妙與發現的喜悅。

——美國歷史學家與傳記作家陶樂絲‧卡恩斯米‧古德溫
（Doris Kearns Goodwin）

他又做到了。《破解基因碼的人》是華特‧艾薩克森另一本必讀之作。這一次的作品中，有名留青史的女主角、有選手陣容遍及全球的優秀且競爭激烈的科學家，還有一連串會比蘋果手機所帶來的生活變化更大的發現。故事引人入勝。意涵發人深省。　　——外科醫師與作家阿圖爾‧葛溫德（Atul Gawande）

一部非同凡響的作品，探究我們時代最具開創性的生物科技之一，也深入瞭解協助這項科技問世的創造者。這本極其出色的書，絕對是我們這個紀元的必讀作品。

——《萬病之王》、《基因》作者、美國腫瘤科醫師、生物學家與作家
辛達塔‧穆克吉（Siddhartha Mukherjee）

對於自然的美麗以及科學研究的重要性，我們現在的感激之情應該要更勝以往；這本書與珍妮佛‧道納的職涯，都讓我們看到了瞭解生命如何運作可能會多麼動人心弦。

——美國腫瘤科醫師蘇‧戴斯蒙—海爾曼（Sue Desmond-Hellmann）

一本以格外詳盡的內容揭露科學進步與競爭故事的作品，並在新冠肺炎病毒大流行要我們與大眾拉開距離、維持神祕感的當下，讓讀者有機會能走到科學過程的幕後一探究竟。這本書也為我們上了好多堂內容豐富度遠遠超過故事本身的科學說明課。　　　　　　　　——《科學雜誌》（Science Magazine）

通往我們已經邁入的美麗……新世界的一個絕對必要的指引。

——《匹茲堡新聞郵報》（*Pittsburgh Post-Gazette*）

關於下一件科學大事的重要作品，也是艾薩克森另一本巔峰傳記之作。

——《科克斯書評》（*Kirkus Reviews*）（星級推薦）

在艾薩克森精彩的冒險故事中，看偉大的科學如何真正運作，看好奇與創意、發明與創新、執念與強烈的個人特質、競爭與合作，也看自然所有的美麗，如何發光發亮。

——《書單》雜誌（*Booklist*）（星級推薦）

珍妮佛‧道納因為她在基因編輯的 CRISPR 研究工作，榮獲 2020 年諾貝爾化學獎。艾薩克森在這本她的傳記中，以生動的筆觸刻畫出了科學最令人振奮的一面……這就是一本敍述偉大科學進展的書，也是一個描繪盡心盡力科學家如何瞭解這個偉大進展的故事，引人入勝。

——《出版者週刊》（*Publisher's Weekly*）（星級推薦）

暢銷書《達文西傳》與《賈伯斯傳》的普立茲獎作者艾薩克森，推出了令人意想不到的作品。他針對可以拯救生命的極其重要科學進展提出了極具洞察力的觀點，也深刻描繪了道納這位傑出科學家的故事，她因為自己發明所引發的嚴肅道德問題，而深陷慎思與各種思慮之中。為人父母者應該利用這項科技來量身訂做自己的寶寶，讓他們成為運動家或愛因斯坦嗎？誰的基因可以改變？誰的生命可以被拯救？為什麼？

——美國退休協會（AARP）

精彩又迷人的作品。書中有太多可以引述的瑰寶之言，但我從後記中選了一句話，不但可以當成道納的縮影，也能夠將艾薩克森含括在內。他的書最後以一段帶有忠告意味的主張，點出了 CRISPR 必然將影響人類這個物種的未來：「若想引導我們前進，我們不僅需要科學家，也需要人文主義者。最重要的是，我們需要能在這兩個世界都感覺自在的人，就像珍妮佛‧道納。」

——《政策雜誌》（*Policy Magazine*）

艾薩克森先生是一位偉大的說故事者和國寶——就像賈伯斯、愛因斯坦，當然，還有他最新的主角珍妮佛‧道納。

——《東漢普頓星報》（*The East Hampton Star*）

講述達文西與賈伯斯人生故事的記者，帶著 2020 年諾貝爾化學獎得主珍妮佛‧道納博士的傳記強勢回歸，正合時宜。這本書中以明快的節奏講述道納博士身為 CRISPR 技術的開創性科學家人生，也為我們分析，基因編輯可能會如何改變我們對生命的所有認知。

—— *Medium*

這個具挑戰性、引人入勝的故事，檢視道納的背景，也挖掘當她的發明為科學進步開啟了愈來愈多的通道後，她所要盡力解決的道德困境。　　　—— *Elle*

一個扣人心弦的故事，揭露了我們駭入演化的新能力，將會如何迅速為我們帶來一個接一個的驚奇與難題。　　　——《新科學家》（*New Scientist*）

（一個）迷人的故事……（艾薩克森）以說故事大師的身分，用獨特的寫作技巧，講述數百年來的科學發展。這個故事不僅教育了和他同為嬰兒潮世代的人們，也為後來的世代增長了知識，協助各個年齡層、各種不同背景的大眾，穿過迂邐的道路，走向瞭解生命如何運作之路。

——《華盛頓獨立報書評》（*Washington Independent Review of Books*）

（一本）令人驚豔的傳記……艾薩克森透過充滿動能又強而有力的風格，解釋了一趟導致發現這項工具的長長科學旅程，以及後續令人興奮的發展……艾薩克森是位真正可以讓讀者身歷其境的導遊，將 TED 演講的活力與一系列爐邊對談的親密完美交揉……想要瞭解生物科技革命的各種彎彎角角與細微差異的讀者，沒有比《破解基因碼的人》更適合的歸處了。

——《書頁》（*BookPage*）

艾薩克森熟練地探索了圍繞在這個新科技周圍的模糊。

——《科學人》（ *Scientific American* ）

一趟跨越生物化學、結構生物學，以及學術政治的遠征之旅，精彩無比，超越了傳統的科學偵探故事，也鮮活地捕捉到了像道納與她同僚這樣仍活躍在自己領域的先驅，渾身散發出未加絲毫修飾的神奇熱情。

——《紐約圖書期刊》（ *New York Journal of Books* ）

艾薩克森感覺到了對手間更具合作意圖的一種精神，勢必可以讓我們在下一次疾病大流行時收割股利……《破解基因碼的人》是一本真正讚揚科學與科學家的作品，就連他們所有的缺點與嫉妒心都是值得歌頌的題材。

——《自然雜誌評論：化學》（ *Nature Reviews Chemistry* ）

破防

　　珍妮佛·道納輾轉難眠。她在加州大學柏克萊分校的地位，因為創造基因編輯技術 CRISPR 過程中所扮演的角色，已到了超級巨星般的程度；這所學校的校園因為快速傳播的新冠疫情而全面封閉。當初明明知道不是太聰明的決定，但她還是開車把高三的兒子安迪送到火車站，讓他搭車去弗雷斯諾（Fresno）參加機器人競賽。現在，凌晨兩點，她搖醒了先生，堅持要在超過一千兩百名孩子聚集於一間室內會議中心的競賽開始前，把兒子接出來。夫妻倆套上了衣服、坐進車子裡，找到一座還在營業的加油站，然後踏上了為時 3 小時的車程。兩人的獨子安迪一看到他們，立刻露出滿臉的不爽，不過這對父母最後還是說服了兒子打包回家。就在一家三口從停車場倒車出來，準備離開時，安迪收到了隊友的簡訊：「機器人競賽取消了！所有人都得立刻離開！」[1]

　　道納後來回顧時說，就是這一刻，她領悟到不論是自己的世界還是科學的世界，都已然改變。政府正毫無頭緒地摸索著因應新冠病毒之法，但這也正是那些抓緊了自己的試管、高舉著移液吸管的教授和研究生們，責無旁貸地貢獻一己之力之時。第二天，2020 年 3 月 13 日星期五，道納主持了一場會議，與會者包括了她的柏克萊同事和舊金山灣區的其他科學家，大家在會中討論著自己或許該扮演的角色。

---

[1]　原註：作者對道納的訪問。該次競賽由美國全國性的 FIRST 機器人組織（FIRST Robotics， FIRST 代表的是 for Inspiration and Recognition of Science and Technology）舉辦。該組織是由獨一無二的賽格威（Segway）發明家狄恩·卡門（Dean Kamen）所創立。

他們十多個人，穿過了空無一人的柏克萊校區，在一棟由石材與玻璃打造出來極為流線的建築物前會合，這是道納實驗室所在的大樓。一樓會議室裡的椅子全堆在了一起，因此他們這群人做的第一件事，就是拉開椅子，保持彼此6 呎的間距。接著，他們啟動了一套視訊系統，讓附近大學的 50 位研究人員也可以透過 Zoom 視訊會議系統參與討論。站在會議室前面指揮會議安排的道納，流露出了一種通常被她隱藏於冷靜外表之後的緊張。「這不是學術界一貫的作法，」她對與會者說，「我們需要加快腳步。」[2]

由一位 CRISPR 先驅來帶領對抗病毒的團隊，再合適不過。道納與其他人以細菌迎戰病毒入侵超過 10 億年的策略經驗為基礎，在 2012 年開發出了一套基因編輯工具。細菌在自己的 DNA 裡發展出一種基因群聚重複序列的策略，被稱為 CRISPR，這套策略可以讓細菌記住病毒，並在遭到病毒入侵時摧毀病毒。換言之，細菌的免疫系統可以自我調整，並藉此對抗病毒每一波的新攻擊——對於目前身處瘟疫時期，不斷遭到病毒疫情肆虐，猶如活在中世紀的人類，這正是我們所需要的東西。

永遠都做好準備且有條不紊的道納，播放著投影片，提供與會者可能可以對抗新冠病毒的作法與建議。傾聽是她的領導方式。儘管已經成了科學界的名人，但大家與她互動時，依然感到自在。在緊湊到沒有空隙的行程中，依然找出時間與他人聯繫感情的功夫，道納是箇中高手。

道納第一次召集的團隊，銜命設立一個新冠病毒的檢測實驗室。博士後研究生珍妮佛・漢彌頓（Jennifer Hamilton）是她選定的其中一位組長，也是幾個月前花了一整天的時間，教導我如何利用 CRISPR 進行人類基因編輯的老師。當時我很開心，但也有些惶恐，因為基因編輯竟然如此容易，容易到連我都可以操作！

另外一個團隊被賦予的任務是以 CRISPR 為基礎，發展新冠病毒的新檢測

2　原註：道納、梅根・赫許崔瑟（Megan Hochstrasser）與費爾多・烏爾諾夫（Fyodor Urnov）所提供的錄音檔、錄影檔、筆記；作者於 2020 年 4 月 11 日刊於數位週刊《*Air Mail*》中的文章〈象牙的力量〉（Ivory Power）。

方法。道納對於商業化企業的喜愛，有助於此事的推動，因為 3 年前，她和她的兩名研究生才剛創立了一家以 CRISPR 為工具，進行病毒疾病探測的公司。

在努力找出檢測新冠病毒新方法的同時，道納與一位隔著整個美國交手的競爭者，在兩人苦戰但又收穫豐富的格鬥場上，開出了另外一條戰線。張鋒是位極具魅力的年輕研究員，在麻省理工學院與哈佛大學共同創立的布洛德研究所（Broad Institute）做研究，中國出生、愛荷華州長大的他，在 CRISPR 轉為基因編輯工具的競技舞台上，從 2012 年起就是道納的對手，兩人在如何找出科學新發現以及建立以 CRISPR 為基礎的商業戰場上殺得難解難分。隨著疫情擴散，兩人陷入了另一回合的競賽，只不過這次驅使兩人再度短兵相接的因素，不是專利權之爭，而是為善的渴望。

道納一口氣展開了 10 個專案。她建議每一個專案負責人人選，並告訴其他人自行選擇加入最適合自己的團隊。每個人都可以選擇與自己功能性質相同的夥伴配對，建立起一套戰場工作系統，換言之，如果任何人受到病毒攻擊，另一個人可以馬上接手，繼續執行團隊任務。那次會議是他們最後一次共處一室。自那之後，所有團隊成員都只能透過 Zoom 與 Slack 的視訊系統協力合作。

「我希望每個人都能快速投入工作，」道納說，「愈快愈好。」

「別擔心，」某位與會者這麼向她保證，「沒有人有任何旅遊計畫。」

當時沒有任何與會者討論到較長期的願景：利用 CRISPR 來進行人類遺傳基因工程編輯，讓我們的孩子以及所有的後代，在面對病毒傳染時，不至於如此脆弱。這類遺傳上的進展，可以永久改變人類。

「那是科幻小說的範疇，」當我於會後提出這個問題時，道納興趣缺缺地如此回答。的確，我同意，這個議題有點像是《美麗新世界》（Brave New World）或《千鈞一髮》（Gattaca）的劇情。不過任何一部優秀科幻作品中的要素，都已經成真了啊。2018 年 11 月，一位參加過好幾場道納基因編輯會議的年輕中國科學家，利用 CRISPR 編輯胚胎，移除了一個會製造出導致愛滋病的免疫缺陷病毒（HIV）受體的基因。這項實驗最後讓一對雙胞胎女娃娃誕生，她們是世界上第一次出現的「設計嬰兒」。

這起事件立即引發各界先是畏懼，後來轉為震驚的譁然，大家不知所措、召開一個又一個的委員會。在這個星球上經歷了超過 30 億年的生命演化後，有一個物種（我們人類）竟然發展出了這樣的才能，膽大妄為到要去掌控自己的基因未來。這令人有種我們已經跨越了那道進入全新時代門檻的感覺，或許我們將走入一個美麗新世界，就像亞當夏娃咬下蘋果，或普羅米修斯從神祇那兒盜取火種的那個時候一樣。

　　我們剛發現的這個編輯自己基因的能力，引發了一些很有趣的問題。我們應該把自己編輯成不是那麼容易受到致命病毒感染的物種嗎？如果真的是那樣，該有多棒！對吧？我們應該利用基因編輯來讓類似杭汀頓舞蹈症、鐮刀型貧血症，以及囊狀纖維化這類可怕的疾病永遠消失嗎？聽起來也非常不錯。聾聵與失明呢？長不高？憂鬱？嗯⋯⋯這個議題，我們應該怎麼思考？幾十年後，如果基因編輯變得可行又安全，我們是否應該允許為人父母者強化他們子嗣的智商與肌肉？我們應該讓他們決定孩子眼睛的顏色嗎？膚色呢？身高？

　　哇！等一等，在我們順著這條滑溜的斜坡一路衝下去前，先停下來想一想。我們社會的多樣性會受到什麼樣的衝擊？如果大家不再受到隨機的自然抽獎系統擺佈，那麼與天賦相關的基因修整，會不會讓我們接受與對他人感同身受的同理心就此式微？如果這些基因編輯，在基因超市中不是免費贈送（相信我，絕對不會免費），不平等的程度是否會大幅加劇，而且就這麼實實在在地永遠烙印在人類這個物種當中？所有的這些議題，決定權應該握在個人手中，抑或，作為一個整體的社會也有發言權？又或許，我們其實應該制訂一些規定。

　　所謂的「我們」，我指的就是**我們**，包括你，也包括我。弄清楚是否要進行我們的基因編輯以及何時進行我們的基因編輯，將會是 21 世紀影響最深遠的問題之一，也因此，我認為瞭解基因編輯如何進行，應該有助於問題的釐清。同樣的，病毒疫情的不斷起伏，也讓瞭解生命科學這件事變得重要。瞭解某件事情的來龍去脈過程中，心中會湧現一種喜悅，尤其當我們要瞭解的對象是我們自己時，喜悅更甚。道納非常享受這樣的喜悅，而我們也一樣可以樂在其中。享受釐清一件事的喜悅，正是本書的目的。

CRISPR 的問世以及新冠肺炎的全球蔓延，必然會加快我們過渡進入現代第三次大革命的速度。這些始於短短一百多年前的革命，源自我們存在之三個基礎核心的發現：原子、位元，以及基因。

從愛因斯坦 1905 年發表有關相對論與量子理論報告開始的 20 世紀上半個世紀，焦點在於一場由物理學主導的革命。愛因斯坦奇蹟年的 1905 年之後 50 年間，他的理論帶來了原子彈、核能的發明、電晶體、太空船、雷射與雷達。

20 世紀的下半個世紀是資訊科技時代，支撐起這個時代的基礎是所有資訊都能透過大家稱之為位元的二進位制編碼方式儲存，以及一切邏輯處理都能靠著帶有開關機制的電路來進行的概念。1950 年代，這個概念引領了晶片、電腦以及網路的發展。當這三種創新成果結合在一起時，數位革命橫空出世。

現在，我們進入了第三個、甚至更重要的時代，一場生命科學的革命。研究數位編碼的孩子將與研究基因碼的孩子並肩合作。

1990 年代，當道納還是個研究所的學生時，其他生物學家競相勾勒編在我們 DNA 中的遺傳圖譜。但是道納對 DNA 另一個不太出名的手足 RNA 更有興趣。某些編入 DNA 內的指令，其實是由 RNA 這個分子進行複製，而利用這些指令製造蛋白質的分子，也是 RNA。道納的瞭解 RNA 之路，一直把她帶到了最基本的問題之前：生命究竟是如何開始的？她研究可以自我複製的 RNA 分子，也因此提出了一個可能性：40 億年前，當這個星球上的一切都還在滿是化學成分的熔爐中煉製時，甚至遠在 DNA 還沒有出現前，RNA 就已經開始複製了。

身為研究生命分子的柏克萊大學生物化學家，她把焦點放在釐清 RNA 的結構上。如果你是一名偵探，那麼生物界誰是兇手的懸疑案基本線索，就來自於找出分子扭轉與折疊的型態，如何決定該分子與其他分子的交互影響方式。以道納的情況來說，那代表研究 RNA 的結構。她的研究其實是在回應 1953 年

羅莎琳・法蘭克林[3]的 DNA 研究工作。詹姆斯・華生（James Watson）與法蘭西斯・克里克（Francis Crick）就是用了法蘭克林的研究成果，才於 1953 年發現了 DNA 的雙螺旋結構。隨著道納持續的研究，華生這個複雜的人物，也在她的生命中穿梭。

柏克萊一位研究細菌對抗病毒攻擊時發展出 CRISPR 系統的生物學家，因為道納在 RNA 領域的專業而致電給她。一如許多基礎的科學發現，這項發現後來也證明具有切合實際的應用性。有些科學發現的應用相當平凡，譬如保存乳酸菌中的菌體。但在 2012 年，道納與其他人卻找出了一種更足以翻天覆地的應用之法：如何把 CRISPR 轉變成一種編輯基因的工具。

CRISPR 現在已經用在鐮刀型貧血症、癌症以及失明的治療上。2020 年，道納與她的團隊開始探索如何利用 CRISPR 去檢測與摧毀新冠病毒。「CRISPR 會在細菌體內演化，是因為它們與病毒的長期抗戰，」道納說，「人類沒有時間去等待自己的細胞自然演化出抵抗病毒的能力，所以我們必須另闢蹊徑。而我們手頭上的工具之一，是這個被稱為 CRISPR 的古早細菌免疫系統，真是貼切，不是嗎？自然就是這麼美麗。」噢，確實如此。記住這句話：自然很美麗。這是本書的另外一個主題。

在基因編輯的領域中，還有其他明星。他們大多數都應該成為傳記或甚至電影的主角。（藉機下個簡潔明快又切題的標題：《美麗心靈》與《侏儸紀公園》的邂逅。）這些人在本書中都有吃重的演出，因為我想讓大家知道，科學是場團體運動。我也想讓大家知道，一位努力不懈、具備高度好奇心與高度競爭力的勢均力敵對手，可以帶來多大的衝擊。總是面帶微笑，但有時（次數不多）用微笑遮掩眼中謹慎的珍妮佛・道納結果成為一個精彩的中心人物。她擁有每一位科學家都必須具備的合作本能，除此之外，大多數偉大發明者所擁有的競

---

3   Rosalind Franklin，1920～1958，英國化學家與 X 光結晶學家，以「第51號照片」的 DNA 晶體 X 射線繞射圖而廣為人知。她在煤炭與病毒上的研究，受到當代科學界的讚賞，但她在 DNA 結構上的發現，卻在去世後才獲得應有的注意。

爭特質，也深植在她的個性當中。總是細心掌控自己情緒的道納，用平常心對待頭上那圈明星光環。

她的人生故事，不論是身為研究員、諾貝爾獎得主，抑或公共政策思考者，將 CRISPR 的傳奇，連同女性在科學領域所扮演的角色，都編進了更大層面的歷史經緯當中。和達文西一樣，道納的工作都在闡述一件事，那就是創新的關鍵，在於將一顆對基礎科學好奇的心，與發明可以應用在我們生活當中的工具的實際工作結合在一起──在於把實驗室台上的發現，移到病床邊。

藉著道納的故事，我希望呈現一個超大的特寫，讓大家知道科學究竟如何運作、實驗室裡實際發生了什麼事？在新發現上，個人的天賦重要到什麼程度，而愈來愈關鍵的團隊合作又重要到什麼程度？還有大家在獎項與專利領域的競爭，是否會對合作產生損傷？

最重要的是，我想要傳達**基礎**科學的重要性，換言之，我們應該跟著好奇心向前探索，而非為了實用價值去追尋。因好奇心驅動而進入自然生物與種子的驚奇世界裡，有時候會以令人意想不到的方式，為後繼的創新開啟門窗。[4] 研究表面狀態的物理學，最終發明了電晶體與晶片。同樣的，研究某種細菌一直以來用作抵禦病毒攻擊的精彩戰略，結果造就了一個基因編輯工具，以及一種我們人類可以用來與病毒交戰的科技。

這是個充滿了大哉問的故事，從生命的起源到人類的未來。而這個故事的起點，是一個喜歡在夏威夷火山岩塊間搜尋含羞草以及各種其他有趣現象的六年級小女孩，在某天放學後，她發現自己床上有本偵探小說，小說的內容是關於一些人有點小誇張地自稱他們發現了「生命的奧祕」。

4　原註：請參見第 12 章〈做優格的人〉，該章節針對基礎研究人員與科技創新之間可以出現的迭代過程，有更完整的討論。

第 1 篇

生命的起源

耶和華神在東方的伊甸建立了一個園子；
把所造的人安置在那裡。
耶和華神使各樣的樹從地裡長出來，
可以悅人的眼目，其上的果子好作食物；
園子當中又有生命樹，
和分別善惡的樹。

——《創世記》第 2 章第 8～9 節

第 1 章

希洛市

臭白人

如果珍妮佛‧道納生長在美國其他任何一個地方，她或許會覺得自己不過就是一個正常的平凡小孩。然而在希洛這個位於夏威夷大島火山林立區的老鎮中，金髮碧眼又身高體瘦的她，用她自己後來的話說，「我完全像個怪胎。」其他的孩子，尤其是男孩子，總是嘲弄她，因為她與眾不同，因為她的手臂上會長出毛髮。他們叫她「臭白人」（haole），聽起來也許沒那麼糟糕，但這個詞卻是一個形容非原住民的貶抑詞。這樣的經歷讓她在心中嵌埋了一層輕薄卻堅硬的謹慎甲殼。後來這層甲殼演變成了一種親切而迷人的態度。[1]

珍妮佛家族有個傳說，主角是一個女性先祖。據說那位先祖的父母生了3個兒子、3個女兒，因為無法負擔送所有孩子去上學，於是這對父母決定送3個女兒去上學。後來在蒙大拿州當老師的女兒所留存的一本日記，世世代代地傳了下來。那本日記本記滿了各種堅忍不拔的故事，有傷筋斷骨、有在家庭小

---

[1] 原註：作者對道納本人以及莎拉‧道納的訪問。本章節的其他資料出處包括2017年9月17日BBC廣播電台的節目《生命的科學面》（*The Life Scientific*）；2015年5月11日安德魯‧波拉克（Andrew Pollack）刊於《紐約時報》的〈珍妮佛‧道納：一位為基因體編輯簡化提供助力的先驅〉（Jennifer Dounda, a Pioneer Who Helped Simplify Genome Editing）；2019年1月24日克勞蒂亞‧德瑞菲斯（Claudia Dreifus）刊於《紐約書評》的〈發現的喜悅：珍妮佛‧道納專訪〉（The Joy of the Discovery: An Interview with Jennifer Douda）；美國國家科學研究院於2004年11月11日的道納專訪；道納於2018年3月24日刊於《金融時報》的〈基因體編輯為何將改變我們的生活〉（Why Genome Editing Will Change Our Lives）；2018年2月16日蘿拉‧凱斯林（Laura Kiessling）刊於《ACS化學生物期刊》（*ACS Chemical Biology Jouranal*）的〈與珍妮佛‧道納一席談〉（A Conversation with Jennifer Doudna）；2004年12月7日梅莉莎‧馬瑞諾（Melissa Marino）刊於《美國國家科學院院刊》（*PNAS*）的〈珍妮佛‧道納傳〉（Biogrpahy of Jennifer A. Doudna）。

店工作，以及其他在拓荒之地努力奮鬥的事情。「她是個粗魯而固執的人，有股拓荒者精神，」珍妮佛的妹妹莎拉，也是這本日記目前的所有人說。

珍妮佛與這位先祖一樣，也是三姊妹之一，但家中沒有兄弟。身為長女的她，盡得父親馬丁‧道納的寵愛，有時候他還會以「珍妮佛和其他丫頭」來稱呼自己的 3 個女兒。珍妮佛於 1964 年 2 月 19 日在華盛頓特區出生，馬丁當時是國防部的講稿撰稿員。因為他心心念念地想當個美國文學教授，於是和在社區大學當老師的妻子陶樂希搬去了安娜堡，並註冊成為密西根大學的學生。

取得博士學位後，馬丁寄出了 50 封求職信，只收到了一份來自希洛市夏威夷大學的錄取通知。就這樣，他從妻子的退休金中借用了 900 塊，在 1971 年 8 月，舉家遷往工作地點。那年珍妮佛 7 歲。

許多創意十足的人，包括達文西、愛因斯坦、季辛吉與賈伯斯等我為之作傳的人，成長過程中，都覺得自己與周遭的環境格格不入。身處希洛市波里尼西亞人當中的金髮小女孩道納，也是如此。「我在學校裡，真的真的感到非常孤單與孤立，」她說。小學三年級時，她感覺到的排擠，強烈到讓她出現了嚥食困難的問題。「當時發生了各種不同的消化問題，後來才理解到全都是壓力相關的症狀。那時候其他孩子每天都會嘲笑我。」她躲進了書本的世界裡，同時也發展出了一道保護防線。「我心中有塊地方，是他們永遠也觸及不到的。」

一如許多其他感覺自己像局外者的人一樣，道納對於人類如何融入上帝的創作當中，產生了非常廣泛的興趣。「我的人格形成經驗，就是要弄清楚，在這個世界上，我是誰，還有我要如何設法去融入這個世界，」她後來說。[2]

幸好這種疏離感並沒有在她心中生根。學校生活後來慢慢好轉，她養出了明朗而親善的個性，兒時留下的傷疤也開始消褪。只不過在極少數的時刻，當事件刻畫的深度足以掀開兒時傷疤時，她的傷口仍會重新發炎紅腫——譬如需要左避右閃的專利申請，又譬如商場上的某位男性同僚變得神祕或刻意誤導之時。

2　原註：克勞蒂亞‧德瑞菲斯的〈發現的喜悅：珍妮佛‧道納專訪〉。

珍妮佛在希洛市

唐·艾梅斯 [3]

道納一家人：愛倫、珍妮佛、莎拉、馬丁與陶樂希（Ellen, Jennifer, Sarah, Martin, and Dorothy Doudna）

3　Don Hemmes，夏威夷大學（位於希洛市）生物系教授。

花開

學校生活的好轉始於小學三年級的學期中，道納一家人從希洛市中心區遷居到一個所有住宅全長得一樣的新開發住宅區。這片從下往上的住宅區，完全依附著披覆茂密綠林的茂納羅亞火山山腰而建。珍妮佛也從原來每個年級多達 60 個學生的大學校，轉入了一所一個年級只有 20 個學生的小學校。新學校裡的學生要上美國歷史，而這堂課讓她感覺到自己比較不那麼格格不入。「那是一個轉捩點，」她如此回憶道。她在這個新環境中肆意地成長、茁壯，以致升到五年級時，教授她數學與科學的老師鼓勵她跳級。於是她父母讓她直接去六年級就讀。

那年，她終於交到了一個友誼維繫終身的知己。莉莎・辛克利（Lisa Hinkley，現在的名字是莉莎・推格—史密斯〔Lisa Twigg-Smith〕）來自一個典型的多種族融合家庭，她擁有蘇格蘭、丹麥、中國與波里尼西亞血統。這是一個知道如何應付霸凌行為的女孩子。「每次有人用 X 他 X 的臭白人叫我時，我就會退縮，」道納回憶，「可是如果霸凌者用難聽的字眼說莉莎時，她會立刻轉身瞪著對方，並且罵回去。我決定我也要這樣應對。」有天在課堂上，老師問大家長大後要做什麼。莉莎向大家宣告要成為跳傘運動員。「那時的我心裡想著，『實在太酷了。』我完全想像不出來自己那樣回答的樣子。莉莎的勇敢是我所不及，於是我決定也要試著勇敢。」

道納與辛克利會在下午騎著自行車或徒步穿越甘蔗田。一路上的生態豐富而多樣，到處都是苔癬與蕈菇、梨與山棕。兩個小女生找到了好幾片鋪著火山熔岩的草地，上面披滿了蕨類。有一種沒有眼睛的蜘蛛，生活在熔岩流的洞穴裡。道納不禁疑惑，不知道這些東西都是從哪兒來的？一種大家稱為含羞草或「睡草」的多刺藤本植物，更是讓她深深著迷，因為這種植物類似蕨類的葉子會在人類輕觸時捲曲。「我問自己，」她回憶道，「當人觸碰這些葉子時，是什麼原因讓這些葉子閉合？」[4]

4　原註：作者對莉莎・推格—史密斯與道納的訪問。

我們每天都看得到自然奇蹟，不論是一株會動的植物，抑或一輪用許多粉色齒指，緊抓著深藍色天際的落日。真誠的好奇心關鍵，在於停下來思考緣由。天空的湛藍、落日的粉紅，以及含羞草葉的捲曲，是什麼原因？

道納很快就找到了可以解答她這些問題的人。她父母有一位名叫唐・艾梅斯的生物學教授朋友，道納全家人會和他一起進行自然探祕。「大家一起步行到威庇歐山谷（Waipio Valley）以及大島的另一邊去看菌菇，那是我在科學方面最感興趣的東西，」艾梅斯回憶道。他幫各種蕈菇照完相後，會翻出自己的參考書籍，告訴道納如何分辨這些植物。艾梅斯還會在海灘上收集微小貝殼，然後和道納一起分類，試圖找出這些貝類演化的過程。

道納的父親為她買了一匹叫做摩奇哈納（Mokihana）的紅棕色騙馬，這個名字源於一種可以長出芳香果實的夏威夷樹種。道納還加入了足球校隊，擔任中衛，校隊很難找到適合這個位置的球員，因為這個位置不但需要長腿跑者，也需要長足的耐力。「這倒不啻為一個很好的比喻，說明了我處理自己工作的方式，」她說，「我總是在沒有太多人具備相同專業能力的地方，尋找可以見縫插針的機會。」

數學是她最喜歡的科目，因為驗證的過程，不斷讓她想到偵探的工作。她還碰到了一位個性歡快又熱情的高中生物老師瑪琳・哈培（Marlene Hapai），這位老師非常擅長與學生溝通發現的樂趣。「她教導我們，科學是對事情追根究柢的一個過程，」道納說。

儘管她在學業上的表現開始變得亮眼，但她對自己就讀的這所小學校卻沒有太多期待。「我不覺得老師們真的希望我能有什麼了不起的成就，」她如此說。不過對此，她有種很有趣的免疫反應：缺乏挑戰讓她覺得自己可以更自由地去接觸更多機會。「我認定自己只需要一股腦兒地往前衝，管他三七二十一，」她回顧，「學校的態度讓我更願意冒險，而這樣的冒險精神，我也帶到了後來從事科學研究時選定要進行的計畫上。」

道納的父親一直推著她往前走。他把長女當成了自己在家中志同道合的夥伴，並認定這個大女兒是個注定要去念大學並從事學術事業的知識份子。「我總覺得我是他一直想要的那種兒子，」她說，「父親對待我的態度與兩個妹妹

有點不一樣。」

詹姆斯・華生的《雙螺旋》

　　道納的父親是位不折不扣的書迷，每週六都會從當地圖書館借出一堆書，然後在下一個週末前閱讀完。他最喜歡的作者是愛默生與梭羅，不過隨著珍妮佛愈長愈大，他開始慢慢地清楚意識到自己開給學生的指定書單作者，大多是男性。於是他把多麗絲・萊辛[5]、安・泰勒[6]與瓊・蒂蒂安[7]加進了自己的課程大綱當中。

　　他經常從圖書館或附近的二手書店帶本書回家給女兒看。就這樣，在珍妮佛六年級某天放學回家時，詹姆斯・華生的《雙螺旋》（*The Double Helix*）平裝版躺在她的床上等著她。

　　她把書放到旁邊，以為是本偵探小說。直到一個下著雨的週六午後終於有空看這本書的時候，她發現，從某個角度來看，自己猜對了。她快速瀏覽過這本書，對原本就是齣節奏緊湊的個人偵探劇愈發入迷，因為書中充斥著生動描述的人物，也鮮活勾勒出這些人物在追求大自然內部真相時的野心與競爭。「看完這本書後，父親和我討論著書中的內容，」她如此回憶，「他很喜歡這個故事，特別是書中非常私密的一面──也就是在進行那種研究時人性的那一面。」

　　在《雙螺旋》中，華森戲劇化（其實是有些過度戲劇化）地呈現出一個出身美國中西部的 24 歲自以為是的生物學系學生，如何最後落腳在英國的劍橋大學，和生物化學家法蘭西斯・克里克綁在一起，以及如何共同於 1953 年在發現 DNA 結構的比賽中拔得頭籌。華生以一個完全掌握了英國人飯後那種自嘲同時不忘吹牛藝術的傲慢美國人角度，用充滿活力的敘事風格寫成的這本書，

5　Doris Lessing，1919 ～ 2013，英國小說家，2007 年諾貝爾文學獎得主，代表作《金色筆記》。

6　Anne Tyler，1947 ～，美國小說家與文學評論家，曾三度入圍普立茲獎，1988 年以《生命課程》（*Breathing Lessons*）抱回普立茲獎，2015 年以《糾纏的藍線》（*Spool of Blue Thread*）同時入圍英國女性小說獎與布克文學獎。

7　Joan Didion，1934 ～，美國作家與劇作家，2013 年獲總統歐巴馬授予國家人文勳章（National Medal of Arts and Humanities）。紀念丈夫逝世之作《奇想之年》獲 2005 年美國國家圖書獎，並被推崇為傷慟文學的經典之作，Netflix 在 2017 年推出了蒂蒂安的紀錄片《核心潰散》（*Joan Didion: the Center Will Not Hold*）。

在一堆關於知名教授各種怪僻和臭毛病的八卦閒話，以及各種調情、網球、實驗室的實驗與下午茶的描述中，硬是偷偷擠進了一大塊科學知識。

華生書中除了那個與他自己的角色連結在一起的運氣絕佳幼稚傢伙，另一個最有趣的人物是羅莎琳·法蘭克林，那是一位結構生物學家以及晶體學家，而她的資料遭到華生不告而用。在處處都展現著 1950 年代性別歧視氣氛中，華生滿是優越地以法蘭克林從未用過的名字「羅西」（Rosy）稱呼她，而且還嘲笑她嚴肅的外表以及冷漠的個性。不過法蘭克林對複雜科學的精通，以及在使用 X 射線繞射技術發現分子結構上的優美技藝，卻也讓華生不吝展現自己的敬意。

《雙螺旋》封面

「我想自己有注意到別人以高高在上的態度對待她的情況，但我最大的衝擊是一個女人竟然可以成為偉大的科學家，」道納表示，「聽起來也許有些匪夷所思。我應該聽過居禮夫人的故事。但在書中閱讀到這樣的內容，卻是我第一次真正思考這件令我眼界大開的事。女人可以成為科學家。」[8]

這本書也讓道納領悟到大自然不但符合邏輯，也令人敬畏。一定的生物機制管理著所有生物，包括那些在她穿越雨林的健行之旅中，令她目不轉睛的驚奇現象。「在夏威夷長大的我一直都很喜歡和我父親一起尋找自然界的有趣事物，就像一碰就會捲起來的『含羞草』」，她回憶道，「這本書讓我理解到，原來我們還可以再去找出大自然為什麼是這樣的原因。」

存在於《雙螺旋》核心的深刻觀點，亦即化學分子的結構與型態，決定了這個分子所扮演的生物角色這個認知，最後塑造出了道納未來的事業。對那些找出生命基礎祕密的人來說，這樣的深刻理解是個令人充滿了驚喜的啟發。而這也是化學——研究原子如何鍊接在一起而創造出分子的學問——之所以變成生物學的原因。

廣義而言，道納第一次在床上看到《雙螺旋》這本書，就正確地認知到那是她熱愛的偵探懸疑類故事，也是決定她後來事業的因素。「我一直都熱愛懸疑故事，」她在多年後特別提及了這一點。「也許這件事解釋了我為什麼會對科學如此著迷，因為科學是人類想要瞭解已知的最久遠祕密，也就是自然世界的起源、目的，以及我們人類在自然世界中的位置，所做出的努力。」[9]

儘管她的學校並未鼓勵女孩子成為科學家，但她仍決定自己要成為一名科學家。正是因為這一腔想要瞭解自然是如何運作的熱情，以及一股想將發現轉變成發明的競爭慾望驅使，道納將協助創造出華生這個在偽裝謙虛之下隱藏著經典浮誇的人，後來所對她說的那個繼雙螺旋結構之後最重要的生物學進展。

8　原註：作者對道納與華生的訪問。

9　原註：道納 2020 年 6 月 5 日刊於《經濟學人》的《COVID-19 如何鞭策科學界加速》（How COVID-19 Is Spurring Science to Accelerate）。

第 2 章

基因

達爾文

引導華生與克里克通往發現 DNA 結構的道路，其實早在百年前的 1850 年代，先人就已經在拓荒開墾了。當時英國的博物學家查爾斯・達爾文出版了《物種源始》，而工作量不太大的布魯諾（今捷克共和國境內）教士格雷戈爾・孟德爾（Gregor Mendel），也開始在他的修道院菜園裡培育新品種的豌豆。達爾文的雀喙與孟德爾的豌豆特徵，讓基因這個存在於生命有機體內傳遞遺傳密碼的實體概念，得以問世。[1]

達爾文的父親與祖父都是知名醫生，他一開始的計畫其實是繼承父業。然而他發現自己會因為血和一個被綁起手腳進行手術的孩子尖叫而心生恐懼，只好放棄醫學院，開始學習如何當個英國國教牧師，不過這個召喚顯然與他依舊不合適。達爾文從 8 歲開始收集各種標本，他真正有熱情的興趣其實是成為博物學家。1831 年，22 歲的他撞了大運，獲邀與一位紳士收藏家搭乘私人出資的雙桅縱帆船《小獵犬號》，進行一場環遊世界之旅[2]。

1　原註：本章節的基因學與 DNA 歷史資料源於辛達塔・穆克吉的《基因》（*The Gene*, Scribner, 2016）；何瑞斯・喬德森（Horace Freeland Judson）的《創世紀的第八天》（*The Eighth Day of Creation*, Touchstone, 1979）；艾爾佛瑞德・史都特凡特（Alfred Sturtevant）的《基因學歷史》（*A History of Genetics*, Cold Spring Harbor, 2001）；艾洛夫・卡爾森（Elof Axel Carlson）的《孟德爾的功績》（*Mendel's Legacy*, Cold Spring Harbor, 2004）。

2　原註：珍納・布朗（Janet Browne）的《查爾斯・達爾文》（*Charles Darwin*）第一冊（（Knopf, 1995）與第二冊（Knopf, 1995）；達爾文的《小獵犬號航海日記》（*The Journey of the Beagle*），1839 初版；達爾文的《物種起源》（*On the Origin of Species*），1859 年初版。達爾文的書籍、信件、文章與日記，可至線上達爾文網站（Darwin Onlie）搜尋，網址為 darwin-online.org.uk。

1835 年，5 年旅程進入第 4 年，《小獵犬號》已經探索了南美太平洋海岸外十多個加拉巴哥（the Galápagos）小島。根據達爾文的記錄，他在這些島嶼上收集了鳥雀、烏鶇、蠟嘴鳥、知更鳥以及鶺鴒的屍體。但兩年後他回到英國，鳥類學家約翰‧古爾德（John Gould）卻告訴他這些鳥其實是不同的雀科物種。達爾文因此開始構思這些雀科鳥類其實都是由同一個共同祖先所演化而來的理論。

　　他知道，童年的英國鄉間居所附近出生的馬匹與乳牛，有時候會出現細微的變異，而多年來飼養牲畜的人也會選擇最好的種畜，來培育具有合乎飼養者需求特徵的後代。也許大自然也是這樣運作。他稱之為「天擇」。根據他所建立的理論，在某些類似加拉巴哥島嶼的孤立環境中，每一代的生物都會產生一些突變（他用了一個相當有趣的詞彙「競爭」），而環境的變化，則可能會讓這些突變的生物，在食物稀少的競爭中更容易勝出，也因此更容易繁衍下一代。假設某種鳥雀的鳥嘴適合吃水果，但一次乾旱摧毀了果樹，那麼那些經過幾次隨機變異而長出了適合弄碎堅果鳥喙的鳥雀就會繁盛。「在這樣的情況下，有利的變異就容易被保存下來，而不利於生存的變異則會遭到消滅，」達爾文這麼寫道，「這種運作方式的結果，就是新物種的形成。」

　　達爾文對於發表自己的理論有些猶豫，因為這個理論實在太像異端邪說，不過就如科學史上層出不窮的例子一樣，競爭始終扮演著刺激的角色。1858 年，更年輕的博物學家亞爾佛德‧羅素‧華萊士[3] 寄了一份他所提出的類似理論報告草稿給達爾文。達爾文因此匆匆地把自己的報告整理好準備發表，最後兩人協議在一個聲名卓著的科學協會即將舉行的會議上，同一天發表各自的報告。

　　達爾文與華萊士都擁有一種催化創造力的重要特質，那就是兩人都有非常廣泛的興趣，而且都有能力將不同的學科連結在一起。他們都曾到異域遊歷，並在那些地方觀察物種的變異，也都拜讀過英國經濟學家托馬斯‧羅伯特‧馬爾薩斯[4] 認為人口成長速度很可能會比食物供給速度快的《人口論》（*An Essay on*

3　Alfred Russel Wallace，1823 ～ 1913，英國博物學家，以和達爾文共同發表「物競天擇」理論馳名。

4　Thomas Robert Malthus，1766 ～ 1834，以 1798 年發表的《人口論》著稱，認為人類的繁衍具無限制的發展潛力，但糧食受到土地報酬遞減律的限制，無法無上限的增加，兩種力量不均衡的結果，會發生人口過多，糧食不足的問題，進而造成貧困、饑餓、犯罪與戰爭等不幸事件。

達爾文

孟德爾

the Principle of Population)。人口過剩的結果可能會引發飢荒,進而淘汰較為虛弱與貧困者。達爾文與華萊士都清楚這種現象與結果很可能適用於所有物種,也因此導出了適者生存的演化理論。「剛好我曾把馬爾薩斯的作品當作消遣來看,而……作品內容立刻讓我想到在這樣的環境下,那些有利的變異很可能得以保存,而不利的變異則很容易遭到消弭,」達爾文回憶道。一如科幻小說作者與生物化學教授以撒.艾西莫夫[5]後來在提到演化理論的成因時所說的,「我們需要的是研究物種、閱讀馬爾薩斯,以及有能力進行交叉連結的人。」[6]

對於物種藉由突變與天擇而演化的領悟,衍生出了一個需要答案的大哉問:天擇演化的機制是什麼?鳥喙或長頸鹿脖子的有利變異怎麼會出現?而這種變異又是如何傳遞給後代?達爾文認為有機體很可能擁有內含遺傳資訊的微小粒子,他還猜測源於一個雄性與一個雌性的遺傳資訊,會於一個胚胎內交揉。不過就像其他人一樣,他很快就意識到,這樣的情況很可能代表有利的新特質會在世世代代的延續間式微,而非完整傳遞。

達爾文私人藏書室內有一本鮮為人知的科學期刊,裡面刊登了一篇 1866 年發表的論文,而這篇論文為他的問題提出了解答。遺憾的是,達爾文從未花時間看過這篇報告,而當時的其他科學家,也幾乎無人閱讀過這篇論文。

孟德爾

這篇論文的作者是格雷戈爾.孟德爾,他是位矮小圓胖的教士,出生於 1822 年,父母是當時還屬於奧地利帝國一部分的摩拉維亞(Moravia)農人,母語為德文。孟德爾在布魯諾修道院菜園裡的慢工細活,遠比他教區教士的工作更稱職。他只會說一點點捷克話,而且個性羞澀,實在無法勝任優秀牧師的

5　Isaac Asimov,1920 ～ 1992,白俄羅斯猶太家庭出身的美國多產作家與波士頓大學生化學教授,以科幻小說與科普作品傳名於世。他的《我,機器人》(*I, Robot*)曾被翻拍為電影《機械公敵》。

6　原註:以撒.艾西莫夫 1959 年初版的《人類如何獲得新想法》(*How Do People Get New Ideas*),2014 年 10 月 20 日由《麻省理工科技評論》翻印;史蒂芬.強森《奇思妙想哪裡來》(*Where Good Ideas Come From*, Riverhead, 2010)第 81 頁;達爾文《自傳》(*Autobiography*)中描述 1838 年 10 月事件的內容,刊於線上達爾文網站。

工作。因此他決定當個數學與科學老師，可惜他始終無法通過教師資格考，即使在維也納大學攻讀之後，依然跨不過教師資格的門檻。他在一次生物科目的考試表現尤其慘不忍睹。[7]

最後一次資格考試失利後，孟德爾幾乎沒什麼事情可做了，於是他躲回修道院的菜園裡，繼續培育豌豆這件他之前就已念念不忘的興趣所在之事。之前好幾年，他就專心地培育過純種豌豆。他種的豌豆有七個特徵，每種特徵有兩種變異：黃色或綠色的種子、白色或紫色的花、平滑或有縐折的種子等等。經過仔細挑選，他種出了，舉例來說，純紫色或純縐折種子的純種豌豆藤。

第二年，他又進行了新的實驗：好比把白花與紫花兩種不同特徵的植物加以雜交培育。這項實驗極其耗費心思，要進行的工作包括用鉗子剪下每一顆植物的受體，然後用一支非常小的刷子傳遞花粉。

針對達爾文當時所提出的理論內容，孟德爾的實驗結果其實意義非常重大。豌豆並沒有出現特徵混合的現象。高莖豌豆與低莖豌豆的雜交，沒有出現中莖的後代；紫花豌豆與白花豌豆混育，也沒有生出一些淡紫色調的新豌豆。相反的，所有高莖豌豆與低莖豌豆的雜交結果，全都是高莖品種。所有紫花豌豆與白花豌豆的混育結果，也只會生出紫花豌豆。孟德爾稱之為顯性特徵，而那些並未勝出的特徵，他稱為隱性特徵。

隔一年的夏天，當孟德爾從他的雜交品種種出了下一代豌豆時，他甚至有了更大的發現。儘管雜交的第一代只會展現出顯性特徵（譬如所有的豌豆都是紫花或高莖），隱性特徵卻會出現在雜交的第二代。孟德爾的記錄顯示出了一個模式：雜交第二代的豌豆中，顯性特徵品種佔了 3/4，隱性特徵品種只有 1/4。當一株植物遺傳了兩個顯性基因或一個顯性、一個隱性時，結果就是呈現顯性特徵；但是如果這株植物剛好得到兩個隱性基因時，就會展現出比較不常見的特徵。

科學的進展是由宣傳推動。孟德爾這位安靜的修士卻似乎天生就活在一頂

7　原註：除了穆克吉、喬德森與史都特凡特外，本章有關孟德爾的內容也出於羅賓・黑尼格（Robin Marantz Henig）的《園中的教士》（*The Monk in the Garden*, Houghton Mifflin Harcourt, 2000）。

隱形帽之下。他在 1865 年以每月一期共兩期的報告，向布魯諾自然科學協會（Natural Science Society）的 40 位農民和植物育種者發表了自己的研究，後來這個協會也在他們的期刊上刊登了他的這篇論文。然而論文發表後，幾乎沒有人引用，直到 1900 年，進行類似實驗的科學家才重新發現這篇被束諸高閣的論文。[8]

孟德爾以及後繼科學家的發現，引導出了丹麥植物學家威廉・約翰森[9]在 1905 年命名為「基因」這個遺傳單位的概念。顯然某種分子內埋嵌了一些遺傳資訊的密碼。科學家為了找出這種分子可能的真實身分，殫精竭慮地研究了數十年的活細胞。

---

8 原註：厄文・查爾蔼夫（Erwin Chargaff）1971 年 5 月 4 日刊於《科學》雜誌上的〈生物文法前言〉（Preface to a Grammar of Biology）。

9 Wilhelm Johannsen，1857 ～ 1927，丹麥植物學家、植物生理學家、遺傳學家。

華生、克里克與他們的 DNA 模型，攝於 1953 年

第 3 章

DNA

　　科學家一開始以為蛋白質是基因的攜帶者。畢竟有機體大部分的重要工作，都是由蛋白質負責。不過他們最後終於弄清楚遺傳的骨幹主力，其實是活細胞中另一種名為核酸的常見物質。這些分子是由糖、磷酸鹽以及四種合稱鹼基的物質串接而成。核酸有兩種：核糖核酸（RNA）以及一種因為少了一個氧原子而被稱為去氧核糖核酸（DNA）的分子。從演化的角度來看，最簡單的新冠病毒以及最複雜的人類，本質上都只是蛋白質所包裹的皮囊，皮囊內的東西以及皮囊的目的，都在於複製那些將密碼埋嵌在皮囊核酸上的遺傳物質。

　　指出 DNA 為遺傳資訊資料庫的主要發現，是在 1944 年由紐約洛克斐勒大學的生物化學家奧斯瓦德・艾弗里[1]和他的同事所發表的。他們從一株細菌上提取出 DNA，再與另外一株細菌混合，證明 DNA 傳遞遺傳變化。

　　揭發生命奧祕的下一步是釐清 DNA 如何傳遞遺傳變化。這項任務需要破解一切自然奧祕的最基礎線索，亦即確定 DNA 的精確結構——所有的原子是如何連結在一起，以及原子連結後呈現出什麼樣的型態。解開這個線索，就可以解釋 DNA 的運作方式。要完成這項任務，需要結合在 20 世紀興起的三門學科：遺傳學、生物化學，以及結構生物學。

1　Oswald Avery，1877～1955，加拿大裔美籍物理學家與醫學研究學者，也是分子生物學家與免疫組織化學染色技術（immunochemistry）先驅之一。

詹姆斯・華生

　　出身芝加哥中產階級家庭，並輕鬆完成了公立學校課程的詹姆斯・華生，聰明與厚臉皮的程度，足可稱為邪惡。這個深植在個性中的特質，讓他在智識領域很容易就表現出挑釁的態度，而這種態度對他後來的科學家之路，有很大的助益，但是對他公眾人物的身分，卻適得其反。終其一生，連珠砲般喃喃自語著只說一半的句子，充分展現出他不耐煩的態度，以及缺乏對自己衝動見解深思熟慮的能力。他後來曾說他父母給他最重要的教導之一，就是「為了讓社會接受所表現出來的偽善，會侵蝕掉一個人的自尊。」他將這句話貫徹得太過徹底。從童年到邁入 90，他對自己的主張，不論對錯，始終粗魯地直言不諱，這樣的行徑讓他有時候在社交場上難以被人接受，然而他卻始終不缺自尊。[2]

　　賞鳥是他日漸高漲的熱情，他用參加廣播節目《聰明孩子》（*Quiz Kids*）所贏得的三張戰爭債券，買了一副博士倫（Bausch and Lomb）的望遠鏡。他會在破曉之前起床，和父親一起去傑克森公園（Jackson Park），花上兩個小時搜尋罕見的刺嘴鶯蹤跡，然後拉著小拖車去專門出產神童的芝加哥大學附屬實驗學校。

　　華生 15 歲進入芝加哥大學就讀，上了大學後，他計畫當個鳥類學家，繼續放任自己沉溺於對鳥類的熱愛中，另外一個原因是他厭惡化學。但大學四年級時，他讀到了一篇評論《生命是什麼？》（*What Is Life?*）的文章，量子物理學家埃爾溫・薛丁格[3]在他的這本著作裡將注意力轉向了生物學，認為找出基因的分子結構，可以解釋基因如何將遺傳資訊一代代地傳下去。第二天早上，華生從圖書館把《生命是什麼？》借了出來，自此就萬分執著於瞭解基因這件事。

2　原註：本章節資料源於作者對華生為期一年的多次訪問以及他在 1968 年由 Atheneum 初次出版的作品《雙螺旋》。作者使用的是亞歷山大・甘（Alexander Gann）與珍・韋特考斯基（Jan Witkowski）所編輯的《解密雙螺旋：DNA 結構發現者華生的告白》（*The Annotated and Illustrated Double Helix*, Simon & Schuster, 2012）該書也收編了描述 DNA 模型與其他補充資料的文獻。本章節的其他資料來源包括華生的《不要煩人》（*Avoid Boring People*, Oxford, 2007）；布蘭達・馬道克斯（Brenda Maddox）的《羅莎琳・法蘭克林：DNA 的黑暗女士》（*Rosalind Franklin: The Dark Lady of DNA*, HarperCollins, 2002）；喬德森的《創世紀的第八天》；穆克吉的《基因》；史都特凡特的《基因學歷史》。

3　Erwin Schrodinger，1887～1961，奧地利物理學家，以研究量子理論聞名，1933 年諾貝爾物理學獎得主。《生命是什麼？》是他 1944 年出版的科學著作。

由於學業成績平平，華生申請進入加州理工學院博士班遭拒，哈佛大學雖然接受了他的入學申請，卻沒有提供他助學金[4]。於是他去了印第安那大學。在兩位未來的諾貝爾獎得主赫爾曼・穆勒[5]與義大利移民薩爾瓦多・盧瑞亞[6]領銜擔綱下，印第安那大學建立了美國最優秀的遺傳學系之一，當然部分也要歸功於這所大學延聘了當時在東岸很難取得終身教授資格的猶太師資。

華生在博士指導教授盧瑞亞門下研究病毒。這些微小的遺傳物質體，在本質上並沒有自己的生命，但是當它們侵入一個活細胞後，就會劫持掌控這個細胞的運轉系統，並自我複製。病毒中最容易研究的，是那些被稱為「噬菌體」的攻擊細菌病毒（請記住這個名詞，因為當我們討論到 CRISPR 的發明時，這個詞彙會再次出現）。噬菌體是「吞噬細菌之物體」的簡稱，意思就是吃細菌的東西。

華生加入了被稱為噬菌體團隊（the Phage Group）的這個盧瑞亞的國際生物學家圈。「大多數的化學家都讓盧瑞亞非常討厭，特別是那些來自於紐約叢林的好勝品種，」華生說。但盧瑞亞很快就理解到若想弄清楚噬菌體，化學必不可缺。於是他幫華生爭取到了一個去哥本哈根深造化學的博士後研究獎學金。

既無聊又弄不懂指導他研究的化學家到底在嘟嘟囔囔些什麼的華生，於1951 年春天，趁著一次假期，從哥本哈根跑去那不勒斯參加了一場有關在活細胞中所發現的分子會議。大部分的演講對他來說都是鴨子聽雷，但是倫敦國王學院生物化學家摩里斯・威爾金斯（Maurice Wilkins）的報告內容，卻令他深深著迷。

威爾金斯專研晶體學與 X 射線繞射。換句話說，他會取一些飽含分子的液體，在冷卻後提純出晶體，接著試圖釐清這些晶體的結構。如果把光線從不

---

4   原註：賈德森（Horace Freeland Judson）說哈佛駁回了華生的申請；華生除了對作者說，也在他的《不要煩人》一書中表示，哈佛接受了他的申請，但沒有提供獎助學金或財務補助。

5   Hermann Muller，1890 ～ 1967，美國遺傳學家、教育者，1946 年諾貝爾生理醫學獎得主。最廣為人知的是他在輻射所造成的生理與遺傳影響（突發誘變）方面的研究。

6   Salvador Luria，1912 ～ 1991，義大利微生物學家，因戰爭而歸化美國。因為發現病毒複製機制與基因結構獲得 1969 年諾貝爾獎。

同角度照在一個物體上，我們可以藉由光線投射出來的陰影，研究出物體的結構。X 射線晶體學家做的事情就跟這個方式很類似，他們從許多不同的角度將 X 射線線照在一個晶體上，然後記錄投射出來的陰影與繞射的圖形。威爾金斯在他那場那不勒斯演講最後所播放的投影片中，呈現了曾經用在 DNA 上的繞射技術。

「突然之間，化學讓我感到非常興奮，」華生回憶著，「我知道基因會晶體化，因此它們必定擁有規律的結構，可以用這種直截了當的方式解出來。」接下來幾天，華生一直對威爾金斯死纏爛打，希望能夠要到一張進入他實驗室的門票，不過無功而返。

法蘭西斯・克里克

1951 年秋天，華生反而成了劍橋大學卡文迪許實驗室（Cavendish Laboratory）的博士後研究生，該實驗室當時的主任是晶體學領域的先驅勞倫斯・布拉格爵士（Sir Lawrence Bragg）。布拉格爵士早在那個時候的 30 多年前，就已成為諾貝爾獎科學領域的最年輕得主，現在依然是這個記錄的保持人[7]。和他共同獲得諾貝爾獎的人是他父親，兩人一起發現了晶體如何讓 X 射線衍射的這個基本數學定律。

華生在卡文迪許實驗室認識了法蘭西斯・克里克，兩人所建立起來的友誼，是歷史上科學家之間最堅定的關係之一。克里克是參與過二次大戰的生物化學理論家，當時已經邁入 36 歲的人生成熟階段，卻還沒拿到博士學位。儘管如此，他卻對自己的直覺有足夠的信心，也毫不在意劍橋風格。他管不住自己，總是去糾正同僚們一點都不周延的草率思考，而且為此沾沾自喜。一如華生在他的《雙螺旋》中令人印象深刻的開場白，「我從來沒有見過謙虛的法蘭西斯・克里克。」這句話同樣也可以套用在華生身上，這兩個人對於彼此不謙

7　原註：現在最年輕的諾貝爾獎得主，是來自巴基斯坦的馬拉拉・優薩福扎伊（Malala Yousafzai），她是和平獎得主，曾遭塔利班射傷，後來獻身爭取女子教育。

虛個性的英雄相惜程度,遠遠超越其他同僚。「一種屬於年輕的自大、一種冷酷無情,還有一種對於思考欠缺嚴謹的不耐煩,自然而然地都出現在我們兩人身上,」克里克回憶道。

華生堅信找出 DNA 的結構,可以為解開遺傳奧祕帶來關鍵要素,克里克也持相同的看法。沒多久,他們就一起吃中餐,共享一個馬鈴薯碎肉派,並相約在實驗室附近的老舊酒吧「老鷹」裡口若懸河、滔滔不絕。克里克的笑聲相當狂暴,聲音也很大,總是會讓勞倫斯爵士分心。因為這個緣故,華生和克里克被分配到一間屬於他們自己的白磚辦公室。

「他們簡直就是一對互補鏈,因為無禮、瘋狂以及火樣的才華而緊密連結,」作家醫生辛達塔·穆克吉[8]說,「他們蔑視權威,卻渴望權威的肯定。他們發現科學機構荒謬又乏味,卻又知道如何在其中鑽營。他們想像自己是典型的局外人,但坐在劍橋各學院內的大方院裡,卻又感到極其自在。他們是愚人宮廷裡自封的小丑。」[9]

當時加州理工學院的生物化學家萊納斯·鮑林(Linus Pauling),因為利用一種 X 射線晶體繞射的組合技術所找出的蛋白質結構、對於化學鍵量子力學的理解,以及利用萬能工匠的結構玩具(Tinkertoy)進行模型建立等成就,在科學界才剛剛一舉成名,也正在為他的第一座諾貝爾獎鋪路。華生與克里克在老鷹酒吧的午餐約會上,密謀該如何利用相同的手法,在破解 DNA 結構的競賽中擊敗鮑林。他們甚至讓卡文迪許實驗室的工具室裁切錫板與銅線,打算用這些東西代表原子以及其他成分,拼湊擺置出桌上模型,直到所有要素與鍵結都正確定位。

這個過程中的一個麻煩,是他們會踩到國王學院摩里斯·威爾金斯的研究領域。當初就是這位生物化學家在那不勒斯的一張 DNA 晶體 X 射線照片,激

---

8 Siddhartha Mukherjee,1970 ~,印度裔美國腫瘤科醫生、生物學家與作家,最廣為人知的作品是 2010 年出版的《萬病之王》(*The Emperor of All Maladies: A Biography of Cancer*)。
9 原註:請參見穆克吉的《基因》第 147 頁。

出了華生的興趣。「英國人所認知的公平競爭，不會允許法蘭西斯在摩里斯的研究題目上參上一腳，」華生寫道，「在法國，公平競爭這種東西顯然根本不存在，這樣的麻煩根本不會出現。美國也不容許這種情況出現。」

威爾金斯似乎並不急著打敗鮑林。他當時陷入了一個相當尷尬的內部鬥爭當中，根據華生書裡的描述，這場內部鬥爭瑣碎至極，卻又高潮迭起。1951 年，倫敦國王學院的這個研究計畫迎來了一位才華橫溢的新同僚：31 歲的羅莎琳・法蘭克林，這位英國生物化學家在巴黎進修的時候，曾學過 X 射線繞射技術。

她之所以被騙進國王學院，是她以為自己可以帶領一個研究 DNA 的團隊。同時，比她年長 4 歲，而且已經在研究 DNA 的威爾金斯，一直都以為她只是幫助他進行 X 射線繞射的新進同仁。兩人不同的認知造成了一種很易燃的狀況。短短幾個月，兩個人就已經發展到了幾乎不跟對方講話的地步。國王學院的性別歧視結構，也助長了兩人的隔閡。學院裡有兩個教職員休息室，分別提供男、女教職員使用，其中女性教職員休息室陰暗髒亂得令人無法忍受，而男性教職員休息室卻是提供高雅午餐的會所。

法蘭克林是位專注的科學家，穿著得體。但這樣的風格卻與英國學術界偏好怪胎以及總是透過性別歧視的鏡片看待女性的習性格格不入。英國學術界的這種態度清楚呈現在華生對她的描述上，「雖然她的女性特徵很明顯，但是如果她在服飾上可以多花一點點心思，也不會毫無魅力，或許還可能相當令人驚艷，可是她沒有。永遠沒有反襯她直直黑髮的紅唇，才 31 歲，穿著卻具體呈現了所有人對於英國正經八百女學究般青少年的想像。」

法蘭克林拒絕將自己的 X 射線繞射照片給威爾金斯或任何其他人看，但1951 年 11 月，她安排了一個演講，要概述自己最近的發現。威爾金邀請華生搭火車從劍橋過去。「她對著觀眾，模樣緊張，快速說了 15 分鐘，」他回憶著，「她的演說中沒有一絲溫情或輕率，我卻沒有辦法認為她是個全然無趣的人。有一瞬間，我在想她如果拿掉眼鏡、梳著某種新穎的髮型，不知道看起來會是什麼樣子。不過話說回來，我最關心的還是她對於晶體 X 射線繞射形狀的描述。」

華生在第二天早上向克里克簡述那場演講的內容。華生並沒有做筆記，

這點讓克里克相當惱火，也因此很多關鍵部分都含糊不清，特別是法蘭克林在她的 DNA 樣本中找到的水含量。儘管如此，克里克還是開始草草構圖，並宣稱法蘭克林的資料標示出一個雙螺旋裡有兩股、三股或四股化合物扭在一起的結構。他認為藉著擺弄不同的模型，兩人或許很快就能找到答案。不到一個禮拜，他們得出了一個自以為是的答案，不過在他們的答案裡，有些原子擠在一起，彼此間的距離有些太近。他們的構想是中間呈現旋扭狀的三股化合物，四個基座從這個主幹向外伸出。

兩人以完全切合他們一貫傲慢自大行徑的作法，邀請威爾金斯和法蘭克林到劍橋來看他們的模型。第二天早上，兩位客人抵達，短暫寒暄後，克里克開始展示三螺旋的結構。法蘭克林立刻看出了問題所在。「你們錯了，原因在於……」她說，然後強而有力又快速的發言，就像一位惱怒異常的老師在上課。

她堅持自己的 DNA 照片中並沒有螺旋狀的分子。有關這一點，後來證實她的認知錯誤。但她另外兩點異議都正確：扭轉的骨幹必然在外部，而非內部，另外模型提案涵蓋的水分不足。「到了這個地步，尷尬的事實已經擺在眼前，我所記得的羅西 DNA 樣本水含量，不可能是正確的，」華生淡淡地帶過。暫時與法蘭克林同一陣線的威爾金斯對她說，如果現在動身去火車站，他們還可以趕上 3 點 40 分回倫敦的火車。結果兩人就這麼走了。

華生與克里克不僅尷尬，還受到了懲罰。勞倫斯爵士下令兩人停止 DNA 的研究計畫。他們製作模型的零件，全被打包送去了倫敦的威爾金斯和法蘭克林那兒。

讓華生原本已經沮喪的心情更為雪上加霜的是萊納斯‧鮑林要從加州理工學院到英國演講，而此舉很可能會對鮑林自己解開 DNA 結構的嘗試產生催化效果。幸好美國國務院趕來救場。在當時給人扣紅帽子與麥卡錫主義 [10] 所引發的怪異環境下，鮑林在紐約機場被擋了下來，護照也遭到沒收，因為他針對和

---

10 1950 年代初，共和黨參議員麥卡錫（Joseph McCarthy）大肆渲染共產主義對美國的滲透，指控許多美國人都是共產黨，並煽動大家相互揭發，如演員卓別林、科學家愛因斯坦等許多知名人士都受到牽連，人稱麥卡錫主義。

平主義所發表的高談闊論，足以讓美國聯邦調查局認為他若獲准出國，可能會對國家產生威脅。這件事讓鮑林永遠都沒有機會討論英國的晶體研究成果，這件事也導致美國輸掉了 DNA 解密的競賽。

鮑林的兒子彼得（Peter）當時是華生與克里克劍橋實驗室裡的年輕學生，他們透過彼得，可以掌握一些鮑林的研究進展。華生覺得彼得是個有趣且討人喜歡的人。「我們可以不停地比較英國、歐洲和加州女孩的優點，」他回憶道。不過 1952 年 12 月的某一天，年輕的鮑林晃進了實驗室，把腳翹到辦公桌上，然後丟下了一個華生一直都在害怕的重磅消息。彼得手裡拿著他父親的來信，信中提到他已經找出了 DNA 的一個結構，而且準備發表。

萊納斯・鮑林的報告在 2 月初送到劍橋。彼得先收到一份副本，他遛達到實驗室裡告訴華生與克里克，他父親的解決方案與他們之前嘗試的作法很相近：三股螺旋鍵，中間有個主幹。華生從彼得的口袋裡搶了報告就開始看。「一開始我覺得有什麼東西不太對，」他回憶，「可是我沒有辦法準確地指出錯誤，直到幾分鐘後，我看到了報告中的插圖。」

華生知道在鮑林提出的模型中，某些原子連結不穩定。當他和克里克以及實驗室裡的其他人討論這個問題時，他們開始相信鮑林出了一個大「洋相」。大家實在太興奮，所以那天下午所有人都提早下班，直接衝去老鷹酒吧。「那天晚上，酒吧門一開，我們就在那兒喝酒慶祝鮑林的失敗，」華生說，「我沒讓法蘭西斯請我喝雪莉，我讓他請威士忌。」

「生命的奧祕」

他們知道不能再浪費時間，也不能再繼續禮讓威爾金斯與法蘭克林。於是華生在某天下午搭火車去倫敦看他們，隨身帶著提早拿到的鮑林報告。他到的時候，威爾金斯外出，所以他不請自進地晃了法蘭克林的實驗室中，當時她正彎身看著一個燈箱，測量自己以愈來愈精進的技術照出來的最新 DNA X 射線圖像。她生氣地瞪著他，不過他開始向她簡述鮑林的報告。

兩人針對 DNA 是否可能是一個螺旋體而爭論了一陣子，因為法蘭克林依

然抱持懷疑態度。「我打斷了她的長篇大論，堅持對任何有規律的聚合物分子而言，最簡單的型態就是螺旋體，」華生回憶著，「這時羅西幾乎已經控制不住她的脾氣了，她拉高了音量對我說，如果我可以閉嘴不再無理取鬧，看看她的 X 射線證據，就可以清楚知道自己這種說法有多愚蠢。」

隨著華生正確但非常無禮提出像法蘭克林這樣優秀的實驗主義者，如果知道如何與理論主義者合作，結果會更成功的言論，兩人的對談氣氛更加每下愈況。「突然間，羅西走出了隔開我們兩人的實驗台，並開始向我走來。我很擔心她在盛怒之下會打我，所以我抓起鮑林的報告，快速後退。」就在衝突即將升高到頂點時，威爾金斯經過，他帶著華生去喝點茶，平復情緒。他向華生透露法蘭克林照了幾張潮濕型態的 DNA 照片，提供了 DNA 結構的新證據。然後他走到隔壁的辦公室，拿出一張後來成為眾所皆知的「第 51 號照片」（photograph 51）。威爾金斯取得這張照片的程序正當：與法蘭克林一起研究並拍下這張照片的博士生是他指導的學生。但把這張照片拿給華生看，卻有欠妥當。華生根據這張照片記下了幾個關鍵參數，並將資料帶回劍橋與克里克分享。這張照片證明法蘭克林所認定的 DNA 結構主幹，就像螺旋梯的鋼絞一樣位於外部，而非位於分子內部的看法是正確的，但是她拒絕接受 DNA 是螺旋體的認知卻是錯誤的。「螺旋結構，是佔據了整張照片重點部位的黑色交叉圖

羅莎琳·法蘭克林

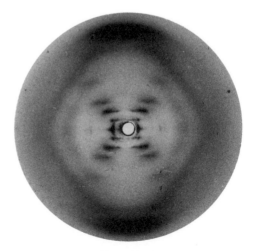

第 51 號照片

形反影的唯一可能，」華生立即看了出來。後人針對法蘭克林的筆記所做的研究顯示，甚至在華生此次拜訪之後，她距離確實辨識出 DNA 的結構，也仍有許多步的差距。[11]

　　搭著沒有暖氣設備的火車回劍橋途中，華生在他那份《泰晤士報》的邊緣勾畫下自己的想法。回到劍橋後，因為已經過了學院晚上的關門時間，所以他得爬過後門，才能回到自己住宿的學院。第二天早上，當他走進卡文迪許實驗室時，碰到了曾明令他與克里克避開 DNA 研究計畫的勞倫斯‧布拉格爵士。不過在面對華生興奮簡述他所知道的資料，並聽到他希望重新製作模型時，勞倫斯爵士同意了華生的請求。華生衝下樓到機械室，讓工作人員開始製作一套新的零件。

　　華生與克里克很快就取得了更多法蘭克林的研究資料。她之前曾送了一份自己的研究報告給英國醫學研究委員會（Medical Research Council），委員會中有位委員將這份資料拿給華生與克里克分享。儘管華生與克里克並沒有真的竊取法蘭克林的發現，但他們也的確未經她同意就挪用了她的研究資料。

　　這個時候，華生與克里克對 DNA 結構的想法，已經掌握得相當不錯。DNA 有兩股以螺旋狀旋轉的糖磷酸，組成了一個雙股螺旋體。凸出於這兩股糖磷酸之外的，是 DNA 的四個基底：腺嘌呤、胸腺嘧啶、鳥嘌呤以及胞嘧啶，現在大家一般都用 A、T、G 和 C 來代表。兩人同意法蘭克林所認定的主幹在外，而基底指向內，就像一截扭轉的梯子或螺旋式樓梯的看法。一如華生後來努力展現優雅但不太成功的態度所承認的，「過去她在這件事情上毫不妥協的立場，體現出來的是一位一流科學家所流露的情緒，而非一名判斷錯誤的女性主義者。」

　　華生與克里克一開始以為 DNA 基底會兩兩成對，舉例來說，一個由腺嘌呤組成的階梯會與另一個腺嘌呤連結。但有一天，華生在用他自己裁切的硬紙

11　原註：羅莎琳‧法蘭克林論文專區的《DNA 之謎：1951 ～ 1953 倫敦的國王學院》（*The DNA Riddle: King's College, London, 1951-1953*），請參考美國國家衛生研究院醫學圖書館，https://profiles.nlm.nih.gov/kr/feature/dna；尼可拉斯‧韋德刊於 2003 年 4 月《科學》之《是她抑或不是她》（Was She or Wasn't She）；喬德森的《創世紀的第八天》第 99 頁；馬道克斯的《羅莎琳‧法蘭克林：DNA 的黑暗女士》第 163 頁；穆克吉的《基因》第 149 頁。

板基底模型擺弄各種不同的配對方式時，「突然間，我注意到一對腺嘌呤—胸腺嘧啶，至少要有兩個氫鍵才能結合在一起。」華生很幸運地能在一個與各種專業科學家共事的實驗室裡工作，因為實驗室中有一位量子化學家，幫他確認了腺嘌呤會吸引胸腺嘧啶，而鳥嘌呤會吸引胞嘧啶。

這個結構出現了一個令人覺得非常激動的結果：當這兩股化合物分開時，可以完美的複製，因為任何一個半截階梯都會去吸引它們天生的配對對象。換言之，這樣的結構允許分子自行複製，並將存於其序列中的編碼資訊傳承下去。

華生回到機械室，催促工作人員加速趕製這個模型的四類基底。機械師這時也感染到了華生的興奮情緒，在兩個小時內就完成了閃亮金屬片的焊接工作。等華生拿到了所有的零件後，只花了一個小時就把零件組裝好，模型的原子位置完全符合 X 射線的資料與化學鍵的定律。

在《雙螺旋》中，華生有一句令人難忘且一點都不誇張的話，「法蘭西斯飛進了老鷹酒吧，告訴所有聽得到他聲音的人，我們找到了生命的奧祕。」答案完美得像在作夢。他們所解開的結構，完全吻合分子運作。這樣的結構能夠攜帶自行複製的密碼。

華生與克里克在 1953 年 3 月的最後一個星期完成了他們的論文。整篇報告只有 975 個字，由華生的妹妹打字完成。她之所以答應幫忙，是因為華生提出的理由，她「正參與著生物學上或許是繼達爾文著作之後最著名的事件。」克里克想要加上一段有關這個發現對遺傳影響的內容，但華生以簡短結尾更有力的說法說服了他不要這樣做。就這樣，科學世界裡最重要的其中一句話現世：「我們所假設的特定配對型態，立即讓人想到遺傳物質可能具備的一種複製機制，而這一點，我們並未忽略。」

1962 年，諾貝爾獎頒給了華生、克里克與威爾金斯。法蘭克林不具領獎資格，因為她在 1958 年 37 歲的時候，就因為卵巢癌過世。一般猜測導致她罹癌的原因，很可能是她暴露在放射線的環境中。如果當時她還在世，諾貝爾委員會很可能會面臨一個相當尷尬的情況，因為每一個諾貝爾獎項最多只能頒給三位得主。

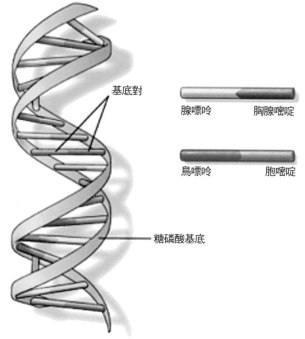

基底對

腺嘌呤　　　胸腺嘧啶

鳥嘌呤　　　胞嘧啶

糖磷酸基底

圖片來源：美國國家醫學圖書館

　　1950 年代，同時發生了兩起革命性大事。包括克勞德‧夏農[12] 與艾倫‧圖靈[13]在內的數學家，證明了所有的資訊都能以人稱位元的二進位制編碼。這個發現，加上由處理資訊的電路開關所提供的動力，引發了一場數位革命。同一個時間，華生與克里克發現在每一種生命型態中，各種指令的建立，全都藉由編碼方式儲存在以四個字母（鹼基）所代表的 DNA 序列中。一個以數位編碼方式（0100110111001……）以及遺傳密碼編碼方式（ACTGGTAGATTACA……）為基礎的資訊時代於焉誕生。當這兩條編碼大河匯聚在一起時，歷史長流的速度加快了許多。

12　Claude Shannon，1916 ～ 2001，美國數學家、電子工程師，也是密碼學家，被稱為「資訊理論之父」，1948
　　年發表《通訊的數學原理》（*A Mathematical Theory of Communication*），奠定了現代資訊理論的基礎。
13　Alan Turing，1912 ～ 1954，英國數學家、電腦科學家、邏輯學家、密碼分析師，也是理論生物學家。1937
　　年提出圖靈機器（Turing machine）模型，奠定了現代電腦邏輯設定的基礎。圖靈也是密碼大師，在二次世
　　界大戰期間，負責德國海軍密碼分析，並設計出許多加速破解德國密碼的技術。

第 4 章

一位生物化學家的教育

走入科學的女生

珍妮佛・道納在後來的日子裡會遇到詹姆斯・華生，不定期地和他一起做研究，也會接觸到他個性上的各種複雜。在某些方面，他就像個智識領域的教父，至少在他開始說出一些像是從原力的黑暗面所跑出來的東西之前是如此（一如《星際大戰》中白卜廷議長對安納金天行者所說的「原力的黑暗面是得到許多被某些人認定為非自然力量的通道。」）。

但在道納六年級第一次閱讀到華生的著作時，她的反應其實單純多了。因為這本書的激發，她理解到撥開一層層自然的美麗，然後去發掘，套用她自己的話，「最根本與最核心的那一層，一切的事物是如何運作，又是為什麼如此運作」的原因，是可能做到的事情。生命由分子構成，而這些分子的化學成分與結構，決定了它們的行為。

除此之外，因為《雙螺旋》的激發，她覺得科學也可以很有趣。她以前讀過的所有科學著作都是「沒有任何感情的人，穿著實驗室袍、戴著實驗室眼鏡的圖片。」然而這本書卻刻畫出一幅更生動的景象。「這本書讓我領悟到科學可以令人異常激動，也可以像是踏上了一條很棒的神祕小徑，然後一路上從這兒撿一點線索，從那兒得到一些提示，最後再把一塊塊拼圖拼在一起。」華生、克里克與法蘭克林的故事，是一個講述競合關係的故事，是一個讓數據與理論共舞的故事，也是一個與對手實驗室競爭的故事。所有的這些感觸都與還是個

孩子的她產生了共鳴，而這些感觸也會持續在她未來的職涯中迴盪。[1]

念高中時，道納有一個機會去做與 DNA 有關的標準生物實驗，實驗內容包括分離鮭魚精細胞，然後用一根玻璃棒攪拌細胞內黏呼呼的成分。她的啟發來自一位精力充沛的化學老師，以及一名從生物化學的角度提供細胞之所以產生癌變原因的女士。「她的演講更堅定了我對於女人可以當科學家的體認。」

有一條線，串起了她童年時對於熔岩洞穴中無眼蜘蛛、一碰就閉合的含羞草，以及產生癌變的人類細胞的好奇，而這些事情全都與雙螺旋的偵探故事有關。

她決定大學念化學，不過就像當時許多女性科學家一樣，她也遇到了阻力。學校的指導顧問是一位抱持傳統態度、年計較長的日裔美籍男性。當她向他解釋自己的大學目標時，他開始嘟噥說著「不行、不行、不行。」道納不再解釋，而是直視著他。「女孩子不搞科學，」他這樣堅持。這位顧問甚至試圖阻止她參加大學委員會的化學考試。「妳真的知道那是什麼，那個考試在考什麼嗎？」他問她。

「他的那些話讓我很難過，」道納回憶著，卻也更堅定了她的決心。「沒錯，我一定可以做到，」她記得曾這麼告訴自己。「我會證明給你看。如果我想走科學這條路，我就會做到。」她申請了化學與生物課程都非常好的加州波莫納學院（Pomona College），並收到了校方的入學許可。她在 1981 年秋天註冊入學。

波莫納

大學生活一開始並不開心。高中時跳了一級，所以她當時才 17 歲。「我突然成了一個非常大的池塘裡的一條小魚，」她回憶道，「我也懷疑自己在這裡是否真的可以學得很好。」她想家，又再次感到格格不入。她的許多同學都來自南加州的富有家庭，有她們自己的車，而她連學費都要靠獎學金，生活費則是來自打工。那個時候，打電話回家是很昂貴的。「我的父母錢不多，他們

1　原註：作者對道納的訪問。

叫我打對方付費電話，但一個月只能打一次。」

之前下定決心主修化學的她，這時卻開始質疑自己是否應付得來。或許她的高中指導顧問並沒有說錯。她的普通化學課上有兩百個學生，大多數學生的大學先修化學測驗成績都拿到最高的 5 分。「這種情況讓我質疑自己是不是有點眼高手低，」她說。因為她的競爭意識，所以如果只能當個成績平庸的學生，她對這門課就不會太有興趣。「我當時想，『如果沒有機會成為人上人，我就不想當化學家了。』」

她考慮改為主修法語。「我跑去找我的法語老師，她問我主修什麼。」當道納回答主修化學時，這位老師要她堅持下去。「她真的非常堅持。她說『如果妳主修化學，妳可以做各種各樣的事情；如果妳主修法文，妳可以成為法語老師。』」[2]

大一結束後的暑假，當她在全家人的朋友唐‧艾梅斯，也是曾帶她到大自然中散步的夏威夷大學生物學系教授的實驗室裡找到一份工作時，她的前景開始變得明亮。艾梅斯當時正在用電子顯微鏡研究細胞內化學物質的移轉。「珍妮佛對於能夠看到細胞內部，並研究所有的這些小粒子在做些什麼事情，感到非常著迷，」艾梅斯回憶道。[3]

艾梅斯同時也在研究小貝殼的演化。艾梅斯是夏威夷當地相當活躍的潛水員，他會撈起幾乎要用顯微鏡才看得到的最小貝殼樣本，讓學生幫他把這些樣本嵌入樹脂中，切成薄片，再放到電子顯微鏡下分析。「他教我們如何用各種不同種類的化學物質來為樣本進行不一樣的染色，這樣才能檢查貝殼的演化，」道納解釋。然後她有生以來第一次在實驗室裡記筆記。[4]

大學化學課裡多數的實驗都是照著一定的配方進行。實驗有非常嚴格的規定，正確答案也只有一個。「唐實驗室裡的研究完全不一樣，」她說，「跟課堂上不一樣，我們根本不知道自己應該得到什麼樣的答案。」這個經驗讓她嘗

2 原註：作者對道納的訪問。
3 原註：作者以電子郵件形式對唐‧艾梅斯的訪問。
4 原註：作者對道納的訪問；道納與山姆‧斯騰伯格（Sam Sternberg）合著之《創造的裂縫》（A Crack in Creation, Mifflin, 2017）第 58 頁；凱斯林的《與珍妮佛‧道納一席談》；波拉克的《珍妮佛‧道納：一位為基因編輯簡化提供助力的先驅》。

在波莫納學院的實驗室中

到了發現的激動滋味，也幫助她看到成為科學家群體的一員、研究有了進展，以及把線索全拼湊在一起，找出大自然運作的方式，會是什麼樣子。

　　秋天再回到波莫納後，她交了朋友、更能融入周遭環境當中，對於自己在化學領域的能力，也有了更多信心。因為工讀安排，她接了學校化學實驗室裡的一連串工作。大多數的工作都引不起她的興趣，因為那些工作並不是在探索化學如何與生物學產生交集。但大三之後，當她在指導教授雪倫・帕納森科（Sharon Panasenko）這位生物化學教授的實驗室找到了一份暑假工作時，這種情況就有了改變。「那個時代，大學裡的女性生化學家遇到的挑戰更多，我之所以欽佩她，不僅因為她是優秀的科學家，也因為她是我的偶像。」[5]

5　原註：除非另外註明出處，本章節引述的所有道納之言，均出於作者對她的訪問。

帕納森科當時進行的研究，與道納對於活細胞機制的興趣一致。她的研究重點是弄清楚為什麼土壤中發現的某些細菌能夠彼此溝通，讓它們在養分不足時聚集在一起。這些聚在一起的細菌會形成一個稱為「子實體」的群體。數以百萬計的細菌，藉由發送化學訊號而找出了聚集方式。帕納森科聘用道納來幫她找出這些化學訊號的運作機制。

「我必須先警告妳，」帕納森科對她說，「我實驗室裡的技術員培養這些細菌已經培養了 6 個月，但還找不到這些細菌是怎麼做到的。」道納開始試著用大烤盤而非一般的培養皿培養細菌。有天晚上，她把自己的細菌烤盤放入恆溫箱中。「第二天上班後，當我撕開缺乏養分的烤盤錫箔紙時，眼中所看到的美麗結構，讓我簡直目瞪口呆！」那些細菌看起來就像一顆顆小足球。另一位技術員沒有做到的事情，她卻成功了。「那真是令人難以置信的一刻，而那次的成功也讓我覺得自己可以走科學這條路。」

這些實驗提出了有絕對分量的結果，讓帕納森科可以在《細菌學雜誌》（*Journal of Bacteriology*）上發表一篇研究報告，並在報告中感謝她四位實驗室助理之一的道納，「她初期的觀察，為這個計畫做出了重要的貢獻。」

那是道納的名字首次出現在科學期刊中。[6]

哈佛大學

儘管道納的理化成績第一　但她在選擇研究所時，一開始並沒有考慮哈佛大學。是她的父親不斷催促她去申請。「算了吧，爸，」她反駁道，「我永遠也進不去。」她父親對她這種說法的回答是，「妳不申請當然進不去。」結果她不但進了哈佛，而且還得到了哈佛一筆非常慷慨的獎助學金。

那年夏天，她用了部分時間去歐洲旅行，旅費來自她在波莫納工讀時存下來的錢。1985 年 7 月旅遊結束後，她直接趕去了哈佛，以便能在開學前開始工

6　原註：雪倫・帕納森科刊於 1985 年 11 月號《細菌學雜誌》的〈黃色粘液球菌型態發展期的巨分子甲基化〉（Methylation of Macromolecules during Development in Myxococcus xanthus），論文於 1985 年 7 月提出。

作。哈佛和其他大學一樣，每個學期都需要化學專業的研究生在各個教授的實驗室裡工作。這種輪換的用意在於讓學生有機會學習各種不同的技術，然後選擇一個實驗室進行自己的論文研究。

道納打了電話給研究所課程主任羅貝多·柯特（Roberto Kolter），詢問是否可以從他的實驗室開始自己的輪換計畫。柯特是一位年輕的西班牙裔細菌專家，大大的笑容、優雅的撥髮動作、無框眼鏡，以及一種朝氣蓬勃的說話風格。他的實驗室非常國際化，有許多來自西班牙或拉丁美洲的研究人員，而他們的年輕與積極的政治活動力，都令道納大開眼界。「媒體所呈現出的年長白種男性科學家形象，對我有非常深遠的影響，所以我以為自己在哈佛要打交道的科學家都是那個樣子。但是我在柯特實驗室裡的經驗完全不是那麼一回事。」她之後的事業發展，從 CRISPR 到新冠病毒，都會反映出現代科學的這種國際化特質。

柯特指派給道納的計畫是研究細菌如何製造出對其他細菌有毒的分子。她負責仿製細菌基因（做出一個一模一樣的基因 DNA 副本），並檢測這些基因的功能。她想出一個設定程序的新方法，但柯特表明行不通。道納很固執，因此挺身為自己的想法辯護。「我就是用我的方式做的，而且也得到了仿製的基因，」她對他說。他有點意外，但最後還是支持了她的作法。這件事讓她在克服始終潛伏於心中的不安全感上，向前跨了一步。

道納最後決定在傑克·索斯達克（Jack Szostak）的實驗室中進行論文研究。索斯達克是才華洋溢的哈佛生物學家，他當時正在研究酵母菌的 DNA。加拿大裔美國籍的他，祖先是波蘭人，他在當時是哈佛分子生物學系最年輕的天才之一。儘管要管理一間實驗室，但索斯達克依然擔負著實驗科學家的工作，所以道納有機會看他做實驗、聽他思考的過程，也佩服他冒險的方式。她理解到索斯達克才智的重要層面，是他以令人意料不到的方式，連結不同領域的能力。

道納經手的實驗讓她窺見了基礎科學變身為實用科學的方法。在取用 DNA 片段以及將取出的片段進行基因重組時，酵母菌細胞的效率都很高。她利用工程手法做出了尾端序列與酵母菌序列完全相同的 DNA 股鏈。只要再用一點點

電擊，她就可以在酵母菌的細胞壁上打開極其細小的通道，讓她所製作的 DNA 自行扭動進去。這個 DNA 就會與酵母菌的 DNA 重新結合。就這樣，她發明了一種可以編輯酵母菌基因的工具。

克萊格・凡特與法藍西斯・柯林斯

第 5 章

人類基因體

詹姆斯和羅弗斯‧華生

　　1986 年，當道納還在傑克‧索斯達克的實驗室中進行研究時，一項大規模的國際性科學合作案子正在醞釀中 [1]。這個案子被稱為「人類基因體計畫」（Human Genome Project），目的在於弄清楚我們 DNA 中 30 億對鹼基的序列，並繪製出超過兩萬個由這些鹼基所編碼的基因圖譜。

　　在促成這項計畫的眾多根源當中，有一個原因與道納童年心中的英雄詹姆斯‧華生以及他的兒子羅弗斯（Rufus）有關。《雙螺旋》的這位挑釁型作家，是位於紐約長島北部海岸，擁有 110 英畝綠蔭園區的生物醫學研究與研討會聖地冷泉港實驗室（Cold Spring Harbor Laboratory）的主任。冷泉港實驗室創建於 1890 年，曾發表過許多重要的研究。1940 年代，薩爾瓦多‧盧瑞亞與麥克斯‧德爾布呂克 [2] 就是在這個實驗室裡，帶領了一支包括年輕華生在內的研究團隊研究噬菌體。然而這座實驗室卻也飽受更多引發爭議的幽靈騷擾。1904 至 1939 年間，在當時的主任查爾斯‧達文波特 [3] 帶領之下，冷泉港被當成了一個優生學中心，產出了許多研究報告，聲稱不同種族與族群，具有基因差異性，而這些

1　原註：美國能源部於1986年開始了人類基因體的定序研究。政府資助人類基因體計畫是1988年雷根總統提交的預算。美國能源部與國家衛生研究院於1990年簽署了一項備忘錄正式認可這項計畫。

2　Max Delbrück，1906 ～ 1981，德裔美籍生物物理學家，1969年與盧瑞亞、赫希（Alfred Hershey）共同獲得諾貝爾獎。

3　Charles Davenport，1866 ～ 1944，美國知名生物學家與優生學家，對美國的優生運動有相當的影響力。

差異會反映在智力與犯罪行為的特質上。[4] 華生在1968至2007年間擔任冷泉港主任,任期結束時,他對於種族與遺傳的發言,讓過去的那些幽靈全回了魂。

冷泉港除了是研究中心,每年還會針對選定的主題主辦約30場學術會議。1986年,華生決定舉辦一個名為「基因體的生物學」(The Biology of Genomes)年度系列會議。第一年會議的議程就是規劃人類基因體計畫。

會議開始的那一天,華生對所有聚集在一起的科學家發表了一段令人震驚的聲明。他的兒子羅弗斯從精神科醫院逃脫了。羅弗斯自從打破世界貿易中心的窗戶玻璃,試圖跳樓輕生後,就一直住在精神科醫院裡。現在他失蹤了,所以華生要離開會場去找他。

羅弗斯生於1970年,有一張削瘦的臉、一頭蓬亂的頭髮,還有跟他父親一樣的撇嘴笑容。他也是個非常聰明的人。「我很高興,」華生說,「因為有一陣子他會和我一起去賞鳥,我們的感情不錯。」當華生還是個芝加哥的聰明小瘦子時,賞鳥就是他和他父親會一起做的事。然而羅弗斯在小時候就表現出了無法與人良好互動的跡象。在寄宿學校菲利普斯艾克斯特中學(Phillips Exeter Academy)讀高一時,發生了一件意外,導致他精神錯亂,之後他被送回了家。幾天後,他到世界貿易大樓頂樓,打算結束自己的生命。醫生診斷他是思覺失調症時,老華生哭了。「我從來沒有看過吉姆掉眼淚——或者他這輩子都沒有掉過眼淚,」他的妻子伊莉莎白(Elizabeth)說。[5]

華生錯過了大部分的冷泉港基因體會議,他和伊莉莎白配合搜尋隊一起去找他們的兒子。最後大家終於找到了在森林裡徘徊的羅弗斯。華生的科學與實際的人生出現了交集。對他而言,這項畫出人類基因體圖譜的大規模國際計畫,不再是一個抽象的東西或學術目標的追求。這項計畫與他個人相關,也因此在他心中深植下了一個幾近執念的信仰,讓他堅信在遺傳學的力量下,人類

---

4   原註:丹尼爾·歐克倫特(Daniel Okrent)的《被守護之門》(*The Guarded Gate*, Scribner, 2019)。
5   原註:美國公共廣播公司《美國大師》系列紀錄片之《解碼華生》(*Decoding Watson*),由馬克·曼紐奇(Mark Mannucci)執導,2019年1月2日播出。

的生命可以得到解釋。是先天而非後天因素，讓羅弗斯陷入這種狀況，也是先天因素，讓不同族群的人成了他們如今的樣子。

至少華生是如此認定的，他戴上了一副用自己在DNA上的發現以及兒子精神狀況做成的眼鏡，而他眼中的一切，都會經過這副眼鏡過濾。「羅弗斯的聰明無人能及，他眼光高遠，可以很體貼，但生氣的時候，也會變得很尖銳，」華生說，「他還小的時候，內人和我希望為他安排正確的成長環境，讓他未來能夠成功。但很快我就知道他的問題在於他的基因。這個覺悟驅使我主導了這項人類基因體計畫。這是我能夠瞭解我們兒子的唯一方式。想要幫助他過正常的生活，就要去解開基因體的祕密。」[6]

定序競賽

人類基因體計畫正式在1990年啟動時，華生被指定為第一屆的計畫主任。所有的主要研究人員都是男性。2009年成為美國國家衛生研究院（the U.S. National Institutes of Health）院長的法藍西斯・柯林斯（Francis Collins）後來接任華生的位置成為計畫主任。人類基因體計畫裡的天才小子包括了極具個人魅力、針對目標奮力不懈的艾瑞克・蘭德（Eric Lander）。這位布魯克林出身的高中數學隊隊長，傑出的程度令人驚嘆。他拿著羅德獎學金（Rhodes Scholar）在牛津大學完成了編碼理論的博士論文後，決定在麻省理工學院當個遺傳學家。計畫中最具爭議的研究人員是狂野而冷酷的克萊格・凡特（Craig Venter）。他曾被徵召入伍，在越戰新春攻勢期間，服役於美國海軍野戰醫院，曾試圖游至外海自殺，後來成為生物化學家與業餘的生物科技玩家。

人類基因體計畫以合作計畫開始，但和其他許多發現與創新的故事一

6　原註：作者對華生的訪問，以及和華生、伊莉莎白・華生、羅弗斯・華生的多次會面；艾爾格斯・瓦利烏納斯（Algis Valiunas）刊於2017年《新亞特蘭提斯》（*The New Atlantis*）夏季號的〈分子生物的傳教士〉（The Evangelist of Molecular Biology）；華生的《對DNA的熱情》（*A Passion for DNA*, Oxford, 2003）；菲利浦・雪爾威爾（Philip Sherwell）2009年5月10日刊於英國《電訊報》（*The Telegraph*）的〈DNA之父詹姆斯・華生的「聖杯」之求〉（DNA Father James Watson's "Holy Grail" Requests）；尼可拉斯・韋德2001年6月1日刊於《紐約時報》之〈解碼DNA基因體發現者〉（Genome of DNA Discoverer is Deciphered）。

樣，這項計畫後來變成了一項競賽。當凡特找到了其他的方法，以更低的成本、更快的速度進行定序時，他脫離了這項計畫，成立了一家私人企業塞雷拉（Celera），並為這些發現申請專利，希望能夠獲利。華生找蘭德幫忙，請他協助重新整合大家的努力，加快計畫進行的速度。整合過程中，蘭德的自尊心受到了一些傷害，但他最後還是確保了整個計畫的速度，能夠與凡特個人努力的進展並駕齊驅。[7]

千禧年年初，當競爭成為眾所矚目的焦點時，美國總統柯林頓施壓，希望看到不斷在媒體上狙擊對方的凡特與柯林斯兩派人馬能達成休戰協議。柯林斯認為凡特的定序與學生學習指南《克里夫筆記》（Cliff's Notes）和專門惡搞電影、漫畫、電玩的《抓狂》雜誌（MAD）相像。凡特則是嘲諷多花了 10 倍經費的計畫，進度與花出去的錢根本不成比例。「搞定這件事──讓這些傢伙一起合作，」柯林頓對他的首席科學顧問這樣說。於是柯林斯和凡特見面，吃披薩、喝啤酒，討論是否可以針對這些很快就會成為世上最重要生物資料庫的數據，達成功勞共享以及公之於眾的協議，而不要為了私利去利用。

又經過幾次祕密會議後，柯林頓把柯林斯和凡特請到白宮出席典禮，在典禮上，柯林頓公布了人類基因體計畫的初步成果，也宣布了雙方同意共享榮耀。詹姆斯・華生高度讚揚這個決定。「過去這幾個星期的事件，顯示出為了公眾利益而努力的人，並不見得會落後在那些追逐私利者的後面，」他說。

我當時是《時代》雜誌的編輯，我們已經跟凡特合作了好幾個禮拜，希望拿到他的獨家說法，到時也會以他作為封面故事的主角。他是個相當有吸引力的封面主角，因為他那個時候已經用塞雷拉賺來的財富，把自己變成了引人注目的遊艇所有者、競技衝浪手，以及派對主人。截稿的那個禮拜，我接到了一通完全意想不到的電話，來電者是副總統高爾。他催促我──非常用力且極具說服力地催促我，把法藍西斯・柯林斯也放到封面上。凡特拒絕接受。他已經被迫在記者會上與柯林斯共享功勞，他不要再和他共享《時代》雜誌的封面。最終他還是同意了，只不過在拍攝照片的時候，他依然忍不住繼續抱怨柯林斯

7　原註：作者對丘奇、蘭德與華生之訪問。

跟不上塞雷拉的定序速度。柯林斯只是笑笑，沒做出任何回應。[8]

　　「今天，我們正在學習上帝創造生命的語言，」柯林頓總統在以凡特、柯林斯與華生為主角的白宮典禮上這樣宣布。他的聲明抓住了大眾的想像力。《紐約時報》用頭版橫幅標題寫著「科學家解開了人類生命的基因密碼」。由傑出的生物科學記者尼可拉斯·韋德（Nicholas Wade）撰寫的這篇報導，第一段話就是「在一個代表人類自我認識的巔峰成就中，互相競爭的兩派科學家今天宣布，他們已經譯出了遺傳的劇本，換言之，他們解開了定義人類這個有機體的指令架構。」[9]

　　道納與索斯達克、丘奇以及其他哈佛學者討論在人類基因體計畫上投入的 30 億資金是否值得。當時丘奇抱持懷疑態度，現在依然如此。「30 億買到的東西並不多，」他說，「我們其實沒有發現任何東西。一項技術都沒有留下來。」結果證明，大部分的偉大醫學突破，都並非如當初預測的那樣是因為勾勒出 DNA 圖譜而導致的。科學家找到了超過 4 千種致病的 DNA 突變體，然而我們連戴克薩斯症、鐮刀型貧血或杭汀頓舞蹈症這類最簡單的單基因疾病治療方法，都還沒有發展出來。為 DNA 定序的人教會了我們如何閱讀生命密碼，但更重要的下一步，是學習如何撰寫密碼。撰寫密碼需要另一套完全不一樣的工具，而這套工具將涉及到那種道納認為比 DNA 更有趣的分子，那種像蜜蜂一樣忙碌工作的分子。

8　原註：佛德瑞克·高登（Frederic Golden）與麥可·雷蒙尼克（Michael D. Lemonick）合著之《比賽結束》（The Race is Over），以及華生 2000 年 7 月 3 日刊於《時代》雜誌之〈再訪雙螺旋〉（The Double Helix Revisted）；作者與艾爾·高爾、凡特、華生、丘奇和柯林斯的對談。

9　原註：作者在白宮典禮上的筆記內容；尼可拉斯·韋德 2000 年 6 月 27 日刊於《紐約時報》之〈科學家破解人類生命的基因密碼〉（Genetic Code of Human Life Is Cracked by Scientists）。

第 6 章

RNA

中心法則

如果想要像**閱讀**人類基因那樣熟悉地**撰寫**人類基因，我們需要把焦點從 DNA 轉移到一個不如 DNA 那麼出名，卻是實際執行所有 DNA 密碼指令的 DNA 手足身上。RNA（核糖核酸）是一種存在於活細胞中，與 DNA（去氧核糖核酸）相似的分子，但在糖—磷酸主幹中多了一個氧原子，而四個鹼基中，也有一個鹼基不一樣。

DNA 也許是世界上最廣為人知的分子，其知名程度讓它出現在雜誌封面上，也讓它被用來當成隱喻，暗指深植在一個社會或組織中的特質。但是也像許多名聲顯赫的手足一樣，DNA 做的事情其實並不多。它主要就是待在細胞核的家中，不太出外探險，基本工作是保護自己編成密碼的資料以及偶爾自我複製一下。相反地，RNA 就是真的出門做事了。它不只待在家裡規劃與管理資料，還要製造如蛋白質這種真正的產品。請注意 RNA 這個角色。從 CRISPR 到新冠病毒，不論是這本書還是道納的事業，RNA 都是領銜主演的分子。

在人類基因體計畫進行的那個時候，大家認為 RNA 主要扮演的是傳遞分子的角色，負責運輸位於細胞核中的 DNA 指令。一小部分編寫了密碼的 DNA，被繕寫到了 RNA 的一個片段中，然後送到細胞的製造區域。這個「信使 RNA」就會在製造區進行正確序列的胺基酸組裝，製成特定的蛋白質。

這些蛋白質有許多種類。舉例來說，有組成諸如骨頭、組織、肌肉、毛髮、指甲、肌腱與皮膚細胞等結構的纖維蛋白，也有在細胞間傳達信號的膜蛋

白。這些蛋白質都擔任著催化者的工作。它們在所有的生物體中，激發、加速，以及調制各種化學反應。在一個細胞中發生的所有行動，幾乎都要有一種酵素作為進行催化。請注意酵素這個東西。它們會是 RNA 的配角，也是這本書中 RNA 的舞伴。

與華生一起發現 DNA 結構的 5 年後，法蘭西斯・克里克為這種遺傳資訊從 DNA 移至 RNA 以便製造蛋白質的過程取了一個名字。他稱之為生物學的「中心法則」。克里克後來勉強承認，選用有著不可改變與不容質疑信仰意味的「法則」二字，實在是個很糟的決定。[1] 不過「中心」兩個字卻相當貼切。雖然法則內容有所調整，這個過程卻一直是生物學的中心。

核酶

中心法則內容最早的調整之一，是湯瑪斯・闕克[2] 與席尼・奧爾特曼[3] 獨立發現蛋白質不是細胞內唯一可以當作酵素的分子。1980 年代初完成的研究，讓他們得到了諾貝爾獎，兩人意外發現有些型態的 RNA 也可以作為酵素，特別是他們發現有些 RNA 可以藉由引發化學反應而自行分裂。他們稱這些具催化作用的 RNA 為「核酶」，靈感來自於「核糖核酸」與「酶」（酵素）的混合。[4]

闕克與奧爾特曼是在研究內含子（introns）的時候有了這個發現。DNA 序列中有些部分並沒有如何製造蛋白質的密碼指令。當這些無密碼的序列被繕寫到 RNA 分子上時，它們會堵住工作的進展。因此 RNA 在可以快速執行自己的任務去督導蛋白質製作之前，必須先切掉這些片段。切掉這些內含子後，再把 RNA 有用的部分切出來接回去的剪貼過程，需要一種催化劑，而這個角色通常由一個蛋白質酵素負責。然而闕克和奧爾特曼卻發現某些可以自剪接的特定

1　原註：穆克吉的《基因》第 250 頁。
2　Thomas Cech，1947 ～，美國化學家，1989 年諾貝爾化學獎得主。
3　Sidney Altman，1939 ～，加拿大裔美國籍分子生物學家，1989 年諾貝爾化學獎得主。
4　原註：道納 1994 年 12 月 15 日刊於《結構》（*Structure*）期刊的〈敲定核酶型態〉（Hammering Out the Shape of Ribozyme）。

傑克・索斯達克

RNA 內含子！

這個發現具有非常酷的含意。如果某些 RNA 分子可以儲存遺傳資訊，同時又可以發揮催化的功能，激發化學反應，那麼這些分子對於生命起源的重要性，很可能要勝過若沒有蛋白質充當催化劑就無法自我複製的 DNA。[5]

是 RNA，而非 DNA

1986 年春天，道納的實驗室輪換計畫結束時，她問傑克‧索斯達克自己是否可以留下來，在他的指導下作博士研究。索斯達克同意，不過加了一個但書。他不打算再專注於酵母菌 DNA 的研究上了。當其他生物化學家都因為人類基因體計畫的 DNA 定序而興奮不已的時候，索斯達克決定將自己實驗室的注意力轉到 RNA 上，他相信 RNA 很可能會披露出所有生物奧祕中最大的祕密，亦即生命的起源。[6]

他對道納說，闕克與奧爾特曼發現某些 RNA 具備酵素催化能力的這件事，讓他覺得非常有趣。他的目標是明確瞭解這些核酶可否利用這種能力進行複製。「這個片段的 RNA 是否有複製自己的化學圖章？」他問她。他建議她把博士論文的焦點放在這個議題上。

道納發現自己受到了索斯達克熱情的感染，於是報名成為他研究 RNA 實驗室的第一位研究生。「在生物學的課堂上，我們學習 DNA 的結構與編碼，我們也知道蛋白質如何在細胞內做著所有的粗活與累活；至於 RNA，則被看成了乏味的媒介，某種中階經理人，」她回憶著，「當我知道傑克‧索斯達克這個哈佛的年輕天才，因為覺得 RNA 是瞭解生命起源的關鍵，就想全心全意地專注在 RNA 的研究上，我真的感覺相當驚訝。」

轉換到 RNA 的跑道上，不論是對已經聲名卓著的索斯達克，或是對默默

5　原註：道納與闕克 2002 年 7 月 11 日共同於《自然》期刊發表的〈自然界核酶的化學曲目〉（The Chemical Repertoire of Natural Ribozymes）。

6　原註：作者對索斯達克與道納的訪問；道納哈佛大學博士論文《RNA 複製酶的設計之路》（*Towards the Design of an RNA Replicase*），1989 年 5 月發表。

無名的道納來說，都是很冒險的事。「與其跟著大部隊研究 DNA，」索斯達克回憶道，「我們覺得應該去開拓新的東西，去探索有點遭人忽略但我們都覺得很刺激的新疆域。」這是早於 RNA 被視為一種干擾基因表現或實現人類基因編輯技術之前的事情。索斯達克與道納純粹因為好奇大自然究竟如何運作而開始研究這個主題。

索斯達克做事有個指導原則，**永遠別去做其他一千人正在做的事情**。這個原則同樣適用於道納。「就像在足球場上，我想要踢其他孩子不要負責的那個位置一樣，」她說，「從傑克那兒，我學到了冒險進入一個新領域，風險雖然高，但同樣的，報酬也比較高。」

這個時候的道納已經知道，要瞭解一個自然現象的最重要關鍵，在於弄清楚相關的分子結構。而弄清相關的分子結構，則需要她去學習一些華生、克里克與法蘭克林用來破解 DNA 結構的技術。如果她和索斯達克成功了，那麼對於所有生物學領域中最大的問題之一，或者該說**唯一最大的問題**「生命是如何開始的？」，也許可以向前邁出重要的一步。

生命的起源

索斯達克對於探索生命如何開始的興奮之情，給道納上了冒險踏入新領域之外的第二堂重要課程，那就是**大哉問**。儘管索斯達克喜歡鑽進實驗的細節中，他卻是個大思想家，不斷追問真正深刻的問題。「不然你幹嘛要進入科學這一行？」他問道納。這道強制令後來也成了道納自己的指導原則之一。[7]

對於一些真正的大問題，我們凡人的心智可能永遠也無法回答，譬如宇宙是如何開始的？為什麼是有而不是無？良知是什麼？另外還有些問題，或許在這個世紀末之前，大家會競相提出各種不同答案的版本，譬如宇宙是決定論嗎？我們有自由意志嗎？然而在所有這些真正的大問題中，最接近謎底揭曉的一個，就是生命是如何開始的。

7　原註：作者對索斯達克與道納的訪問。

生物學的中心法則需要 DNA、RNA 與蛋白質的存在。因為這三樣東西不太可能同一個時間從原生湯[8]中發展出來——這樣的假設在 1960 年代初興起，由無所不在的法蘭西斯・克里克和其他人獨立調製而成——所以中心法則的運行應該有個較簡單的前導系統。根據克里克的假設，在地球歷史早期，RNA 能夠自我複製。但這樣的假設衍生出了第一個 RNA 從何而來的問題。有些人猜測來自外太空。但更簡單的答案可能是早期的地球富含可以製造 RNA 的化學組件，不需要任何其他的東西，只需要自然的隨機混和，把它們全推擠到一塊兒，就大功告成了。道納加入索斯達克實驗室的那一年，生物化家華特・吉爾伯特[9]將這種假設命名為「RNA 世界」。[10]

生物的一個基本特質是要有辦法創造更多與自己相似的有機體，換言之，生物要能繁殖。因此，如果大家論述 RNA 可能是導致生命起源的前導分子，那麼 RNA 就可以幫助我們瞭解它如何自我複製。這個研究正是索斯達克與道納著手進行的計畫。[11]

道納用了許多方法製造可以把 RNA 細小片段縫合在一起的 RNA 酵素，或者應該稱為核酶。最後，她與索斯達克終於以工程手法做出了一種可以剪接出自己副本的核酶。「這種反應證明了 RNA 所催化的 RNA 複製確實可行，」她和索斯達克在 1998 年為《自然》期刊所撰著的報告中這樣寫道。生物化學家

8　　the primordial stew, 原生湯是一個假設概念，指的是地球初期是一個充滿了化學原料的池塘，第一個細胞從中誕生，英國科學家霍爾丹（John Burdon Sanderson Haldane）是第一個使用「湯」這個字來形容這個假設狀態的人。

9　　Walter Gilbert，1932 ～，美國生物化學家、物理學家，以及分子生物學先驅，1980 年獲諾貝爾化學獎。

10　原註：傑若米・莫瑞（Jeremy Murray）與道納 2001 年 12 月共同於《生化科學趨勢》（*Trends in Biochemical Science*）期刊發表的〈創意十足的催化作用〉（Creative Catalysis）；閱克 2012 年 7 月於《冷泉港生物學觀點》（*Cold Spring Harbor Perspectives in Biology*）期刊發表的〈文本內的 RNA 世界〉（The RNA Worlds in Contexts）；克里克 1968 年 12 月 28 日於《分子化學期刊》（*Journal of Molecular Biology*）發表之〈基因密碼起源〉（The Origin of the GeneticCode）；卡爾・渥爾斯（Carl Woese）的《基因密碼》（*The Genetic Code*, Harper & Row, 1967）第 186 頁；華特・吉伯特（Walter Gilbert）1986 年 2 月 20 日刊於《自然》的〈RNA 世界〉（The RNA World）。

11　原註：索斯達克 1986 年 7 月 3 日發表於《自然》的〈第一型態自剪接內含子保留核的酶活性〉（Enzymatic Activity of the Conserved Core of a Group I Self-Splicing Intron）。

理查‧利夫頓[12] 稱這份報告為一篇「技術性的傑作」。[13] 道納也因此成了鮮少有人涉足的 RNA 研究領域裡的一顆新星。

　　還是個年輕博士研究生的道納，精通於技術的特殊組合，而這也是讓索斯達克與其他科學家有所差異的能力。道納擅長親手做實驗，也很擅長提出大哉問。她知道上帝不但藏在細節裡，也存在於全局當中。「珍妮佛在實驗台上的絕佳表現令人驚艷，因為她又快又銳利，似乎什麼事都難不倒她，」索斯達克指出，「不過我們也經常探討為什麼真正大的問題才是重要的問題。」

　　道納同時也證明了自己有很強的團隊精神，對索斯達克而言，這是很重要的事情，而這個特質，也是他與喬治‧丘奇，以及哈佛醫學院校區其他科學家所共同擁有的特質。她的團隊精神反映在她大多數報告中的共同作者人數。依照科學論文與報告的發表慣例，列出來的第一作者通常都是實際負責實驗的較年輕研究員，最後作者則是實驗室的計畫主持人或實驗室負責人。列在兩者之間的人，一般都是依照貢獻度排名。1989 年，在她協助為《科學》期刊完成的其中一份重要報告中，她僅列在作者名單的中間位置，她認為自己當時負責督導的一位在實驗室工讀的幸運哈佛大學生，應該掛名第一作者。道納在索斯達克實驗室的最後一年，名字出現在知名期刊的四篇學術報告中，而這四篇報告全都是關於 RNA 分子可以自我複製的描述。[14]

12　Richard Lifton，1953 ～，美國生物化學家，洛克斐勒大學現任校長。

13　原註：作者對利夫頓、道納和索斯達克的訪問；引用格林加德獎對道納 2018 年 10 月 2 日的評論；道納與索斯達克 1989 年 6 月 15 日刊於《自然》的〈RNA 互補鍵的 RNA 催化合成物〉（RNA-Catalysed Synthesis of Complementary- Strand RNA）；道納、考丘爾（S. Couture）、索斯達克 1991 年 3 月 29 日刊於《科學》的〈兼任 RNA 合成物互補鍵之催化劑與模版的多單元核酶〉（A Multisubunit Ribozyme That Is a Catalyst of and Template for Complementary Strand RNA Synthesis）；道納、烏斯曼（N. Usman）與索斯達克 1993 年 3 月 2 日刊於《生物化學》（Biochemistry）的〈由三核苷酸引發的核酶催化引子延伸〉（Ribozyme-Catalyzed Primer Extension by Trinucleoties）。

14　原註：加亞拉吉‧拉亞戈帕爾（Jayaraj Rajagopal）、道納與索斯達克 1989 年 5 月 12 日刊於《科學》的〈四膜蟲核酶催化作用的立體化學過程〉（Stereochemical Course of Catalysis by the Tetrahymena Ribozyme）；道納與索斯達克的〈RNA 互補鍵的 RNA 催化合成物〉；道納、柯爾邁克（B. P. Cormack）與索斯達克於 1989 年 10 月刊於《美國國家科學院院刊》的〈決定 5 個第一型態內含子自剪接位置獨特性的因素是 RNA 結構，而非序列〉（RNA Structure, Not Sequence, Determines the 5' Splicing-Site Specificity of a Group I Intron）；道納與索斯達克於 1989 年 12 月刊於《分子與細胞生物》（Molecular and Cell）的〈sunY 內含子的微小衍生物微核酶具催化活性〉（Miniribozymes, Small Derivatives of the sunY Intron, Are Catalytically Active）。

索斯達克認為道納出眾的另外一項特點，是她在解決挑戰時，那種甚至可以稱為熱誠的自動自發性。這項特質在她 1989 年於索斯達克實驗室工作任期的最後一年，益發鮮明。她很清楚，若想瞭解 RNA 自剪接（self-splicing）片段的運作過程，她就必須一個一個原子地完整辨識出 RNA 結構。「當時，大家認為瞭解 RNA 結構的難度，很可能高到根本解不出來的地步，」索斯達克回憶道，「幾乎已經沒有人在試著釐清這件事了。」[15]

遇見詹姆斯・華生

珍妮佛・道納第一次在科學會議上發表報告，是在冷泉港實驗室，而當時身為主辦者的詹姆斯・華生也一如往例地坐在第一排。那是 1987 年的夏天，他舉辦了一場討論「可能造成地球現存生命有機體演化的事件」研討會。[16] 換言之，研討會的主題就是，生命究竟如何開始的？

這場研討會的重點在於最近的發現顯示特定的 RNA 分子可以自行複製。因為索斯達克沒空，所以舉辦單位發了一封邀請函給當時 23 歲的道納，請她說明她和索斯達克正在進行的以工程手法做出自我複製 RNA 分子的成果。當她收到由華生親筆簽名，並以「親愛的道納女士」（她當時還不是道納博士）開頭的信件時，她不但立即接受了邀請，還把這封信裱框裝起來。

她所發表的報告內容，是根據她和索斯達克一起撰寫的一篇報告，專業性非常高。「我們描述了自剪接內含子在催化與受質領域的刪除與取代突變，」她的報告這樣開始。這類的句子最能讓研究性質的生物學家感到激動，而華生則是專心地記著筆記。「我緊張到兩個掌心都在出汗，」她回憶道。不過最後，華生向她道賀，而其內含子研究為道納和索斯達克的這篇報告鋪路開道的湯

15　原註：作者對索斯達克的訪問。

16　原註：作者對華生的訪問；華生與其他人合著的〈催化作用的演進〉（Evolution of Catalytic Function），收錄於 1987 年第 52 冊的冷泉港研討會資料（*Cold Spring Harbor Symposium*）。

姆・闊克，則是向她靠了過去，輕聲地說了一句「做得好！」[17]

會議期間，道納沿著蜿蜒穿越冷泉港院區的邦倘路（Bungtown Road）散步。在路上，她看到一位稍微有些佝僂的女士朝著自己走過來。那是在冷泉港擔任研究人員已超過 40 年的生物學家芭芭拉・麥克林托克（Barbara McClintock），她最近才因發現可以改變自己在基因體內位置、被大眾稱為「跳躍基因」的轉位子而獲得諾貝爾獎。道納停下了腳步，但因為太害羞而沒有勇氣上前自我介紹。「我覺得自己到了女神的面前，」仍處於敬畏情緒中的她說，「這裡的這位女士，這位在科學界無人不知，而且影響力之大，令人難以想像的女士，行為舉止竟是如此謙遜，一面朝著她的實驗室走過去，一面想著她的下一個實驗。我就是想要成為她這樣的人。」

道納後來一直與華生保持聯絡，也多次參與了他主辦的冷泉港研討會。多年間，他因為對於種族基因差異的口無遮攔，成為爭議性愈來愈大的人物。道納通常都會避免因為他的行為而降低她對他科學成就上的尊敬。「我看到他的時候，他經常會說些自以為挑釁的話，」她帶著些許防禦性的笑容說，「他就是那個樣子。你知道的。」儘管從《雙螺旋》中的羅莎琳・法蘭克林開始，華生就屢屢公開評論女性的外表，但對女性而言，他卻是一個很好的導師。「他非常支持我一位做博士後研究的女性好友，」道納說，「這件事影響了我對他的看法。」

17　原註：作者對道納與華生的訪問；道納……索斯達克與其他人合著的〈RNA 核酶的基因剖析〉（Genetic Dissection of an RNA Enzyme），收錄於 1987 年冷泉港研討會資料第 173 頁。

第 7 章

扭轉與折疊

結構生物學

從她還是個夏威夷的小鬼,在散步的路上對含羞草碰觸敏感的葉子感到困惑開始,道納就始終對大自然的潛在機制抱持著一顆強烈的好奇心。是什麼原因讓這種像蕨類的葉子在遇到碰觸時捲曲?化學反應如何促成生物活性?她學會了停下腳步,就像我們孩提時候都會這麼做的事情,並想知道一切事物究竟是如何運作的。

生物化學的世界,藉著展現出活細胞裡的化學分子如何行動而提供了許多答案。不過另有一門專門知識的探索,甚至更深入自然當中。結構科學家掌握著類似 X 射線繞射這種羅莎琳・法蘭克林用來發現 DNA 結構證據的成像技術,試著找出分子的立體型態。萊納斯・鮑林在 1950 年代初期,繼華生與克里克的 DNA 雙螺旋體結構後,也研究出了蛋白質的螺旋結構。

道納知道自己如果想要真正瞭解 RNA 分子如何自我複製,她就需要學習更多結構生物學的知識。「想釐清這些 RNA 怎麼利用化學,」她說,「我需要知道它們長什麼樣子。」具體而言,她需要弄清楚這種自剪接 RNA 立體結構的扭轉與折疊。她很清楚這樣的研究是仿效法蘭克林對於 DNA 的研究,但這樣的對比讓她很開心。「她對分子的化學結構也有類似的疑問,而這類的疑問存在於所有生命的核心點,」道納表示,「她相信分子的化學結構能夠提供

出各種各樣的獨到見解。」[1]

除此之外，道納還覺得一旦釐清了核酶的結構後，這種理解很可能會導引出開創性的基因。湯瑪斯・闕克與席尼・奧爾特曼在獲得諾貝爾獎時，諾貝爾委員會所援用的引言，暗示著這可能是「未來主義者修正特定遺傳疾病的可能性。未來這類基因剪的使用方式，會需要我們學習更多的分子機制。」**基因剪**。的確，諾貝爾委員會果然有先見之明。

有了這個追求目標，也代表該是離開傑克・索斯達克實驗室的時候了。索斯達克自認在結構生物學的領域，既非視覺化的思考者，也非專家。於是在1991 年，道納開始考慮自己應該去哪裡進行博士後研究。在科羅拉多大學波德分校任教的結構生物學家湯瑪斯・闕克，是一個相當明顯的選擇，他不久前才因為發現催化性 RNA 而獲得了諾貝爾獎，而她與索斯達克也一直在研究他所發現的催化性 RNA。闕克當時正在用 X 射線晶體繞射，探索 RNA 結構的每個邊邊角角。

湯瑪斯・闕克

道納認識闕克。1987 年冷泉港那場汗濕掌心的報告之後，闕克就是輕聲對她說「做得好」的那個人。那年她去了一趟科羅拉多，又再次與他碰面。「因為我們其實算是某種友好的競爭對手，都企圖在自剪接的內含子發現上勝出，所以我寄了一封便箋給他，」她回憶道。

那時電子郵件還不普遍，所以真的就只是一張寫在紙上的便箋。她在便箋上寫著她打算經過波德，不知道是否可以拜訪他的實驗室。出乎她意料之外的是對方很快就給了回覆。那天她還在索斯達克實驗室工作，闕克打了電話過來。「喂，湯姆・闕克找妳，他在線上，」接電話的同事大聲喊著。實驗室的夥伴向她投過來一個好奇的眼神，不過她僅是聳了聳肩。

後來某個週六，他們在波德碰了面。闕克帶著兩歲的小女兒去了實驗室，

1　原註：作者對索斯達克與道納的訪問。

在與道納談話的過程中，他一直上下晃著坐在膝蓋上的女兒，而道納則是完全被他的心智與他的父親本能迷倒。他們的碰面是彰顯科學研究領域（以及許多其他方面的努力）競合關係融合的一個範例。「我想湯姆之所以和我見面，是因為索斯達克實驗室在做的研究，其實具有潛在的競爭性，同時也可能是彼此學習的機會，」她說，「再說，他或許還覺得這是瞭解我們實驗室接下來要做些什麼的方法。」

道納在 1989 年拿到博士學位後，決定跟著闕克做博士後研究。「我意識到如果真的想弄清楚 RNA 分子的結構，明智之舉就是進最棒的 RNA 生物化學實驗室，」她說，「有誰比闕克更棒？這可是第一間發現自剪接內含子的實驗室啊。」

湯姆・葛里芬

道納之所以決定去波德做博士後研究，還有另一個原因。1988 年 1 月，她嫁給了在她隔壁實驗室進行研究的哈佛醫學院學生湯姆・葛里芬（Tom Griffin）。「他在我身上看到了我當時沒有看到的東西，包括研究科學的能力，」她說，「因為他的敦促，我比原來更大膽。」

出身軍人家庭的葛里芬非常喜歡科羅拉多。「當我們在考慮畢業後要去哪裡時，他真的真的很想搬去波德，」道納說，「我知道如果我們搬去波德，我就可以跟闕克共事了。」於是他們在 1991 年夏天搬了家，而葛里芬也在一家新興生技公司找到了工作。

小倆口的婚姻生活一開始一帆風順。道納買了一輛登山自行車，夫妻兩個沿著波德溪騎車。她還溜滑輪以及去越野滑雪。不過她的熱情在科學，而葛里芬對科學卻沒有她那麼專心致志。對他而言，科學是一份朝九晚五的努力，再說，他也沒有成為學術研究者的宏願。他喜歡音樂、閱讀，後來成了個人電腦的早期粉絲。道納尊重他廣泛的興趣，但無法與他共享。「我是個時時刻刻都在想著科學的人，」她說，「我的專注力永遠放在實驗室要做什麼、下一個實驗是什麼，或者我們應該追求解答的更大問題是什麼。」

道納相信兩人的差異「顯示出我的一些負面問題，」不過我不太確定她真

的這麼認為，至少我不相信。每個人對於工作與熱愛的東西都有不同的處理方式。她希望週末和晚上都能留在實驗室做實驗。不是每個人都應該這個樣子，但有些人就應該是這個樣子。

幾年後，兩人決定各自發展，於是離了婚。「我心心念念的就是我的下一個實驗是什麼，」她說，「他沒有那種強烈的全心投入感。而這樣的差異只會製造出無法修補的嚴重隔閡。」

核酶的結構

在她以博士後研究生身分抵達科羅拉多大學時，她的目標是勾勒出闕克發現可以成為 RNA 自剪接片段的內含子結構，展現出內含子所有的原子、鍵結與形狀。如果她成功解開內含子的立體結構，就有助於瞭解內含子的扭轉與折疊，是如何把正確的原子聚在一起，引發化學反應，並容許 RNA 片段自我複製。

這是一項高風險的嘗試，其中包括要踏入乏人問津的研究領域。當時 RNA 晶體學的研究非常少，大多數人都覺得她腦子壞了。但是如果她成功了，科學界就會碩果豐收。

1970 年代間，生物學家已經釐清了一個較小也較簡單的 RNA 分子結構。但那之後的 20 年間，這個研究幾乎完全停滯不前，因為科學家發現要分離出並取得較大的 RNA 影像實在太困難。道納的同事對她說，想取得一個較大 RNA 分子的清晰影像，在當時來說，簡直就是傻子才會做的傻事。一如闕克所說，「如果我們要求國家衛生研究院贊助這項研究，一定會邊被人嘲笑邊被趕出會議室。」[2]

第一步是將 RNA 晶體化，也就是把液態 RNA 分子轉換成條理分明的固體結構。想要利用 X 射線晶體繞射以及其他成像技術來辨識出內含子的成分與形狀，這個工作絕對必要。

她的助手是一名安靜卻愉悅的研究生，名字叫做傑米‧凱特（Jamie

2　原註：波拉克的《珍妮佛‧道納：一位為基因編輯簡化提供助力的先驅》。

Cate）。他之前一直在用 X 射線晶體繞射研究蛋白質結構，但在他遇見道納之後，他參與了她的探索之旅，把研究焦點放到了 RNA 上。「我告訴他我正在研究的計畫，他很有興趣，」她說，「答案真的就在那兒，只不過我們完全不知道會找到什麼而已。」他們是一個新領域的先驅。兩人當時甚至不曉得 RNA 分子是不是和蛋白質一樣有界限分明的結構。凱特和葛里芬不同，他非常喜歡把重心放在實驗室的研究上。他和道納每天都會談論該如何把 RNA 晶體化，沒多久，他們的討論就延續到了咖啡時間，有時候還會搭配晚餐。

　　某次隨機出現的結果帶來突破，是科學界屢見不鮮的事情：一個小婁子，就像亞歷山大・弗萊明（Alexander Fleming）培養皿裡出現的黴菌，導致了盤尼西林的發現。某天，與道納一起工作的技術員試著要做出些晶體，她把實驗品放到了一個運作不太正常的恆溫箱中。大家都以為這次的實驗報銷了，但當他們透過顯微鏡檢查樣本時，卻看到了正在生長的晶體。「這些晶體裡含有 RNA，而且品質非常好，」道納回憶道，「這個第一次的突破，是在向我們說明，如果想要得到晶體，必須把溫度拉高。」

　　另外一次的進展則顯現出像其他聰明人一樣守株待兔的持久力價值。湯姆與瓊安・史帝茲[3] 這兩位生物化學家，是耶魯大學研究 RNA 的夫妻檔，當時正在波德進行為期一年的學術休假。湯姆特別善於交際，總是喜歡拿杯咖啡在闊克實驗室的餐飲間閒晃。道納有天早上向他提及已經能夠做出自己正在研究的 RNA 分子晶體，而且品質很不錯，可是這些晶體一旦暴露在 X 射線下，往往就會很快分解。史帝茲回答說在他耶魯的實驗室裡，之前在試驗一種低溫冷卻晶體的新技術。他們將晶體快速置入液態氮當中，急速冷凍。這種方式可以幫助保存甚至暴露在 X 射現下的晶體結構。他安排道納飛去劍橋，在他的實驗室裡與正在開創利用這項技術的研究人員待上一段時間。結果非常完美。「那一刻，我們就知道形狀足夠完整的晶體不再是問題，而我們也終於有機會去解開結構之謎了，」她指出。

3　Tom and Joan Steitz，湯瑪斯・史帝茲，1940～2018，2009 年的諾貝爾化學獎得主，其夫人瓊安生於 1941 年，兩人都是耶魯大學分子生物物理與生物化學教授。

耶魯

　　道納去了湯姆·史帝茲在耶魯的實驗室。那兒的創新技術與設備，諸如低溫冷卻器，都有資金贊助。她的這趟行程順利說服了自己接受耶魯提出的工作機會，並於 1993 年秋天開始成為耶魯的終身職教授。不出所料，傑米·凱特也想要和她一起過去。她聯絡了耶魯的主管單位，幫忙安排他以自己實驗室研究生的身分轉到耶魯。「他們要他重新考資格考試，」她說，「當然，我相信你們都可以想像，他表現出色，以極其優異的成績通過。」

　　道納與凱特利用超級冷卻技術，製造出了能讓 X 射線成功繞射的晶體。但是兩人的進展卻因晶體學熟知的「相位問題」而受阻。X 射線偵測只能正確量測波動，卻無法量測出波動的相位。有一種解決方式是把一個金屬離子引入晶體的某些區域。X 射線繞射圖片可以顯現出這些金屬離子的位置，研究人員再藉此協助，計算其他的分子結構。這種方式曾用於蛋白質分子，但沒有人搞得清楚應該如何運用在 RNA 上。

耶魯的後起之秀

凱特利用一種叫做六亞甲基四胺（osmium hexamine）的分子，解決了這個問題。這種分子的結構很有趣，它能夠出借自己，然後在一些 RNA 分子的角落產生交互影響。結果就是 X 射線繞射可以產出電子密度圖，提供一些線索，讓道納與凱特瞭解正在研究的一個 RNA 重要折疊區結構。他們開始進行這些電子密度圖的產出，然後再和華生與克里克當時研究 DNA 一樣，建立蛋白質模型。

告別父親

1995 年秋天，正當他們的研究工作攀往巔峰時，道納接到了她父親的電話。他被診斷出黑色素細胞癌，而且癌細胞已移轉到腦部。他告訴她自己只剩下 3 個月的生命。

那年秋天接下來的日子裡，她不斷在紐哈芬和希洛間往返，每趟行程都超過 12 個小時。一大段一大段陪在父親病床邊的時間，都用在和凱特的電話聯絡上。凱特每天都會透過傳真或電子郵件，把最新的電子密度圖寄給她，然後兩人再討論詮釋圖像的方式。「那段期間強烈情緒的高低起伏，真是難以想像得大，」她回憶道。

令人慶幸的是，她父親對她的工作有一種發自內心的好奇，而這也讓她在整個考驗中所受到的痛苦能夠減輕一點。在疼痛發作之間的空檔，她父親會要她解釋最新收到的圖像意義。她走進他的臥房中，而他則是躺在床上看著這些最新資料。在兩人有機會討論他的健康問題前，她的父親總是會率先開始提問。「這種情況讓我想起了他對科學的好奇，以及當我還是個孩子的時候，他是怎麼樣和我分享他的這些好奇，」她說。

那年 11 月她回家一直待到感恩節結束，期間收到的一張從紐哈芬轉來的電子密度圖，讓她知道那已經足以確定 RNA 的分子結構了。她可以確實從那張圖片上看到 RNA 折疊成一種令人訝異的立體形狀。她和凱特已經在這個計畫上花了兩年多的研究時間，無數的同事都曾斷言他們的研究不可能成功，但現在最新的資料顯示他們贏了。

她的父親這個時候已經完全臥床不起，幾乎不能動。但他一直很清醒。她走進了他的臥房，從最新圖片的資料檔中印出了一張彩色圖片給他看。RNA 分子看起來就像是一條綠色的絲帶，捲成了非常酷的形狀。「看起來好像綠色的義大利寬麵，」她父親開玩笑說，然後他變得嚴肅了起來。「這代表了什麼？」他問。

在試著向父親解釋的過程中，她也有機會釐清自己對於這些資料代表什麼意義的想法。父女兩人仔細研究著圖片上一小塊因為群聚的金屬離子而顯影之處，她推敲著 RNA 圍繞這樣一群聚集物所可能出現的折疊方式。「也許這兒有一個金屬核心，幫助 RNA 折疊成這樣的扭轉型態，」她提出。

「那有什麼重要性？」他父親問她。她解釋 RNA 的化學組成物質種類非常少，所以它是以自己不同的折疊方式來完成複雜的工作。研究 RNA 的挑戰之一，就是它是一個僅由 4 個化學組件所組成的分子，不像蛋白質有 20 個組件，」她解釋，「挑戰就在於想像它是怎麼樣折疊成一個獨特的型態。」

這次的回家之行清楚顯示了她與父親之間的感情，如何隨著時間而變得愈加濃厚。他嚴肅看待科學，也嚴肅看待她的一切。他對所有的細節都非常有興趣，但同時又在探尋著更宏觀的大局。她憶起了以前去他課堂上，看他傳達自己熱情時的那些激動時刻。她也憶起了自己因為覺得他對人的評斷過於草率，有些甚至可稱為偏見時，對他發脾氣的那些不太愉快的時刻。羈絆所呈現的方式，種類太多，有化學，也有人生。有時候智識的羈絆，可能最堅韌。

幾個月後，馬丁·道納過世，珍妮佛與她的母親和妹妹，跟著朋友步行到希洛市附近的威庇歐山谷，將他的骨灰撒於山谷高處。威庇歐的意思是「彎曲的水流」，威庇歐河蜿蜒穿過山谷中鬱鬱蔥蔥的野地，造就了許多壯麗的瀑布。同行的朋友包括了指導過珍妮佛的生物系教授唐·艾梅斯，以及她最親密的童年摯友莉莎·辛克利·推格－史密斯。「當我們讓他的骨灰隨風而飛時，」推格－史密斯回憶道，「有一隻被稱為『伊歐』（'io）的夏威夷特有的孤鷲在我們頭上遨翔，大家都認為這種老鷹與神祇有關。」[4]

「直到父親去世，我才理解到自己之所以成為科學家，他的影響有多

4　原註：作者對莉莎·推格－史密斯的訪問。

大，」道納說。在父親給她的許許多多禮物中，包括了他對人文的熱愛，以及人文如何與科學交會。她愈來愈清楚兩者交會的必要性，她的研究引領她走入了同時需要道德路標與電子密度圖的領域之中。「我想我父親一定會非常想要瞭解 CRISPR，」道納這麼想，「他是位人文主義者、人文學科教授，同時又深愛著科學。當我談論到 CRISPR 對我們社會的影響時，我可以聽到父親的聲音在我腦子中迴響。」

勝利

父親的去世與她在科學領域第一次的重要成功，發生在同一個時間。她和凱特，以及實驗室的同伴，已經能夠確定自剪接的 RNA 分子每個原子的位置。特別是他們證明了這個分子關鍵領域的結構，是如何讓 RNA 將不同的螺旋打包在一起後，再創造出屬於它自己的立體形狀。在那個領域的金屬離子群，形成了一個核心，周遭則是折疊的結構。一如 DNA 的雙螺旋結構揭露了它如何儲存與傳達遺傳資訊，道納和她的團隊所發現的這個 RNA 結構，也解釋了 RNA 如何既能扮演酵素的角色，又可以自我裁切、剪接，以及複製。[5]

他們的報告發表後，耶魯也發出了一份新聞稿，並吸引了紐哈芬當地一家電視台的注意。在試著解釋什麼是核酶後，電視台的新聞主播接著報導這個現象一直讓科學家感到困惑，因為大家從未看過核酶長什麼樣子。「不過現在耶魯科學家珍妮佛・道納所帶領的團隊，終於捕捉住了這個分子的影像，」新聞主播這樣播報。配合這則報導的特寫是一頭黑髮的道納，在自己的實驗裡，背後是看不太清楚影像的電腦螢幕。「我們希望這個發現能夠提供線索，找出修改核酶的可行方式，進而修補有缺陷的基因，」她在新聞中說。雖然她當時並

5　原註：傑米・凱特……閣克、道納與其他人 1996 年 9 月 20 日刊於《科學》的〈第一型態核酶領域的晶體結構：RNA 包裹原則〉（Crystal Structure of a Group I Ribozyme Domain: Principles of RNA Packing）。波德研究向前跨出的重要第一步，請參見道納與閣克 1995 年 3 月刊於《RNA》期刊的〈從第一型態內含子的第三級成分結構領域，看第一型態內含子活性位置的自我組裝〉（Self-Assembly of a Group I Intron Active Site from Its Component Tertiary Structural Domains）。

沒有想太多，然而這卻是一個很重大的聲明。這個發現也是她將 RNA 相關的基礎科學轉變成基因編輯工具的探索旅程濫觴。

在另一個由某個聯播科學新聞節目播出的較深入電視報導中，穿著一件白色實驗室袍的道納，正拿著一根吸管，準備把溶劑置入試管中。「大家知道 RNA 分子可以具備細胞中的酵素功能已經 15 年了，可是沒有人知道怎麼回事，因為沒有人真的知道 RNA 分子長得什麼樣子，」她解釋，「我們現在已經能夠知道 RNA 是如何自我形成複雜的立體結構。」當問及這個發現可能代表什麼含義時，她開始表明自己未來可能的研究工作：「一種可能性是我們或許能夠治療或治癒罹患遺傳疾病的人。」[6]

接下來的 20 年間，許多人都致力於基因編輯科技的發展。然而道納的歷程之所以獨特，是因為她在進入基因編輯的範疇時，她在 RNA 結構這個基礎科學的最基礎領域中，已經建立了聲譽，並贏得了傑出的殊榮。

6　原註：新聞第 8 台報導「高科技知識網，國際版」，2018 年 5 月 29 日播出，請至 Youtube 網站觀看， https://www.youtube.com/watch?v=FxPFLbfrpNk&feature=share。

道納與先生傑米‧凱特和兒子安迪 2003 年攝於夏威夷

第 8 章

柏克萊

西進

道納和她同僚所撰寫關於 RNA 結構發現的論文，1996 年 9 月在《科學》期刊發表，她的名字列在最後，代表她是領導實驗室的計畫主導人。傑米・凱特的名字列在第一個，因為大多數的重要實驗都是他做的。[1] 他們當時已不僅是科學事業的夥伴了，他們也是情侶。道納的離婚生效後，兩人於千禧年的夏天，在與希洛市隔了一個夏威夷大島的梅拉卡海灘飯店（Melaka Beach Hotel）結婚。兩年後，獨子安德魯出生。

當時凱特已經成了麻省理工學院的助理教授，所以這對夫妻在紐哈芬和劍橋間通勤往返。火車車程將近 3 個小時，即使對新婚夫妻來說，這樣的通勤安排也非常累人，所以他們決定找找看是否有在同一個城市裡任職的機會。[2]

耶魯全力挽留，將她晉升至更重要的教授職務。而且為了解決學術界知名的「二體問題」[3]，耶魯也提供了凱特一個職位。不過曾經向道納展示低溫冷卻技術的結構生物學家湯姆・史帝茲在耶魯進行的研究計畫，與凱特想要從事的研究類型相同，他覺得自己會阻礙史帝茲的發揮機會。「我的直接競爭對手就在那兒，」凱特說，「他是個非常棒的傢伙，可是要在同一個機構中工作，會

1　原註：凱特與其他人合著的〈第一型態核酶領域的晶體結構：RNA 包裏原則〉。

2　原註：凱特對凱特與道納的訪問。

3　two-body problem，原指兩個獨立分子互相作用的物理現象，但後來學術界用來指涉學術地位相當的夫妻所需面對的可能困境，兩人若要住在一起，通常一方會被迫放棄工作，如果雙方都要工作，可能就要被迫分離。

很不容易。」

才剛完成更名且正在不斷壯大的哈佛大學化學與化學生物系，也向道納提了教授職位。她以客座教授的名義到哈佛，到職的第一天，院長就遞給了她一份終身教職的聘任通知。考慮到在麻省理工學院的凱特，哈佛似乎是個非常理想的安排。「我當時還在想自己最後竟然落腳在波士頓，實在太棒了，可以回到有過如此愉快時光的研究所母校，」她說。

如果一直待在哈佛，她的事業走向會有怎麼樣的不同樣貌，想起來也挺有趣的。與麻省理工學院以及由哈佛和麻省理工學院兩所學府聯合管理的布洛德研究所一樣，哈佛也是生物科技研究的一口大釜鍋，在基因工程這一個領域尤其出色。10 年後，她將會發現自己在將 CRISPR 技術發展成基因編輯工具的競賽中，與好幾位出自劍橋區的研究者成為勁敵，包括哈佛的喬治‧丘奇，以及來自布洛德研究所，後來成為她最大勁敵的張鋒和艾瑞克‧蘭德。

之後，她接到了一通來自加州大學柏克萊分校的電話。她當時的第一個反應是推託對方提出的邀請，然而當她向凱特提起這件事時，凱特感到震驚極了。「妳應該立即回電，」他說，「柏克萊很好。」他以前在聖塔克魯茲進行博士後研究時，經常前往由柏克萊負責管理的勞倫斯柏克萊國家實驗室（Lawrence Berkeley National Laboratory），使用那裡的粒子加速設備「迴旋加速器」做實驗。

兩人在參觀柏克萊校區時，道納依然反對搬到這兒定居。但凱特卻愈來愈積極。「我更像個西岸人，」他說，「我覺得劍橋很拘謹。我當時的主任總是打著領結來上班。一想到待在總是精力十足的柏克萊，我就變得更開心。」道納也喜歡柏克萊是所公立大學的事實，於是凱特輕易地說服了她。2002 年夏天，他們落腳柏克萊。

兩人去柏克萊的決定，肯定了美國在公立高等教育系統的投資。美國的高等教育體系可溯源至美國內戰中期，當時林肯認為公共教育體系非常重要，而且重要得讓他推動並通過 1982 年的《土地撥贈法案》（*the Morrill Land-Grant Act*），這個法案利用出售聯邦土地的款項來建立新的農業與科技學院。

那些新興的公立學院包括了 1866 年在加州奧克蘭附近創立的農業、礦業與機械藝術學院（College of Agricultural, Mining, and Mechanical Arts）。這所學院在創立兩年後，與鄰近的私立加州學院（College of California）合併，成了加州大學柏克萊分校，之後發展為世界最頂尖的研究與學習機構之一。1980 年代，柏克萊一半以上的資金都來自州政府。不過也是從那時起，柏克萊和其他大多數的公立大學一樣，面臨政府縮減經費的命運。到了道納到柏克萊任職時，州政府經費僅佔柏克萊預算的三成。2018 年，州政府資金進一步刪減，柏克萊預算中的政府經費，只剩下了 14%。這種轉變的結果就是 2020 年柏克萊的大學部州居民學費，每年調漲到了美金 14,250 元，是 2000 年的 3 倍多，加上學雜費與住宿相關費用，念大學每年要花費約美金 36,264 元。至於非居民學生，一年的費用更高達約美金 66,000 元。

RNA 干擾

道納對於 RNA 結構的研究，引領她進入了病毒這個她事業中意外相關的另一個領域。確切地說，她特別有興趣的題目是某些病毒體內的 RNA 究竟是如何劫持細胞中的蛋白質製造系統，譬如新冠肺炎病毒。2002 年秋天，也就是她在柏克萊的第一個學期，中國爆發了一波會造成嚴重急性呼吸道症候群（SARS）的病毒傳播。許多病毒都是由 DNA 組成，但 SARS 是一種內含 RNA 而非 DNA 的冠狀病毒。SARS 在 18 個月後消亡時，已經奪走了全球將近 800 條生命。那次的病毒的正式名稱為 SARS-CoV。2020 年，這個病毒被更名為 SARS-CoV-1。

道納對這種名為 RNA 干擾的現象也愈來愈感興趣。一般而言，編碼在細胞 DNA 上的基因，會派遣信使 RNA 去指揮蛋白質製造。RNA 干擾現象一如其名，就是小分子找到了方法去干擾這些信使 RNA。

RNA 干擾現象在 1990 年代被發現，部分歸因於研究人員想要活化花朵的顏色基因，試圖製造出更濃重紫色的矮牽牛花。不過實驗過程箝制了某些基

因，結果造成斑駁色的矮牽牛花問世。克雷格・梅洛[4]與安德魯・法艾爾[5]在線蟲這種很小很小的蟲子體內，釐清了這種現象的運作機制，並在 1998 年的一篇報告中創造了「RNA 干擾」這個詞彙，兩人也因此獲得諾貝爾獎。[6]

RNA 干擾是透過部署一種名為切丁酶（dicer）的酵素來運作。切丁酶先將一長段的 RNA 剪成短短的片段，然後這些小片段一一踏上征途，執行搜尋與毀滅任務。它們出發去尋找帶著配對鹼基的信使 RNA 分子，找到後，就用剪刀般的酵素剪斷這個分子。於是信使 RNA 所攜帶的遺傳資訊就這樣被沉默了。

道納著手研究切丁酶的分子結構。一如之前研究自剪接的 RNA 內含子一樣，她利用 X 射線晶體繞射來繪製切丁酶的扭轉與折疊，希望能找出其運作原理。在當時，研究人員還不知道切丁酶是如何這麼精準地將 RNA 剪切成正確的鹼基序列，讓特定的基因沉默。透過研究切丁酶結構，道納證明了切丁酶就像一把一頭帶著夾鉗，另一頭帶著砍刀的尺一樣，可以鉗住一段長長的 RNA 股，然後把它裁切成剛剛好的長度。

道納和她的團隊進一步證明了，為了製造出讓其他基因沉默的工具，切丁酶酵素的特定區域可以被取代。「這個研究最令人振奮的發現，或許就是切丁酶可以進行再造工程，」他們在 2006 年的報告中寫著。[7]這個發現非常有用，因為研究人員可以利用 RNA 干擾去關閉各種基因，一方面去瞭解每一個基因的功用，也為了醫療目的去規範基因的活動。

在新冠疫情時代，RNA 干擾還可能扮演另外一種角色。綜觀我們這顆星球

4　Craig Mello，1960 ～，美國生物學家，2006 年獲得諾貝爾生理醫學獎。目前為麻薩諸塞大學分子醫學教授。

5　Andrew Fire，1959 ～，美國生物學家，2006 年獲得諾貝爾生理醫學獎。目前為史丹佛大學醫學院病理學與遺傳學教授。

6　原註：法艾爾……克雷格・梅洛（Craig Mello）於 1998 年 2 月 19 日刊於《自然》之〈秀麗隱桿線蟲體內雙股 RNA 有效且獨特的基因干擾〉（Potent and Specific Genetic Interference by Double-Stranded RNA in Caenorhabditis elegans）。

7　原註：作者對道納、伊尼克、威爾森的訪問；伊恩・麥克瑞（Ian MacRae）、周凱虹……道納與其他人 2006 年 1 月 13 日於《自然》發表的〈切丁酶執行的雙股 RNA 加工程序結構基礎〉（Structural Basis for Double-Stranded RNA Processing by Dicer）；麥克瑞、周凱虹與道納 2007 年 10 月 1 日在《自然結構與分子生物學》（*Natural Structural and Molecular Biology*）發表的〈切丁酶進行的 RNA 辨識與劈切結構決定因素〉（Structural Determinants of RNA Recognition and Cleavage by Dicer）；威爾森與道納 2013 年於《生物物理學年度評論》發表的〈RNA 干擾的分子機制〉（Molecular Mechanisms of RNA Interference）；伊尼克與道納 2009 年 1 月 22 日刊於《自然》的〈RNA 干擾的分子機械立體圖〉（A Three-Dimensional View of the Molecular Machinery of RNA Interference）。

的生命史，某些有機體（不是人類）已經演化出許多利用 RNA 干擾去抵禦病毒的方式。[8] 就像道納 2013 年在一本學術性出版品中所寫的，研究人員希望能找到方法，利用 RNA 干擾去保護人類不受感染。[9] 那一年有兩篇發表於《科學》期刊的論文提出了強而有力的證據，認為這個作法可行。接下來，我們就要寄望那些以 RNA 干擾為基礎的藥物，有天可以成為治療嚴重病毒感染的不錯選擇，包括新冠病毒感染。[10]

　　道納的 RNA 干擾論文 2006 年 1 月在《科學》上發表。短短數月後，一個鮮為人知的期刊刊登了一篇報告，描述另一種同樣存在於自然界的病毒對抗機制。這篇報告的作者是一位默默無名的西班牙科學家，他發現像細菌這樣的微生物，它們抵禦病毒的歷史遠比我們人類的病毒對抗史更長，且過程甚至更殘酷。研究這個主題的科學家寥寥無幾，一開始，他們以為這個機制是藉由 RNA 干擾運作。但他們很快就發現，實際現象甚至要比 RNA 干擾更有趣。

8　原註：布萊恩·柯倫（Bryan Cullen）2014 年 11 月於《病毒雜誌》（*Journal of Virology*）刊出的〈病毒與 RNA 干擾：議題與爭論〉（Viruses and RNA Interference: Issues and Controversies）。

9　原註：威爾森與道納 2013 年 5 月在《生物物理學年度評論》發表的〈RNA 干擾的分子機制〉。

10　原註：艾莉莎·賴文諾瓦（Alesia Levanova）與米娜·波拉能（Minna Poranen）2018 年 9 月 11 日刊於《微生物學最前線》（*Frontiers of Microbiology*）的〈RNA 干擾作為人類病毒感染的控制工具可行性〉（RNA Interference as a Prospective Tool for the Control of Human Viral Infections）；露絲·威廉斯（Ruth Williams）2013 年 10 月 13 日刊於《科學家》（*The Scientist*）的〈以 RNA 干擾對抗病毒〉（Fighting Viruses with RNAi）；李陽……丁守偉與其他人 2013 年 10 月 11 日刊於《自然》的〈RNA 干擾在哺乳動物抗病毒免疫機制中的功用〉（RNA Interference Functions as an Antiviral Immunity Mechanism in Mammals）；皮耶·梅拉德（Pierre Maillard）……奧利佛·佛伊內特（Olivier Voinnet）2013 年 10 月 11 日刊於《自然》的〈哺乳動物細胞內的抗病毒 RNA 干擾〉（Antiviral RNA Interference in Mammalian Cells）。

第 2 篇

CRISPR

科學家研究大自然的原因，不是因為大自然有用。
他們研究大自然，是因為他們樂在其中，
而且他們是因為大自然的美麗而樂在其中。

——亨利·龐加萊[1]，
《科學和方法》（ *Science and Method*, 1988 ）

---

[1]　Henri Poincaré，1854 ～ 1912，法國數學家、理論物理學家、
工程師，以及科學哲學家，他提出的龐加萊猜想是最著名的
數學問題之一。他也是第一個發現混沌確定性系統（chaotic
deterministic system）的人，被稱為渾沌學之父。

法蘭西斯可・莫伊卡

艾力克・松泰默與路希阿諾・馬拉費尼

第 9 章

叢集重複

法蘭西斯可・莫伊卡

　　當石野良純[1]還是日本大阪大學的學生時，他的博士論文就納入了大腸桿菌的基因定序。那時是 1986 年，基因定序還是一項勞心勞力又傷神的過程，但他終究還是確認了組成目標基因的 1038 組 DNA 鹼基對。他在第二年發表的一篇基因研究的長篇論文最後一段，提到了一個他認為並沒有重要到需在論文摘要中提及的反常現象。「我們發現了一個不尋常的結構，」他寫道，「29 個核苷酸中有 5 個高度同源的序列，直接以重複型態排列。」換言之，他發現 DNA 中有 5 個完全相同的片段。這些相同的片段，每段都有 29 對鹼基的長度，夾在看起來正常的 DNA 序列之間。他稱這些片段為「間隔」。這些叢聚的重複序列到底是什麼，石野完全摸不著頭腦。他在這篇論文的最後一行寫著，「這些序列在生物學上的重要性，目前還不可知。」他沒有針對這個問題繼續研究下去。[2]

　　第一個釐清這個重複序列作用的研究者，是法蘭西斯可・莫伊卡（Francisco Mojica），他是西班牙地中海岸邊阿利坎特大學（University of Alicante）的學生。

1　Yoshizumi Ishino，1957 ～，日本分子生物學家與醫藥博士，現任教於九州大學。

2　原註：石野良純……中田久郎與其他人合著〈整聯素關聯蛋白基因的核苷酸序列，為大腸桿菌內之鹼性磷酯酶同功酶置換原因〉（Nucleotide Sequence of the iap Gene, Responsible for Alkaline Phosphatase Isozyme Conversion in Escherichia coli）於 1987 年 8 月 22 日發表於《細菌學雜誌》；石野良純等人 2018 年 1 月 22 日刊於《細菌學雜誌》的〈與神秘的重複序列開始到基因體編輯科技的 CRISPR 關聯蛋白史〉（History of CRISPR-Cas from Encounter with a Mysterious Repeated Sequence to Genome Editing Technology）；卡爾・吉莫（Carl Zimmer）2015 年 2 月 6 日發表於《量子雜誌》（Quanta）的〈DNA 編輯突破點源於細菌〉（Breakthrough DNA Editor Born of Bacteria）。

1990 年，他著手進行自己的博士論文，主題是古菌。古菌就和細菌一樣，是沒有細胞核的單細胞有機體。他所研究的古菌，在比海水鹹 10 倍的鹽池裡如魚得水。當他在為一些他認為或許能解釋這種細菌之所以熱愛鹽分的細胞內部分進行定序工作時，發現了 14 個以規律的間隔重複排列、完全相同 DNA 序列。這些重複的序列似乎呈現出迴文結構，也就是說它們不論是從正面看過去，還是反面看過來，都完全一樣。[3]

莫伊卡一開始以為自己搞砸了定序工作。「我以為發生了失誤，因為在那個年代，定序是很困難的工作，」他爽朗地笑著說。不過到了 1992 年，當他的資料一再顯示出這種規律性間隔的重複時，他就開始質疑以前是否有人發現過類似的現象。那個時代，谷歌大神還未出世，網路索引也不存在，因此他只能利用一套學術論文索引的印刷品《現期期刊目次》（*Current Contents*），透過引文中出現的「重複」這兩個字，一筆筆地親自翻查資料。這已是前一個世紀的事情了，那時候幾乎沒有什麼網路出版品。莫伊卡如果發現任何他覺得有希望的清單，就必須去圖書館把相關期刊找出來。最後，他找到了石野的論文。

石野研究的大腸桿菌與莫伊卡的古菌非常不一樣，也因此當他知道兩人都碰到了這種重複的序列以及間隔片段時，他真的非常驚訝。這個發現讓莫伊卡相信，這個現象在生物學上必然有著相當重要的目的。他和他的論文指導教授在他 1995 年所發表的報告中，稱這種現象為「銜接重複序列」，而且他們猜測這種現象可能與細胞複製有關，當然，他們這樣的假設並不正確。[4]

---

3 原註：作者對莫伊卡的訪談。本章內容資料源於凱文‧大衛斯 2018 年 2 月 1 日刊於《CRISPR》之〈CRISPR 熱：專訪法蘭西斯可‧莫伊卡〉（Crazy about CRISPR: An Interview with Francisco Mojica）；海蒂‧雷弗德（Heidi Ledford）2017 年 1 月 12 日刊於《自然》的〈CRISPR 起源的五大祕密〉（Five Big Mysteries about CRISPR's Origins）；克萊拉‧佛南戴茲（Clara Rodríguez Fernández）2019 年 4 月 8 日刊於《生物科技實驗室》（*Labiotech*）的〈專訪發現 CRISPR 的西班牙科學家法蘭西斯可‧莫伊卡〉（Interview with Francis Mojica, the Spanish Scientist Who Discovered CRISPR）；維若妮卡‧格林伍德（Veronique Greenwood）2017 年 3 月刊於《鸚鵡螺》（*Nautilus*）的〈怪異到令人無法忍受的 CRISPR〉（The Unbearable Weirdness of CRISPR）；莫伊卡與路易斯‧蒙大流（Lluis Montoliu）2016 年 7 月 8 日刊於《微生物學趨勢》（*Trends in Microbiology*）的〈CRISPR 關聯蛋白科技的起源〉（On the Origin of CRISPR-Cas Technology）；凱文‧大衛斯的《編輯人性》（*Editing Humanity*, Simon & Schuster, 2020）。

4 原註：莫伊卡……法蘭西斯可‧羅德蓋茲－瓦雷拉（Francisco Rodriguez-Valera）與其他人合著的〈長段的短串重複序列出現在古菌與火山嗜鹽桿菌最大的複製原中，可能與複製原分配有關〉（Long Stretches of Short Tandem Repeats Are Present in the Largest Replicons of the Archaea Haloferax mediterranei and Haloferax volcanii and Could Be Involved in Replicon Partitioning），1995 年 7 月刊於《分子微生物學》期刊（*Journal of Molecular Microbiology*）。

當莫伊卡結束了分別在鹽湖城以及牛津兩地的短期博士後研究工作後，他於 1997 年回到了離自己出生地僅隔著幾哩的阿利坎特大學，並組織了一個研究小組，開始研究這些神祕的重複序列。資金取得非常困難。「他們告訴我別再對那些重複序列執迷不悟了，因為有機體的這類現象實在太多種了，我發現的這種狀況，可能根本沒什麼特別的，」他說。

可是他很清楚，細菌與古菌的遺傳物質數量都很少，所以這些有機體不可能浪費那麼大量的遺傳物質在毫無重要功效的序列上。他繼續努力釐清這些叢聚重複的目的。或許它們可以幫助塑造 DNA 結構，又或者在形成蛋白質可以鎖定的環圈時，能夠提供什麼樣的助力。這兩種假設後來都證明是錯的。

CRISPR 這個名字

那個時候，研究人員已經在 20 種不同的細菌與古菌中發現了這些重複的序列，而大家對這個現象所取的名字五花八門。莫伊卡對論文指導教授強迫他接受的「銜接重複」愈來愈不滿意。這些序列都有間隔，並不是銜接。於是他重新用了自己最初取的名字「短間隔重複序列」，或簡稱 SRSR。雖然這個名稱更貼切，但是縮寫後的字母無法以一個單詞的形式發音，大家記不住。

莫伊卡一直都與荷蘭烏特勒支大學（Utrecht University）同樣在研究結核桿菌中這些序列的儒德・傑森（Ruud Jansen）通信往來。傑森稱這些序列為「直接重複序列」，不過他也同意這種現象應該有一個更好的名字。有天晚上，從自己實驗室開車回家的路上，莫伊卡突然想出了 CRISPR 這個縮寫後的名字，意思是「常間迴文重複序列叢集」。儘管不可能會有人記得這串突兀的措辭，但是縮寫 CRISPR 的讀音確實乾脆又清楚。再說，雖然 PR 讀音所漏掉的母音「e」，為這個詞彙增加了一層未來主義的光澤，但這個讀音聽起來還是給人一種友善而非恐懼的感覺。他回家後，詢問妻子對這個名字的感覺。「聽起來像是一個非常棒的狗狗名字，」她說，「CRISPR、CRISPR，來這裡，乖狗狗！」莫伊卡大笑，並決定就是這個名字了。

2001 年 11 月 21 號，傑森在回覆莫伊卡有關名稱建議的一封電子郵件中，

就這麼把這個名稱給定了下來。「親愛的法蘭西斯，」他在電子郵件中寫著，「CRISPR 這個縮寫實在太棒了。我覺得拿掉任何一個字母都讓這個名稱變得沒那麼乾脆，所以我很喜歡這個活潑的 CRISPR，遠勝於 SRSR 或 SPIDR。」[5]

　　傑森在 2002 年 4 月所發表的論文中，更正式地認可了這個名字。他在那篇論文中，報告自己所發現的基因似乎與 CRISPR 有關。大部分擁有 CRISPR 現象的有機體，重複序列旁都會出現某一種編入了製造酵素指令的基因。他稱這種酵素為「CRISPR 關聯」酵素，簡稱 *Cas* 酵素。[6]

抵禦病毒

　　當莫伊卡從 1989 年開始為熱愛鹽水的微生物 DNA 定序時，基因定序還是項過程非常緩慢的工作。但當時剛啟動的人類基因體計畫，最終卻讓新的高速定序方式如雨後春筍般出現。到了 2003 年，當莫伊卡專注在釐清 CRISPR 所扮演的角色時，將近 200 種細菌的基因體序列都已確定（其中包括了人類與老鼠的基因）。

　　那年 8 月，莫伊卡在距離阿利坎特南部約 12 哩的聖保羅（Santa Polo）海灘小鎮度假，住在丈人與丈母娘的房子裡。那次並不符合他對美好時光的定義。「我真的很不喜歡沙子，也不喜歡夏天待在又熱又擠的沙灘上，」他說，「我太太會躺在沙灘上做日光浴，我則是開車回到自己阿利坎特的實驗室待上一天。她覺得海灘很好玩，我則是覺得分析大腸菌的基因序列更好玩。」[7]完全像一位全心投入的科學家會說的話。

　　讓他著迷不已的是那些「間隔」，亦即位於重複的 CRISPR 片段之間的那些看起來正常的 DNA 片段區塊。他把大腸桿菌的間隔序列放到資料庫中計算。

5　原註：2001 年 11 月 21 日儒德‧傑森給莫伊卡的電子郵件。

6　原註：儒德‧傑森……李奧‧蕭爾茲（Leo Schouls）與其他人合著，2002 年 4 月 25 日發表於《分子生物學》期刊之〈辨識出與原核生物 DNA 重複序列有關的基因〉（Identification of Genes That Are Associated with DNA Repeats in Prokaryotes）。

7　原註：作者對莫伊卡的訪問。

結果讓他更覺有趣：間隔的片段與攻擊大腸桿菌的病毒序列相符。他在檢驗其他有 CRISPR 序列的細菌時，也發現了相同的情況，這些細菌體的間隔片段與那些攻擊細菌的病毒序列相符。「噢，我的天啊！」他一度這樣大叫。

有天晚上，當他確定自己所發現的現象時，他在回到海邊的住處後向妻子解釋這個情況。「我剛發現了一件非常了不得的大事，」他說，「細菌有免疫系統。它們能夠記住過去攻擊過它們的病毒。」她大笑，承認自己並不是太懂他所說的話，但她說她相信這件事必然非常重要，因為他真的很興奮。他回答，「短短幾年內，你會在報紙與史書上看到我剛發現的這件事的相關報導與記錄。」關於這一點，她一點都不信。

莫伊卡的這個意外發現，其實是這個星球上時間最長、規模最大，也是過程最殘暴的戰爭中的一個前線。這是細菌與攻擊它們的病毒之間的戰爭。我們稱這些病毒為「噬菌體」。噬菌體是自然界數量最龐大的病毒類。的確，到目前為止，噬菌病毒是世界上數量最多的生物體，大約有 10 的 31 次方那麼多──每粒細沙都含有 1 兆個噬菌體，而這個數字超過了所有有機體（包括細菌）的總和。每 1 毫升海水所涵蓋的噬菌體數量，可以高達 9 億個。[8]

在我們人類正在努力擊敗新的病毒株之際，瞭解這約略 30 億年、頂多加減個幾十萬年的時間，細菌一直在做的事情，是很有幫助的一件事。幾乎在這個星球的生命出現之初，細菌與病毒之間就一直處在緊張的軍備競賽當中。細菌發展出了抵禦病毒的複雜方式，而永遠都在演化的病毒則千方百計地想要擊毀細菌的防禦工事。

莫伊卡發現，擁有 CRISPR 間隔序列的細菌似乎能夠對擁有同樣序列的病毒感染產生免疫，但是沒有間隔序列的細菌就會被感染。這是一種極其聰明的

8　原註：山能‧克隆普（Sanne Klompe）與斯騰伯格 2018 年 4 月 1 日在《CRISPR》上發表的〈駕馭「十億年的實驗過程」〉（Harnessing'a Billion Years of Experimentation'）；艾瑞克‧金恩（Eric Keen）2015 年 1 月在《生物論文》（Bioessays）所發表的〈百年的噬菌體研究〉（A Century of Phage Research）；葛萊翰‧海特福爾（Graham Hatfull）與羅傑‧亨德力克斯（Roger Hendrix）2011 年 10 月 1 日刊於《病毒學當前觀點》（Current Opinions in Virology）的〈噬菌體與其基因體〉（Bacteriophages and Their Genomes）。

防禦系統，然而更棒的是，這樣的系統似乎可以因應新的威脅。當新病毒出現時，存活下來的細菌能夠納入病毒的某些 DNA，然後在自己的後代體內創造出一種對抗新病毒的後天免疫能力。莫伊卡回想起自己在理解到這整套機制的運作模式時，情感上的衝擊讓他眼中蓄滿了淚。[9] 大自然的美麗，有時候就是會產生這樣的效果。

這是個驚人而且巧妙簡單到令人愉悅的發現，也是一個會引起極大迴響的發現。但是莫伊卡發表這個研究結果的過程，卻艱困得令人感到荒謬。他在 2003 年向《自然》期刊投遞了這份名為〈原核生物免疫系統中重複序列的助力〉（Prokaryotic Repeats Are Involved in an Immunity System）論文。換句話說，這個標題的意思是 CRISPR 系統是細菌針對病毒入侵所產生後天性免疫力的一個方法。《自然》的編輯甚至並沒有將論文送出去讓人審閱。他們錯誤地判定這篇論文所提出的論點，與之前 CRISPR 的報告相比，並沒有什麼新鮮的內容。這些編輯還聲明莫伊卡並沒有提出任何實驗室的實驗資料，證明 CRISPR 系統有效的過程，當然，這個聲明的正當性比較高。

另外兩份出版品也拒絕刊登莫伊卡的論文。最後他終於在《分子演化期刊》（Journal of Molecular Evolution）中刊登了這份論文。《分子演化期刊》名氣並不高，但仍可以達到學術刊物的目的，讓同儕審閱評鑑莫伊卡的研究發現。不過即使是《分子演化期刊》，莫伊卡也必須不時地糾纏與催促動作緩慢的編輯大人們。「我幾乎每個禮拜都得主動試著與編輯聯絡，」他說，「每個禮拜都過得很糟，簡直是惡夢一場，因為我知道我們發現了一件真的很了不得的事情。我也知道，早晚會有其他人發現。可是我就是無法讓大家看到這件事到底有多重要。」[10]《分子演化期刊》在 2004 年 2 月收到這份論文，到了 10 月還沒有做出是否刊登的決定，而真正刊登的時間是 2005 年 2 月，距離莫伊卡的

9　原註：克萊拉・佛南戴茲的〈專訪發現 CRISPR 的西班牙科學家法蘭西斯可・莫伊卡〉；維若妮卡・格林伍德的〈怪異到令人無法忍受的 CRISPR〉。

10　原註：作者對莫伊卡的訪問；克萊拉・佛南戴茲的〈專訪發現 CRISPR 的西班牙科學家法蘭西斯可・莫伊卡〉；凱文・大衛斯的〈CRISPR 熱：專訪法蘭西斯可・莫伊卡〉。

發現，足足晚了兩年。[11]

　　莫伊卡說他熱愛自然的美麗，而這也是他的驅動力。他有幸在阿利坎特進行基礎研究，不需要去證明這些基礎研究可以如何轉換成實際有用的東西，也從未想過要去為自己發現的 CRISPR 申請專利。「如果你和我一樣，研究的都是些生活在類似高鹽分池塘這種不自然環境中的怪異有機體時，你唯一一個動機就只有好奇心，」他說，「我們的發現似乎根本就不可能應用在比較正常的有機體上。不過這樣的想法實在是大錯特錯。」

　　一如科學史上司空見慣的例子，很多發現都有令人意想不到的應用。「當你做研究的驅動力，是出自好奇時，你永遠也不會知道這樣的發現可能會在未來帶來什麼，」莫伊卡說，「一些基礎的東西，某天很可能會帶來影響很大的結果。」他向妻子預言他有天可能會名留青史，結果證明他的預言正確。

　　CRISPR 確實是細菌適應新型態病毒攻擊的一種免疫系統機制，而莫伊卡的論文只不過是提供證據證明這個機制的論文潮之始。不到一年，美國國家生技資訊中心（U.S. National Center for Biotechnology Information）的研究員尤金・庫寧（Eugene Koonin）延伸了莫伊卡的理論，他表示 CRISPR 關聯酵素會從攻擊病毒那兒抓回少許的病毒 DNA，並插入細菌自己的 DNA 內，有點像是在剪貼危險病毒嫌疑犯大頭照。[12] 遺憾的是，庫寧與他的團隊犯了一個錯誤。他們以為 CRISPR 防禦系統的運作，是透過 RNA 干擾而完成。換言之，他們猜測細菌是用這些嫌犯的大頭照去找出方法，干擾執行 DNA 密碼指令的信使 RNA。

　　其他人也是這樣猜測。而這就是為什麼珍妮佛・道納這位柏克萊的首席 RNA 干擾專家，會意外接到一位企圖弄清楚 CRISPR 的同事來電。

11　原註：莫伊卡……伊蓮娜・索利亞（Elena Soria）與其他人合著，刊於《分子演化期刊》的〈衍生自外來基因要素的常間原核生物重複的介入序列〉（Intervening Sequences of Regularly Spaced Prokaryotic Repeats Derive from Foreign Genetic Elements），2005 年 2 月（2004 年 2 月 6 日提交，2004 年 10 月 1 日決定刊登）。

12　原註：琪拉・馬卡洛瓦（Kira Makarova）……庫寧以及其他人合著，2006 年 3 月 16 日刊於《生物學直通報告》（Biology Direct）的〈原核生物以 RNA 干擾為基礎的免疫系統推定說〉（A Putative RNA-Interference-Based Immune System in Prokaryotes）。

吉莉安・班菲爾德

第 10 章

言論自由運動咖啡館

吉莉安・班菲爾德

　　2006 年初，就在道納發表了第一篇有關切丁酶的論文後不久，她在柏克萊的辦公室裡，接到了一通電話，致電者也是柏克萊教授，道納聽過對方的大名卻不認識。這個人是微生物學家吉莉安・班菲爾德（Jillian Banfield），她和莫伊卡一樣，也對極端環境中找到的微小有機體很有興趣。班菲爾德來自澳洲，友善而喜歡交際，帶點事事有趣的笑容，還有一種極適合團隊合作的天性。她正在研究的細菌，是她的團隊分別從澳洲鹽分非常高的湖水中、猶他州的熱噴泉，以及加州一個銅礦場排放進鹽沼中的酸性廢水中找到的細菌。[1]

　　當班費爾德排出了她的細菌 DNA 序列時，她不斷發現被稱為 CRISPR 的叢聚重複序列的現象。她也屬於那些以為 CRISPR 系統是藉由 RNA 干擾運作的科學家之一。當她在谷歌搜尋欄上打下「RNA 干擾與加州大學柏克萊分校」這幾個字後，道納的名字出現在最前面，於是她打了電話給道納。「我要找一個在柏克萊研究 RNA 引導的人，」她對道納說，「谷歌搜尋時，妳的名字跳了出來。」兩人決定碰面喝茶。

　　道納從未聽過 CRISPR。事實上，她以為班菲爾德說的是「脆皮」（crisper）。掛上電話後，她很快地搜尋了一下網路，僅發現為數不多的文章。等她終於找到一篇文章說 CRISPR 代表的是「常間迴文重複序列叢集」時，她

1　原註：作者對班費爾德與道納的訪問；道納與斯騰伯格合著《創造的裂縫》第 39 頁；柏克萊大學網站班費爾德實驗室頁面「深層生物圈」（Deep Surface Biospheres）。

決定等待班菲爾德的說明。

兩人在一個狂風大作的春天碰面，地點是言論自由運動咖啡館庭院中的一張石桌。這間咖啡館坐落於柏克萊大學部圖書館的入口處，是個大家可以聚在一起喝點湯、吃些沙拉的地方。班菲爾德在碰面前就列印出了莫伊卡與庫寧的論文。她很清楚，如果想要弄清楚 CRISPR 序列的功能，與道納這樣可以在實驗室裡研究每一個神祕分子成分的生化學家合作，是再合理不過的事情了。

當我坐在那兒聽她們兩位描述那場會面的情形時，她們所展現出來的興奮，與她們口中所描述的激動，完全一致。兩人說話的速度都很快，尤其是班菲爾德，而且她們總是不由自主地一邊大笑一邊幫對方的說明補漏拾疑。「我們當時就坐在那兒喝著茶，你拿著一大疊報告，上面是妳所找到的所有序列數據，」道納回憶道。通常都是在電腦上工作而鮮少列印任何東西的班菲爾德的說法也是這樣。她記得，「我不斷把這些序列拿給妳看，」道納這時附和地說，「你當時好激動，說話說得好快。妳的資料又這麼多。我當時還在想，『她對這些東西真的是非常非常興奮。』」[2]

就在那張咖啡館的石桌上，班菲爾德畫出了一連串代表 DNA 片段的菱形與方形圖案，這些全是她在自己研究的細菌中所找到的資訊。她說，菱形是所有已辨識出來的序列，但其間穿插著的方格，每個都擁有獨特的序列。「就好像它們是為了回應**什麼東西**而以如此快的速度進行多樣變異，」她告訴道納，「我的意思是說，造成這些怪異 DNA 序列叢聚集的原因是什麼？它們實際的運作狀況是什麼樣子？」

當時，絕大部分的 CRISPR 研究都還侷限在如莫伊卡與班菲爾德這類研究生命有機體的微生物學家領域。他們提出了與 CRISPR 相關的各種簡潔有力的理論，其中有些完全正確，但他們都沒有在試管中做過對照實驗。「當時還沒有人真正把 CRISPR 系統中的分子成分隔離出來，在實驗室裡進行檢測，釐清它們的結構，」道納說，「所以這就到了像我這樣的生物化學家與結構生物學家跳下去參與的時候，時機剛剛好。」[3]

2　原註：作者對班費爾德與道納的訪問。
3　原註：作者對道納的訪問。

第 11 章

到隊

布雷克・威登海夫特

在班菲爾德邀請道納一起合作 CRISPR 計畫後，剛開始道納並沒有太多條件推進，她的實驗室裡沒有人可以進行這項工作。

然後有位相當特別的候選人來到了她的實驗室面試，希望爭取博士後研究人員的職位。來自蒙大拿州的布雷克・威登海夫特（Blake Wiedenheft）很有魅力，像頭可愛的小熊，熱愛戶外運動。他在研究所期間，除了休假去野外探險，大部分時間都待在極端環境中收集微生物，從俄國的堪察加半島到他家鄉後院的黃石國家公園，都有他的足跡，就和班菲爾德和莫伊卡一樣。他的推薦信並不出色，但在結合他自己對於微生物生物學和分子生物學的興趣上，卻非常認真，而且擁有高度的熱情，更重要的是，當道納問他想要做哪方面的研究時，他說出了那句擁有魔力的咒語：「您聽過 CRISPR 嗎？」[1]

威登海夫特出生於蒙大拿州的派克堡（Fort Peck），那是一個人口僅有 233 人的國界前哨站，離加拿大邊境僅 80 哩，周遭什麼都沒有。父親是蒙大拿州野生動物部門漁業生物學家的威登海夫特，在高中時參加田徑運動、滑雪、摔角，還踢美式足球。大學念的是蒙大拿州立大學，主修生物，但他在實驗室裡的時間少之又少。他更喜歡到附近的黃石公園收集能在沸騰酸泉中存活的微生

---

[1] 原註：作者對威登海夫特與道納的訪問。

布雷克‧威登海夫特攝於俄國堪察加半島

物。「我的印象實在太深刻了，」他說，「從滾燙的酸泉中舀起有機體樣本，放入保溫瓶裡帶回實驗室，用我們在實驗室裡拼湊出來的人工熱泉培養它們，然後再把那些培養出來的樣本放到顯微鏡底下，透過接目鏡，看到以前從未見過的東西。這樣的經驗完全改變了我對於生命的想像。」

在威登海夫特的眼中，蒙大拿州立大學是所舉世無雙的學校，因為在這裡他可以盡情地耽溺於自己對探險的喜愛。「我總是在找尋下一個山頂會有些什麼東西，」他說。[2] 畢業後，他並未計畫成為研究科學家。相反的，他和他父親一樣，對魚類生物學興趣濃厚，因此報名登上了一條在阿拉斯加外白令海峽作業的捕蟹船，為政府機構收集數據。隨後他又在迦納待了一個夏天，在那兒擔任年幼學子的科學老師，回國後，在蒙大拿接了一個短期工作，擔任雪場巡邏員。「我對冒險有很大的癮頭。」

然而在旅行的過程中，他發現晚上自己都會重讀舊生物課本。他的大學導師馬克・楊（Mark Young）當時正在研究攻擊黃石公園沸騰酸泉中細菌的病毒。「馬克在瞭解這些生物機制運作時的那種熱情，毫不誇張地說，非常具有傳染力。」[3] 就這樣，東一榔頭西一棒槌地過了 3 年後，威登海夫特確定探險不僅存在於戶外，也可以在實驗室裡找到。於是他回到蒙大拿州立大學，成為楊指導的博士生，一起研究病毒侵略細菌的方式。[4]

雖然威登海夫特有能力排出病毒 DNA 的序列，但他發現他想得到更多的知識與能力。「一開始盯著 DNA 的序列，我就知道這些東西涵蓋的訊息量太少，」他說，「我們必須要能確認結構，因為在進化期間，結構、折疊方式與型態被保存的時間，遠比核酸序列要長久。」換句話說，DNA 裡的鹼基序列並未透露 DNA 的運作模式；重要的是 DNA 如何折疊、扭轉，這才能揭露出

2　原註：凱薩琳・凱爾金斯（Kathryn Calkins）2016 年 4 月 11 日刊於《全國綜合醫學科學學會》（National Institute of General Medical Sciences）的〈尋找冒險：布雷克・威登海夫特的基因編輯之路〉（Finding Adventure: Blake Wiedenheft's Path to Gene Editing）。

3　原註：艾蜜莉・沃爾夫（Emily Stifler Wolfe）2017 年 6 月 6 日刊於《蒙大拿州立大學新聞》（*Montana State University News*）之〈堵不住的好奇心：立於 CRISPR 研究前線的布雷克・威登海夫特〉（Insatiable Curiosity: Blake Wiedenheft Is at the Forefront of CRISPR Research）。

4　原註：威登海夫特……馬克・楊（Mark Young）與崔佛・道格拉斯（Trevor Douglas）2005 年 7 月 26 日刊於《美國國家科學院院刊》的〈古菌的抗氧化劑：硫磺礦硫化葉菌類似飢餓細胞蛋白質的特性〉（An Archaeal Antioxidant: Characterization of a Dps-Like Protein from Sulfolobus solfataricus）。

DNA 與其他分子交互影響的方式。[5]

　　他確認自己需要學習結構生物學，而最好的學習之地，莫過於道納在柏克萊的實驗室。

　　威登海夫特的個性太過認真，所以他根本感覺不到不安，這一點在他接受道納的面試時，表露無遺。「我來自蒙大拿州的一個小實驗室，對於自己什麼都不怕的膽子，相當自豪，不過我其實應該要害怕的，」他回憶道。他想要研究的領域其實並不多，但當道納顯露出對 CRISPR 這個他懷抱最大熱情的領域有些興趣時，他變得神采奕奕。「然後我就開始喋喋不休，努力展現自己最好的賣相。」他走到白板前，勾勒出了其他研究人員所進行的 CRISPR 計畫，其中包括約翰・范德・歐斯特[6]與史丹・布朗恩斯[7]這個荷蘭團隊的專案。威登海夫特曾在這個團隊到黃石公園採集熱泉微生物時，與他們共事過。

　　威登海夫特和道納針對道納實驗室日後可以進行的研究機會進行腦力激盪，他們最著名的結果就是釐清了 CRISPR 關聯酵素的功用。他的活力與極具感染力的熱情讓道納相當震撼。至於從威登海夫特的這個角度來看，道納能夠對 CRISPR 研究具有同樣的熱情，讓他很受感動。「她有一種見微知著的特異能力，」他指出。[8]

　　從此威登海夫特懷抱在從事戶外運動時所展現的喜悅和熱情，全心投入了道納的實驗室工作中。他心甘情願地一頭撞入從未使用過的技術領域。午餐時，他會出門來趟強化核心肌群的自行車之行，然後整個下午就穿戴著一身騎自行車的行頭繼續工作，到了晚上，頭上仍頂著自行車的安全帽在實驗室裡閒晃。有一次，他連續做了 48 個小時實驗，連睡都是睡在他的實驗旁。

5　原註：作者對威登海夫特的訪問。

6　John van der Oost，1958～，荷蘭微生物學家，瓦赫寧恩大學（Wageningen University）教授，也是該大學微生物研究室細菌基因組的主持者，成功建立起原核生物抗病毒抵禦系統（常間迴文重複序列叢集關聯蛋白與 AGO 蛋白）的研究，成為後來基因編輯工具的發展基礎之一。

7　Stan Brouns，瓦赫寧恩大學微生物研究室助理教授。

8　原註：作者對威登海夫特的訪問。

馬丁‧伊尼克

　　威登海夫特想要學習結構生物學的渴望，讓他不論在智識與社交上，都和道納實驗室裡的一位晶體學專業博士後研究生，產生了密切的連結。馬丁‧伊尼克（Martin Jinek）的家鄉在欽內茲（Třinec）的西里西亞（Silesia）小鎮，他出生時，這個地方還屬於捷克斯洛伐克。他在劍橋大學研究有機化學，博士論文是在海德堡的義大利生物化學家博士伊蓮娜‧康帝[9]的指導下完成。這樣的經歷讓他擁有了多國腔調交融的混合口音，但每個詞句的發音又都非常精準，中間還總是重複地用「基本上來說」這個插入詞隔開語句。[10]

　　在康帝的實驗室裡，伊尼克對本書的主角分子 RNA，發展出了極高的熱情。「這個分子實在太多樣化了——可以擔任催化劑，也可以折疊成立體結構，」他後來對《CRISPR》期刊的凱文‧大衛斯（Kevin Davies）說，「同時，它還是資訊的傳遞者。在生物分子的世界裡，簡直就是十項全能！」[11] 伊尼克的目標是在一個他可以弄清楚結合了 RNA 與酵素的複合物結構與複雜性的實驗室裡做研究。[12]

　　伊尼克非常善於制訂自己的前進方向。「他是那種可以獨立工作的人，而這項特質在我的實驗室裡一直都很重要，因為我不是那種跟得很緊、凡事親力親為的指導者，」道納說，「我喜歡聘用的人是擁有自己的創新想法，希望能在我的引導下研究，並成為我團隊成員的人，不是一個口令一個動作的人。」道納去海德堡開會時，安排了與伊尼克碰面的機會，接著她就慫恿他到柏克萊，與她的實驗室成員促膝交談。她覺得自己團隊的成員能自在地和每一個新進人員相處，是件很重要的事。

　　伊尼克一開始在道納實驗室裡的研究焦點，是 RNA 干擾的運作方式。研

9　Elena Conti，1967～，義大利生化學家與分子生物學家。目前在德國馬丁斯瑞德（Martinsried）的馬克斯‧普朗克生物化學研究所（Max Planck Institute of Biochemistry）進行 RNA 運輸與 RNA 新陳代謝方面的研究。

10　原註：作者對伊尼克、道納的訪問。

11　原註：凱文‧大衛斯 2020 年 4 月刊於《CRISPR》期刊的〈專訪馬丁‧伊尼克〉（Interview with Martin Jinek）。

12　原註：作者對伊尼克的訪問。

究人員已經描述過活細胞中 RNA 干擾是如何作用，但伊尼克知道，詳盡的說明需要在試管中重新創造完整的運作過程。這種**體外**實驗不但可以讓他分離出干擾基因表現所絕對必要的酵素，還能夠判定一種特定酵素的晶體結構，並藉此證明該酵素切斷信使 RNA 的方式。[13]

背景和個性迥異的伊尼克與威登海夫特成了兩個互補的分子。伊尼克是想要在活細胞領域有更多經驗的晶體學專家，而威登海夫特則是想要學習晶體學的微生物專家。他們本能地就喜歡對方。威登海夫特有趣的幽默感遠勝於伊尼克，可是他的這種幽默感傳染力實在太強，所以伊尼克很快也追了上來。有次兩人和其他實驗室成員到芝加哥附近的阿崗國家實驗室（Argonne National Laboratory）出差。他們當時工作的地點是一座很大的圓形建築物，裡面設置了一種名為先進光子源的巨型 X 射線機。這座建築物因為太大，所以備有三輪車讓研究人員利用。有次經過了整夜的工作之後，威登海夫特在凌晨 4 點舉辦了一場三輪車競賽，結果當然是他技壓群雄。[14]

道納決定自己實驗室的目標是解析出 CRISPR 系統的化學成分，並研究出每一個化學分子的運作方式。至於第一個研究焦點，她和威登海夫特決定從 CRISPR 關聯酵素著手。

Cas1

在此，我們先快速複習一下。

酵素是一種蛋白質。主要的功用在於擔負起催化劑的角色，引爆從細菌到人類等各種生命有機體細胞內的化學反應。藉由酵素催化的生物化學反應，超過 5 千種。這些反應中，包括了消化系統中澱粉與蛋白質的分解、肌肉收縮的

13　原註：伊尼克與道納的〈RNA 干擾的分子機械立體圖〉；伊尼克、史考特・柯猶（Scott Coyle）與道納 2011 年 3 月 4 日刊於《分子細胞》期刊（*Molecular Cell*）上的〈Xrn1 蛋白質介導的信使 RNA 降解過程中，加上核苷酸五碳糖的辨識與處理性〉（Coupled 5' Nucleotide Recognition and Processivity in Xrn1-Mediated mRNA Decay）。

14　原註：作者對威登海夫特、伊尼克、哈爾威茲和道納的訪問。

成因、細胞之間的信號發送、新陳代謝的調節，以及（本書討論的最重要項目）DNA 以及 RNA 的裁切和剪接。

到了 2008 年，科學家在細菌 DNA 中鄰近 CRISPR 序列處，發現了好幾種由基因所製造出來的酵素。這些 CRISPR 關聯酵素可以讓 CRISPR 系統，將那些攻擊細菌的新病毒記憶，裁切與貼入系統。這些酵素也可以創造出名為 CRISPR RNA（簡稱 crRNA）的簡短 RNA 片段，引導像剪刀般的酵素找到危險的病毒，剪下病毒的遺傳物質。簡直就是在變魔術！而這也就是狡獪的細菌所創造出來的後天性免疫系統方式！

這些酵素的命名記數系統在 2009 年依然尚未確定下來，最主要的原因在於這些酵素都是在各個不同的實驗室中被發現。不過最後大家終於訂出 Cas1、Cas9、Cas12，以及 Cas13 這樣標準化的命名方式。

道納與威登海夫特決定把重心放在成為大家口中的 Cas1 酵素之上。Cas1 是唯一出現在所有擁有 CRISPR 系統細菌體內的 CRISPR 關聯酵素，這也表示這個酵素執行的是基礎任務。對於試著利用 X 射線晶體繞射方式去找出分子結構，以判定酵素功能的實驗室而言，研究 Cas1 有另外一個優勢，就是這種酵素很容易進入晶體化型態。[15]

威登海夫特有能力從細菌體內獨立出 Cas1 基因，並加以複製，接著再透過一種氣相擴散方式，讓這種酵素基因晶體化。然而在釐清確切的晶體結構時，他卻因為沒有足夠的 X 射線晶體繞射經驗，而遇上了瓶頸。

道納因此抽調伊尼克上陣協助威登海夫特的 X 射線晶體繞射工作。伊尼克那時才剛在道納的指導下，完成了一篇關於 RNA 干擾的報告。[16]

為了建立 Cas1 的原子模型，兩人一起到附近的勞倫斯柏克萊國家實驗室使用粒子加速器設備，由伊尼克協助分析數據。「在過程中，我感染到了布雷克

---

15 原註：作者對威登海夫特與道納的訪問；威登海夫特、周凱虹、伊尼克……道納與其他人在 2009 年 6 月 10 日刊於《結構》期刊的〈CRISPR 介導的基因體抵禦過程中，保留蛋白質所牽連的去氧核糖核酸活性結構基礎〉（Structural Basis for DNase Activity of a Conserved Protein Implicated in CRISPR-Mediated Genome Defense）。

16 原註：伊尼克與道納的〈RNA 干擾的分子機械立體圖〉。

的熱情投入，」他回想著，「之後，我決定繼續參與珍妮佛實驗室的 CRISPR 研究。」[17]

威登海夫特與伊尼克發現 Cas1 的折疊型態非常獨特，表示它是細菌用來劈分一段入侵病毒 DNA，再將這段 DNA 納入自己 CRISPR 陣列配置中的機制，也因此是整個免疫系統儲存記憶建立階段的關鍵。2009 年 6 月，兩人發表了這項發現的報告，成為道納實驗室在 CRISPR 領域的首次貢獻。這份報告也是科學界首次從 CRISPR 其中一種成分的結構分析基礎上，對 CRISPR 機制提出的解釋。[18]

17　原註：作者對伊尼克、威登海夫特與道納的訪問。

18　原註：威登海夫特與其他人的〈CRISPR 介導的基因抵禦過程中，保留蛋白質所牽連的去氧核糖核酸活性結構基礎〉。

第 12 章

做優格的人

基礎研究與線性創新模式

　　科學與技術方面的歷史學家，包括我在內，寫的通常都是被稱為「線性創新模式」的內容。這是麻省理工學院的工程學院院長范納瓦爾・布希（Vannevar Bush）所傳揚出來的詞彙。布希是雷神公司 [1] 的創辦人之一，也是二次世界大戰期間，發明雷達與原子彈的美國科學研究發展室（U.S. Office of Scientific Research and Development）負責人。在 1945 年的報告《無盡邊界的科學》（*Science, the Endless Frontier*）中，他表示好奇心驅使的基礎科學是希望的種子，終會引領出新的科技與新的發明。「新產品與新製程不會以完全成熟的型態出現，」他這麼寫，「這些都要奠基於新的原理與新的見解之上，而這些新原理與新構思則是在最純粹的科學領域研究中，耗時費力精心發展出來的。基礎研究是科技進步的心律調節器。」[2] 美國杜魯門總統也是根據這份報告，才創立了國家科學基金會（National Science Foundation）這個政府組織，提供資金給主要在大學裡進行的基礎研究。

　　線性模式有一定的道理。量子原理與半導體物質表面狀態物理學的基礎研究，導致了電晶體的發展。然而整個過程其實並不是那麼簡單或那麼線性。電

1　Raytheon Company，1922 年成立，美國重要國防供應商，為世界最大的導彈製造廠，創立時為製冷技術應用公司，第一個產品是名為雷神的氣體（氖氣）整流器。經過數次更名改組後，2020 與聯合科技公司（United Technologies Corporation）合併為雷神科技公司（Raytheon Technologies）。

2　原註：范納瓦爾・布希的《無盡邊界的科學》，1945 年 7 月 25 日於美國科學研究發展室提出。

羅道夫・巴蘭古

菲利普・霍瓦

晶體是貝爾實驗室所發展出來的產品，而貝爾實驗室是隸屬美國電話電報公司的研究機構。這個機構當時網羅了許多基礎科學理論家，包括威廉·蕭克利[3] 與約翰·巴丁[4]。甚至連愛因斯坦都曾經順道拜訪過。但這個機構也投入了許多實事求是的工程師以及爬上電話桿、知道如何擴大電話訊號的技術工作人員。在這個大熔爐中，還要加上企業發展的執行主管，他們想方設法讓擴及整個大陸的長途電話計畫能夠成真。所有的這些成員都互相交流、刺激。

CRISPR 的發展一開始似乎吻合線性模式。基礎科學研究者如莫伊卡，出於純粹的好奇心，尋求自然界異象的解釋，進而播下了種子，讓基因編輯、抵抗新冠病毒的工具等應用科技得以發展。但是就像電晶體一樣，其中的過程絕非簡單的單線道。相反的，過程中不斷出現基礎科學家、要求實用性的發明家以及企業領袖的共舞與合作。

科學確實可以成為發明之母。然而就像麥特·瑞德里[5] 在他的作品《創新的運作機制》（*How Innovation Works*）所指出的，有時候整個過程其實是條雙向道的大街。「就像科學是發明之母那樣的普遍：技術與過程朝著行得通的方向發展，但對於對什麼行得通的理解，卻來得比較遲，」他寫道，「是蒸氣機讓我們認識了熱力學，而非熱力學導致蒸氣機的發明。動力飛行器幾乎走在所有空氣動力學的認知之前。」[6]

CRISPR 多采多姿的歷程，是基礎與實用科學之間共生共伴關係的另一個貼切而生動的例子。

3　William Shockley，1910～1989，美國物理學家，也是貝爾實驗室研究團隊負責人。與巴丁、布萊頓共同發明了電晶體，1956年獲諾貝爾物理學獎。

4　John Bardeen，1908～1991，美國物理學家，目前唯一榮獲兩次諾貝爾物理學獎得主（分別於1956與1972因發明電晶體與稱為 BCS 理論的傳統超導體基礎理論而獲獎）。

5　Matt Ridley，1958～，擁有英國子爵頭銜的英國新聞記者與企業家，以科學、環境與經濟方面的作品著稱。著名的科學相關著作包括《紅色皇后》（*The Red Queen: Sex and the Evolution of Human Nature*）、《23對染色體》（*Genome*）等。

6　原註：麥特·瑞德里的《創新的運作機制》（Harper Collins, 2020）第282頁。

巴蘭古與霍瓦

就在道納和她的團隊開始研究 CRISPR 的時候，兩位身處不同大陸的年輕食品科學家，也在研究 CRISPR，他們的目的是要改善優格與乳酪的製造方法。北卡羅萊納州的羅道夫・巴蘭古（Rodolphe Barrangou）以及法國的菲利普・霍瓦（Philippe Horvath），都是丹麥公司丹尼斯可（Danisco）的員工。丹尼斯可是一家食品原料公司，製作啟動與控制乳製品發酵的菌種。

優格與乳酪的菌種都是由細菌製成，對於這個全球產值高達 400 億美金的市場而言，最大的威脅來自能夠摧毀細菌的病毒。因此丹尼斯可願意花上大筆費用進行研究，找出細菌抵禦這些病毒的自衛之道。這家公司有一項非常珍貴的資產，那就是過去那些年公司使用過的細菌 DNA 序列歷史資料。也是因為這份資料，巴蘭古與霍瓦在某場研討會上第一次聽到莫伊卡的 CRISPR 研究後，也捲入了基礎科學與商業關係的世界裡。

巴蘭古出生於巴黎，他的家鄉讓他對食物有一種狂熱。他也熱愛科學，在大學時，他決定把自己的兩種愛好結合在一起。他成了我所認識的人當中，唯一一個因為要學習更多關於食物的知識，而從法國搬到北卡羅萊納州的人。他註冊成為位於羅利的北卡州立大學學生，拿到了醃菜與德國酸菜發酵科學的碩士後，繼續深造博士學位，並與一位在課堂上認識的食品科學家結婚。因為妻子在奧斯卡・邁爾（Oscar Mayer）肉品公司找到工作，夫妻倆搬到了威斯康辛州的麥迪遜。麥迪遜也是丹尼斯可的一個基地，生產成百上千億噸的乳製品發酵菌種，包括優格菌種。2005 年，巴蘭古接下了丹尼斯可研究主任的職位。[7]

數年前，他和另一位法國食品科學家菲利普・霍瓦成為好友。霍瓦是丹尼斯可位於法國中部小鎮當熱聖羅曼（Dangé-Saint-Romain）的實驗室研究人員，他當時正在開發不同的工具，試著辨識出攻擊不同菌株的病毒，兩個人因此開始了 CRISPR 的遠距離研究合作。

---

7 原註：作者對巴蘭古的訪問。

在勾勒他們的計畫期間,兩人一天會透過電話用法語溝通兩到三次。他們打算利用計算生物學去研究丹尼斯可龐大數據庫中的細菌 CRISPR 序列,並從乳品發酵菌種產業的大主力嗜熱鏈球菌開始。兩人對比細菌的 CRISPR 序列與攻擊細菌的病毒 DNA。丹尼斯可歷史收藏庫的最美妙優點,在於資料庫中存有從 1980 年早期開始的每一年菌株資料,也是因為這樣,巴蘭古與霍瓦才能觀察這些細菌在時間洪流中的變化。

兩人注意到在某次大規模病毒攻擊事件沒多久後所收集到的細菌,出現了新的間隔,間隔中是那些攻擊病毒的序列,顯示這些細菌將取得的病毒序列當成了未來抵禦攻擊的一種方式。由於這樣的免疫力已經成為細菌 DNA 的一部分,所以能夠傳衍給未來世代的細菌。在 2005 年進行的一次具體比較後,他們知道自己已經可以證明這種機制了。「我們看到菌株體內的 CRISPR 與我們知道曾經攻擊細菌的病毒序列,100% 吻合,」巴蘭古回憶道,「恍然大悟啊!」[8] 這個發現對法蘭西斯可・莫伊卡和尤金・庫寧的論文來說,是非常重要的證明。

巴蘭古與霍瓦接著又完成了一項實用性很高的研究,證明藉由設計與增加兩人所設下的間隔,可以幫細菌規劃這種免疫力。因為法國研究單位未獲准進行基因工程,因此巴蘭古就在威斯康辛做這個部分的實驗。「我證明了當你把來自病毒的序列加到 CRISPR 位置時,細菌就會發展出對那個病毒的免疫力,」他說。[9] 除此之外,巴蘭古和霍瓦還證明了 CRISPR 關聯酵素在獲得新的間隔以及阻擋入侵病毒上,都扮演了非常關鍵的角色。「我做的就只是抽走兩個 Cas 基因,」巴蘭古回憶道,「12 年前,要做到這件事可不簡單。抽走的 Cas 基因中,其中一個是 Cas9,而我們證明了如果抽走 Cas9,你就失去了抵抗力。」

他們在 2005 年 8 月利用這些發現申請專利,也獲得了 CRISPR-Cas 系統最初所核准的專利之一。那一年丹尼斯可開始利用 CRISPR 來為菌株接種疫苗。

8　原註:巴蘭古與霍瓦 2017 年 6 月 5 日刊於《自然微生物學》期刊(*Nature Microbiology*)的〈十年的發現:CRISPR 的作用與應用〉(A Decade of Discovery: CRISPR Functions and Applications);普拉蕭安特・耐爾(Prashant Nair)2017 年 7 月 11 日刊於《美國國家科學院院刊》的〈羅道夫・巴蘭古專訪〉(Interview with Rodolphe Barrangou);作者對巴蘭古的訪問。

9　原註:作者對巴蘭古的訪問。

巴蘭古與霍瓦為期刊《科學》撰寫了一篇報告，這篇報告在 2007 年 3 月刊登。「那真是段美好的時光，」巴蘭古說，「我們兩個只不過是一家沒什麼名氣的丹麥公司員工，寄了一份報告稿，寫的是沒什麼科學家在意的有機體內一種鮮有人知的系統。連有人會審閱這份文件都令我們感到不可思議。結果報告竟然被刊了出來！」[10]

CRISPR 會議

巴蘭古與霍瓦的報告把大家對 CRISPR 的興趣推進了一個更高的軌道圈。在言論自由運動咖啡館裡取得道納協助的柏克萊生物學家吉莉安·班菲爾德，立即打電話找上了巴蘭古。他們決定要做新興領域的先驅者經常會做的事情：開年度會議。第一場會議由班菲爾德和布雷克·威登海夫特籌辦，2008 年 7 月下旬在柏克萊的史丹利大樓舉行。道納的實驗室就在這座大樓中。這場會議僅35 個人與會，其中包括了從西班牙遠道而來擔任主題演講者的法蘭西斯可·莫伊卡。

在科學界，長距離的協同合作效果很好——特別是 CRISPR 領域，一如巴蘭古與霍瓦所展現的情況。但實際的接觸卻能引發更強而有力的反應；當大家在言論自由運動咖啡館這樣的地方喝茶時，所有人的思緒會更清楚。「若沒有那些 CRISPR 會議，這個領域的進展不可能會出現目前或合作後的速度，」巴蘭古說，「志同道合的情誼也永遠不可能出現。」

這場會議沒有什麼規範，但成員之間的信任度很高。大家可以隨意談論自己從未公開的資料數據，其他與會者也不會趁機利用。「那種可以分享未公開數據與想法，每個人都會彼此幫忙的小型會議，可以改變世界，」班菲爾德後來這麼說。這場會議最早的成就之一，就是將專業術語與名稱標準化，包括為

---

10 原註：巴蘭古……錫爾文·孟紐（Sylvain Moineau）……霍瓦與其他人刊於《科學》的〈CRISPR 提供原核生物在抵禦病毒時所必要的對抗力量〉（CRISPR Provides Acquired Resistance against Viruses in Prokaryotes），論文於 2006 年 11 月 6 日提交，期刊單位於 2007 年 2 月 16 日決定刊登，但一直到 2007 年 3 月 23 日才刊出。

CRISPR 關聯蛋白質制訂通用名稱。首批與會者之一的斯爾文‧莫羅（Sylvain Moreau）稱這場 7 月的會議為「我們的科學聖誕宴會」。[11]

松泰默與馬拉費尼

初始會議那一年，科學界出現了重大進展。芝加哥西北大學的路希阿諾‧馬拉費尼（Luciano Marraffini）和他的指導教授艾力克‧松泰默（Erik Sontheimer）證明了 CRISPR 系統的標的是 DNA。換言之，CRISPR 並非如大家在班菲爾德初次接觸道納那時所猜測的靠著 RNA 干擾運作。相反的，CRISPR 系統直接就是針對入侵病毒的 DNA 而去。[12]

這項發現所代表的意義，只能讓所有人大喊我的老天爺啊。就如馬拉費尼與松泰默所理解的，如果 CRISPR 系統直接針對病毒 DNA 而去，那麼 CRISPR 系統就有可能變成一種基因編輯工具。這個開創性的發現，引爆世界對 CRISPR 興趣的另一波新高度。「這個發現導致了 CRISPR 可以從根本做出改變的想法，」松泰默指出，「如果這個系統可以瞄準並裁切 DNA，那麼它就可以容許你修補造成遺傳問題的原因。」[13]

在做到這一點之前，仍有許多問題需要釐清。馬拉費尼和松泰默並未精確瞭解到 CRISPR 酵素是如何裁切 DNA。這個過程很可能與基因編輯完全不相容。不管怎麼樣，兩人仍在 2008 年 9 月提出了利用 CRISPR 作為 DNA 編輯工具的專利申請。這項申請理所當然地遭到了駁回。兩人對這個系統有一天可以成為基因編輯工具的猜測正確，但當時還未經由任何實驗證據證明。「你不可能為某個想法申請專利，」松泰默承認，「你必須確實發明出自己所宣稱的東西。」兩人也向美國國家衛生研究院申請繼續研究基因編輯工具可行性的補助金。這項申請同樣也遭到了拒絕。但在 CRISPR-Cas 系統可能成為基因編輯工

11　原註：作者對錫爾文‧孟紐、班菲爾德與巴蘭古的訪問。班菲爾德提供之 2008 ～ 2012 會議議程。
12　原註：作者對馬拉費尼的訪問。
13　原註：作者對松泰默的訪問。

具的記錄上，他們確實是最先提出的人。[14]

　　松泰默與馬拉費尼研究的是活細胞內的 CRISPR，譬如細菌的活細胞。同年發表論文的其他分子生物學家也都一樣。但為了確認這個系統的關鍵成分，還需要另一種研究方式。生物化學家需要在**體外**，亦即試管中，研究這些分子。藉由試管中分離出來的成分，生物化學家可以從分子層面去解釋微生物化學家在細胞內的發現，以及計算遺傳學家在電腦上比對序列數據時的發現。

　　「進行體內實驗時，你永遠也無法 100% 確定造成事件發生的原因是什麼，」馬拉費尼說，「我們無法透視細胞內部去看到運作的狀況。」想要完整瞭解每一個成分，你需要把這些成分從細胞中取出來，放進試管內。只有在試管裡，你才能精準控制納入的條件。而這不但是道納的專長，也是布雷克·威登海夫特與馬丁·伊尼克在她實驗室裡所進行的研究。「想要釐清這些問題，我們必須跨出遺傳研究的範疇，採用一種更偏向生物化學的研究方法，」道納後來寫道，「一種可以讓我們獨立出組成分子並研究其行為模式的方法。」[15]

　　不過在一開始，道納卻步履蹣跚，在事業上繞了一段彎路。

14　原註：作者對松泰默、馬拉費尼的訪問；馬拉費尼與松泰默 2008 年 12 月 19 日刊於《科學》的〈CRISPR 干擾限制葡萄球菌內標靶 DNA 的水平基因移轉〉（CRISPR Interference Limits Horizontal Gene Transfer in Staphylococci by Targeting DNA）；松泰默與馬拉費尼 2008 年 9 月 23 日以〈標靶 DNA 干擾 CRISPR RNA〉（Target DNA Interference with crRNA）名義所提出之美國臨時專利申請案，案號 61 /009,317；松泰默 2008 年 12 月 29 日的意向書，存於美國國家衛生研究院。

15　原註：道納與斯騰伯格合著之《創造的裂縫》。

第 13 章

基因工程科技公司

不安

2008 年秋天，就在大量 CRISPR 報告發表後不久，吉莉安·班菲爾德告訴道納，她擔心最重要的發現已經出現，也許該是時候「繼續往前走」了。道納拒絕了她的提議。「在我看來，目前所有的發現都只是令人興奮之旅的開始，而非結束，」她回憶著說，「我知道有種後天的免疫能力，而我想要知道這是怎麼一回事。」[1]

那一刻，道納其實也正在規劃自己繼續往前走的方向。

44 歲的她，婚姻美滿，還有個聰明有禮的 7 歲兒子。然而雖然有這麼多的成功，又或許正是因為這些成功，她產生了中年危機感。「我管理學術研究實驗室已經 15 年了，我開始懷疑『還有沒有更多東西？』」她回想著，「我不曉得自己的工作是否能夠提供更廣泛的影響。」

儘管站在 CRISPR 這個新興領域的最前線讓道納感到興奮，但她對於基礎科學也愈來愈焦躁不安。她迫切地想做更多應用科學與轉譯研究的事情。轉譯研究的目標是將基礎科學知識轉化成可以增進人類健康的療法。雖然有跡象顯示 CRISPR 有可能成為一種極具實用價值的基因編輯工具，道納還是感覺到了一股拉扯，讓她想要追尋影響更即時也更直接的計畫。

一開始，她考慮去醫學院念書。「我覺得我可能會喜歡實際接觸病人以

1　原註：作者對班菲爾德與道納的訪問。

及參與臨床試驗，」她說。她也考慮過去商學院進修。哥倫比亞大學有一種高階管理碩士班，學生一個月去學校上一個週末的課，其他課程則是透過網路完成。但這樣一來，往返於柏克萊與病中母親所在的夏威夷，就成了一個令人精疲力盡的頭疼問題，儘管如此，她確實在認真考慮這件事。

之後她遇到了前一年才剛加入基因工程科技公司（Genentech）的學術界前同事。基因工程科技公司是舊金山生物科技界的權威企業，也是當基礎科學碰到了專利律師，再與創投業者相遇後，帶來了創新與利潤的企業代表典範。

基因工程科技公司

基因工程科技創立於 1972 年，當時史丹佛醫學院教授史丹利‧柯漢（Stanley Cohen）與加州大學舊金山分校的生物化學家赫伯‧博耶（Herbert Boyer）在檀香山參加一場有關 DNA 重組技術的會議，會議主題是史丹佛大學的生物化學家保羅‧伯格（Paul Berg）發現如何從不同的有機體進行 DNA 片段剪接，創造出混種的過程。在那場會議中，博耶也發表了演講，談論他發現可以非常有效創造出這些混種的一種酵素。柯漢接著針對如何藉由將 DNA 片段引入大腸桿菌中，複製出成千上萬個完全相同的 DNA 片段副本的議題，發表演講。

有天在大會晚宴之後，博耶與柯漢覺得無聊又有點沒吃飽，於是兩人走進了威基基海灘附近商店街上的一家紐約風熱食店。店面的霓虹燈招牌不是寫著處處可見的「阿囉哈」，而是標示著希伯來文的「平安」（Shalom）。配著燻牛肉三明治，他們腦力激盪著該如何結合兩人的發現，創造出一種改變與製造新基因的方法。他們同意合力繼續研究這個想法。不到 4 個月的時間，兩人就從不同的有機體內剪接出了 DNA 片段，並複製出千百萬個相同片段，誕生了生物科技領域，也開啟了基因工程革命的濫觴。[2]

史丹佛警敏的智慧財產權律師中，有一位找上了門，而且出乎博耶與柯漢

---

2 原註：尤金‧洛素（Eugene Russo）2003 年 1 月 23 日刊於《科學》的〈生物科技的誕生〉（The Birth of Biotechnology）；穆克吉的《基因》第 230 頁。

赫伯‧博耶與羅伯特‧史文生

意料之外地主動提出協助申請專利。1974年，兩人正式提出專利申請，最後也拿到了專利。他們之前從未想過自己在自然界中發現的DNA重組程序，可以拿到專利。其他的科學家也沒有想過這件事，因此許多人大為震怒──尤其是最早在DNA重組研究上做出突破的保羅‧伯格。他稱這樣的專利主張決定「令人質疑、自以為是、目中無人。」[3]

　　1975年年底，在柯漢─博耶專利申請送出的一年後，一位履歷並不是太成功但努力想要成功的年輕創投資金經理人羅伯特‧史文生（Robert A. Swanson），主動打了電話給許多可能有興趣開設基因工程公司的科學家。史文生之前的創業投資記錄是徹頭徹尾的滿江紅。當時他與其他人分租一間公寓，開著破破爛爛的日本得勝（Datsun）汽車，靠著冷肉三明治過日子。但是他大

3　原註：拉言德拉‧貝拉（Rajendra Bera）2009年3月25日刊於《當前科學》期刊（*Current Science*）的〈柯漢─博耶專利的來龍去脈〉（The Story of the Cohen-Boyer Patents）；柯漢與博耶於1974年11月4日申請，美國專利第4,237,224號〈製造具生物效用之分子嵌合體過程〉（Process for Producing Biologically Functional Molecular Chimeras）；穆克吉的《基因》第237頁。

量閱讀了 DNA 重組的資料，並說服自己他最後必定能找到一匹千里馬。他照著自己那張以字母順序排下來的科學家名單一一致電，最先同意與他見面的人是博耶（伯格拒絕了他的求見）。史文生去了博耶辦公室，本來預計 10 分鐘的會面，最後兩人在附近的酒吧裡談了 3 個鐘頭，並在那間酒吧勾勒出一家以基因工程製藥的新型態公司計畫。兩人同意各出 500 美元來支付一開始的法律事務相關費用。[4]

史文生建議結合兩人的名字，為公司命名為赫羅伯（HerBob），聽起來有點像是網路約會服務或低端市場的美容院。博耶明智地拒絕接受這個名字，兩人改為這家公司取名基因工程科技，名符其實。就這樣，這家公司開始製作基因工程藥物。1978 年 8 月，基因工程科技在一場賭上了公司存亡的競爭中，贏得了製造治療糖尿病的合成胰島素訂單後，業績出現了爆炸性成長。

在當時，製造出一磅的胰島素，需要超過 2 萬 3 千頭豬或牛所提供的 8 千磅胰腺。基因工程科技在胰島素上的成功，不僅改變了糖尿病患者的生活（以及許許多多豬與牛的生活），也讓整個生物科技產業更上一層樓。一張用畫筆畫出來的博耶，帶著微笑登上了《時代》雜誌的封面，搭配的標題是〈基因工程的榮景〉（The Boom in Genetic Engineering）。同一週的另一則大新聞是英國查爾斯王子選擇黛安娜為他的王妃，但是這件大事，在當時那個比較清高的新聞環境中，只在雜誌封面上搶到了次要的位置。

基因工程科技的成功，讓《舊金山考察家報》（San Francisco Examiner）在 1980 年 10 月刊出了一則令人難忘的頭版頭條新聞：這家公司成為第一家公開發行以及成功掛牌上市的生物科技公司。基因工程科技在 GNEN 的交易代碼下，以美金 35 塊開盤交易，不到一個小時，股價衝上 88 塊。「基因工程科技震撼了整個華爾街」的頭版橫幅標題不斷迴響。這個標題下的照片是另一則與此完全無關的報導，照片上是面帶微笑接電話的保羅·伯格，就在基因工程科技上市的同一天，他從電話中得知自己因為發現了 DNA 重組而獲得了諾貝爾獎。[5]

4　原註：穆克吉的《基因》第238頁。

5　原註：佛德瑞克·高登1981年3月9日刊於《時代》雜誌之〈塑造實驗室裡的生命〉（Shaping Life in the Lab）；蘿拉·佛拉則（Laura Fraser）1980年10月14日刊於《舊金山考察家報》的〈複製胰島素：基因工程科技公司史〉（Cloning Insulin, Genentech corporate history）。

彎路

　　在基因工程科技開始網羅道納的 2008 年年底，這家公司的市值接近
一千億美金。此時已經在基因工程科技進行基因工程癌症藥物發展的道納前同
事告訴她，他非常喜歡自己的新工作。他的研究比之前在學校裡更能聚焦，而
且他是直接針對可以帶來新療法的問題做研究。「因此這件事讓我開始思考，」
道納說，「與其回到學校繼續念書，也許我應該去一個可以直接利用自己知識
的地方。」

　　她的第一步是出席兩場基因工程科技的研討會，說明自己的研究內容。
這樣做，不論是她自己或基因工程科技團隊，都可以對彼此有更多瞭解。在那
些積極爭取她的人當中，有一位是產品開發部門的負責人蘇·戴斯蒙─海爾曼
（Sue Desmond-Hellmann）。道納和她個性相近，兩人都是非常求知慾很高的
傾聽者，也都心思敏捷、微笑常在。「當我在考慮是否接受聘僱時，她和我坐
在她的辦公室裡，（她）告訴我如果我到基因工程科技工作，她可以教導我應
該知道的一切，」道納說。

　　在道納決定接受這份工作時，基因工程科技的相關單位告訴她，她可以帶
著柏克萊團隊的一些成員一起進公司。「我們都已經做好了搬家的準備，」道
納指導的其中一位博士生瑞秋·哈爾威茲（Rachel Haurwitz）回憶。她和大多
數其他人一樣，決定要跟著道納。「我們當時正在思考要帶走哪些設備，而且
都已經開始打包了。」[6]

　　但在 2009 年 1 月道納到基因工程科技工作後，她立即知道自己做了錯誤
的決定。「直覺上，我很快就感覺到我待錯了地方，」她說，「那是一種發自
內心的反應。每天每夜，我都覺得自己做錯了決定。」她睡不著，在家的時候
也很沮喪。她連最基本的工作都做不好。她的中年認知危機演變成了輕度的精
神崩潰。她一直是個非常謹慎的人，始終控制著自己的不安全感與偶爾襲來的
焦慮，並隱藏在外表之下。但這些情緒再也藏不住了。[7]

6　原註：作者對哈爾威茲的訪問。
7　原註：作者對道納的訪問。

短短的幾個禮拜，她的煎熬就飆到了頂點。1月底的某個雨夜，她發現自己清醒地躺在床上。她起身，穿著睡衣走到外面。「我就那樣坐在雨中的自家後院裡，全身淋得濕透，然後心裡想著，『我不要做了，』」她回憶道。直到她的丈夫發現她動也不動地坐在雨中，才好言好語地把她哄進屋。她懷疑自己是不是罹患了憂鬱症。她知道自己想要回到她在柏克萊的實驗室，卻擔心那道門早已關上。

　　後來是她的鄰居，也是柏克萊化學系系主任的麥可‧馬爾雷塔（Michael Marletta），將她從困境中解救出來。道納第二天早上打電話給馬爾雷塔，請他過府一敘，他赴了約。道納支開了傑米與兒子安德魯，這樣她才能情緒激動地暢所欲言。馬爾雷塔看到道納極度憂傷的樣子，嚇了一大跳，他也如實對她說。「我猜妳一定很想回柏克萊，」他說。

　　「我想自己當初可能已經重重地把那扇門關上了，」她回答。

　　「沒有這回事，妳沒有，」他向她保證，「我可以幫忙讓妳回來，」

　　她的心情立刻上揚。那天晚上，她又可以安睡了。「我知道我要回到自己應該待的地方，」她說。她在3月初回到了自己柏克萊的實驗室，中間只離開了短短的兩個月。

　　經過了這次的行差踏錯，她愈加理解自己的熱情與技術，以及自己的缺點所在。她喜歡在實驗室裡當個研究科學家。她擅長與自己信任的人腦力激盪，不善於在以晉升而非發現為動力的競爭企業環境內穿梭。「我不具備在大公司工作的正確技能。」儘管她在基因工程科技短暫的停留不了了之，然而結合自己的研究、創造出實用新工具的創造，以及有企業可以將這些新工具商品化的渴望，卻驅使著她開啟了自己生命的下一個章節。

第 14 章

實驗室

招募

科學發現有兩大要素，一是進行偉大的研究，另一個就是建造進行偉大研究的實驗室。我曾詢問過史蒂芬・賈伯斯，他最好的產品是什麼。我以為他會說麥金塔電腦或 iPhone，結果他卻回答，創造偉大的產品確實很重要，但更重要的是打造一個可以持續製造這種偉大產品的團隊。

道納極其享受實驗科學家的生活，早早進到實驗室，戴上乳膠手套、套上白色實驗服，拿著移液吸管與培養皿開始工作。在柏克萊設立起她自己的實驗室後，前幾年她還能在實驗台上花上一半的時間。「我不想放棄這件事，」她說，「我想我應該是個很不錯的實驗人員，那是我腦子運作的方式。我可以在腦子裡看到實驗，特別是我一個人做實驗的時候。」但是到了 2009 年，當道納從基因工程科技回鍋之後，她發現自己必須花更多的時間培養自己實驗室的人員，而不是培養她的細菌菌種。

這種從球員轉變成教練的過程，在許多領域都看得到。寫文章的人變成了編輯、工程師變成了經理。當實驗科學家變成了實驗室負責人後，他們新的管理職責就包括了招募合適的年輕研究人員、指導他們、審核他們的研究結果、向他們建議新的實驗項目，並且以過來人的經歷提供他們自己的獨到見解。

道納的這些工作都做得非常好。當她在考慮自己實驗室的博士生或博士後研究生人選時，她都會確認實驗室的其他成員相信新進人員能夠跟大家合得來。她的目標是那些擁有自我引導能力但又能與團隊分工合作的人。就在她

的 CRISPR 計畫加速展開時，她找到了兩名兼具熱忱與聰穎的博士生，和布雷克‧威登海夫特、馬丁‧伊尼克一起成為了她團隊的核心成員。

瑞秋‧哈爾威茲

身為從小就在德州奧斯汀長大的年輕女孩，用瑞秋‧哈爾威茲自己的話來說，她就是個「科學怪咖」。她和道納一樣，對 RNA 產生興趣。她在哈佛念大學時，研究重點之一就是分子，後來到柏克萊念博士，渴望進入道納實驗室研究，一點都不令人意外。2008 年，她進入道納實驗室後，很快就被捲入了布雷克‧威登海夫特的 CRISPR 工作中，他具有吸引力的個性以及對於怪異細菌那種歡天喜地的熱情，都讓哈爾威茲覺得很有魅力。「剛開始跟著布雷克做研究時，我幾乎沒聽過 CRISPR 這個東西，所以我就把這個領域所有發表過的報告都看了一遍，」她回想著，「只用了大概兩個小時。不論是布雷克還是我，當時都沒有意識到我們其實正站在大冰山的一小角上。」[1]

2009 年初，哈爾威茲在家準備自己的博士資格考試時，她聽到了道納決定提早結束與基因工程科技的聘僱關係，回到柏克萊。那真是太幸運了。她已經計畫要追隨道納，但她真正想做的還是待在柏克萊寫博士論文，論文內容就是和威登海夫特一起研究的 CRISPR。她和威登海夫特都熱愛生物化學與戶外運動，威登海夫特甚至幫她設計了一套新的訓練與飲食制度，讓她能夠重新開始跑馬拉松。

道納在哈爾威茲身上看到了一些自己的特質：CRISPR 是個風險相當高的領域，因為實在太新，但這也正是哈爾威茲想要參與的原因。「這是個全新領域的事實，雖然會讓一些學生恐懼，她卻很喜歡，」道納說，「所以我跟她說，『去試試。』」

當威登海夫特釐清了 Cas1 的結構後，他決定再針對自己正在研究的細菌體

---

[1] 原註：作者對哈爾威茲、威登海夫特以及道納的訪問。

內另外 5 個 CRISPR 關聯蛋白質做相同的事情。其中 4 個很容易，但 Cas6^2 的結構卻很難突破，所以他徵召了哈爾威茲。「他把問題少年丟給我處理，」她說。

後來大家才發現問題根源在於教科書的內容和資料庫資料對細菌基因體定序的註釋錯誤。「布雷克理解到我們之所以碰到這麼多問題的原因，竟然是他們一開始就弄錯了，」哈爾威茲解釋。一釐清問題所在，他們就能在實驗室裡搞定 Cas6 了。[3]

下一步是找出 Cas6 的作用以及運作方式。「我利用道納實驗室所採用的兩種作法，」哈爾威茲解釋，「用生物化學弄清楚這個蛋白質的功用，用結構生物學弄清楚它長什麼樣子。」生物化學實驗揭露了 Cas6 的角色任務，是去鎖住 CRISPR 陣列配置所製造出來的長 RNA，並將之裁切成較短的 CRISPR RNA 片段，而這些較短的 RNA 片段，正是入侵病毒的目標 DNA 精準複製版。

瞭解到 Cas6 的功用後，下一步就是解開它的結構，而結構又可以說明 Cas6 **如何**運作。「那個時候，不論是布雷克還是我，都沒有完整的技術可以自行完成結構生物學領域的工作，」哈爾威茲說，「所以我拍了拍正坐在下一個實驗台對面的馬丁·伊尼克的肩膀，請問他是否可以加入我們的案子幫忙，告訴我們怎麼做。」

結果三個人發現了相當不尋常的情況。根據教科書上的說法，Cas6 與 RNA 的接合方式，根本行不通。只要 RNA 有可以讓 Cas6 接合的結構性位置，Cas6 就能夠準確地找到 RNA 內的正確序列。「我們之前看到的其他 Cas 蛋白質都做不到這一點，」哈爾威茲說。結果就是 Cas6 可以非常精準地辨識並裁切正確的位置，不會弄亂其他的 RNA。

在發表的報告中，他們稱之為「一種預期之外的辨識機制」。有一種「RNA 髮夾」結構，可以讓 Cas6 與絕對正確的序列交互影響。同樣的，分子的扭轉與折疊型態仍是發現分子運作方式的關鍵所在。[4]

2　原註：當時普遍的認知都稱之為 Csy4，最後才為大家接受為 Cas6f。
　　譯註：Csy 的英文為 crRNA-guided surveillance，意思是 CRISPR RNA 引導的監控蛋白質。
3　原註：作者對哈爾威茲的訪問。
4　原註：哈爾威茲、伊尼克、威登海夫特、周凱虹與道納 2010 年 9 月 10 日刊於《科學》之〈CRISPR 內核酸酶的特定 RNA 序列與結構〉（Sequence- and Structure-Specific RNA Processing by a CRISPR Endonuclease）。

馬丁‧伊尼克、瑞秋‧哈爾威茲、布雷克‧威登海夫特、周凱虹與珍妮佛‧道納

山姆・斯騰伯格

2008 年初，許多頂尖的博士班都接受了山姆・斯騰伯格（Sam Sternberg）的申請，包括哈佛與麻省理工學院。他決定去柏克萊，因為他與道納碰過面，而且他想要和她一起研究 RNA 結構。但是後來他為了在哥倫比亞大學完成一份從大學時代就一直在研究的科學報告，推遲了註冊報到的時間。[5]

在延後報到的這段時間裡，他很意外地聽到了道納突然轉換跑道去基因工程科技就職，以及她更突然地重新回鍋的消息。因為擔心自己的決定不夠正確，他發了一封電子郵件給道納，詢問她對柏克萊的研究投入程度有多深。「我太緊張，所以不太信任自己可以當面問她這個問題，」他承認。道納回了一封讓他放心的信，她對他說自己現在很確定柏克萊就是她要待的正確地方。「那封信足以讓我信服，所以我決定繼續自己的計畫，到柏克萊去修博士。」[6]

哈爾威茲邀請斯騰伯格到她與男友合租的公寓裡共享逾越節晚餐。跟其他大多數晚餐不同的是，他們在餐桌上的主要對話內容都跟 CRISPR 有關。「我一直請她多告訴我些她正在進行的實驗，」他說。她給他看了一份她寫的有關 Cas 酵素的報告，而他就這麼上鉤了。「那之後，我明確地向珍妮佛表達我不想繼續研究 RNA 干擾了，」他說，「我告訴她，我想研究 CRISPR 這個新的東西。」

斯騰伯格聽了哥倫比亞大學教授艾瑞克・葛林[7]關於單分子螢光顯微鏡的演講後，抱著姑且一試的心態，問道納自己是否可以試著把這種方式應用在其中一種 CRISPR 關聯蛋白的研究上。「噢，天啊，當然可以，」她回答，「一定要試試看。」這正是她喜歡的冒險研究方式。她在科學研究上的成功，一直都來自於連接小點後所構建出來的全局，她擔心斯騰伯格只處理細瑣的 CRISPR 議題。她先是讚美了他的聰明與天賦，接著直截了當地對他說，「現在的你有

5　原註：斯騰伯格……魯本・岡札列斯（Ruben L. Gonzalez Jr）與其他人合著，並於 2009 年 7 月 13 日發表於《自然結構與分子生物學》期刊（*Nature Structural and Molecular Biology*）的〈轉譯終止與核醣體回收過程中的轉譯因素引導內在核醣體動力學〉（Translation Factors Direct Intrinsic Ribosome Dynamics during Translation Termination and Ribosome Recycling）。

6　原註：作者對斯騰伯格的訪問。

7　Eric Greene，哥倫比亞大學生物化學與分子生物物理系教授。

點大材小用。你並沒有接下像你這樣有能力的學生應該接手的工作。如果不這樣做，我們又為什麼要從事科學研究呢？做研究，就是要去找出重要問題的答案，就是要去冒險。如果你不嘗試，永遠也不會有突破。」[8]

斯騰伯格被說服了。他曾詢問過道納是否可以用一個禮拜的時間，去哥倫比亞大學學習更多單分子螢光顯微鏡的相關技術。斯騰伯格後來在他的博士論文謝辭寫下了這樣的兩句話：「她不僅送我去那兒一個禮拜試試看，最後還付錢讓我在那兒整整待了 6 個月。」重回母校的那 6 個月，斯騰伯格學會了如何使用單分子螢光顯微鏡去檢驗 CRISPR 關聯酵素的行為。[9]他的研究結果產出了兩篇突破性的報告，共同執筆者包括了斯騰伯格、哥倫比亞大學的艾瑞克‧葛林、伊尼克、威登海夫特以及道納。而他的研究結果，也是有史以來第一次精確解釋了 CRISPR 系統的 RNA 引導蛋白質，是如何在入侵的病毒體內找到正確的目標序列。[10]

斯騰伯格與威登海夫特的相處愈發融洽，最後威登海夫特成了他的偶像。2011 年年底，威登海夫特要為《自然》期刊整理出一篇關於 CRISPR 的文獻綜述，這個機會讓兩個人一起忙了整整一個禮拜。[11]他們白天擠坐在一台電腦前，爭辯著該用哪個字、哪個詞，以及應該選擇哪張圖片發表比較好。他們之間的友誼，因為在溫哥華參加會議期間同住一間房，而更加深厚。「那是我自己的科學事業起飛的時刻，」斯騰伯格說，「因為我開始思考自己應該可以做些更大的計畫，把布雷克也拉進來。」[12]

斯騰伯格、威登海夫特和哈爾威茲三個人的座位都在實驗室的一個凹角

8　原註：作者對斯騰伯格與道納的訪問。

9　原註：作者對斯騰伯格的訪問；斯騰伯格 2014 年提出之柏克萊大學博士論文《CRISPR 相關核酸內切酶的機制與工程》（*Mechanism and Engineering of CRISPR-Associated Endonucleases*）。

10　原註：斯騰伯格……與道納 2014 年 1 月 29 日刊於《自然》的〈CRISPR RNA 引導之內核酸酶 Cas9 所引起的 DNA 特性〉（DNA Interrogation by the CRISPR RNA-Guided Endonuclease Cas9）；席‧瑞汀（Sy Redding）、斯騰伯格……威登海夫特、道納、艾力克‧葛林與其他人 2015 年 11 月 5 日刊於《細胞》的〈大腸桿菌的 CRISPR-Cas 系統對外來 DNA 的監控與處理〉（Surveillance and Processing of Foreign DNA by the Escherichia coli CRISPR-Cas System）。

11　原註：威登海夫特、斯騰伯格與道納 2012 年 2 月 14 日刊於《自然》的〈細菌與古菌體內的 RNA 引導基因沉默系統〉（RNA-Guided Genetic Silencing Systems in Bacteria and Archaea）。

12　原註：作者對斯騰伯格的訪問。

內，彼此距離幾呎而已。這個小凹角後來也成了生物怪胎的祕密基地。每次進行大型實驗時，他們都會針對實驗的結果開設賭局。「我們這次賭什麼？」布雷克會這麼問，然後再自答，「我們來賭一杯奶昔。」遺憾的是，柏克萊在時尚圈實在走得太前面，或者該說完全跟不上流行，因為附近根本沒有奶昔店。儘管如此，這三個傢伙的戰績依然以奶昔杯數作為單位。

實驗室裡培養出來的同志情誼絕非偶然；道納在招募研究人員時，對於確保人選適合這個環境的重視程度，絕不亞於她對候選人研究成就方面的評估。有天當我們在道納的實驗室裡從這頭走到另一頭時，我挑戰了她的這個作法。這樣會不會淘汰了某些雖然與這個環境格格不入但非常傑出的人，也就是那種可能會挑戰其他人或打亂集體思考的方式，但其實對整體成長是有好處的人？「我曾經用一點點時間想過這個問題，」她說，「我認識一些喜歡在創造上出現矛盾的人，不過我喜歡自己實驗室裡的人合作愉快。」

領導力

當俄亥俄州立大學新出爐的博士洛斯・威爾森（Ross Wilson），申請要在道納實驗室進行博士後研究時，伊尼克把他拉到了一邊，送上了一句警語。「你必須要能自立更生，」他對威爾森說，「如果你的自我激勵能力不足，珍妮佛不會幫你太多，也不會替你把事情做好。有時候她還會看起來像是漠不關心的樣子。不過如果你的主動性夠強，她就會給你冒險的機會，提供你真的非常聰明的引導，而且在她一定會在你需要她的時候在你身邊。」[13]

威爾森在 2010 年只去了道納的實驗室面試。他對 RNA 如何與酵素交互影響非常感興趣，而且他認為她是世界一流的專家。當道納決定接受他時，他竟然喜極而泣。「我真的哭了，」他說，「這輩子第一次喜極而泣。」

至於伊尼克提出的警告，他說，「100% 正確」，但也正因為如此，她的實驗室對具有強烈自我驅動力的人來說，是一個令人興奮的工作場所。「她絕對不會緊迫盯人，」威爾森說。他現在在柏克萊有自己負責的實驗室，而且與

13　原註：作者對威爾森、伊尼克的訪問。

道納的實驗室維持合作關係。「但是當她和你一起審視你的實驗和實驗結果時，她會把聲音放低一些，直視著你的眼睛，身體朝你微傾，然後對你說『如果你試著去……』。」接著她會向你描述一種新的作法、新的實驗，或甚至新的想法，而這些內容通常都會與某種新的 RNA 配置方式有關。

舉例來說，有一天威爾森到她辦公室去展示他晶體化的兩個分子如何相互作用的結果。「如果你在知道這個交互影響如何運作的基礎上，瓦解這樣的交互影響，」她說，「也許我們就能在細胞內進行同樣的破壞，然後看看細胞的行為會因為這種交互影響的擾亂，出現什麼樣的變化。」這番建議促使威爾森走出了試管，一頭鑽進了活細胞的內部運作機制研究之中。「我絕對想不到要這麼做，」他說，「但實際上真的有用。」

道納如果待在自己的實驗室裡，早上的時間大多會安排研究人員一個接一個地向自己說明他們最近的研究結果。她的問題通常都很具蘇格拉底風格：有沒有想過把 RNA 加進去？在活細胞裡也可以想像同樣的結果嗎？「當你在發展自己的研究計畫時，她就是有一種本事，可以問出正確而關鍵的重要問題，」伊尼克說。這些重要的問題其實都經過了精心設計，目的就是要讓她手下的研究人員可以從枝微末節向外看到整個大局。她會問，你為什麼要做這個？這麼做的目的是什麼？

儘管道納在研究人員的研究初期，都會採取不干預的作法，但隨著研究愈接近結果階段，她的參與也會愈深入。「在這些研究計畫中，一旦有什麼令人激動的事情，或真有什麼發現時，只要她感覺是大事，就會變得超級投入，」她教過的一位學生盧卡斯・哈靈頓（Lucas Harrington）說，「這是存在於血脈裡的本能。」而這也是道納的競爭之魂發揮作用的時候。她不希望其他實驗室比自己的實驗室更早發現。「她可能會突然衝進實驗室，」哈靈頓說，「完全不需要提高音量，大家就會知道什麼事情需要做得又好又快。」

每當她的實驗室有了新發現時，道納就會頑強地堅持發表。「我發現期刊的編輯比較偏好積極主動或糾纏不休的人，」她說，「其實那不見得是我的本性，但是當我覺得期刊編輯沒有領略到我們做的某件事情真的很重要時，我就

會變得更加積極主動。」

　　女性科學家在自我推銷時，往往顯得羞怯，而這種態度要付出的代價很高。2019 年一項針對超過 600 篇女性作為論文主要作者的研究顯示，她們比較不會用「新奇」、「獨特」、「前所未見」這類自我推銷的詞彙去描述自己的發現。這樣的趨勢在那些刊登在最知名期刊上的論文更加明顯，而根據定義，所謂最知名期刊，幾乎都是刊登具開創性內容的論文。在出版最重要、最尖端研究成果的那些最具影響力的期刊中，女性作者在描述自己的研究工作內容中，使用正面且具自我推銷性質的文字比例，要比平均還低 21%。而結果之一就是她們的論文被引用的比例，也比一般論文大約少了 10%。[14]

　　道納並沒有掉入這個泥沼當中。舉例來說，2011 年的某個時候，她和威登海夫特，再加上她的另一位柏克萊同事夏娃・諾加勒斯（Eva Nogales）完成了一篇 CRISPR 關聯酵素排列的論文。他們為這個排列方式取名為梯瀑（CASCADE）。梯瀑可以瞄準入侵病毒的 DNA 正確位置，然後徵募一個酵素將這個 DNA 鋸成上百成千個小片段。他們把這篇論文寄給了知名度最高的期刊之一《自然》，也被《自然》接受了。但編輯說這篇論文的開創性分量不夠，無法成為期刊的焦點「論文」，所以他們想以「報告」的形式出版，而報告的重要性要比論文低一階。大多數的研究團隊都會因為一份重要刊物如此快速地接受了他們的論文而欣喜若狂。道納卻沮喪異常。她嚴正地主張這是一個很大的進展，理應慎重處理，她不但自己寫了一封信，也請其他人寫信支持她的主張，然而期刊編輯依然堅持己見。「如果《自然》同意刊登，大多數人可能都會高興得跳上跳下，」威登海夫特說，「珍妮佛也是跳上跳下，不過她是因為東西會以報告而非論文的名義刊出，被氣瘋了。」[15]

14　原註：馬克・勒切穆勒（Marc Lerchenmueller）、奧拉夫・索仁森（Olav Sorenson）與阿努潘・吉納（Anupam Jena）2019 年 12 月 19 日發表於英國醫學期刊（*BMJ*）的〈科學家如何呈現性別差異與其研究的重要性〉（Gender Differences in How Scientists Present the Importance of Their Research）；奧加・卡山（Olga Khazan）2019 年 12 月 17 日發表於《大西洋月刊》（*Atlantic*）的〈抱持著男性科學家的自信〉（Carry Yourself with the Confidence of a Male Scientist）。

15　原註：作者對威登海夫特與道納的訪問；威登海夫特、蓋珀瑞兒・蘭德（Gabriel C. Lander）、周凱虹、馬修斯・朱爾（Matthijs M. Jore）、史丹・布朗恩斯、約翰・范德・歐斯特、道納與夏娃・諾加勒斯刊於《自然》的〈源於細菌免疫系統的 RNA 導引監控複合體結構〉（Structures of the RNA-Guided Surveillance Complex from a Bacterial Immune System），2011 年 9 月 21 日刊出（2011 年 5 月 7 日提交，2011 年 7 月 27 日決定刊登）。

第 15 章

馴鹿生物科學公司

從實驗台到病床

　　道納雖然決定不要成為基因工程科技公司裡的企業科學世界一員，卻依然保留著自己的冀望，想把關於 CRISPR 的基礎發現轉變成醫學上可以利用的工具。當威登海夫特和哈爾威茲揭開了 Cas6 的結構後，她的機會來了。

　　這是她事業另一新篇章的開始，她尋找各種方式，要把她的 CRISPR 發現，變成可以被醫學界利用的工具。而哈爾威茲則是帶著這樣的構想，又向前邁進了一步。如果 Cas6 真的可以成為醫療工具，那麼這個工具就可以成為一家企業的基石。「我們一瞭解到 Cas6 蛋白質的運作模式，」她說，「就開始對自己可以如何向細菌偷師，再將細菌的作法調轉為我們自己所用，有了一些想法。」[1]

　　在 20 世紀大部分時間裡，絕大多數的新藥都是奠基於化學進展。但是1976 年基因工程科技的出現，卻將藥物商品化的焦點從化學轉到了生物科技領域，而生物科技必然牽涉到的活細胞控制，便常常需要透過基因工程的手段去設計出新的醫學治療方式。基因工程科技成了生物科技發明商業化的楷模：科學家與創投家透過分售股權的方式募集資金，然後與大藥廠簽約，將他們的一些發現進行授權、製造，以及行銷。

　　透過這樣的流程，生物科技踏上了數位科技走過的路，模糊了學術研究

1　原註：作者對道納和哈爾威茲的訪問。

與商業的界線。數位領域與商業的融合，出現在二次大戰剛結束之後，主要的發生地在史丹佛大學。史丹佛教授受到教務長佛萊德里克·特曼（Frederick Terman）的激勵之後，將他們的發現轉化為新創企業。從史丹佛冒出來的公司包括了利頓工業[2]、瓦里安聯合公司[3]、惠普（Hewlett-Packard），以及後來的昇陽電腦（Sun Microsystems）和谷歌。這個過程也幫助了原本滿是杏樹果園的山谷，搖身成了矽谷。

在這段期間，包括哈佛與柏克萊在內的許多大學，認定堅守基礎科學研究更適合自己。這些學校裡走傳統風的教授與教務長，對於和商業牽扯不清的關係嗤之以鼻。然而當史丹佛在資訊科技與生物科技領域都嘗到了成功的果實後，這些學校開始眼紅，相繼擁抱創業精神。他們鼓勵研究人員為自己的發現申請專利、與創投者合作、創業。「這些企業經常與大學維持聯繫、與教職員以及進行研究計畫的博士後研究候選人密切合作，有時候還會借用大學的實驗室，」哈佛商學院教授蓋瑞·皮薩諾（Gary Pisano）寫道，「很多時候，創立企業的科學家甚至還維持著他們在學校裡的教職。」[4] 而這也將成為道納採用的方式。

新創企業

在此之前，道納從未在商業化這件事情上花太多腦筋。不論是當時還是後來，金錢在她的生命中始終不是主要的動力。她、傑米與安迪住在柏克萊的一棟寬敞但一點都不奢華的房子裡，她也從未有過再換一棟更大房子的慾望。但是她卻很喜歡成為商業界一份子的這個想法，特別是這個商業的走向如果能對

2　Litton Industries，1953 年成立的美國電子公司，曾推出過微波爐與打字機，幾經併購與多角化發展，現為美國的國防承包商之一。

3　Varian Associates，1948 年成立，是矽谷最早的高科技公司之一，初期產品是微波與電磁設備中可以放大電磁波的真空管，後來多角經營跨足醫療系統與半導體業。

4　原註：皮薩諾 2006 年 10 月刊於《哈佛商業評論》（*Harvard Business Review*）的〈科學可以成為生意嗎？〉（Can Science Be a Business?）；沙烏拉伯·巴提亞（Saurabh Bhatia）2018 年 5 月刊於《英國物理學會物理期刊》（*IOP Science*）的〈生物科技的歷史、範疇與發展〉（History, Scope and Development of Biotechnology）。

瑞秋·哈爾威茲

人類健康帶來直接的影響。再說，新創企業不會像基因工程科技那樣有組織政治的問題，也不會讓她離開學術界。

哈爾威茲同樣感受到商業的誘惑。雖然她很擅長實驗室中實驗台的工作，但是她知道自己不是天生的學術研究者，所以開始在柏克萊的海斯商學院上課。她最喜歡的科目是創投家賴利·賴斯基（Larry Lasky）的課。賴斯基把班上同學分成6隊，每隊的商學院學生與科學研究人員各半。各隊都要針對一家虛構的生物科技新創公司製作一系列的簡報，然後用整學期的時間，以向投資人募資為目的，完善各自的簡報內容。她另外還修了一堂潔西卡·胡佛（Jessica Hoover）的課。胡佛曾是一家生物科技公司企業發展部門的負責人，專門研究醫療產品商業化，包括如何確保專利以及授權專利。

哈爾威茲在道納實驗室的最後一年，道納問她下一步打算做什麼。「經營一家生物科技公司，」哈爾威茲回答。在史丹佛，這個回答不會讓人意外，因為在那個環境裡，科學研究商業化是受到讚揚的行為，但在柏克萊，道納卻是第一次聽到這樣的回覆，因為在這個環境裡，大多數博士生的職涯目標仍在學術界。

幾天後，道納到實驗室去找哈爾威茲。「我一直在想，也許我們應該開家公司，利用 Cas6 和一些其他的 CRISPR 發現做成一個工具，」她說。哈爾威茲毫不遲疑地回答，「我們絕對應該這麼做。」[5]

然後她們就這麼做了。新公司在2011年10月設立，那一年，哈爾威茲完成自己的學業。公司依然以道納的學術實驗室為基地。2012年春天，拿到博士學位的哈爾威茲成了這家初生之犢公司的總經理，而道納是首席科學顧問。

對於這家從實驗室搬到附近商店街一個低矮空間內的公司，兩人的想法是將 Cas6 結構相關的專利商業化，最終將所有道納實驗室出來的發現專利都商業化。兩人最初的目標是將 Cas6 轉變成一項檢測人體內是否存在病毒的臨床診斷工具。

5　原註：作者對哈爾威茲和道納的訪問。

新公司

2011 年道納與哈爾威茲成立公司的那時候，柏克萊在鼓勵研究人員培養更多創業精神這件事情上，也已變得更精明。柏克萊推出了各種計畫，育成自家學生與教授創立的新創企業。其中一家與加州大學灣區其他分校在千禧年成立的機構，是加州定量生物科學研究所（California Institute for Quantitative Biosciences，簡稱 QB3），以「催化大學研究與民間產業之間的合作關係」為研究所目標。道納與哈爾威茲獲選為加州定量生物科學研究所的「QB3 新創企業套裝服務」（QB3's Startup in a Box）計畫的參與者。這個計畫專門針對那些想要將自己的科學基礎發現轉成商業投資的科學家兼創業家，提供訓練、法律建議以及財務服務。

有天道納和哈爾威茲搭地鐵去舊金山拜會新創企業套裝服務所招募來協助她們成立新公司的律師。當他問及新公司的名稱時，哈爾威茲說，「我一直跟我男朋友談這件事，我們覺得這家公司應該叫做馴鹿。」馴鹿的英文（Caribou）就像是「CRISPR 關聯」（Cas）以及 RNA 與 DNA 基礎組件的核糖核苷酸（ribonucleotide）這兩個英文字的剪拼混搭。

哈爾威茲的天分在矽谷創業家身上並不常見。平穩的性格讓她成為天生的優秀經營者。她踏實、鎮靜、講求實際又率直。許多新創企業執行長所流露的混雜著自大與缺乏安全感的態度，在她身上絲毫也找不到。這些特色讓她擁有許多優勢，其中之一就是大家易於低估她的實力。

另一方面，她從來沒有當過執行長，所以她還有些東西要學。她加入了當地名為執行長聯盟（Alliance of Chief Executives）的年輕執行長專業發展團體，團員每個月聚會半天，分享各自的困難與解決之道。很難想像史蒂芬・賈伯斯或馬克・祖克柏參加這種支持團體的樣子，不過哈爾威茲就像她的導師道納一樣，擁有男性領導者並不常見的自覺與謙遜。這個執行長聯盟在很多事情上都提供她輔導，包括如何建立一支融合不同專才的團隊。

在今天，光是出現 CRISPR 這個金字招牌，就足以讓創投者趨之若鶩。但當時道納與哈爾威茲募資的運氣卻不是太好。「那個時候，分子診斷的議題，

就是讓創投者收起天線、閉上眼睛的指令，」道納說，「另外，我也感覺到一種反女性的暗潮在洶湧，所以我也很擔心我們就算湊足創業資金，瑞秋也可能會從執行長的位子上被拉下來。」她們拜會的創投者清一色全是男性，但別忘了當時是 2012 年。於是兩人決定不再繼續尋找創投基金，而是轉向朋友與家人集資。道納與哈爾威茲也把自己的錢投進了公司裡。

鐵三角

在信奉純自由市場機制的資本主義世界裡，從表面看來，馴鹿生物科學的順利創設像個典範。而這家公司也確實美好地存在著那麼一絲典範的味道。然而從英特爾到谷歌等許多其他公司，深入瞭解創新是如何成為美國獨特的催化劑混合後的產品，是一件很重要的事情。

隨著二次大戰即將結束，偉大的工程師與政府官員范納瓦爾．布希認為美國的創新引擎需要政府、商界與學界三方的攜手合作。他的背景讓他成為夠資格提出這樣構思的唯一人選。布希擔任過麻省理工學院的工程學院院長、雷神公司的創辦人之一，也是政府首席科學行政官，負責管理原子彈製造以及其他專案計畫。[6]

布希建議，政府不該像執行原子彈計畫的作法那樣設立屬於國家的研究實驗室，而是應該資助大學與企業研究。這種官產學合作，創造出了推動戰後美國經濟的偉大創新，包括電晶體、微晶片、電腦、圖形使用者介面、衛星定位系統、雷射、網際網路，以及搜尋引擎等。

馴鹿就是這種作法的一個例子。柏克萊是一所有私人慈善捐款贊助的公立大學，裡面有道納的實驗室，而且與聯邦資金支持的勞倫斯柏克萊國家實驗室有合作關係。從美國國家衛生研究院流入柏克萊支持道納 CRISPR-Cas 系統研究的補助金有 130 萬美金。[7] 除此之外，馴鹿本身也可以得到美國國家衛生研究

6 　原註：布希的《無盡邊界的科學》。
7 　原註：2017 年 4 月科學聯盟（The Science Coalition）的報告《激發經濟成長》（*Sparking Economic Growth*）。

院的小型企業創新計畫補助款 15 萬 9 千美金，來製造分析 RNA—蛋白質複合物的工具組。小型企業創新計畫設立的目的，就是要協助創新者把科學的基礎研究轉變為商業產品。這些補助讓馴鹿在早期沒有創投資金挹注的那些年間得以存活。[8]

現在的學官產鐵三角架構，通常還會再加上另一個元素，那就是慈善基金會。以馴鹿為例，比爾暨梅琳達蓋茲基金會就挹注了 10 萬美元，資助馴鹿將 Cas6 作為診斷病毒感染工具的相關工作。「我們計畫創造一整套專門辨識包括後天免疫缺乏症候群病毒、C 型肝炎病毒，以及流感病毒在內的病毒 RNA 序列特徵的酵素，」道納在她給蓋茲基金會的信中寫道。而這封信也是蓋茲夫婦後來在 2020 年注資道納利用 CRISPR 系統檢測新冠病毒工作的序曲。[9]

8　原註：美國國家衛生研究院補助金編號1R43GM105087-01，提撥給瑞秋‧哈爾威茲的「全球核糖核蛋白分析設備」（Kit for Global RNP Profiling）補助。

9　原註：作者對道納、哈爾威茲的訪問；羅伯特‧山德斯（Robert Sanders）2010年5月10日刊於《柏克萊新聞》（*Berkeley News*）的〈蓋茲基金會頒贈新創全球健康研究10萬美元獎金〉（Gates Foundation Awards $100,000 Grants for Novel Global Health Research）。

第 16 章

埃瑪紐埃爾・夏彭蒂耶

埃瑪紐埃爾・夏彭蒂耶

流浪者

　　大型會議可能產生重要的結果。2011 年春天道納參加在波多黎各舉行的一場會議時，有機會認識了埃瑪紐埃爾・夏彭蒂耶（Emmanuelle Charpentier）。她是位在各地走動的法國生物學家。揉雜了神祕與巴黎人特有的漫不經心特質，賦予她迷人的魅力。她也在研究 CRISPR，研究焦點在於大家稱之為 Cas9 的 CRISPR 關聯酵素。

　　戒慎但迷人的夏彭蒂耶是一個屬於許多城市、許多實驗室，並擁有許多學位與博士後計畫的女人，但她鮮少扎根，也幾乎不做承諾，願意隨時打包自己

的移液吸管，朝著下個地方而去。她從來不會把自己的憂慮表現在臉上，也從未顯露出任何競爭的本能。這些特質都讓她成為與道納非常不一樣的人，但或許這也是兩人一開始就投緣的原因，只不過她們主要是在科學領域而非情感面投緣。兩個人的笑容都很溫暖，雖然無法因此完全卸除她們的防護罩，卻也能讓人幾乎感覺不到她們的保護殼。

夏彭蒂耶在巴黎南部綠樹成蔭的塞納（Seine）市郊長大，父親是附近公園系統的管理負責人，母親是一家精神病院的行政護理師。夏彭蒂耶 12 歲的某天，走路經過巴黎專門研究傳染病的中心巴斯達研究所（Pasteur Institute）。「長大以後，我要去那兒上班，」她對她的母親說。數年後，在她必須指定自己中學畢業考的範疇，以決定未來在大學裡學習的領域時，她選擇了生命科學。[1]

夏彭蒂耶對藝術也有興趣。她的鄰居是一位在演奏會上表演的音樂家，她跟這位鄰居學過鋼琴，也努力學過芭蕾，想著有天或許可以成為職業舞者，而且她的芭蕾訓練一直持續到 20 多歲。「我一直想當個芭蕾舞者，不過最後我終於理解到這個職業的風險太高，」她說，「我的身高差了幾公分，而且韌帶問題影響了我右腿的伸展程度。」[2]

她後來發現藝術也教導了她一些可以應用在科學的東西。「方法論對於兩個領域都是很重要的事情，」她說，「你必須知道這些方法的基本原理以及如何駕馭。這需要堅持———一而再、再而三地重複實驗。複製一個基因時，你必須不斷完善 DNA 的準備方式，然後一而再、再而三地重複過程。這是訓練的一部分，就像芭蕾舞者整天不斷重複著相同的動作與順序。」除此之外，跟藝術相同的是

1　原註：作者對夏彭蒂耶的訪問。本章節的資料出於烏塔・戴夫克（Uta Deffke）2016 年 1 月刊於《馬克斯・普朗克研究雜誌》（*Max Planck Research Magazine*）的〈基因編輯的藝術家〉（An Artist in Gene Editing）；2018 年 2 月 1 日刊於歐洲微生物學會聯合會微生物學快報（FEMS Microbiology Letters）的〈埃瑪紐埃爾・夏彭蒂耶專訪〉（Interview with Emmanuelle Charpentier）；愛麗森・阿伯特（Alison Abbott）2016 年 4 月 28 日刊於《自然》的〈CRISPR 願景〉（A CRISPR Vision）；凱文・大衛斯 2019 年 2 月 21 日刊於《CRISPR》期刊的〈找到屬於她的利基：埃瑪紐埃爾・夏彭蒂耶專訪〉（Finding Her Niche: An Interview with Emmanuelle Charpentier）；瑪格麗特・納克斯（Margaret Knox）2014 年 12 月刊於《科學人》雜誌（*Scientific American*）的〈基因精靈〉（The Gene Genie）；道納於 2018 年 3 月 14 日刊於《金融時報》的〈基因編輯為何將改變我們的生活〉；伊尼克・凱林斯基、伊內斯・馮法拉（Ines Fonfara）、麥可・豪爾（Michael Hauer）、道納、夏彭蒂耶 2012 年 8 月 17 日刊於《科學》的〈細菌後天免疫系統中可程式化的雙 RNA 引導 DNA 內核酸酶〉（A Programmable Dual-RNA–Guided DNA Endonuclease in Adaptive Bacterial Immunity）。

2　原註：作者對夏彭蒂耶的訪問。

科學家一旦掌握了某種基礎的例行工作，她還必須加入創意。「你必須一絲不苟、有紀律，」夏彭蒂耶解釋，「但也要知道何時放鬆自己，融入具創造力的處理方式。我在進行生物研究時，找到了堅持與創意的正確結合方式。」

她在實現了自己當初對母親所預示的事情後，就設法在就讀研究所時，爭取到巴斯達研究所去做研究，她在那兒知道了細菌如何產生抵禦抗生素的能力。實驗室給她一種家的感覺。對於任何一個堅持不懈又喜歡沉思的人而言，試驗室都是安靜的殿堂。她在追求研究發現的路上，可以同時發揮創意又維持獨立。「我開始視自己為一個科學家，而不僅是個學生，」她說，「我想要創造知識，而不只是學習知識。」

夏彭蒂耶成了博士後研究的朝聖者，她在紐約曼哈頓的洛克斐勒大學註冊，進入伊蓮・圖奧曼南[3]的實驗室。圖奧曼南研究的是引發肺炎的細菌如何擁有可以移轉的 DNA 序列，進而讓細菌產生抵禦抗生素的抗藥性。夏彭蒂耶到洛克斐勒大學的那一天，發現圖奧曼南正在搬家，連同她的實驗室與博士後研究的學生，都要搬到田納西州孟斐斯的聖裘德兒童研究醫院（St. Jude Children's Research Hospital）去。夏彭蒂耶在圖奧曼南的實驗室裡，與另一位博士後研究的學生羅傑・諾瓦克（Rodger Novak）一起工作，兩人談了一陣子戀愛後，成了工作夥伴。他們在孟斐斯的時候，與圖奧曼南共同撰寫了一篇重要的研究報告，解釋諸如盤尼西林這類溶解細菌細胞壁的抗生素，如何啟動細菌體內的自殺酵素。[4]

夏彭蒂耶喜歡四處飄盪的心與靈，讓她隨時可以移往其他的新地點、進行新的研究題目。她在孟斐斯發現了一個令人相當不愉快的生物現象，那就是密西西比河附近的蚊子偏愛法國人的血液，而這個發現讓她隨處飄盪的特性更加

3　Elaine Tuomanen，美國小兒科醫生與聖裘德兒童研究醫院的疾病感染部門負責人，以肺炎鏈球菌致病的分子相關研究最廣為人知。

4　原註：作者對諾瓦克、夏彭蒂耶的訪問；諾瓦克、夏彭蒂耶、攸翰・布魯恩（Johann S. Braun）與伊蓮・圖奧曼南 2000 年 1 月 1 日刊於《分子細胞》期刊的〈死亡訊息胜肽的訊息傳遞揭露盤尼西林殺菌機制〉（Signal Transduction by a Death Signal Peptide Uncovering the Mechanism of Bacterial Killing by Penicillin）。

明顯。此外，她也想改變自己當時以細菌這類單細胞微生物為主的研究重點，去瞭解更多哺乳動物的基因，最主要是老鼠。於是她轉去了紐約大學的一間研究室，並在那兒發表了一篇論文，說明如何操控已掌握毛髮生長方式的老鼠基因。她還進行了第三個博士後研究的工作，和諾瓦克一起研究，主題是在控制會引發皮膚感染與咽喉炎的化膿性鏈球菌基因表現過程中，微小 RNA 分子扮演了什麼樣的角色。[5]

在美國待了 6 年後，夏彭蒂耶於 2002 年搬回歐洲，接下維也納大學一間微生物學與遺傳學實驗室負責人的位置。然而她又一次感覺到蠢蠢欲動。「維也納的人對彼此都有些過於瞭解，」她說，顯然這一點對她而言是弊而非利。「動力有些停滯不前，而組織架構也讓人感到受限。」於是在 2011 年遇到道納時，她已經把自己實驗室裡的大多數研究都拋諸腦後，重新在瑞典北部的于默奧（Umeå）落腳。于默奧不是維也納。距離斯德哥爾摩 400 哩的這座小鎮，有一所 1960 年代創設的大學，校園裡一連串的現代建築，聳立在曾是馴鹿牧民放牧的土地上。這所大學以樹木研究著稱。「沒錯，的確是相當冒險的一步，」夏彭蒂耶也同意這樣的說法，「但也讓我有了一個思考的機會。」

從 1992 年進入巴斯達研究所開始，夏彭蒂耶曾在 10 個研究所工作，身影在 5 個國家的 7 座城市逗留。她這種有如游牧民族的生活，反映並強化了她抗拒束縛的事實。沒有配偶或家庭的她，尋找與適應著不斷變化的環境，卻不會刻意壓抑任何人際關係。她說，「我享受一個人的自由，也享受不依賴伴侶的自由，」她說。她厭惡「工作與生活之間的平衡」這句話，因為這句話暗示了工作與生活是競爭的關係。她說，她在實驗室裡的工作與她「對科學的熱情」，

5　原註：夏彭蒂耶……潘蜜拉‧柯文（Pamela Cowin）與其他人 2000 年 5 月於《細胞生物學期刊》（*Journal of Cell Biology*）發表之〈斑珠蛋白壓制活體上皮增生與毛髮成長〉（Plakoglobin Suppresses Epithelial Proliferation and Hair Growth in Vivo）；蒙妮卡‧曼戈德（Monika Mangold）……羅傑‧諾瓦克、李查‧諾維克（Richard Novick）、夏彭蒂耶與其他人 2004 年 8 月 3 日刊於《細胞生物學期刊》之〈A 群鏈球菌毒力因子合成由調節 RNA 分子控制〉（Synthesis of Group A Streptococcal Virulence Factors Is Controlled by a Regulatory RNA Molecule）；大衛斯〈找到屬於她的利基：埃瑪紐埃爾‧夏彭蒂耶專訪〉；菲利普‧艾梅（Philip Hemme）2014 年 5 月 24 日刊於電子媒體《*Labiotech.eu*》中《柏林更新》（Refresh Berlin）專欄的〈與羅傑‧諾瓦克的爐邊小談〉（Fireside Chat with Rodger Novak）。

為自己帶來了一種「快樂，而且與任何其他熱情一樣令人滿足。」

一如她所研究的有機體，她需要適應新的環境來維持自己的創新能力。「我不斷更換工作地點的本能，可以看成是一種對穩定的破壞，但也會帶來好處，」她說，「不斷改變的環境確保了自己永遠不會陷入停滯。」從一個地方到另一個地方，是她不斷重新思考自己的研究，並迫使自己重新開始的方式。「更換的地方愈多，學習分析新環境的能力也就愈強，看到久處這個系統中的其他人所一直沒有發現的東西也就愈多。」

除此之外，不斷移動也讓她大多數時間都有種置身事外的感覺，與小珍妮佛‧道納當初在夏威夷度過的童年時光相同。「如何當個局外人，是件很重要的事情，」夏彭蒂耶說，「你永遠不會有完全在家的感覺，而這樣的狀況會驅使你繼續向前走，也會鞭策你不要去追求安逸。」就像許許多多其他觀察敏銳與創意十足的人一樣，夏彭蒂耶發現，一絲淡漠或些許的疏離更能讓她釐清正在發揮作用且有影響的各種力量。而這也讓她更尊崇路易斯‧巴斯達[6]的行為準則：**隨時做好迎接意外的準備。**

夏彭蒂耶成了一個既能專心又能分心的科學家，有部分要歸功於她的這種特質。儘管她就算在騎自行車時，都能透露出隨性的優雅，而整潔俐落的裝扮也讓人無可挑剔，但她卻非常符合經常神遊太虛的教授典型。我風塵僕僕地趕到她離開于默奧的下一站柏林，但當她騎著自行車到我下榻的飯店時，已比約定時間晚了幾分鐘。她遲到的原因竟是當天早上她結束慕尼黑的拜訪趕回來，出了車站才發現自己把行李忘在火車上。她設法在火車的終點站追上了那班火車，拿回了行李，再騎自行車到我的飯店來。我們安步當車地走去附近夏里特醫院（Charité）一樓的馬克斯‧普朗克研究所感染疾病所，她的實驗室就在裡面。夏里特醫院是柏林中部一家受人尊崇的教學醫院。她刻意推著她的自行車擠入一條主要幹道，但走過幾條街後，她發現帶錯了方向。第二天，我朋友和

6　Louis Pasteur，1822～1895，法國生物學家、微生物學家與化學家，最著稱的成就包括發現了疫苗接種的原理、微生物發酵作用，以及發明了巴斯達殺菌法、狂犬病與炭疽病菌的第一支疫苗，在人類疾病成因的研究與疾病預防科學上，居功厥偉。

我帶她去看藝術博物館的一場展覽，她神乎其技地在售票口與展覽的主要入口處之間，把入場券給弄丟了。晚上我們去一家安靜的日本料理店吃晚餐後，她又把手機留在了餐廳裡。然而，不論是我們坐在她實驗室的辦公室裡，或正在享用各種不同的壽司料理同時，她又能以超級的專注度，侃侃地談上好幾個小時。

tracrRNA

2009 年，也是夏彭蒂耶準備離開維也納，移居到于默奧的這一年，研究 CRISPR 的人已經異口同聲地認定 Cas9 是 CRISPR 關聯酵素中最有趣的一種了。研究人員證明如果停止細菌中 Cas9 的作用，CRISPR 系統就無法對入侵的病毒進行裁切。針對這個複雜機制的另一個部分，簡稱 crRNA 的 CRISPR RNA，研究人員也瞭解了它們的關鍵角色作用。crRNA 是一個個 RNA 小片段，過去攻擊過細菌的病毒，其部分的遺傳密碼就是儲存在 crRNA 上。crRNA 引導 CRISPR 關聯酵素去攻擊再次入侵的病毒。這兩個要素是整個 CRISPR 系統的核心：RNA 小片段擔任引導的工作，而酵素執行剪刀的工作。

但在 CRISPR-Cas9 系統中，還有另一個扮演關鍵角色的構成要素——或者，後來證明，其實這個要素扮演了兩個角色。這個關鍵分子被命名為「反式激活 CRISPR RNA」（trans-activating CRISPR RNA），又稱為「tracrRNA」。記住這個微小的分子，因為它將在我們的故事中扮演一個超重要的角色。科學的進步，通常不是因為大步大步的跨越，屢屢都是從小步小步的移動而來。科學領域的爭議，往往也都是關於每一個這些小小的步伐，是由誰邁出去的——以及這些小小的步伐真正的重要性有多高。發現 tracrRNA 這件事情上，也出現了相同的戲碼。

結果證明 tracrRNA 同時要執行兩項重要任務。首先，它要促成 crRNA 的製造，也就是那種帶著曾入侵細菌的病毒序列記憶的 RNA。然後 tracrRNA 要成為一支鎖住入侵病毒的把手，以利 crRNA 瞄準正確的部位，讓 Cas9 進行裁切。

破解 tracrRNA 這兩個角色的研究過程始於 2010 年，當時夏彭蒂耶注意到一個不斷出現在她細菌實驗中的分子。她不知道這個分子的角色是什麼，但她意識到這個分子處於 CRISPR 間隔附近，所以她猜測這個分子與 CRISPR 之間應該有關聯。她藉由刪除某些細菌體內的 tracrRNA 來測試其作用，結果發現細菌無法再產生 crRNA。之前的研究人員從未明確釐清過細菌細胞內的 crRNA 是如何產出。於是夏彭蒂耶提出了一個假設，指揮製造出短片段 crRNA 的，正是這個 tracrRNA。

　　那時夏彭蒂耶正要搬去瑞典。當她在維也納實驗室的研究人員寄給她一封電子郵件，告訴她他們已經證明少了 tracrRNA 代表 crRNA 無法產出時，她花了一晚上的時間，為他們擬出了一個長長的實驗計畫，讓他們繼續下一步的研究。「我開始深深著迷於這個 tracrRNA，」她說，「我很固執。對我來說，繼續跟進很重要。我當時說『我們一定要大膽嘗試！我得找人負責這件事。』」[7]

　　問題是，當時她的維也納實驗室裡沒有人有時間或意向繼續研究 tracrRNA。這是當個流浪教授的缺點：因為你丟下了學生，所以他們得繼續去找其他出路。

　　儘管搬家才搬了一半，但夏彭蒂耶考慮過自己親自動手做實驗。最後她還是找到了一個她維也納實驗室裡的志願者，那是來自保加利亞的年輕碩士生，伊莉莎·戴爾闕瓦（Elitza Deltcheva）。「伊莉莎是個很有活力的學生，而且她很相信我，」夏彭蒂耶說，「雖然她只是個碩士生，但她知道發生了什麼事。」戴爾闕瓦甚至說服了另一位研究生克里茲托夫·凱林斯基（Krzysztof Chylinski）來幫忙。

　　夏彭蒂耶的這個迷你團隊發現了 CRISPR-Cas9 系統僅動用了 tracrRNA、crRNA，以及 Cas9 酵素這三個元素，就完成了它的病毒抵禦任務。tracrRNA 取出長股鍵的 RNA，加工成為可以瞄準入侵病毒體內特定序列的短片段 crRNAs。他們為《自然》準備了一篇後來在 2011 年 3 月刊登的論文，戴爾闕瓦是這篇論文

7　原註：作者對夏彭蒂耶的訪問。

的第一作者——那些當初拒絕協助的研究生則被掩埋在歷史當中。[8]

一個持續未解的謎題

2010 年 10 月，夏彭蒂耶在荷蘭一場 CRISPR 會議上發表了她的發現。當時她的論文卡在《自然》的編輯審查，過不了關，而在論文正式發表前就公開又有些冒險。她想也許審核論文的其中一位評審會坐在觀眾席上，被她的報告說服後，可以加速審查過程。

她在報告的過程中備感壓力，因為她還沒有弄清楚 tracrRNA 在幫忙製造了 crRNA 後，會發生什麼事。製造完 crRNA 後，tracrRNA 的工作就做完了？還是兩個小 RNA 會團結在一起，等時間到了，再攜手合作引導 Cas 蛋白質去裁切入侵的病毒？席間有位與會者直接問她，「這三個要素是以複合體的型態聚在一起嗎？」夏彭蒂耶努力閃避這個問題。「我試著笑，故意表現得非常困惑，」她說。

這個問題——以及夏彭蒂耶對於這個議題的瞭解——可能看起來晦澀難解。但這個問題卻引發了一連串的爭議，彰顯出 CRISPR 的研究人員，特別是道納，對於每一個小小進展應歸功於誰，競爭得有多麼激烈。事實上，tracrRNA 確實逗留在附近，並繼續在裁切過程中扮演重要角色，這個發現後來也成為 2012 年研討會發表的眾多發現報告之一，報告由夏彭蒂耶與道納共同執筆完成。不過讓道納煩躁的是，多年後，夏彭蒂耶會時不時地暗示她其實早在 2011 年就知道這個事實了。

在我的堅持之下，夏彭蒂耶承認她在自己 2011 年的《自然》論文中，其實並沒有完整描述 tracrRNA 的全部角色：「當時我很清楚 tracrRNA 需要繼續與 crRNA 聯合在一起，但有些細節我們並不完全瞭解，所以沒有把這個部分放到論文中。」取而代之的是，她決定把完整的 tracrRNA 作用，留到自己可以找

8　原註：伊麗莎・戴爾闕瓦、凱林斯基……夏彭蒂耶與其他人 2011 年 3 月 1 日刊於《自然》之〈轉編碼的小 RNA 與宿主因子核糖核酸酶第二型所促成的 CRISPR RNA 成熟〉（CRISPR RNA Maturation by Trans-encoded Small RNA and Host Factor RNase II）。

到一個令人信服的方式去實驗證明時再發表。

她研究過活細胞內的 CRISPR 系統。要想進行下一步，她需要能在試管中分離出每一個化學成分，並精確釐清每一種成分作用的生物化學家。這是她之所以想要和道納見面的原因。2011 年 3 月，道納在波多黎各的美國微生物協會（American Society for Microbiology）會議上安排了一場演講。「我知道我們兩個人都將與會，」夏彭蒂耶說，「我決定要找機會跟她談一談。」

2011 年 3 月的波多黎各

當珍妮佛・道納在會議的第二天下午，走進她在波多黎各下榻飯店的咖啡館時，埃瑪紐埃爾・夏彭蒂耶已經像她向來喜歡的那樣，獨自坐在角落的一張咖啡桌旁，看起來遠比咖啡館裡的其他客人更高雅。道納與她的朋友約翰・范德・歐斯特在一起。歐斯特指出了夏彭蒂耶，並提議介紹兩人認識。「太好了，」道納回答，「我看過她發表的論文。」[9]

道納覺得夏彭蒂耶很迷人，一點點的羞怯，或者該說偽裝的羞怯，加上一種令人愉快的幽默感與非常優雅的氣息。「她的專注度當下就讓我留下了深刻的印象，還有她狡獪的幽默，」道納說，「我立刻就喜歡上了她。」他們聊了幾分鐘後，夏彭蒂耶建議再找時間深入討論。「我一直想聯絡妳談談合作的事情，」她說。

第二天兩人一起吃午餐，飯後沿著聖胡安市的石子路散步。當她們的討論轉到 Cas9 的主題時，夏彭蒂耶變得非常興奮。「我們必須確實找出它的運作機制，」她催促道納，「它到底是用什麼樣的機制切割 DNA？」

道納的嚴謹與對細節的關注，也很吸引夏彭蒂耶。「我覺得與妳共事應該很有趣，」她對道納說，道納對夏彭蒂耶的專注力也同樣覺得感動。「不知道為什麼，光是聽到她說我覺得與妳共事應該很有趣的那個樣子，就讓我覺得背脊發涼，」她回憶道。除此之外，對道納而言，這件事也像偵探故事一樣， 她

9　原註：作者對夏彭蒂耶、道納與松泰默的訪問；道納與斯騰伯格的《創造的裂縫》第71～73頁。

感受到一種有目的性的誘惑，讓她找尋解開生命基本祕密之一的鑰匙。

就在道納出發前往波多黎各之前，她和馬丁・伊尼克有過一段職業諮詢談話。伊尼克是博士後研究生，一直在她的實驗室裡進行 Cas1 與 Cas6 的研究工作。他一直都心存疑惑，不知道自己是否能夠成為一名成功的學術研究人員，後來證明他其實是在庸人自擾，他甚至曾想過要轉行當個醫學期刊的編輯，只不過後來又否決了這個念頭。「我打算在妳的實驗室再待一年，」他對道納說，「你想讓我做什麼？」他說他對於找一個屬於他自己的 CRISPR 計畫特別有興趣。

因此當道納聽到夏彭蒂耶的提議後，她覺得這對伊尼克會是一個完美的計畫。「我有一個非常棒的生物化學家，他同時也是一個結構生物學家，」她告訴夏彭蒂耶。[10] 兩人同意讓伊尼克和夏彭蒂耶實驗室裡的博士後研究生聯絡。這位夏彭蒂耶的學生之前曾為她的 Cas9 論文做過研究，名叫克里茲托夫・凱林斯基，是出生於波蘭的分子生物學家，在夏彭蒂耶搬去于默奧的時候，他留在維也納。就這樣，這個四人組取得了現代科學上最重要的進展之一。

---

10 原註：作者對伊尼克、道納的訪問。另外也請參閱凱文・大衛斯 2020 年 4 月刊於《CRISPR》期刊的〈專訪馬丁・伊尼克〉。

第 17 章

CRISPR-Cas9

成功

　　回到柏克萊後，道納和伊尼克透過 Skype，與位在于默奧的夏彭蒂耶，以及位在維也納的凱林斯基，為了釐清 CRISPR-Cas9 的機制，開始了一系列的網路通訊以擬定策略。這個團隊的運作模式有點類似聯合國：一位來自夏威夷的柏克萊教授，她的博士後研究生來自捷克共和國，加上一位在瑞典工作、出身巴黎的教授，而她的博士後研究生在波蘭出生，目前在維也納做研究。

　　「這變成了一個 24 小時的運作，」伊尼克回憶著，「我會做實驗做到一天結束，發電子郵件到維也納，然後克里茲托夫早上一起床就可以看到我的信。」接著兩人會用 Skype 電話聯絡，決定下一步該做什麼。「克里茲托夫會在白天執行實驗，在我睡覺的時候把結果寄給我，等我睡醒打開信，就會看到實驗的最新進度。」[1]

　　一開始，夏彭蒂耶與道納一個月還會參與一兩次的 Skype 電話討論。但 2011 年 7 月，當夏彭蒂耶與凱林斯基飛到柏克萊參加規模快速膨脹的 CRISPR 年度會議時，整個計畫的節奏就變快了。儘管兩人在 Skype 電話上聯繫密切，但伊尼克卻是第一次與凱林斯基面對面接觸。凱林斯基是個瘦高的研究員，個性和藹可親，還有一腔積極參與研究、好把科學基礎研究變成實用工具的熱忱。[2]

1　原註：作者對伊尼克、道納與夏彭蒂耶的訪問。

2　原註：理查・艾雪（Richard Asher）2018 年 10 月刊於《先驅者 Zero21》（*Pioneers Zero21*）的〈克里茲托夫・凱林斯基專訪〉（An Interview with Krzysztof Chylinski）。

埃瑪紐埃爾・夏彭蒂耶、珍妮佛・道納、馬丁・伊尼克與克里茲托夫・凱林斯基，2012 年攝於柏克萊

面對面的會議可以激發出一些電話會議以及 Zoom 視訊會議所無法產生的想法。這樣的事情曾發生在波多黎各，而當四位研究人員首次聚集在柏克萊時，這樣的事情還會再次發生。他們能夠腦力激盪出一個策略，弄清楚在一個可以切割 DNA 的 CRISPR 系統中，究竟哪些分子是明確不可缺的角色。在計畫初期，面對面會議的效果特別好。「什麼都比不上大家坐在一個房間裡，看著所有人對於事情的反應，以及有機會當面針對各種想法仔細討論，」道納說，「面對面的會議一直都是我們每一個合作計畫的基礎，就算那些有大量工作需要利用到電子通訊設備溝通的計畫，也不例外。」

一開始，伊尼克與凱林斯基還無法在試管裡重現 CRISPR-Cas9 裁切病毒DNA 的過程。他們之前一直只有用 Cas9 酵素與 crRNA 兩種要素試著進行CRISPR-Cas9 裁切。根據理論，crRNA 會引導 Cas9 酵素找到病毒目標，然後進行裁切，但兩人就是做不出來。一定是少了什麼東西。「我們困惑極了，」伊尼克回憶道。

這個時候，tracrRNA 重新回到我們的故事主線。夏彭蒂耶在 2011 年的報告中說明若要製造出 crRNA 進行引導，需要 tracrRNA。她後來說自己當時就懷疑這個分子扮演了一個功能甚至更大且持續維持的角色，不過這個可能性並未涵蓋在他們首輪的實驗中。當伊尼克與凱林斯基的實驗都失敗後，凱林斯基決定把 tracrRNA 丟進他的試管混合物中。

這個嘗試奏效了，3 個成分的複合體可靠地裁切下了目標 DNA。伊尼克立刻告訴道納這個消息，「若沒有 tracrRNA，crRNA 就不會和 Cas9 酵素結合。」這次突破後，道納與夏彭蒂耶參與例行工作的頻率增加了。顯然他們正朝著判定 CRISPR 基因切割系統所必須具備成分的這樣一個重大發現前進。

夜復一夜，凱林斯基和伊尼克來回傳遞著彼此的實驗結果，再加上夏彭蒂耶與道納愈來愈頻繁地參與策略電話會議，每次的資料交換，都是在拼圖板上放上一小塊拼圖。他們找出了 CRISPR-Cas9 複合體中 3 個必要成分各自的精準機制。crRNA 內一個 20 個鹼基長的序列，充當一套座標組，引導複合體找到類似序列的 DNA 片段。至於協助產出這個 crRNA 的 tracrRNA，這時就要扮演

另一個類似鷹架的角色，在其他的成分纏上目標 DNA 時，在正確的位置加以支撐。然後 Cas9 酵素就開始切割大業了。

　　有天晚上，就在一個關鍵實驗剛產出正面結果後，道納在家煮義大利麵。沸騰滾水製造出來的漩渦，讓她想起當初高中時代學習 DNA 時，在顯微鏡下面研究的鮭魚精子，然後她開始大笑。9 歲的兒子安迪問她怎麼了。「我們發現了這個蛋白質，它是一種酵素，叫做 Cas9，」她解釋，「這個酵素被設定程序後，就會去找病毒，然後把病毒切開。實在太奇妙了。」安迪繼續問著是怎麼回事。她向安迪解釋，幾百幾千億年前，細菌進化出這種絕對怪異卻又如此精彩的方式來保護自己不受病毒侵害。更妙的是細菌還有適應能力，每次只要新病毒出現，細菌就會學習如何辨識這種新病毒，然後再擊退病毒。安迪簡直為此著迷。「這是一種雙重的喜悅，」她回憶著，「在發現某件事情的根本運作竟然如此酷的那個時刻，能和兒子一起分享，並用一種他可以理解的方式向他解釋。」好奇心原來可以透過這樣的方式展現它的美麗。[3]

一項基因編輯工具

　　這個令人驚艷的小系統，很快就讓人清楚認知到它具有真正非常重要的應用潛力，因為 crRNA 引導可以被調整成針對任何你可能想要裁切的 DNA 序列。crRNA 的程式具設定性。這個系統可以成為一項編輯工具。

　　CRISPR 的研究將會成為基礎科學與轉譯醫學之間有來有往的一個確確實實的對唱範例。微生物獵人在為奇特細菌進行 DNA 定序時，意外遇上了怪異的狀況，出於純粹好奇心的驅使，他們想要揭開這種異常狀況的原因，CRISPR 的研究於焉展開。接著是致力於保護乳酸菌種不受病毒攻擊而展開的研究。這個研究導致生物學基本運作原理的基礎發現。而現在，一項生物化學的分析正指向一條或許可以實際運用工具的發明之路。「我們在釐清了 CRISPR-Cas9 的

3　原註：作者對道納、夏彭蒂耶、伊尼克與威爾森的訪問。

成分後，就知道我們可以自行設定，」道納說，「換句話說，我們可以加入一條不一樣的 crRNA，讓它去裁切我們所選擇的任何不同 DNA 序列。」

綜觀科學史，真正茅塞頓開的頓悟時刻其實鳳毛麟角，這一次卻非常接近那種頓悟的時刻。「這並不是那種讓我們慢慢領悟的漸進過程，」道納說，「那是一種『天啊，我的老天爺』的時刻。」當伊尼克把資料放在道納眼前，證明一個人可以用不同的嚮導 RNA 來設定 Cas9，讓它去裁切任何我們想要裁切的 DNA 時，他們當時真的就是呆愣地看著彼此。「噢，我的老天啊，這可以成為一個非常厲害的基因編輯工具，」她說。簡而言之，他們知道自己已經發展出了一種可以改寫生命密碼的方法[4]。

單一嚮導 RNA

下一步是要弄清楚 CRISPR 系統是否可以變得甚至更簡單。如果答案是肯定的，那麼 CRISPR 不僅可能成為一個基因編輯的工具，還可能成為一種比現有方式更容易、價格也更低廉的工具。

有天伊尼克穿過長廊，從實驗室走進道納的辦公室。他一直在進行試驗，想要判斷出兼任嚮導與 tracrRNA 以便夾住目標 DNA 的 crRNA 最小值。兩人站立在她辦公桌前所的白板旁邊，他正畫著兩個小 RNA 的結構圖示。他問，在試管裡，究竟 crRNA 與 tracrRNA 的哪個部分是裁切 DNA 的絕對必要部分？「看起來，這套系統對於兩條 RNA 的必要長度，存在著一些彈性，」他說。因為每個小 RNA 就算被截斷一些，仍可以正常運作。道納對 RNA 有深厚的瞭解，在揭開 RNA 運作方式的過程中，也維持著一種近似孩童的喜悅。兩人在腦力激盪間，愈來愈清楚他們可以把兩條 RNA 連在一起，利用頭尾融合的方式，維持這個合併的分子繼續運作。

他們的目標是要以工程手法做出一條單一 RNA 分子，一頭擁有嚮導資訊，另一頭作為連接的把手。最後他們做出了一種稱為「單一嚮導 RNA」（sgRNA）

4　原註：作者對道納與伊尼克的訪問。

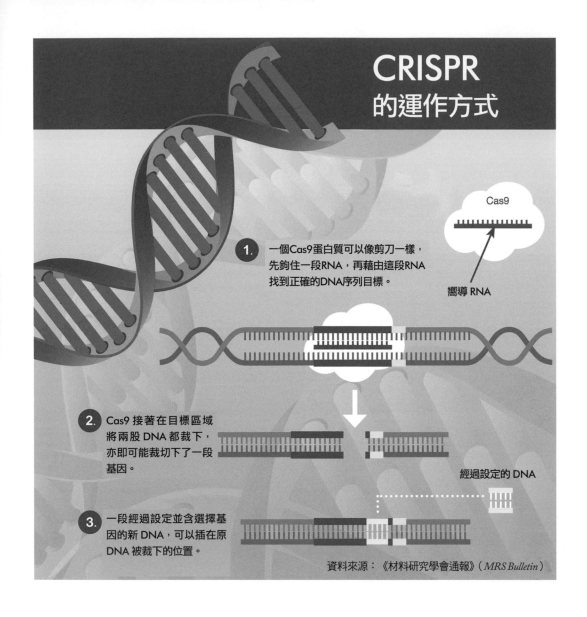

CRISPR
的運作方式

Cas9

嚮導 RNA

1. 一個Cas9蛋白質可以像剪刀一樣，先鉤住一段RNA，再藉由這段RNA找到正確的DNA序列目標。

2. Cas9 接著在目標區域將兩股 DNA 都裁下，亦即可能裁切下了一段基因。

經過設定的 DNA

3. 一段經過設定並含選擇基因的新 DNA，可以插在原DNA 被裁下的位置。

資料來源：《材料研究學會通報》（*MRS Bulletin*）

的分子。兩人都楞了一下，對視之後，道納說了聲「哇」。她回憶道，「在科學領域，那就是突然讓你立地成佛的一刻。當時有一股冷意，讓我脖子後的汗毛都豎了起來。那一刻，我們兩人理解到，這個因好奇心驅使的有趣研究，具備了可以深深改變研究方向的極強大意涵。」應景地想像一下：一個小分子竟然可以讓道納汗毛豎立。

道納催促著伊尼克立刻著手研究將兩個 RNA 分子融合成一個 Cas9 的單一嚮導分子，而他也再次匆匆走過長廊，直接向提供必要 RNA 分子的公司下單。他和凱林斯基也討論了這個想法，兩人很快就設計出了一系列的實驗。當他們找出了兩條 RNA 的什麼部分可以去除，以及如何進行頭尾相連後，兩人只花了 3 個星期就做出一條可以運作的單一嚮導 RNA。

　　這個單一嚮導的分子立即就展現出自己的實力，證實它可以讓 CRISPR-Cas9 變成一個具備更多功能、更方便以及重複設定的基因編輯工具。這個單一嚮導系統之所以特別重要，在於不論從科學或智慧財產權的角度來看，這都是一個確確實實的人類發明，而不僅僅是一個自然現象的發現。

　　到了這個時候，道納與夏彭蒂耶的合作已經產出了兩個重要進展。第一，是 tracrRNA 不但在創造 crRNA 引導工作上扮演了重要的角色，更重要的是它把嚮導 RNA 與 Cas9 酵素結合在一起，並將這個結合物綁定到目標 DNA 上，讓裁切工作能順利進行。第二個進展，是將兩條 RNA 以融合方法結合，創造出單一嚮導 RNA。細菌為了完善自身體內的系統，花了 10 億年左右的時間演化，而他們藉由研究這個演化的現象，將自然界的奇蹟轉變成了人類的一項工具。

　　就在伊尼克與她腦力激盪，試圖找出如何以工程手法做出單一嚮導 RNA 的那天，道納在晚餐時向她先生解釋了這個構想。他意識到這個研究可能會帶來基因編輯科技領域的專利問題，便對她說，她需要把過程完整地寫在實驗室筆記中，並需要見證人簽字。於是伊尼克當天晚上又回到實驗室，寫下了兩人構想的細部描述。那時已經接近晚上 9 點，但斯騰伯格與哈爾威茲仍在實驗室。為了記錄重要進展，實驗室筆記的每一頁下方都有見證人簽名欄，因此伊尼克請他們兩人在見證人的位置簽字。斯騰伯格從來沒有碰過這樣的事情，因此他知道那天晚上一定是個具歷史意義的夜晚。[5]

5　原註：作者對道納、伊尼克、斯騰伯格、哈爾威茲與威爾森的訪問。

第 18 章

2012 年的《科學》期刊

　　準備撰寫一篇學術論文描述 CRISPR-Cas9 時，道納和她的團隊採用了做實驗那種 24 小時馬不停蹄的合作方式。論文原稿存在 Dropbox 裡，每個人的增補修訂都有即時追蹤。伊尼克與道納白天在加州作業，深夜用 Skype 通話軟體把資料交給破曉時分的歐洲，夏彭蒂耶與凱林斯基再帶頭繼續接下來 12 個小時的工作。因為于默奧的太陽在春天從來不落山，夏彭蒂耶說她任何時刻都可以工作。「當一整天都是明亮的時光時，你真的睡不多，」她說，「而且在那幾個月，你也不會真的有疲憊的感覺，所以我隨時都在當班。」[1]

　　2012 年 6 月 8 日，道納按下了她電腦上的寄出鍵，將論文稿件寄給了《科學》期刊的編輯。這篇論文列了 6 位作者：馬丁・伊尼克、克里茲托夫・凱林斯基、伊內斯・馮法拉（Ines Fonfara）、麥可・豪爾（Michael Hauer）、珍妮佛・道納，以及埃瑪紐埃爾・夏彭蒂耶。在伊尼克與凱林斯基的名字旁邊另外加註了星號，說明他們有同樣重要的貢獻。道納與夏彭蒂耶列為這篇報告的最後作者，因為他們都是主持實驗室的主要研究人員。[2]

　　這篇 3,500 字的報告，非常詳盡地描述了 crRNA 與 tracrRNA 是如何運作，把 Cas9 蛋白質連結在目標 DNA 上。這篇報告也說明了兩個 Cas9 領域的結構是如何決定各自在特定位置上裁切 DNA 股鍵的其中一股。最後，這篇文獻解釋了研究團隊如何融合 crRNA 與 tracrRNA，以工程手法製作出一個單一嚮導

1　原註：作者對道納、夏彭蒂耶與伊尼克的訪問。

2　原註：伊尼克與其他人的〈細菌後天免疫系統中可程式化的雙 RNA 引導 DNA 內核酸酶〉。

RNA。根據論文作者群的看法，這套系統可以用於基因編輯。

收到這份論文的《科學》編輯非常興奮。雖然之前已經出現過許多描述活細胞內的 CRISPR-Cas9 研究活動，但這是第一次研究人員將這個系統的重要成分隔離出來，釐清整個系統運作的生物化學機制。此外，這篇論文還涵蓋了單一嚮導 RNA 這個可能成真的應用發明。

在道納的緊迫盯人之下，編輯大人們加快了審閱程序。道納知道當時還有其他與 CRISPR-Cas9 相關的論文，包括一篇出自一位立陶宛研究者之手的報告已經在編輯間傳看審閱（而且編輯們一度更看重他的論文），道納希望能確保第一個發表的成果出自自己的團隊。《科學》的編輯有屬於他們自己的競爭動機，因為他們也不希望競爭的期刊對手奪得先機。他們曾請 CRISPR 先驅艾力克·松泰默擔任審稿官之一，但告訴他需要在兩天內提供回饋意見，這麼短的審稿時間非常罕見。松泰默婉拒了這項任務，因為他自己也在進行相同議題的研究，不過《科學》還是找到了其他審稿者快速審閱論文。

審稿者的意見包括了寥寥幾點需要釐清的要求，但沒有提出任何重大的問題。論文的研究主體是化膿性鏈球菌的 CRISPR-Cas9 系統，這種細菌是一種會造成咽喉炎的常見細菌。它就和所有細菌一樣，也是沒有細胞核的單細胞生物。但這篇論文卻聲稱 CRISPR-Cas9 可能對人類基因編輯有用。夏彭蒂耶認為這樣的說法可能會引發一些疑問。「我當時還在想，審稿人員可能會問我們是否有任何證據證明這樣的作法也可以在人類細胞中運作，」她回憶道，「但他們從來都沒有提出這個質疑，我甚至在結論寫著這個作法可能成為現有基因編輯的替代方式，也沒人質疑。」[3]

《科學》編輯核准了修訂部分，並在 2012 年 6 月 20 日星期三正式接受了這篇報告，那時所有與會者正聚集在柏克萊準備參加一年一度的 CRISPR 會議。夏彭蒂耶當時已經從于默奧趕了過來，凱林斯基也在幾天前從維也納抵達柏克萊，因此他們可以聚在一起進行最後的校對與編輯。「克里茲托夫到的時

3　原註：作者對夏彭蒂耶的訪問。

埃瑪紐埃爾・夏彭蒂耶和珍妮佛・道納

候出現了時差問題，」夏彭蒂耶回憶道，「但我沒有這種困擾，因為我之前一直待在整天都是白晝的于默奧，睡眠早就不正常了。」[4]

他們都待在道納位於 7 樓的辦公室裡，並在上傳最後的 PDF 檔與圖表到《科學》期刊的網路系統時，全盯著她的電腦看。「我們四個人坐在辦公室裡，看著資料上傳的狀態顯示，」伊尼克回想著，「當最後一個檔案顯示 100% 傳送完畢時，大家都非常興奮。」

最後的修訂版送出後，道納與夏彭蒂耶坐到了一塊，這時道納辦公室裡只剩下了她們兩人。這時距離她們波多黎各的初次見面也不過才 14 個月。就在夏彭蒂耶欣賞著夕陽在舊金山灣區墜落的美景時，道納提到與她共事是多麼開心的一件事。「那是我們終於可以私下分享發現的樂趣以及一些個人小祕密的榮耀時刻，」道納回憶道，「我們可以鬆一口氣，聊著相隔數千哩遠一起工作的辛苦。」

當兩人的聊天內容轉到未來時，夏彭蒂耶表示她有興趣重回微生物的基礎科學研究，不想再繼續進行基因編輯工具的製作，她也向道納私下透露，她打算換實驗室了，地點可能是柏林的馬克斯·普朗克研究所。道納帶點打趣的語氣再次問她是否想過要定下來、結婚生子。「她說她不要那樣的生活，」道納回憶著，「她說她很享受一個人的日子，也很珍惜屬於自己的時間，不打算找那樣的關係。」

那天晚上，道納在帕妮絲之家（Chez Panisse）舉辦了一個慶祝晚宴。帕妮絲之家是從產地到餐桌料理的先驅名廚愛莉絲·華特斯（Alice Waters）所開的餐廳。當時在與一般人還有點距離的科學圈之外，道納還不是什麼名人，因此訂不到餐廳樓下比較花俏的宴會廳，不過她在較隨性的樓上咖啡廳區訂到了一張長桌。他們點了香檳，舉杯慶祝彼此都很清楚即將成為生物學新紀元的技術。「我們覺得自己就像是站在這個緊張時刻的起點上，接下來科學就要開花結果了，而我們一直在思考的是，這代表著什麼樣的意涵，」道納回想。伊尼克與凱林斯基在甜點上桌前就提前離開了。他們晚上還得繼續準備第二天報告要用的投影片。兩人走路回實驗室，途中，在暮色的最後一道光輝中，凱林斯基沉浸在一根菸的樂趣裡。

4　原註：作者對夏彭蒂耶、道納、伊尼克與斯騰伯格的訪問。

第 19 章

論文對決

維吉尼亞斯‧希克斯尼斯

立陶宛維爾紐斯大學（Vilnius University）的維吉尼亞斯‧希克斯尼斯（Virginijus Šikšnys）是位個性溫和的生物化學家，臉上戴著金絲框眼鏡，帶著一抹害羞的笑容。他在維爾紐斯研究有機化學，取得莫斯科國立大學博士學位後，回到家鄉立陶宛工作。他在讀到了丹尼斯可乳酪研究人員羅道夫‧巴蘭古與菲利普‧霍瓦 2007 年的報告，知道 CRISPR 是細菌在抵禦病毒入侵戰爭中所獲得的武器後，就對 CRISPR 產生了興趣。

2012 年 2 月，他發表了一篇報告，由巴蘭古與霍瓦擔任第二作者，報告敘述了 Cas9 酵素如何在 CRISPR 系統中，經由 crRNA 的引導裁切入侵的病毒。他投稿到《細胞》，但很快就遭到期刊拒絕。事實上，因為《細胞》覺得這篇報告不足以引起讀者興趣，所以根本連同儕審閱評鑑程序都沒有啟動。「更令人沮喪的是，我們把論文送到有點像是《細胞》姊妹期刊的《細胞報導》（*Cell Reports*）去，」希克斯尼斯說，「他們也拒絕刊登。」[1]

於是他的下一個嘗試就是把論文投遞到美國國家科學院出版的期刊《美國國家科學院院刊》。《美國國家科學院院刊》有個快速接受論文稿件的方式，那就是由一位國家科學研究院院士核可這篇論文。2012 年 5 月 21 日，巴蘭古決定把這篇論文的摘要送給科學院在這個領域的最知名院士——珍妮佛‧道納。

---

1 原註：作者對維吉尼亞斯‧希克斯尼斯的訪問。

道納當時剛與夏彭蒂耶完成了她自己的報告，所以要進行迴避。她只讀了摘要，沒有看全文。然而僅是摘要，就足以讓她知道希克斯尼斯如他摘要所說的，發現了許多「DNA 的裁切是由 Cas9 執行」的運作機制。這篇摘要同時也宣稱該研究可以引導出一個 DNA 的編輯方式，「這些發現為普遍可設定的 RNA 引導的 DNA 核酸內切酶，鋪好了工程處理的路。」[2]

　　因為這篇摘要而使得道納匆忙催促自己團隊盡快將論文付梓，這件事之後在 CRISPR 圈子裡引起了小小的爭議，至少造成了某些人的質疑。「你應該看看珍妮佛申請專利與提交論文給《科學》的時間點，」巴蘭古告訴我。猛一看，確實啟人疑竇。道納在 5 月 21 日拿到希克斯尼斯的論文摘要，而她和她的同僚在 5 月 25 日申請專利，6 月 8 日送出他們的論文。

　　事實上，道納團隊的專利申請與報告早在她拿到希克斯尼斯的摘要時就已經在順利進行。巴蘭古強調自己不是在指責道納做了什麼錯事。「這樣的指控非常不適當，甚至很不正常，」他說，「她又不是剽竊了什麼。而且是我們主動寄給她的，我們不能怪她。你知道自己處於一個競爭的環境中，科學就是因為這樣而加速。」[3] 後來道納不論是對巴蘭古還是希克斯尼斯，仍保持友善的態度。他們之間混雜著競合的關係，這是過程中的一環，而他們都很清楚這一點。

　　不過有一位競爭對手卻對道納的倉促表示質疑——麻省理工學院與哈佛共同管理的布洛德研究所所長艾瑞克・蘭德。「她告訴《科學》的編輯他們有競爭對手，她搶先送出了報告，而《科學》也催促審閱者，」他說，「整件事情在 3 個禮拜內搞定，於是她搶在了立陶宛人前面。」[4]

　　我發現蘭德隱晦批評道納的說法很有意思，甚至帶有些趣味性，因為他是我認識的人當中，最樂於競爭的人之一。根據我的猜測，他與道納對於自己因

2　原註：蓋亞德流斯・蓋西烏納斯（Giedrius Gasiunas）、巴蘭古、霍瓦、希克斯尼斯刊於《美國國家科學院院刊》的〈細菌後天免疫中 Cas9–crRNA 核糖核蛋白複合體中介特定 DNA 的切劈〉（Cas9-crRNA Ribonucleoprotein Complex Mediates Specific DNA Cleavage for Adaptive Immunity in Bacteria），論文於 2012 年 5 月 1 日送達，8 月 1 日決定刊出，9 月 4 日於網站刊出，9 月 25 日正式於期刊刊出。

3　原註：作者對巴蘭古的訪問。

4　原註：作者對蘭德的訪問。

維吉尼亞斯・希克斯尼斯

克里茲托夫・凱林斯基

馬丁・伊尼克

為具備競爭力而讓對手更緊張這回事，都同樣怡然自得。但我也推想這代表他們知己知彼，就像斯諾[5]小說《院長》(*The Masters*)中的兩位對手，對彼此的瞭解，遠比任何局外人都要深刻。有天晚上在共進晚餐時，蘭德告訴我，他有道納寄給《科學》編輯的電子郵件，證明她在看過希克斯尼斯的報告摘後，確實催促他們盡快把她的 2012 年報告付印。我詢問道納這件事情時，她爽快地承認自己確實告訴《科學》的編輯，有一篇報告已經送去給他們的競爭期刊，而審閱人員正在加緊審閱中。「那又怎麼樣呢？」她說，「去問問艾瑞克，他有沒有這樣做過。」於是下一次與蘭德一起吃晚餐時，我告訴他道納要我問他的問題。他楞了一會兒，然後大笑，接著開心地承認，「我當然有做過這樣的事情。這就是科學運作的方式。完全正常的行為。」[6]

希克斯尼斯的發表

巴蘭古是 2012 年柏克萊 CRISPR 會議的主辦人之一，這場會議也是夏彭蒂耶與凱林斯基從歐洲飛過來參加的會議，他還邀請了希克斯尼斯在會議上發表他的研究報告。這樣的安排讓兩組都要搶先說明 CRISPR-Cas9 運作機制的團隊直接正面對峙。

希克斯尼斯與道納—夏彭蒂耶團隊的發表時間，都安排在 6 月 21 日週四下午，而道納前一天才上傳論文的最終版給《科學》期刊，並與同僚在帕妮絲之家慶祝。雖然期刊尚未決定要刊登希克斯尼斯的論文，但巴蘭古認為應該讓希克斯尼斯先報告他的研究成果，緊接著再安排道納—夏彭蒂耶團隊報告。

在歷史記錄中，先後順序其實已經定案了，《科學》接受了道納—夏彭蒂耶的論文，並將於 6 月 28 日在網上發表，而希克斯尼斯的論文一直到 9 月 4 日才刊出。然而無論如何，巴蘭古安排希克斯尼斯在柏克萊會議上率先發表的決定，

5　Charles Percy Snow，1905～1980，英國小說家與物理化學家，以《陌生人與兄弟》(*Strangers and Brothers*) 為題的系列小說著稱，《院長》即屬於該系列。另外1959年他在劍橋的演講〈兩種文化〉(Two Cultures)，哀嘆科學與人文之間的鴻溝，也同樣引起廣泛討論。

6　原註：作者對蘭德與道納的訪問。

仍給了他一個可能獲得部分光環的機會，前提是他的研究結果最後要能與道納—夏彭蒂耶的團隊研究匹敵，或更勝一籌。「我負責決定演講者的上台順序，」巴蘭古說，「珍妮佛實驗室有人要求我把他們的發表順序挪到維吉尼亞斯之前。但是我先收到的是維吉尼亞斯的報告，那是早在我們試著讓這篇論文在《細胞》上發表的 2 月份，所以我覺得讓維吉尼亞斯先報告，是個公平的決定。」[7]

於是 6 月 21 日星期四的午餐過後，維吉尼亞斯‧希克斯尼斯在擁有 78 個座位的全新柏克萊李嘉誠生物醫學和健康科學研究中心[8]一樓禮堂所舉行的柏克萊會議上，根據他尚未發表的論文做了一場幻燈片說明。「我們分離出了 Cas9-crRNA 複合物，也證明了在活體內，這個複合物可以在目標 DNA 分子特定位置，引發雙鍵斷裂，」希克斯尼斯在報告中宣布。他接著說明這個系統有一天將會成為一種基因編輯工具。

不過希克斯尼斯的論文與這次報告內容有些出入。最引人注意的是，他提到了「Cas9-crRNA 複合物」，卻未提及 tracrRNA 在基因裁切過程中的角色。儘管他描述了 tracrRNA 在製造 crRNA 時的功用，卻不清楚 tracrRNA 對於這個分子逗留在目標附近，以便讓 crRNA 與 Cas9 鎖住 DNA 目標區域進行摧毀的必要功能。[9]

對道納而言，這件事代表希克斯尼斯並沒有發現 tracrRNA 的必要角色功能。「如果你不知道 DNA 裁切需要 tracrRNA，」她後來說，「你就不可能把這個發現當成一項技術來執行，因為你還沒有定義出能讓這個機制運作的要素成分。」

會場充斥著競爭的氣氛，道納態度堅決地強調希克斯尼斯未能納入 tracrRNA 的失誤，並要確保大家都知道這一點。她當時坐在禮堂的第三排，一

7　原註：作者對巴蘭古的訪問。

8　Li Ka Shing Center，據李嘉誠基金會 2005 年 6 月 20 日新聞稿譯名。

9　原註：希克斯尼斯與其他人提出之《Cas9-crRNA 核糖核蛋白複合體之 RNA 引導切劈》（RNA-Directed Cleavage by the Cas9-crRNA Complex），國際專利申請證號 WO 2013/142578A1，優先權日 2012 年 3 月 20 日，正式申請日期 2013 年 3 月 20 日，正式公告日 2013 年 9 月 23 日。

等到希克斯尼斯完成了他的演講，她就立刻舉手發問。她問，你的資料裡有顯示出 tracrRNA 在裁切過程中所扮演的角色嗎？

希克斯尼斯一開始並沒有正面回應這個問題，道納繼續施壓，要他釐清這一點。希克斯尼斯並沒有駁斥她。「我記得在珍妮佛的問題之後，雙方的討論有了一絲爭辯的意味，她非常堅定地要讓在場所有人聽到她說 tracrRNA 是絕對必要的部分，而這也正是維吉尼亞斯發表的研究中所遺漏的部分，」山姆‧斯騰伯格說，「他沒有反駁，但也沒有完全承認自己遺漏了這部分的研究。」夏彭蒂耶也同樣覺得驚訝。畢竟她在 2011 年就已經提出了 tracrRNA 的功用。「我不理解的是為什麼希克斯尼斯在看過我 2011 年的報告後，並沒有繼續深究 tracrRNA 的角色，」她說。[10]

公平地來說，希克斯尼斯有很大的功勞，在這個層面上，我希望自己能為他正名，因為他提出的許多生物化學方面的發現，時間和道納與夏彭蒂耶的發現都很接近。或許我有點太過強調 tracrRNA 的功能，然而我這麼強調有兩個原因：第一，這本書是從道納的觀點出發；第二，她在我們多次的訪談中，不斷強調這一點。事實上，我也確實相信這一點至關重要。在解釋這種神奇的生命智慧時，任何小事都至關重要。非常小的事情，更是失之毫釐，差之千里。精準地揭露 tracrRNA 與 crRNA 這兩段 RNA 絕對必要的角色功能，是完整瞭解 CRISPR-Cas9 為什麼可以成為一種基因編輯工具，以及如何創造出簡單的單一嚮導分子去找到正確基因目標的關鍵。

哇！

希克斯尼斯的研究發表結束後，輪到了道納與夏彭蒂耶上場說明，這個時候，大多數與會者都已經知道他們的研究出現了一連串的重大突破。並肩坐在觀眾席中的她們，之前就決定讓親手執行大多數實驗的兩人博士後研究學生伊

10　原註：作者對希克斯尼斯、道納、斯騰伯格、夏彭蒂耶與伊尼克的訪問。

尼克與凱林斯基發表這場報告。[11]

　　報告準備開始時，兩位柏克萊的生物學教授帶了幾位他們的博士後研究生與學生走進了會場。道納之前一直在和他們討論將 CRISPR-Cas9 應用在人類身上的合作研究計畫，不過大多數與會者都不知道這幾位的身分。斯騰伯格猜測這些人可能是專利律師。他們的出現顯然提升了會場的戲劇化效果。「我記得現場與會人員因為這十多個不明人士排隊進場而感到驚訝，」道納說，「就是那種好像有什麼特別的事情要發生，大家都抬頭關注的樣子。」

　　伊尼克與凱林斯基試著以有趣的方式呈現他們的報告。兩人準備了許多投影片，輪流解釋各自所做的實驗，在正式報告之前，他們也做過兩次練習。與會人數不多，都相當隨性而友善。不過台上的兩人顯然非常緊張，特別是伊尼克。「馬丁非常緊張，害我也為他緊張，」道納說。

　　其實根本不需要緊張。這場發表報告非常成功。魁北克拉爾瓦大學（University of Laval）的 CRISPR 先驅錫爾文‧孟紐（Sylvain Moineau）在演講後站起來說了聲「哇！」在場的其他人則是趕緊發電子郵件或簡訊給自己實驗室的同僚。

　　丹尼斯可的研究人員以及希克斯尼斯報告的合作作者巴蘭古，後來表示他一聽到這場報告，就知道道納與夏彭蒂耶在這個領域的研究，已經進入另一個全新的層次。「珍妮佛的報告內容比我們的要清楚多了，」他承認，「兩者之間有很大的差距。這是把 CRISPR 領域從一個異常而有趣的微生物世界特性，轉成一項科技的引爆點。所以維吉尼亞斯和我沒有任何負面情緒。」

　　特別值得一提的是艾力克‧松泰默摻雜了興奮與嫉妒的反應。他是最早預測 CRISPR 會成為一種基因編輯工具的先知之一。當伊尼克與凱林斯基結束說明後，他舉手問了一個問題：單一嚮導技術，要如何應用在有細胞核的真核生物細胞基因編輯上？更明確地說，要如何用在人類細胞中？伊尼克與凱林斯基認為這就像之前許多分子科技一樣，是可以解決的問題。討論過後，這位溫和又老派的科學家松泰默，轉身對著坐在他後面兩排的道納，無聲地說著「我們

11　原註：作者對斯騰伯格、巴蘭古、松泰默、希克斯尼斯、道納、伊尼克與夏彭蒂耶的訪問。

談一談」。於是在下一次的休息時間，兩人就偷跑出會場，在走廊碰面。

「我和她說話很自在，因為就算我們研究的主題很相似，但我知道她是個值得信賴的人，」松泰默說，「我告訴她我打算把 CRISPR 用在酵母菌上。她說她想要繼續討論這個議題，因為把 CRISPR 用在真核生物細胞上，很快就能實現。」

那天晚上，道納散步到柏克萊市中心的一家小壽司店吃飯，同行的是三位曾經是、也將繼續是她同僚與競爭對手的研究人員：艾力克・松泰默，以及因為她而讓自己的論文大失光彩的羅道夫・巴蘭古與維吉尼亞斯・希克斯尼斯。巴蘭古不但沒有因為錯失先機而沮喪，反而說他知道他們的失敗非常公平。事實上，當他們一行人下坡朝餐廳走去的時候，他還問道納，他和希克斯尼斯把仍在等待刊出的論文撤回來，會不會比較好。她回了他一個微笑。「不要這麼做，羅道夫，你們的報告很好，」她說，「別撤回。這篇報告有它的貢獻，就像我們都試著要做出一些貢獻一樣。」

晚餐期間，他們四人分享著各自實驗室的未來可能走向。「儘管有尷尬的可能性，但氣氛其實非常溫馨，」松泰默說，「就是一個非常令人激動時刻的一頓令人非常激動的晚餐，因為我們都知道這個東西會變得多麼重要。」

道納—夏彭蒂耶的論文在 2012 年 6 月 28 日刊出，一整個全新的生物科技領域為之振奮：CRISPR 在人類基因編輯上也行得通。「我們都知道我們將進入一場運用到人類細胞的大競賽中，」松泰默說，「一個創新時代已然來臨，想要先馳得點，就要衝刺。」

第 3 篇

基因編輯

人類多麼美麗！
噢，美麗的新世界，有這樣的人在其中！

——摘自威廉·莎士比亞的《暴風雨》

第 20 章

一項人類工具

基因療法

以工程手法處理人類基因之路，源於 1972 年史丹佛大學教授保羅・伯格。他發現了一種方法，可以取出猴子身上所發現的一種病毒的一點 DNA，與另一種完全不同病毒的 DNA 剪接在一起。哇啦！他就這樣製造出了他命名為「重組 DNA」的東西。接著赫伯・博耶與史丹利・柯漢找到了可以讓這些人造基因更有效的方式，複製出上百上千萬的複製品。就這樣，基因工程的科學以及生物科技的商業開始啟動。

科學家又花了 15 年，才開始把工程手法處理過的基因送到人體細胞內，目標與製造藥物的目的相似。由於沒有試圖變更患者的 DNA，所以不是基因編輯。這種基因療法將一些基因工程 DNA 送入患者細胞內，修正致病的基因。

基因療法的初次實驗發生在 1990 年，對象是一名 4 歲的小女孩，她因為基因突變而導致免疫系統失效，一直活在感染威脅中。醫生找到一種方法，把缺失基因的有效副本移入小女孩血液系統中的 T 細胞內。作法是從她體內取出 T 細胞，放入缺失的基因，再將 T 細胞重新移回她體內。這個作法為她的免疫系統帶來了戲劇化的改善，也讓她能過健康的生活。

基因療法領域一開始的成功並不顯著，而且很快就出現挫敗。1999 年一名年輕人因為輸入治療基因的病毒載體引起劇烈免疫反應而死亡，造成費城一項臨床實驗停擺。2000 年代初，一項為了免疫不全疾病所執行的基因治療過程，意外活化致癌基因，讓 5 名患者罹患了白血病。類似這樣的悲劇，讓大多數的

基因療法臨床實驗至少凍結了 10 年，然而基因療法的逐漸進步，還是為更具野心的基因編輯領域打下了底子。

基因編輯

除了透過基因療法治療基因問題，研究人員開始設法從源頭解決問題，目標是針對患者體內相關細胞的 DNA 瑕疵序列進行**編輯**。稱為基因編輯的努力就此誕生。

哈佛教授傑克·索斯達克，同時也是道納的論文指導教授，在 1980 年代發現了編輯基因其中一個關鍵：必須讓 DNA 雙螺旋的兩股都斷裂，即雙股斷裂。當 DNA 的雙股斷裂時，任何一股都無法再成為修復另一股鍵的模版。基因有兩種自我修復的方式。第一種方式被稱為「非同源性末端接合」（英文名稱 nonhomologous end-joining 中的「Homologous」源於希臘字，意思是「匹配」。）在這樣的例子中，只要簡單地把兩端接起來，不需要找一條相配的序列，就完成 DNA 修復。這種修復方式相當馬虎，可能造成遺傳物質不必要的插入與刪除。另一種較為精準的過程被稱為「同源基因引導修復」（homology-directed repair），是被切斷的 DNA 在附近找到一個合適的取代模版時的狀況。當雙股斷裂出現時，細胞通常都會複製並插入可以取得的同源性序列。

基因編輯的發明需要兩個步驟。第一，研究人員必須找到可以在 DNA 內裁切出雙股斷裂的正確酵素。第二，他們必須找到一個嚮導，帶領酵素抵達他們想要在細胞 DNA 內進行裁切的精準目的地。

有能力裁切 DNA 或 RNA 的酵素稱做核酸酶。為了建立基因編輯系統，研究人員需要一個可以遵守指令，裁切選定的任何序列目標的核酸酶。到了 2000 年，他們找到了一種可以做到這一點的工具。

在某些土壤與池塘細菌體內發現的 FokI 酵素有兩個區域，一個區域可以充當裁切 DNA 的剪刀，另一個區域則是可以成為剪刀的嚮導，告訴剪刀該往哪裡去。這兩個區域可以分離，其中第一項區域也可以透過重新設定，去任何研究人員想要它去的地方。[1]

研究人員能夠設計出擔任嚮導的蛋白質,引導裁切區域到目標 DNA 序列之處。鋅指核酸酶(ZFNs)是一種系統,將裁切區域與一種蛋白質融合在一起,而這種蛋白質有一根根因為鋅離子存在而凸起的小小指頭,可以抓住特定的 DNA 序列。另一種類似但甚至更靠得住的方法被稱為 TALENs(類轉錄活化因子核酸酶),是指將裁切區域與可以引導這個區域到較長 DNA 序列處的一種蛋白質融合的做法。

就在 TALENs 方式日趨完善時,CRISPR 也隨之而來。兩者有點相似,都有裁切的酵素,亦即 Cas9,也都有一個帶領酵素去裁切 DNA 股鍵目標位置的引導者。但在 CRISPR 系統中,引導者不是一個蛋白質,而是一小段 RNA。這個變化有個很大的優點。不論是 ZFNs 還是 TALENs,每次想要裁切一個不同的基因序列時,都必須建造一個新的蛋白質引導者,而這個過程既困難又費時。但利用 CRISPR 時,你只需要擺弄 RNA 引導的基因序列就好了。一個好學生在實驗室裡就可以快速完成這項工作。

有一個可大可小的問題,這問題是大還是小,取決於你在後來的專利戰爭中所抱持的觀點與立場。CRISPR 系統在細菌與古菌等沒有細胞核的單細胞生物作用。於是問題來了:這個系統在有核細胞,特別是如植物、動物、你和我這類多細胞生物,是否也有效?

因此,道納—夏彭蒂耶 2012 年 6 月的論文,在世界各地的許多實驗室掀起一場瘋狂的衝刺,競相試著證明 CRISPR-Cas9 可以作用在人類細胞上,包括道納自己的實驗室。大概 6 個月內就有 5 個地方提出了勝利的證明。這種在相當短的時間內就成功提出結果的情況,如果像道納與她同僚後來所聲稱的內容,其實就只是簡單又清楚地證明,CRISPR-Cas9 可以在人體細胞內運作,並不是一個獨立的發明。但是這種情況也可以成為道納的對手所堅持的說法,這是一場激烈競爭後的一個重大發明。

這個問題關係著後來的專利權與各種獎項。

I　原註:斯里尼瓦森・強德拉塞加蘭(Srinivasan Chandrasegaran)與達納・卡洛(Dana Carroll)2016 年 2 月 27 日刊於《分子生物學》期刊的〈進行基因體工程的可設定核酸酶起源〉(Origins of Programmable Nucleases for Genome Engineering)。

第 21 章

競賽

競爭帶動發現。道納稱競爭為「給引擎增加動力的火焰，」而競爭絕對讓道納的引擎更加有力。她從小就不會因展現雄心壯志而感到困窘，但她知道如何透過分工合作與坦率來取得平衡。她在閱讀《雙螺旋》時學到了競爭的重要性，那本書描述了萊納斯·鮑林所意識到的過程，如何成為詹姆斯·華生與法蘭西斯·克里克的催化劑。「健康的競爭，」她後來寫道，「曾為人類最偉大的許多發明添柴加薪。」[1]

科學家的驅動力主要來自於因為認識自然而產生的喜悅，但大多數科學家都會承認，身為第一個發現者的獎賞，不論是精神上的肯定抑或是實質的獎勵，也是他們的動力，而這個第一的頭銜包括了論文的發表、專利的取得、獎項的授予，以及同儕的印象。和所有人一樣（這也是一種演化特徵嗎？），科學家也希望自己的成就能得到讚揚、辛苦有所回報，期待公眾給予好評、授獎的綵帶可以披在身上。這是他們在實驗室工作到三更半夜、聘雇公關人員與專利律師，甚至邀請作者（就像我）到他們實驗室的原因。

競爭聲名狼藉。[2] 大家把阻礙合作、限制資料共享，以及鼓勵知識財產權專

---

1 原註：作者對道納的訪問；道納與斯騰伯格的《創造的裂縫》第242頁。
2 原註：費里克·方（Ferric C. Fang）與阿圖洛·卡薩德瓦（Arturo Casadevall）2015年4月於《美國微生物學會》（American Society for Microbiology）刊登的〈競爭在摧毀科學嗎？〉（Is Competition Ruining Science?）；梅莉莎·安德生（Melissa Anderson）……布萊恩·馬丁森（Brian Martinson）與其他人2007年12月刊於《科學工程倫理》期刊（Science Engineering Ethics）的〈競爭對科學家工作與關係的有害影響〉（The Perverse Effects of Competition on Scientists' Work and Relationships）；麥特·瑞德里2012年7月27日刊於《華爾街日報》的〈科學界誹謗的兩次歡呼〉（Two Cheers for Scientific Backbiting）。

張鋒

喬治・丘奇

珍妮佛・道納

有而不是允許所有人公開免費共用這些問題，全怪罪到競爭身上。然而競爭的益處卻很大。如果競爭可以加快我們找到方法治療肌肉失養症、預防愛滋病或檢測癌症，就不會有那麼多人早逝。舉一個和近日事件有關的例子，日本細菌學家北里柴三郎和他的瑞士競爭對手亞歷山大・耶爾辛（Alexandre Yersin）都在1894年趕赴香港調查當地流行的肺炎性鼠疫，然後透過不同的研究方法發現了致病的細菌，而兩人的發現的時間僅差了幾天。

道納的生命中有一場競爭，因為從激烈到令人無法釋懷而特別顯眼，那是在2012年說明CRISPR可以如何編輯人類基因的競賽。這項發現或許沒有達爾文和華萊士後來匯聚而成的演化概念那麼重要，也沒有牛頓與萊布尼茲對於誰先弄清楚微積分的爭議那麼出名，但是這場競賽卻是當代可以媲美鮑林與華生和克里克團隊發現DNA結構的對應案例。

道納沒有專門研究人類細胞的合作團隊，因此她以殘缺不全的團隊陣容加入這場競賽。她的實驗室專長也並非這類研究，研究人員大多數是生物化學家，很習慣試管中的分子研究。於是道納在後來為期僅6個月的瘋狂競賽中，異常辛苦地努力跟上大家的進度。

世界上有很多實驗室參與了這項競賽，但主要的戲碼──不論在情感、個人或競賽層面──集中在3個競爭者身上。他們都以自己的方式競爭，但對自己競爭力的適應程度，卻大相逕庭：

- 張鋒，任職於麻省理工學院與哈佛大學的布洛德研究所

  他雖然和任何一位明星研究人員一樣好勝，卻幸運地有著開朗且令人愉悅的氣質，這也讓他不太習慣展現出他的競爭本質。因為他母親所灌輸的深刻價值觀，他有一種天生的謙遜態度，常常會掩蓋掉他那同樣源於天性的雄心壯志。他就像有兩個核心，一個是競爭，另一個是快樂，而兩者相當怡然自得地共存。他的笑容很溫暖，而且總是面帶微笑，但是當話題轉向競爭（或道納成就的重要性）的那些時候，他的嘴唇依然會保持微笑，但他眼裡的笑就會收起來。聚光燈下的他很容易害羞，但他的導師，那位聰明又充滿活力的數學家轉科學家的布洛德研究所所長艾瑞克・蘭德，從背後推了他一把，讓他為了榮譽與發現去競爭。

- 喬治‧丘奇，任職於哈佛大學

  他是道納的老友，自認是張鋒的導師與學術指導教授，至少他有一陣子是這麼認為的。不論從表面還是從我的眼睛可以判別的深度來看，他都是 3 個人當中最沒有競爭意識的人。留著一臉聖誕老公公鬍子的嚴格素食主義者，丘奇希望能利用基因工程讓猛瑪象重現世間，他的驅動力就是一顆愛玩與認真的好奇心。

- 最後是道納，她不僅好勝，也坦然接受自己的好勝心。這就是為什麼她和夏彭蒂耶之間，會存在一些淡漠。夏彭蒂耶曾消遣過她追求讚揚的驅動力，也表示過小小的鄙視。「她有時候會因為讚揚、功績這種事情而備感壓力，這讓她看起來好像很沒有安全感，或讓她對自己的成就無法心懷感激，」夏彭蒂耶表示，「我是法國人，工作也不是太努力，所以我老是對她說，『順勢而為』。」然而當她被要求再深入一點的時候，她也承認道納所展現的好勝心，不但是促使大多數科學先驅往前衝的動力，也是迫使科學前進的力量。「如果沒有像珍妮佛這樣具有好勝心的人，我們的世界就不會有今天的美好，」她說，「因為驅使大家做好事的動力，就是他人的認可。」[3]

3　原註：作者對夏彭蒂耶的訪問。

第 22 章

張鋒

德梅因

初次與張鋒接觸，詢問他是否可以撥些時間給我時，我很緊張。我已經告訴他我正在寫一本以他的對手珍妮佛・道納為主的書，因此我以為他會採用拖延術，甚至直接回絕。

然而完全相反，我前往麻省理工學院附近的布洛德研究所，在他從高窗看出去可以欣賞到查爾斯河蜿蜒在哈佛美景的實驗室訪問他時，他非常親切有禮，而之後的多次對談、午餐與晚餐，他也是一如既往地令人如沐春風。我無法判斷他的溫和是源於天性，抑或是想要在我的書中得到較好形象描述的算計。但與他接觸的時間愈多，我愈相信他親切的言行是他的天性。

張鋒的經歷是讓美國之所以偉大的移民故事典型之一，值得用一整本以他為主角的書來說明。1981 年出生於北京西南方的石家莊，石家莊是個擁有 430 萬人口的工業城。母親是資訊老師，父親是大學行政人員。城裡的街道上掛滿了中國常見的宣導布旗，其中最引人注意的，莫過於那些宣揚研究科學是愛國責任的內容。而張鋒就這麼被說服了。「我成長的過程中，玩的都是機器人套件，而且著迷於所有與科學相關的事物，」他回憶道。[1]

---

[1] 原註：作者對張鋒的訪問。本章節的其他資料出處包括艾瑞克・托波爾（Eric Topol）置於 Medscap 網站上 2017 年 3 月 31 日訪問張鋒的播客節目；麥克・史派克特（Michael Specter）2015 年 11 月 8 日在《紐約客》上刊出的〈基因駭客〉（The Gene Hackers）；雪倫・貝格利（Sharon Begley）2015 年 11 月 6 日星期六刊出的〈認識世界最具開創性科學家的其中一位〉（Meet One of the World's Most Groundbreaking Scientists）。

張鋒

　　1991 年張鋒 10 歲，他母親以杜比克大學（University of Dubuque）客座教授身分，來到了美國。愛荷華州的杜比克大學是位於密西西比河沿岸一個農產富饒城市裡的一顆珠寶。有一天她參訪一所當地學校，對學校裡電腦實驗室的設備和學生不需要具備死記硬背的功夫感到訝異。一如天底下所有愛護孩子的父母一樣，她透過孩子的眼睛來想像一切。「她覺得我應該會很喜歡這樣的實驗室與學校，所以她決定留在美國，並把我帶過來，」張鋒説。他母親在德梅因市的一家紙業公司找到了工作，她取得的 H-1B 專業技術類工作人士簽證，讓她可以在第二年把兒子接來美國。

　　張鋒的父親很快也來到了美國，但英文一直沒學好，所以母親就成為家中的主要動力。她開拓了赴美之路、找到了工作、在職場上交了朋友，還在當地的慈善機構擔任設定電腦的義工。因為她的關係，也因為位於心臟位置的城鎮，都有根深柢固的熱情好客基因，張鋒一家人總是在感恩節與其他節日獲邀到鄰里家中作客。

「我母親總是跟我說要謙虛、不要自大，」張鋒說。她培育他隨和的謙遜態度，而張鋒也自在且毫不費力地承接了這樣的個性。但她同時也灌輸張鋒要大膽追求創新，永遠不要被動。「她敦促我自己動手做東西，甚至組裝電腦，而不是去玩別人做好的成品。」多年後，在我寫這本書時，張鋒的母親已經會撥出部分時間住在波士頓的張鋒夫婦家裡，幫忙照顧兩個年幼的孫子。在劍橋一家海鮮餐廳一面挑著漢堡一面談論他母親時，他低下了頭，沉默了好一會兒。「萬一她去世了，我一定會非常非常想念她，」他用一種極其溫柔的聲音說。

一開始，張鋒似乎會跟 1990 年代數不勝數的超級聰明小孩一樣，成為電腦鬼才。他在 12 歲得到人生第一台電腦後（一台視窗系統的電腦，而非麥金塔），學會了如何拆解這台電腦，以及如何利用電腦零件拼裝出另一台電腦。他後來在使用開放原始碼的 Linux 操作系統軟體上也成了行家。於是他的母親送他去參加電腦培訓營，只是想確認他是否具備成功的條件，她還送他去參加了辯論訓練營。對有條件的父母而言，這類的加強不需要基因編輯就會做。

然而張鋒並沒有踏上資訊科學之路，他的興趣反而從數位科技轉到了生物科技，並成為這個領域的先驅。我認為，在有抱負的科技怪咖之間，生物科技很快就會變成相當普遍的一個領域。電腦密碼是張鋒父母那一代做的事情。他對遺傳密碼更有興趣。

張鋒的生物學之路起於梅德因中學的資賦優異教育計畫，這個計畫包括週六一堂分子物理學的加強課程。[2]「在那之前，我對生物學所知並不多，也不覺得這門科目有什麼好玩的地方，因為七年級時，學校就只給你一個裝著青蛙的解剖盤，然後要你去解剖青蛙，找出青蛙心臟在哪裡，」他回憶著，「全部都要靠記憶背誦，沒有什麼挑戰性。」週六的加強課焦點是 DNA 與 RNA 如何執行 DNA 的指示，課程內容強調這個過程中各種酵素所扮演的角色，那些蛋白質分子全都擔任著引爆細胞內各種行動的催化劑。「我的老師愛死了酵素，」張鋒說，「他告訴我，不論什麼時候，只要碰到難解的生物學問題，就說『酵

---

2   原註：蓋倫‧強森（Galen Johnson）1996 年 9 月出版有關德梅因公立學校（Des Moines Public Schools）的〈幼稚園至 12 年級的資賦優異教育計畫評估〉（Gifted and Talented Education Grades K-12 Program Evaluation）。

素』。這兩個字是生物學大多數問題的正確解答。」

這堂加強課有許多需要親自動手的實驗，包括一個改變細菌，讓它們對抗抗生素並產生抗體的實驗。這堂課還播放了 1993 年的電影《侏儸紀公園》，講述科學家透過結合恐龍與青蛙的 DNA，把已經絕種的恐龍重新帶回我們的世界中。「當我發現動物可以是一套可以設定的系統時，我好興奮，」他說，「那表示人類的遺傳密碼也可以設定。」那要比 Linux 更刺激。

懷抱著高昂的渴望，張鋒不斷地學習與發現，竟成了資賦優異教育計畫的影響範例，證明這個計畫可以把美國孩子變成世界級科學家。1993 年，美國教育部才剛出版了一份名為《發展美國資賦優異者案例》（*A Case for Developing America's Talent*）的報告，各地學區就掀起了「為挑戰我們表現最優異的學生爬上更高的高度」的募款活動。那個年代，創造一個世界級的教育體系，在大家的眼中，還是一件非常嚴肅的事情，就算要花稅金也要勇往直前，因為那是能夠讓美國在創新領域維持世界領導地位的事情之一。而在梅德因，這個波瀾包括了一個被稱為 STING（科學／技術調查；下一個世代）的計畫。這個計畫的內容是選擇一小群資賦優異與積極的學生，進行具原創性的專案，並讓他們在當地的醫院或研究機構工作。

在週六那堂加強課老師協助下，張鋒獲選進入梅德因美以美醫院（Methodist Hospital）的基因治療研究所，在那兒度過他的下午與課業閒暇時間。他以高中生的身分，跟著一位內心非常緊張但外表風度翩翩的分子生物學家做研究。這位名叫約翰·賴維（John Levy）的生物學家，每天都會在喝茶時間詳細說明自己正在做的事情，並指派張鋒負責愈來愈多複雜的實驗。有些時候，張鋒一放學就得去實驗室工作，一直到晚上八點。「親愛的母親每天開車來接我，她就那麼坐在停車場上，等到我工作結束，」他說。

他的第一個重要實驗包括了一個分子物理學上的基礎工具，那是一種可以讓水母製造出綠色螢光蛋白質的基因，這樣水母在暴露於紫外線下時，才可以發光，成為細胞研究的一種標記。一開始，賴維先要確認張鋒瞭解這種基因在自然界的基本目的。他一邊啜著茶，一邊在紙上草草地畫著圖，向張鋒解釋為什麼水母在生命的不同階段，以及在海洋的不同深度上下浮沉時，可能會需要

這樣的螢光蛋白。「他畫出來的圖，剛好可以讓你想像出水母、海洋以及大自然的奇妙之處。」

張鋒回憶道，賴維「握著我的手，做我的第一次實驗。」實驗內容包括把綠色螢光蛋白質的基因置入人類的黑色素瘤（皮膚癌）細胞中。這次的經驗是基因工程一個簡單但令人興奮的例子。張鋒從一種生物體（水母）中取出基因，置入另一種生物（人類）的細胞中，當藍綠色的螢光從細胞中散發出來時，他可以看到自己成功的證明。「我當時興奮得大叫『發光了！』」他正在以工程手法處理人類的基因。

接下來的幾個月，張鋒一直在研究發光時吸收紫外線的綠螢光蛋白質，是否可以保護人類細胞的 DNA 在暴露到紫外線時不受到紫外線造成的傷害。實驗結果證實有效。「我把水母的綠螢光蛋白當作防曬霜，保護人類 DNA 不受到紫外線的傷害，」他說。

他和賴維進行的第二個科學計畫，是分解造成愛滋病的病毒 HIV 構造，並檢驗這個病毒每一個結構成分的運作方式。梅德因加強課程計畫，有部分的目的是要幫助學生進行專案，讓他們能在全國性的英特爾科學獎（Intel Science Talent Search）競賽上具競爭力。張鋒的病毒實驗讓他得到第三名，並抱回了可觀的 5 萬美元獎金。後來他用這筆錢支付自己 2000 年的哈佛學費。

哈佛與史丹佛

張鋒與馬克·祖柏格在哈佛念書的時間重疊，猜測他們兩人最後哪一個對世界的影響最大，是件很有趣的事。而這其實也代表了未來歷史學家將要回答的一個更大問題：最後更重要的，究竟是數位革命抑或是生命科學革命。

化學與物理雙主修的張鋒，起初跟著唐·威利（Don Wiley）做研究。威利是晶體學家，也是判斷複雜分子結構的大師。「除非我知道長得什麼樣子，否則我對生物學一無所知，」是他很喜歡說的兩句話，也是值得從華生與克里克到道納等所有結構生物學家都奉為圭臬的信條。但張鋒大二那年的 11 月，威利在參加孟斐斯聖裘德兒童研究醫院的一場研討會時，神祕地失蹤了一個晚上，

租來的車子被棄停在一座橋上。後來大家在河裡找到了他的遺體。

同一年,張鋒還必須協助一位陷入嚴重憂鬱症的同班好友。他的這位朋友就算前一刻還在他們的房間裡看書,下一刻也會因為突然遭受焦慮或憂鬱襲擊,而無法起身或移動。「我聽過憂鬱症,但我以為那就像是很倒楣的一天,只能熬過去,」張鋒說,「家裡的環境讓我誤以為精神疾病是因為當事人不夠堅強。」張鋒為了預防朋友自殺,會和對方坐在一起。(這名學生後來休學並康復。)這次的經驗讓張鋒把注意力轉向了精神疾病的治療研究上。

於是他去了史丹佛念研究所,要求進入卡爾・戴塞羅斯(Karl Deisseroth)的實驗室學習。戴塞羅斯是位精神科醫生與神經科學家,為了能讓腦部與被稱為神經元的腦部神經細胞運作模式更加明顯,他當時正在開發一些試驗方式。他們就這樣和另一位研究所學生,聯手開拓了利用光線去刺激腦部神經元的光遺傳學領域。光遺傳學讓他們能夠繪製出腦部不同迴路的圖譜,並深入瞭解這些迴路如何運作或為何失效。張鋒的工作重點是在神經元中插入光敏感蛋白質——與他高中時將綠螢光蛋白質置入皮膚細胞的工作相似。他的作法是將病毒當成一種傳遞機制。在某次的示範中,他把這些一接受到光線就會啟動的蛋白質,置入一隻老鼠腦部控制運動的部位。研究人員利用光脈衝,可以啟動神經元,讓老鼠不斷繞圈。[3]

張鋒後來面臨到一個挑戰。要把光敏感蛋白質的基因插入腦部細胞 DNA 的正確位置,是件很困難的事情。確實,整個基因工程界都因為缺乏執行剪貼的簡易分子工具,無法將需要的基因置入細胞 DNA 內而停滯不前。也因此,張鋒在 2009 年取得博士學位後,接受了哈佛一個博士後研究的工作,開始研究像 TALENs 這類當時既有的基因編輯工具。

---

3 原註:愛德華・波伊頓(Edward Boyden)、張鋒、厄恩斯特・班伯格(Ernst Bamberg)、喬治・納格(Georg Nagel)與卡爾・戴瑟洛斯(Karl Deisseroth)2005 年 8 月 4 日刊於《自然神經科學》(*Nature Neuroscience*)期刊的〈毫秒時標、神經活性的遺傳標的光學控制〉(Millisecond-Timescale, Genetically Targeted Optical Control of Neural Activity);亞歷山大・阿拉瓦尼斯(Alexander Aravanis)、王立平、張鋒……與卡爾・戴瑟洛斯 2007 年 9 月刊於《神經工程學期刊》(*Journal of Neural Engineering*)的〈光學神經介面:活體細胞內綜合光纖與光遺傳技術控制的齧齒動物運動皮質〉(An Optical Neural Interface: In vivo Control of Rodent Motor Cortex with Integrated Fiberoptic and Optogenetic Technology)。

張鋒在哈佛期間，專注於研究如何擴大 TALENs 的功能用途，以利研究人員針對不同的基因序列設定不同的程式。[4] 這項工作很艱鉅，因為設計處理與再造 TALENs 都是非常困難的事。慶幸的是，他工作的實驗室是哈佛醫學院最令人振奮的實驗室。這間實驗室是由一位以接納新想法而備受愛戴的教授主持。這位教授擁抱新想法的程度，有時會讓人覺得失控，但他總是能營造一種鼓勵探索的氣氛。他是道納長期的老友，也是當代生物學界與科學界的傳奇名人，有著一臉濃密鬍鬚，像長輩般親切的喬治・丘奇。他成了張鋒以及幾乎所有他帶的學生們的導師，對學生們呵護備至，而學生也回以萬分的敬愛——直到他相信張鋒背叛了他的那天。

.

4　原註：張鋒、叢樂、賽門・羅達托（Simona Lodato）、斯里蘭・柯蘇里（Sriram Kosuri）、喬治・丘奇與寶拉・阿羅塔（Paola Arlotta）2011 年 1 月 19 日刊於《自然生物科技》（*Nature Biotechnology*）期刊的〈哺乳類轉錄模組化的序列特異性類轉錄活化因子有效結構〉（Efficient Construction of Sequence-Specific TAL Effectors for Modulating Mammalian Transcription）。

第 23 章

喬治‧丘奇

　　手長腿長的瘦高身型，喬治‧丘奇看起來就像……應該說他確實就是個溫和的巨人與瘋狂的科學家。不論是在史蒂芬‧柯貝爾[1]的電視脫口秀上，抑或是他波士頓熙熙攘攘實驗室裡一群滿心欽佩的研究人員之間，他都是個能展現個人魅力的標誌性人物。總是一副平靜但愉悅的態度，他的舉止常常帶著迫切想要回到未來的時光旅者趣味。野人般的鬍子加上頭髮的光暈效果，他有點像是達爾文與猛獁象的混和體。猛獁象是種已絕種的動物，或許是出於他與這個物種間那種說不清道不明的血緣關係，他想要利用 CRISPR 讓猛獁象重生。[2]

　　丘奇是個討人喜歡且魅力十足的人，但他也經常出現在功成名就的科學家與怪胎榜上。有次我們在討論道納的某個決定時，我問他覺得那個決定是否必要。「必要？」他回應，「沒有什麼事情是必要的。甚至連呼吸都不是必要的。你如果真的願意，甚至可以停止呼吸。」我開玩笑說他太過執著於我問題的字面意思時，他說他之所以成為一個還算不錯的科學家，也被視為一個有點瘋狂的人，其中一個原因就是他質疑所有前提的必要性。他接著又岔題去談論自由

1　　Stephen Colbert，1964～，美國喜劇演員、作家、製作人、政治評論者與電視節目主持人，目前最廣為人知的節目是美國 CBS 的脫口秀（The Late Show with Stephen Colbert），丘奇上的也是這個節目。

2　　原註：本章資料出處包括作者拜訪與訪問喬治‧丘奇，以及班‧梅茲瑞克（Ben Mezrich）的《猛獁象》（*Woolly*, Atria, 2017）；安娜‧阿茲沃林斯基（Anna Azvolinsky）2016 年 10 月 1 日刊於《科學家》雜誌的〈好奇的喬治〉（Curious George）；雪倫‧貝格利 2016 年 5 月 16 日星期六刊出的〈喬治‧丘奇有一個演化造反的大膽念頭〉（George Church Has a Wild Idea to Upend Evolution）；普拉夏恩特‧奈爾（Prashant Nair）2012 年 7 月 24 日刊於《美國國家科學院院刊》的〈喬治‧丘奇〉（George Church）；詹寧‧印特蘭蒂（Jeneen Interlandi）2015 年 5 月 27 日刊於《科技新時代》（*Popular Science*）雜誌的〈喬治‧丘奇的聖堂〉（The Church of George Church）。

喬治·丘奇

意志的論述（他並不相信人類擁有自由意志），直到我又把話題轉回到他的事業上。

丘奇 1954 年出生，在佛羅里達州清水市（Clearwater）的遠郊濕地區長大，那兒鄰近坦帕（Tempa）的墨西哥灣岸。母親在這個地方歷經了三次婚姻，也因此，喬治冠過很多姓氏，也念了好幾個不同的學校，用他自己的話說，這些都讓他感覺「像個外人」。他的生父曾是附近麥克迪爾空軍基地（MacDill Air Force Base）的飛行員，也是進了滑水名人堂（Water Ski Hall of Fame）的赤足滑水冠軍。「不過他一份工作都保不住，我母親和我只好繼續過自己的日子，」丘奇解釋。

小丘奇對科學很著迷。那個年代的父母對孩子的過度保護程度沒有現在這麼嚴重，他母親放任他在坦帕灣附近的濕地與泥灘閒晃，捕捉蛇和昆蟲。他會在高大的沼澤草叢間爬行，收集各種標本。有天他找到了一隻長相怪異的毛毛蟲，看起來像「長了腳的潛水艇」，他把這隻蟲子放進自己的玻璃罐中。第二

天，他非常驚訝地發現毛毛蟲變成了一隻蜻蜓。變態確實是大自然每天都在上演的動人奇蹟之一。「我之所以踏上生物學之路，這件事是個助力，」他說。

晚上回家，靴子上還滿是泥濘的他，一頭鑽進了他母親為他準備的書本當中，其中包括了一套《科里爾百科全書》（*Collier's Encyclopedia*）以及由時代生活叢書出版社（Time-Life）所推出 25 本附生動插畫的大自然叢書。因為丘奇有輕度失讀症，閱讀對他有一定的困難，但他可以從圖畫中汲取知識。「失讀症讓我成為一個更視覺化的人。我可以想像立體物體，而且我可以透過結構的形象化，瞭解事情的運作方式。」

喬治 5 歲時，他母親嫁給名叫蓋羅·丘奇（Gaylord Church）的醫生，他領養了喬治，並給了他一個永久的姓氏。繼父有一個小喬治很喜歡胡翻亂找的鼓脹醫療包。他繼父為患者以及他自己施打止痛劑和舒緩賀爾蒙時所使用的大量皮下注射針頭，讓他特別感興趣。繼父教導喬治如何使用這個工具，而且不時帶著他出診。在哈佛廣場的一家酒吧裡，丘奇配著素肉漢堡，一邊訴說著自己異於常人的童年生活，一面呵呵地笑著。「我父親會讓我為他的女患者打賀爾蒙針，她們都很喜歡父親這麼做，」他說，「他還會讓我幫他注射鹽酸配西汀注射液（Demerol）。我後來才知道他對止痛藥上癮。」

丘奇後來開始利用他繼父醫療包中的材料做實驗。他繼父為那些抱怨身體疲勞與心情鬱悶的患者所準備，並讓那些患者感恩戴德的甲狀腺素，有次也出現在丘奇的實驗中。13 歲時，丘奇在一群蝌蚪生活的水中加入了一些賀爾蒙，另外一群蝌蚪則繼續生活在沒有加料的水中。結果第一組的蝌蚪長得比較快。「那是我第一次真正的生物學實驗，有對照組跟其他亂七八糟的東西，」他回憶道。

1964 年他母親開著自己的別克轎車帶他去紐約參觀世界博覽會，他開始對未來充滿了嚮往。困在當下，讓他備感不耐。「我想去未來，我覺得未來才是我歸屬的地方，也就是在那個時候，我領悟到自己必須要幫忙創造未來，」他說。一如科學作家班·梅茲瑞克（Ben Mezrich）筆下所描述的丘奇，「在後來的生活中，他總是會回到第一次開始認為自己是某種時光旅者，並從那個角度去思考事情的瞬間。在他的內心深處，他開始相信自己確實來自久遠以後的未

來，不知道為了什麼原因而被留在了過去。試著回到未來，並努力把世界導回到他生活過的未來，是他一生的使命。」[3]

有如一灘死水的學校令丘奇煩厭，於是他很快就成了令人頭痛的孩子，特別是一開始非常寵愛他的繼父。「他決定要把我送走，」丘奇說，「我母親知道這是個很棒的機會，因為我繼父會幫我付寄宿學校的一切費用。」就這樣，他打包去了位於麻省安多福（Andover）鎮那所美國最古老的預備學校菲利普斯學院（Phillips Academy）。充滿田園風味的校區與喬治王朝風格的建築物，幾乎都和他童年的濕地一樣美妙。他自學電腦編碼、所有的化學課程都高分完成，接著，校方給了他一把化學實驗室的鑰匙，讓他盡情自我探索。在他數不勝數的成功實驗清單中，包括了一項在水裡加賀爾蒙而長出巨型捕蠅草的實驗。

他後來進了杜克大學，兩年內拿了兩個學士文憑，然後跳級博士班。不過在博士班期間卻出了紕漏。由於他實在太專注於指導教授實驗室裡包括應用晶體學去釐清不同 RNA 分子的立體結構等研究，索性根本就不進教室上課了。繼兩門科目遭到死當後，他接到了院長的一封信，冷酷地告知他，「你已不具杜克大學生物學系博士候選人資格。」就像其他人會把裱框的畢業證書收存起來一樣，丘奇也把這封信保留了下來，當作一件值得自豪的事情。

憑著三寸不爛之舌進入哈佛醫學院時，丘奇已是五份重要論文的共同作者。「哈佛為什麼在我被杜克退學後還接受我入學，是我的祕密，」他在一份口述歷史的資料中這麼說，「通常，都是相反的結果。」[4] 他在哈佛跟著諾貝爾獎得主華特·吉爾伯特做研究，開發 DNA 定序的方式。1984 年由能源部發起並舉辦的度假勝地高峰會，丘奇也參加了，就是這場會議啟動了人類基因體計畫。在那個年代，丘奇就因為蘭德拒絕使用他藉由複製擴增 DNA，簡化定序工作的方式，與蘭德起過衝突，也算是後來他們之間爭議的試映場吧。

2008 年在《紐約時報》的科學記者尼可拉斯·韋德訪問丘奇有關利用他的基因工程工具與從北極發現的冷凍毛髮，讓絕種猛獁象重生的可能性之後，丘奇

3　原註：班·梅茲瑞克的《猛獁象》第 43 頁。
4　原註：丘奇口述歷史（George Church Oral History），美國國家人類基因體研究所（National Human Genome Research Institute）口述歷史計畫，2017 年 7 月 26 日釋出。

就成了一個古怪但受歡迎的名人。毫不令人意外的，對丘奇而言，猛獁象重生的這個想法有種嬉鬧的吸引力，而這類的吸引力，早在他把賀爾蒙當成補品餵給蝌蚪時，就已成形。丘奇成了將現代大象的皮膚細胞轉換到胚胎時期，再將基因修改到與猛獁象完全吻合的努力嘗試代言人。這項計畫目前仍在持續中。[5]

1980 年代後期，珍妮佛・道納還是哈佛博士生時，就很欣賞丘奇的非傳統風格與思維。「他是新來的教授，高高瘦瘦的，手長腳長，而且已經滿臉大鬍子了，相當特立獨行，」她說，「他一點都不怕與眾不同，這一點我很喜歡。」丘奇也回憶自己對道納的言行舉止印象深刻。「她的工作表現很傑出，特別是 RNA 結構相關的工作，」他說，「我們都對這種少數人有興趣的東西很感興趣。」

1980 年代，丘奇忙著開發新的基因定序方式。他多產的豐碩成果不僅開始展現在研究領域，也出現在創立公司，把自己實驗室研究成果商業化的這一塊疆域上。後來他專注於尋找新的基因編輯工具。也是因為這樣，當道納與夏彭蒂耶描述 CRISPR-Cas9 的論文，在 2012 年 6 月於《科學》期刊的網站上發表後，丘奇決定嘗試以人體細胞進行研究。

他很有禮貌地發了一封電子郵件給兩個人。「我是個可以分工合作的人，只是想弄清楚誰在研究這個領域，然後看看她們是否介意我也進行相同的研究，」他回憶道。因為他都很早起，所以某天清晨 4 點才剛過，他就把信發出去了：

珍妮佛與埃瑪紐埃爾：

只是想簡短地說一聲，你們在《科學》發表的 *CRISPR* 論文實在振奮人心，而且助益良多。

我的團隊正試著把一些從你們研究中得到的啟發，應用在人類幹細胞的基因工程上。我相信你們一定收到了其他實驗室的類似讚賞之言。

5　原註：尼可拉斯・韋德 2008 年 11 月 19 日刊於《紐約時報》的〈1 千萬美金復活猛獁象（Regenerating a Mammoth for $10 Million）〉；韋德 2017 年 3 月 2 日刊於《紐約時報》的〈猛獁象的最後防線〉（The Wooly Mammoth's Last Stand）；班・梅茲瑞克的《猛獁象》。

有關研究的進展，希望繼續保持聯絡。

祝好，喬治

當天稍晚，道納回信：

嗨，喬治：

多謝來信。我們非常有興趣瞭解你的實驗進展。而且，沒錯，現階段很多
人對 Cas9 都很有興趣——我們希望它最後可以對基因編輯與各種細胞類型的調
節都有用。

祝好，珍妮佛

　　兩人後來又透過電話溝通並追蹤後續，而且道納告訴丘奇，她也同樣在嘗
試把 CRISPR 用在人類細胞上。分工合作是丘奇從事科學實驗的特色，相較於
競爭與保密，他更願意合作與透明。「這是非常典型的喬治行事作風，」道納
說，「他實在沒有狡獪迂迴的天分。」讓他人信賴自己的最好方式就是你也信
賴對方。道納是個防護心很強的人，但對於丘奇，她始終非常坦率。

　　丘奇沒有想過要聯絡張鋒。根據丘奇的說法，他根本不知道自己帶過的這
名前博士生在研究 CRISPR。「如果我知道張鋒在研究這個，我就會問他了，」
丘奇說，「但他突然跳上了 CRISPR 舞台，且守口如瓶。」[6]

6　原註：作者對丘奇與道納的訪問。

第 24 章

張鋒運用 CRISPR

隱身模式

當張鋒在丘奇位於波士頓的哈佛醫學院實驗室完成了博士後研究的工作後，他去了位於查爾斯河對岸劍橋的布洛德研究所。坐落在麻省理工學院校區邊緣地帶最先進實驗室大樓中的布洛德研究所，於 2004 年由無人壓制得了的艾瑞克・蘭德創建。蘭德也是人類基因體計畫中最多產的基因定序者。布洛德的資金來自伊萊與伊德特・布洛德（Eli and Edythe Broad；最後總捐款金額為 8 億美元）。研究所的目的在於利用人類基因體計畫所衍生出的知識，推進疾病治療。

在蘭德這位數學家轉生物學家的設想中，布洛德研究所將會是集各種不同領域專才於一處的合作之地。要達到這個目標，就需要一個能夠完全整合生物學、化學、數學、電腦科學、工程學以及醫學的新型態組織。此外，蘭德還完成了一個艱鉅的任務：讓麻省理工學院與哈佛大學攜手合作。截至 2020 年，布洛德這個組織網羅了超過 3000 位科學家與工程師。這座研究所之所以欣欣向榮，在於蘭德是個快樂又高度投入的導師、啦啦隊隊長，也是資金募集者，他吸引了一波又一波的年輕科學家加入。蘭德同時還能結合科學與公共政策和社會公益。舉例來說，他是一個名為「算我一份」（Count Me In）的行動領軍人，鼓勵癌症患者以匿名方式，在公共資料庫中分享他們的醫療資訊與 DNA 序列，提供所有研究人員取用。

張鋒於 2011 年 1 月搬到布洛德時,他依然在丘奇的實驗室裡繼續之前的研究工作,利用 TALENs 進行基因編輯。但每一個新的編輯計畫都需要建立新的 TALENs。「有時候這個工作需要花上 3 個月,」他說,「我開始尋找更好的方式。」

結果,更好的方式就是 CRISPR。張鋒在搬進布洛德的幾週後,參加了一場由一位研究某種細菌物種的哈佛微生物學家所舉辦的研討會。這位教授在會上順口提到了他們的研究也包括可以裁切入侵病毒 DNA 的酵素加 CRISPR 序列。張鋒沒有聽過 CRISPR 這個東西,但從七年級的加強班開始,他就學會了只要聽到酵素就要打起全部精神。他對那些裁切 DNA、被稱為核酸酶的酵素特別感興趣。於是他做了我們所有人都會做的事情:用谷歌大神搜尋 CRISPR。

第二天他飛到邁阿密參加一場討論基因如何表現的會議,但他並沒有坐在會場聽演講,而是待在飯店的房間裡閱讀 10 多篇他在網上找到的重要 CRISPR 相關科學文獻。其中,羅道夫・巴蘭古與菲利普・霍瓦這兩位丹尼斯可的乳酪研究人員於前一年 11 月發表的論文最令他印象深刻。他們兩人證明了 CRISPR-Cas 系統可以針對特定目標裁切雙股鍵的 DNA。[1]「在讀到這篇論文的那一刻,我覺得這實在了不起,」張鋒說。

張鋒提攜過的一個後進叢樂,也是他的朋友,這時仍是丘奇實驗室的研究生,他是個出生在北京的奇才怪咖,臉上掛著大大的眼鏡,童年時期熱愛電子產品,後來也和張鋒一樣,把一腔熱情全轉給了生物學。除此之外,叢樂也和張鋒一樣,對基因工程很感興趣,因為他希望能減輕思覺失調症與躁鬱症這類精神疾病所帶給患者的痛苦。

在邁阿密飯店房間內看完了 CRISPR 文獻後,張鋒立刻發了電子郵件給叢樂,並建議兩人一起合作,看看 CRISPR 是否可以成為人類的基因編輯工具,或許這項工具會比他們用過的 TALENs 更好。「看看這個,」張鋒寫道,並附上巴蘭古—霍瓦論文的連結網址。「也許我們可以在哺乳動物系統上測試。」

---

1 原註:喬西安・加紐(Josiane Garneau)……巴蘭古……霍瓦、阿方索・馬加丹(Alfonso H. Magadán)與錫爾文・孟紐 2010 年 11 月 3 日刊於《自然》的〈CRISPR/Cas 細菌免疫系統裁切噬菌體與質體 DNA〉(The CRISPR/Cas Bacterial Immune System Cleaves Bacteriophage and Plasmid DNA)。

叢樂同意了張鋒的建議，並回覆：「這件事應該很酷。」兩天後，張鋒寄出另外一封電子郵件。叢樂當時仍是丘奇實驗室的學生，張鋒卻要確保叢樂守口如瓶，甚至不對他的指導教授提及這件事。「這件事情要保密，」他寫道。[2] 儘管叢樂在名義上仍是哈佛大學丘奇的研究生，但他仍遵守了張鋒的那道禁口令，沒有告訴丘奇自己打算搬到布洛德和張鋒一起研究 CRISPR。

張鋒的辦公室、走廊、會議室，以及實驗室區域都設置了很多白板，靜靜等著承載隨時可能出現的自發性深入見解。這是布洛德氛圍的一部分。在白板上寫下靈感猶如一種運動比賽，就像桌上足球檯總是出現在人員較多的辦公室一樣。在一面張鋒常用的白板上，他和叢樂列出要讓 CRISPR-Cas 系統滲透進入人類細胞核內必須做的事情，然後把實驗室裡靠拉麵維生的夜貓子全抓出來。[3]

其實早在進行實驗之前，張鋒就與布洛德研究所簽訂了一份《發明保密備忘錄》（Confidential Memorandum of Invention），簽訂時間是 2011 年 2 月 13 日。「這個發明的關鍵概念源於許多微生物身上所發現的 CRISPR，」這份協定上寫著。張鋒解釋，這個系統是利用 RNA 片段引導一個酵素，然後在 DNA 內的目標位置進行裁切。張鋒說，如果這個系統可以運用於人類，那麼就將是個比 ZFNs 與 TALENs 具備更多功能的基因編輯工具。他這份從未公開的備忘錄，最後的結論是聲明，這個「發明可能對微生物、細胞、植物與動物的基因編輯都有用。」[4]

除了主旨，張鋒的備忘錄並沒有描述實際的發明內容。他當時才剛開始勾勒自己的研究計畫，尚未進行任何實驗，也沒有發明任何可以把他的想法壓縮成實際運用的技術。這份備忘錄僅是一個目標確定書，就是那種研究人員有時候會先提出的文件，以防將來萬一他們成功發明了什麼東西時，需要證明（就像本案確實發生的情況）自己其實已經針對這個想法研究了很長一段時間了。

2　原註：大衛斯的《編輯人性》第 80 頁；作者對叢樂的訪問。

3　原註：作者對蘭德、張鋒的訪問；貝格利的〈喬治·丘奇有一個演化造反的大膽念頭〉；史派克特的《基因駭客》；大衛斯的《編輯人性》第 82 頁。

4　原註：張鋒 2013 年 2 月 13 日簽訂的《發明保密備忘錄》。

張鋒似乎從一開始就意識到把 CRISPR 轉為人類的基因編輯工具，結果會變成一場競爭異常激烈的競賽。他一直都在保密的情況下進行自己的研究計畫。他既沒有公開他的發明備忘錄，也沒有在 2011 年年底描述自己正在進行的實驗計畫錄影帶中提及 CRISPR。但他開始在登記了日期並有見證人簽字的實驗室筆記上記錄每項實驗與每個發現。

在將 CRISPR 納入人類基因編輯工具的競賽中，張鋒與道納切入競技場的路線迥異。張鋒之前從未研究過 CRISPR。這個領域的人都認為他是個後來的闖入者，在其他人開拓了一片疆域後，直接跳上 CRISPR 的舞台。然而與大家認知相反的是，張鋒原本的專長就是基因編輯，對他而言，CRISPR 就和 ZFNs 與 TALENS 一樣，只不過是另一種可以達到相同目的的工具，差異僅在於 CRISPR 的效率高多了。至於道納，她和她的團隊從未研究過活細胞的基因編輯。5 年來，他們的研究焦點始終都在於釐清 CRISPR 的成分要素。結果，張鋒在釐清 CRISPR-Cas9 系統中必要分子的過程中遭遇到了一些困難，而道納的障礙點則在於如何把這個系統植入人類細胞核內。

2012 年年初，道納與夏彭蒂耶後來 6 月發表在網路上那篇說明 CRISPR-Cas9 系統基本三大要素的《科學》報告還沒有刊出，而張鋒也尚未記錄下任何進展。他和布洛德的一群同僚提出了申請，希望爭取研究基因編輯實驗的經費。「我們會利用工程手法處理 CRISPR 系統，針對 Cas 酵素，使之能在哺乳動物基因體中鎖定多個特定目標，」張鋒的申請書上這麼寫。但他完全沒有提及針對這個目標，是否已有了任何重要的進展。確實，這筆經費申請意味著哺乳動物細胞的相關研究，至少要幾個月後才會開始。[5]

除此之外，張鋒也尚未釐清那個令人傷透腦筋的 tracrRNA 完整的角色功能。別忘了，夏彭蒂耶 2011 年的報告，以及希克斯尼斯 2012 年的研究，都描述過這個分子在製造指引酵素前進到正確 DNA 位置進行裁切的嚮導 RNA，亦

5　原註：大衛·阿茲赫勒（David Altshuler）、查德·柯文（Chad Cowan）、張鋒與其他人 2012 年 1 月 12 日申請之〈等基因型人類多潛能幹細胞為基礎的人類疾病變異模型〉（Isogenic Human Pluripotent Stem Cell-Based Models of Human Disease Mutations）之美國國家衛生研究院獎助金，申請字號 1R01DK097758-01。

路希阿諾・馬拉費尼

即 crRNA 時所負責的工作。然而道納與夏彭蒂耶在她們 2012 年所發表的報告中，其中一個發現就是 tracrRNA 還背負了另外一個重要任務：它需要隨侍在側，確保 CRISPR 系統能確實在目標 RNA 上進行裁切。張鋒的經費申請書顯示他當時還沒有發現這個現象；他的申請書中僅提到「tracrRNA 要素促成嚮導 RNA 的生產過程。」其中一張附圖還顯示與 Cas9 一起執行裁切的複合物成分中有 crRNA，但沒有 tracrRNA。這件事看起來也許像是微不足道的小細節，然而歷史功績的爭奪戰，往往就是從這類細節的發現，或者這種微不足道的疏漏開始。[6]

6　原註：布洛德異議3；加州大學答辯3。

馬拉費尼的協助

　　如果事情有另一個發展方向，那麼張鋒與路希阿諾・馬拉費尼或許會成就一篇攜手合作的故事，一如道納與夏彭蒂耶那樣鼓舞人心。若從獨立觀察的角度來看，張鋒的故事本身非常棒：一個在愛荷華州成長茁壯的中國移民聰明小孩，積極進取又富競爭力，憑藉著從未間斷的好奇心，成了史丹佛、哈佛與麻省理工學院的一顆明星。倘若這個故事再融進 2012 年初與張鋒合作的阿根廷移民馬拉費尼的故事，就會扭成一個漂亮的雙螺旋。

　　馬拉費尼熱愛細菌研究，在芝加哥大學攻讀博士時，開始對新發現的CRISPR 機制產生了濃厚興趣。他妻子在芝加哥法院從事翻譯工作，他也想待在這個城市，於是在西北大學艾力克・松泰默實驗室裡做博士後研究。松泰默當時正在研究 RNA 干擾，與道納的研究相同，但他和馬拉費尼很快就理解到CRISPR 系統的運作效率更高。這也是他們為什麼在 2008 年提出重要發現，證明 CRISPR 系統靠著裁切入侵病菌 DNA 的方式運作。[7]

　　翌年馬拉費尼與道納於芝加哥一場會議上結識。他堅持坐在她旁邊的一桌。「我真的很想認識她，因為她做的 RNA 結構研究實在非常非常困難，」他說，「將蛋白質晶體化是一回事，但要把 RNA 晶體化，那是難上加難的事情，實在令我佩服。」道納那時剛開始研究 CRISPR，於是他們討論到他到她實驗室工作的可能性。不過柏克萊當時並沒有合適的空缺，所以馬拉費尼在2010 年進了曼哈頓的洛克斐勒大學，並在那兒設立了一個研究細菌 CRISPR 的實驗室。

　　2012 年初，馬拉費尼收到了一封張鋒寄來的電子郵件，他並不認識張鋒。「新年快樂！」張鋒在信中寫著，「我叫張鋒，是麻省理工學院的研究人員。我讀過你許多有關 CRISPR 的報告，非常感興趣，不知道你是否有興趣一起合

7　原註：作者對馬拉費尼與松泰默的訪問；馬拉費尼與松泰默的〈CRISPR 干擾限制葡萄球菌內標靶 DNA 的水平基因移轉〉；松泰默與馬拉費尼以〈標靶 DNA 干擾 CRISPR RNA〉（Target DNA Interference with crRNA）名義，所提出之美國臨時專利申請案；大衛斯 2020 年 2 月刊於《CRISPR》期刊的〈路希阿諾・馬拉費尼專訪〉（Interview with Luciano Marraffini）。

作開發應用於哺乳動物的 CRISPR。」[8]

由於張鋒當時在 CRISPR 研究領域還寂寂無名，所以馬拉費尼用谷歌查了一下張鋒這個人。張鋒大概在晚上 10 點寄出這封信，馬拉費尼約 1 個小時後回覆。「我很有興趣一起合作，」他寫道，但也補充說明自己一直以來都是研究「最小的」系統，換言之，他一直是在做簡化到只剩下基本分子的研究工作。兩人第二天在電話上達成了共識。看起來這似乎會是一段美好友誼的開始。

馬拉費尼以為張鋒不但研究受阻，也在嘗試各種不同的 Cas 蛋白質。「他不僅測試 Cas9，所有不同的 CRISPR 系統都是他的測試對象，包括 Cas1、Cas2、Cas3，和 Cas10，」馬拉費尼說，「都沒有任何進展。他就像個無頭蒼蠅一樣行事。」於是馬拉費尼（至少根據他自己的記憶）成了那個催促張鋒專注於研究 Cas9 的人。「我對 Cas9 很有把握。我是這個領域的專家。我知道其他酵素的研究工作都太困難。」

兩人通完電話後，馬拉費尼提供給張鋒一張他們應該進行的工作清單。開宗明義第一項就是不要再把 Cas9 以外的其他酵素納入研究中。[9]他另外還郵寄提供給張鋒一份頁數很多的完整細菌 CRISPR 序列影本（ATGGTAGAAAACACTAAATTA……）。馬拉費尼在告訴我這段過往時，從他的辦公桌後起身，把序列資料印給我。「藉由所有的這些資料，」他告訴我，「我讓張鋒瞭解到他必須利用 Cas9，再加上我把整個規劃也都給他了，所以他後來就照著做。」

有一陣子，他們的合作採用分工作法。張鋒先提出他希望能在人類細胞中看到的效果，專精於微生物研究的馬拉費尼再以細菌做實驗，看張鋒的想法是否行得通，因為以細菌做實驗要簡單得多。兩人合作計畫中有項重要的研究，牽涉到增加一個讓 CRISPR-Cas9 進入人類細胞核所必要的核定位訊號（NLS）。張鋒設計出各種不同方法把核定位訊號加到 Cas9 上，然後馬拉費尼再進行實驗

8 原註：作者對馬拉費尼與張鋒的訪問；張鋒2012年1月2日寄給馬拉費尼的電子郵件（由馬拉費尼提供）。
9 原註：馬拉費尼2012年1月11日寄給張鋒的電子郵件。

確認可行性。「如果加上一個 NLS，結果無法在細菌身上產生作用，那你就知道人類細胞行不通，」他解釋。

基於相互的尊重，馬拉費尼相信兩人的合作成果豐碩，而且可能領先其他人，如果他們真的成功了，不但可以用共同作者的名義提出結果報告，還可以用共同發明者的名義申請一系列可以獲利的專利。有一段時間，事情確實是朝著這個方向前進。

他什麼時候知道的？

張鋒在 2012 年初與馬拉費尼的合作，並沒有發表任何產出結果，直到 2013 年年初。而 2013 年的那個結果，後來卻為評判這場偉大的 CRISPR 競賽的授獎評審委員、專利審查人員，以及編史家帶來了一個價值數百萬美元的問題：在道納和夏彭蒂耶 2012 年於《科學》期刊網路上發表那篇 CRISPR-Cas9 的文獻之前，張鋒到底知道些什麼，以及他做了些什麼？

後來重建這段歷史的其中一個人是艾瑞克・蘭德，他也是張鋒在布洛德的導師。在一篇名為〈CRISPR 功臣錄〉（The Heroes of CRISPR）的爭議文章中，蘭德宣傳著張鋒的重要性。稍後的章節裡，我會討論那篇文章。「到了 2012 年中，」蘭德寫道，張鋒「已經建立了一個堅實的三元素系統，包括從化膿性鏈球菌或嗜熱鏈球菌中取得的 Cas9、tracrRNA，以及 CRISPR 陣列。他在針對人類與老鼠基因的 16 個目標位置，展現了以高效率與高準確性改變基因的可能性。」[10]

針對這個主張，蘭德沒有舉出任何證明，張鋒也沒有提出任何證據顯示他已經透過實驗鎖定 CRISPR-Cas9 要素的精準角色功能。「我們保留了一些事情，」張鋒說，「我並未意識到競爭這回事。」

話說回來，當年的 6 月，道納—夏彭蒂耶的報告正式在網路上發表。張鋒在接到《科學》期刊發出的一般性電子郵件提醒後，也看了這篇報告。「那時

10　原註：蘭德 2016 年 1 月 14 日刊於《細胞》的〈CRISPR 功臣錄〉。

候我才意識到我們必須盡快總結自己的研究，進行發表，」他說，「我自忖，『我們可不想在這個研究的基因編輯部分失去先機。』我的目標就是『證明你可以把這個用在人類細胞編輯上。』」

當我問他是否以夏彭蒂耶—道納的發現作為墊腳石時，張鋒有些動怒。他堅持自己已經努力了一年多，試圖把 CRISPR 變成一項基因編輯的工具。「我不覺得自己是從她們手中接過火炬，」他說。張鋒不僅研究試管中的細胞，也研究老鼠與人類的活細胞。「她們的論文並不是一篇基因編輯的報告。那是一份試管中的生物學實驗報告。」[11]

對張鋒而言，「一份試管中的生物學實驗報告」含有貶抑之意。「在試管中證明 CRISPR-Cas9 可以裁切 DNA，從基因編輯的角度來說，根本不是進展，」他指出，「在基因編輯的領域，你必須要知道它到底能不能在細胞中進行裁切。我一向都是直接在細胞中進行研究。不是**體外**研究。因為細胞內的環境與處於生物化學的環境不一樣。」

道納則是做出了完全相反的論述，她說生物學上一些最重要的進展，都是出自分子成分被隔離在試管中的研究結果。「張鋒做的事情，只不過是利用完整的 Cas9 系統，以及屬於這個系統一部分的所有基因與 CRISPR 陣列，然後在細胞中表現出來，」她說，「他們根本沒有進行生物學研究，所以他們其實並不知道每一個單獨的成分是做什麼的。在我們的報告發表之前，他們完全不知道什麼是必要的成分。」

兩人的說法都沒錯。細胞生物學與生物化學彼此互補。許多遺傳學上的重要發現都證實了這一點，當然最著名的例子就是 CRISPR，結合這兩個專業領域的研究方式，也是夏彭蒂耶與道納合作的一個基礎。

張鋒堅持自己在閱讀到道納—夏彭蒂耶的論文之前，就已經對基因編輯有了想法。他還提供了描述實驗的筆記內容，裡面記錄了他利用 crRNA、tracrRNA，

11　原註：作者對張鋒的訪問。

以及 Cas9 這三種 CRISPR-Cas9 系統成分，進行人類細胞編輯的實驗。[12]

　　然而 2012 年 6 月的證據顯示，張鋒其實還有很長的一大段路要走。有位來自中國名叫林帥亮的研究生，在張鋒的實驗室參與 CRISPR 研究 9 個月，後來也是張鋒終於發表的那篇論文的其中一位共同作者。2012 年 6 月，林帥亮準備回中國前，準備了一份圖文報告檔，名為〈2011 年 10 月～ 2012 年 6 月 CRISPR 工作摘要〉（Summary of CRISPR Work during Oct. 2011–June 2012）。這份資料顯示，截至當時為止，張鋒在基因編輯方面的嘗試並沒有定論，或者可以說失敗。「沒有看到任何編輯結果，」其中一頁的報告如此寫道。另外一頁報告顯示出不同的研究方式，並聲稱「CRISPR 2.0 未能促成基因編輯。」最後的總結圖檔頁宣稱「也許 Csn1〔大家當時對 Cas9 的稱呼〕蛋白質太大了，我們試了好幾種方式，想要讓它進入細胞核當中，但都失敗了……也許需要釐清其他原因。」換句話說，根據林帥亮的陳述，張鋒實驗室在 2012 年 6 月那時，根本無法利用 CRISPR 系統在人類細胞內進行裁切。[13]

　　當張鋒與道納 3 年後捲入專利權戰爭時，林帥亮擴增了他圖文報告檔的內容，並將這份資料寄給道納。「張鋒不僅對我不公，對整個科學史也不公。」林帥亮寫道，「他那份長達 15 頁的聲明，以及叢樂螢光素酶的數據都出現了錯誤敘述與誇大其詞……在看到妳的論文之前，我們並未成功，實在太遺憾了。」[14]

　　布洛德研究所以不實為理由駁斥林帥亮的電子郵件內容，並指稱他是為了能在道納研究室裡得到工作而發出那封電子郵件。「還有許多其他的例子，」布洛德在一份聲明中寫道，「可以清楚說明從 2011 年開始，張鋒和他實驗室裡的許多成員，就已經積極且成功地利用工程手法，應用一種獨特的 CRISPR/Cas9 真核生物的基因編輯系統了，而且那是早在後來（由夏彭蒂耶與道納）發

---

12 原註：張鋒 2014 年 1 月 30 日向美國專利及商標局提出之《美國商標申請序號14/0054,414之相關聲明》（Declaration in Connection with U.S. Patent Application Serial 14/0054,414）。

13 原註：布洛德對加州大學之專利衝突案，案號106,048，納威爾‧桑賈納（Neville Sanjana）聲明舉證第 14 號之林帥亮〈2011 年 10 月～ 2012 年 6 月 CRISPR 工作摘要〉，2015 年 7 月 23 日，加州大學及其他方答辯 3，舉證第 1614 號。

14 原註：林帥亮 2015 年 2 月 28 日寄給道納的電子郵件。

表文獻之前，也與該文獻無關。」[15]

　　張鋒宣稱從 2012 年春天開始記錄的筆記中，其中一段記錄的實驗顯示他已經能夠做出結果，證明 CRISPR-Cas9 系統可以在人體細胞中進行編輯。不過就像科學實驗常見的情況，這些實驗數據可以做出各種詮釋。那些數據並非明確證明張鋒能夠成功地編輯細胞，因為某些結果顯示出不一樣的方向。達納・卡洛（Dana Carroll）是猶他大學的生物化學家，他代表道納與她的同事，以專家見證人的身分檢視張鋒的筆記記錄。他說張鋒筆記中所涵蓋的數據，略去了一些衝突或沒有結果的資料。「張鋒篩選了對他有利的數據，」他下了這樣的結論，「他們某些顯示編輯效果的資料裡，甚至沒有 Cas9 的蹤跡。」[16]

　　張鋒 2012 年初的研究工作中，還有另外一個層面似乎也顯示出不足之處。這就要回到 tracrRNA 角色的問題上。各位讀者如果還記得，夏彭蒂耶在她 2011 年的報告中發現，若想創造出權充 Cas9 酵素嚮導的 crRNA，就需要 tracrRNA。但一直到道納—夏彭蒂耶 2012 年的報告，大家才清楚 tracrRNA 還有一個更重要的角色，那就是它是讓 Cas9 可以在目標位置裁切 DNA 的連結機制一部分。

　　張鋒在他 2012 年的經費申請書中，並沒有描述 tracrRNA 的完整功能。同樣的，在他描述自己 2012 年 6 月以前的研究工作筆記記錄與聲明中，也沒有證明顯示他意識到 tracrRNA 在裁切目標 DNA 這個工作上所扮演的角色。卡洛指出，筆記記錄中相關的其中一頁，「涵蓋了相當詳細的研究成分配方，但那張清單上沒有任何內容顯示他們納入了 tracrRNA。」根據道納和她的支持者後來的說法，張鋒缺乏對 tracrRNA 功能的瞭解，這正是他的實驗在 2012 年 6 月

15　原註：安東尼奧・瑞萬拉多（Antonio Regalado）2016 年 8 月 17 日刊於《麻省理工科技評論》（*MIT Technology Review*）的〈CRISPR 之爭中，共同發明者說布洛德研究所誤導專利局〉（In CRISPR Fight, Co-Inventor Says Broad Institute Misled Patent Office）。

16　原註：作者對達納・卡洛的訪問；達納・卡洛的〈支持專利衝突建議聲明〉（Declaration in Support of Suggestion of Interference），加州大學第 1476 號舉證，專利衝突案編號第 106,048 號，2015 年 4 月 10 日。

以前不可能成功的主要原因。[17]

2013 年 1 月張鋒與他同僚終於發表的論文中，似乎也承認他對 tracrRNA 角色的完整瞭解，是在看了道納與夏彭蒂耶所發表的論文之後。他說「之前曾經有人證明」tracrRNA 對於裁切 DNA 的必要性，而他也在這一點上備註提到了道納—夏彭蒂耶的論文。「張鋒之所以知道那兩個 RNA 的必要性，是因為他讀了我們的論文，」道納說，「如果你去看張鋒 2013 年的論文，你就會看到我們的資料確實被引用，而被引用也正是因為這一點。」

當我詢問張鋒這件事時，他說他在備註中納入道納—夏彭蒂耶的論文是一種標準作法，因為她們的論文的確是第一篇發表有關 tracrRNA 完整角色的論文。但他和布洛德研究所也說，他當時已經在研究連結 tracrRNA 與 crRNA 的系統了。[18]

這些都是需要弄清楚的模糊之處。根據我的判斷（不論我的判斷有沒有用），我覺得張鋒在 2011 年應該已經開始應用 CRISPR 進行人體基因編輯的研究，到了 2012 年中，他已經把焦點放到了 Cas9 系統上，而且在讓這個系統有效運作上，也獲得了一些成功的結果，但並不多。然而並沒有明確證據，當然更沒有已發表的文獻證據，可以證明他在看到道納—夏彭蒂耶 2012 年的論文報告之前，已經完全掌握了 CRISPR 絕對必要的確切成分，或已經意識到 tracrRNA 後來持續被發現的功能。

張鋒很坦率地承認他從道納—夏彭蒂耶的報告中學到一件事，那就是將 crRNA 與 tracrRNA 融合為一個可以被設定去針對特定 DNA 序列目標的單一嚮導 RNA。「我們最近改造了一個嵌合 crRNA—tracrRNA 的混合體設計，並已在活體內驗證過了，」他後來寫道，同時在備註說明引用了道納—夏彭蒂耶的報告資料。2012 年 6 月仍與張鋒一起合作的馬拉費尼也認同這個說法，「張鋒和

17　原註：卡洛〈支持專利衝突建議聲明〉；柏克萊與其他方提出之〈計畫請求清單〉(List of Intended Motions)，美國專利商標局（USPTO）專利衝突案第 106,115 號，2019 年 7 月 30 日。

18　原註：作者對道納與張鋒的訪問；布洛德與其他方之〈伴隨答辯請求 6〉(Contingent Responsive Motion 6) 與〈以具體成果推定付諸實現 17〉(Constructive Reduction to Practice by Embodiment 17)，美國專利商標局專利衝突案第 106,048 號，2016 年 6 月 22 日。

我看到了珍妮佛的報告後，才開始用單一嚮導 RNA 進行研究。」

　　一如張鋒指出的，單一嚮導的發明是一項有用但並非完全必要的發明。就算 tracrRNA 與 crRNA 維持獨立而非如道納與夏彭蒂耶團隊那樣融合為單一分子，CRISPR-Cas9 系統依然可以有效運作。單一嚮導簡化了整個系統，並讓它可以更容易進入人體細胞內，卻不能讓系統產生作用。[19]

19　原註：作者對張鋒與馬拉費尼的訪問。另請參考大衛斯的〈路希阿諾・馬拉費尼專訪〉。

第 25 章

道納進場

「我們之前一直都不是基因編輯者」

珍妮佛・道納竟然參與了讓 CRISPR-Cas9 適用於人類的競賽，實在跌破大家的眼鏡。她從未進行過人類細胞實驗，也沒有用過如 TALENs 這類的工具，以工程手法做過基因編輯。她主要的研究人員馬丁・伊尼克也和她一樣沒有這些經驗。「我有一整間實驗室的生物化學家與研究人員，他們進行晶體學以及那類相關的研究，」她說，「不論是製造培養人類細胞或甚至培養線蟲，都不是我實驗室所擅長的科學領域。」也因此，她願意冒險加入一場明知會有非常多競爭者參與的激烈競賽，試著把自己對於 CRISPR-Cas9 的發現轉換成一種可以運用在人類細胞上的工具，是項對她自己的試煉。

道納非常正確地認知到利用 CRISPR 來編輯人類基因，會是下一個等待發生的科學突破。她認為包括艾力克・松泰默，或許還有布洛德研究人員在內的其他研究人員，都在加緊腳步進行研究了，所以她感覺到了競爭的迫切性。「6 月的報告發表後，我知道我們必須要加快速度了，卻並不清楚我們的合作對象是否願意投入相同的承諾，」她回憶道，「這樣的情況讓我覺得很挫敗。我是個好勝的人。」於是她催促著伊尼克更積極地工作。「你必須把這個計畫當成絕對最優先的工作，」她不斷地這麼對他說，「如果 Cas9 是人類基因編輯的一項堅實技術，世界會因此改變。」伊尼克擔心事情會變得很棘手。「我們之前都不是基因編輯者，不像某些基因編輯的先驅實驗室，」他說，「所以我們必

須改造其他人已經做過的東西。」[1]

亞歷珊卓‧伊斯特

　　道納後來承認，她在讓 CRISPR-Cas9 使用於人類細胞的探索之路上，一開始飽受「許多挫折」。[2]但隨著 2012 年秋季班開學──張鋒也在加緊完成他自己的實驗，道納的好運來了。一位名叫亞歷珊卓‧伊斯特（Alexandra East）的研究生加入了她的實驗室，這名研究生有研究人類細胞的經驗。而她的加入之所以特別值得一提，是因為她曾在布洛德研究所跟著張鋒以及其他人工作，以技術人員身分受訓並精通基因編輯技術。

　　伊斯特有能力培養需要的人類細胞，然後著手測試各種讓 Cas9 進入細胞核的方式。在開始從自己的實驗中取得數據時，她並不確定這些數據是否可以證明基因編輯有效。有時候生物學的實驗並不會展現出明確的結果。但是對於判斷結果能力遠遠優於伊斯特的道納來說，這些數據就是實驗成功的證據。「當她把數據拿給我看時，我立刻清楚知道她拿到了非常棒的證據，證明 Cas9 可以在人類細胞內進行基因編輯，」道納說，「這就是正在學習的學生與像我這樣的老手之間典型的差異所在。我知道自己要找什麼，所以當我看到她手上的數據，事情突然變得清晰明朗，我當時心裡想著，『就是這個，她做到了。』儘管她還不太確定，認為可能必須再做一次實驗，我卻跟她說，「噢，我的天，真是不得了！太令人雀躍了！」[3]

　　對道納而言，這個進展證明了用 CRISPR-Cas9 在人類細胞內進行編輯，根本就不是什麼困難重重的突破或甚至重要的新發明，「大家都非常清楚該如何用核定位信號標記蛋白質，再把蛋白質送進細胞核中，這也是我們研究 Cas9 使用的方法。大家也都知道如何改變基因內的密碼子，讓基因在哺乳類細胞如

1　原註：作者對伊尼克與道納的訪問。

2　原註：梅麗莎‧潘迪可（Melissa Pandika）2014年1月7日刊於《Ozy》數位雜誌的〈CRISPR 密碼殺手珍妮佛‧道納〉。

3　原註：作者對道納與伊尼克的訪問。

同在細菌表達，我們也做了這方面的研究。」所以雖然道納搶著當第一個完成這個嘗試的人，但她實在一點都不覺得這是一個偉大而又具獨創性的進展。這樣的作法只需要採用諸如 TALENs 這類其他人用過的方式，把酵素送進細胞核內就可以了。伊斯特在短短幾個月內就可以做到。「一旦知道了成分，就很簡單，」道納指出，「研究所一年級的學生都可以做到。」

　　道納覺得盡快發表文獻是很重要的事情。她知道——後來證明她的理解非常正確，若是其他實驗室搶先證明 CRISPR-Cas9 可以移轉到人類細胞上，他們就會主張重大發現。因此她催促伊斯特藉由重複實驗強化她數據的可靠性。同時，伊尼克則是在研究各種方式，努力把他們在試管中設計出來的單一嚮導 RNA，轉換成可以讓 Cas9 抵達人類細胞內正確目標位置的嚮導。這不是件簡單的工作。結果，伊尼克以工程手法製造出來的單一嚮導 RNA 都不夠長，無法以最有效的方式在人類 DNA 上運作。

第 26 章

難分軒輊的競賽

張鋒的最後一圈

當張鋒開始測試利用單一嚮導 RNA 的概念時，他發現道納—夏彭蒂耶2012 年 6 月報告中所描述的作法，在人類細胞上的運作狀況非常不理想。因此他做出了一個較長版的單一嚮導 RNA，中間還納入了一個髮夾彎。這個版本的單一嚮導 RNA 效果較好。[1]

張鋒的編輯研究展現出與道納團隊那種試管內實驗的差別，遑論他是在人類細胞中進行編輯。「珍妮佛或許信服生化結果，認為 RNA 不需要額外的長段，」他說，「她以為伊尼克以工程手法製作出來的短版單一嚮導就已足夠，因為那樣的長度在試管內有效。我知道生物化學不一定能預測得到活細胞內實際會發生的事情。」

張鋒也做了其他的嘗試去改善 CRISPR-Cas9 系統，並加以優化，讓它能應用在人類細胞中。穿過圍繞著細胞核的薄膜，取出一個大分子是很困難的事情。張鋒利用融入了核定位序列偵測 Cas9 酵素的技術，讓蛋白質進入了其他方式都不可能穿透的細胞核。

此外，他還應用了被稱為「密碼子最優化」的知名技術，讓 CRISPR-Cas9

1　原註：作者對張鋒的訪問；翡安・冉（Fei Ann Ran）的〈CRISPR-Cas9〉，收錄在由亞倫・伊格斯翰（Alan Eaglesham）與羅夫・哈帝（Ralph Hardy）編輯，2014 年 10 月 8 日出版的《北美生物區域大會報告》（NABC Report）第 26 冊中。

能夠在人類細胞內產生效用。密碼子是 3 個鹼基的 DNA 片段,發出指令給胺基酸進行特定排列,而這就是用來製造蛋白質的基石。不同的密碼子可以為相同的氨基酸編碼。在不同的生物體中,一種或另一種這類可交替的密碼子,或許具備更高的運作效率。當我們試著把一套基因表現系統從一種有機體搬移到另一種有機體時,譬如從細菌移到人類,密碼子優化會把密碼子序列轉換成效果最佳的系列方式。

2015 年 10 月 5 日,張鋒把他的報告提給了《科學》的編輯,《科學》在 12 月 12 號做出刊登的決定。這篇報告的作者當中有一位博士後研究生林帥亮,他說張鋒在納—夏彭蒂耶的論文發表前,一直沒有什麼進展,而幫助張鋒專注於 Cas9 研究的馬拉費尼,後來也從他的重要專利申請案中退出。張鋒和同僚的這篇報告,在描述了他們的實驗與結果後,最後重要的總結說明中,有一句話這麼說,「在哺乳類細胞中執行多種基因編輯,可以讓橫跨基礎科學、生物科技以及醫學的強大應用成真。」[2]

張鋒與丘奇的對峙

25 年來,丘奇一直在研究各種以工程手法設計基因的方式。他曾訓練過張鋒,名義上也依然是張鋒以及張鋒的第一作者叢樂的學術指導教授。但在 2012 年秋天前,不論是張鋒或叢樂,都沒有人告訴丘奇——或者他認為他們都沒有告訴他——他們兩人已經研究如何將 CRISPR 轉變成人類基因工具一年多了。

一直到那一年的 11 月,丘奇去布洛德演講時,才發現張鋒已經向《科學》投遞了一篇有關在人類細胞使用 CRISPR-Cas9 的論文。丘奇非常震驚,因為他也才剛剛向同一個期刊遞送了一篇題目相同的報告。他非常生氣,而且覺得遭到了背叛。他之前曾與張鋒一起發表過基因編輯的論文,所以他完全沒有意識

---

2 原註:叢樂、翡安‧冉、大衛‧考克斯(David Cox)、林帥亮……馬拉費尼與張鋒 2013 年 2 月 15 日刊於《科學》的〈應用 CRISPR/Cas 系統的多種基因體工程〉(Multiplex Genome Engineering Using CRISPR /Cas Systems,2012 年 10 月 5 日提交,12 月 12 日決定刊登,2013 年 1 月 3 日於網路刊出)。

到自己的前學生這時已將他視為競爭對手而非合作夥伴。「我想張鋒並沒有承襲到我實驗室裡的完整文化，」丘奇說，「也或者，他僅僅是覺得風險太高，所以沒有告訴我。」叢樂雖然已經轉到布洛德與張鋒一起工作，但他還是哈佛的研究生，而且名義上，丘奇依然是他的指導教授。「整件事都很令人沮喪，我覺得自己的學生破壞了原則，他知道我對他做的事情會很感興趣，但他還是瞞著我，」丘奇說。

丘奇把事情捅到了哈佛醫學院研究所所長面前，所長也覺得這樣的作法不妥當。之後艾瑞克·蘭德指控丘奇霸凌叢樂。「我不覺得我在霸凌他，不過艾瑞克認為我在欺負他。所以我放手了。」[3]

為了弄清楚這件事，我穿梭於參與競爭的各方之間，而且不斷自我提醒，從歷史角度來看，記憶的可信度並不高。張鋒堅持他確實在 2012 年 8 月對丘奇提過他正在研究 CRISPR 這件事。那是他們從會場設在離機場約一小時車程的谷歌園區歐萊禮之友科學會議（Science Foo Camp），開車前往舊金山機場的路上。兩人參加的是一場有關科學界最新發展的會議[4]。丘奇有猝睡症的毛病，他也承認自己很可能在張鋒說話的時候睡著了。但即使如此，至少在丘奇的認知中，張鋒仍舊擺脫不了未能好好溝通他研究計畫的問題，因為他必然會注意到丘奇對他的話毫無反應。

某次晚餐席間，我詢問蘭德對這起爭議的看法。他堅持，丘奇的猝睡症根本就是「胡說八道」，而且他指控丘奇在張鋒告訴他已經著手進行這項研究後，丘奇才開始 CRISPR 的研究。我向丘奇查證這件事時，我想我可以察覺到他鬍鬚底下原本平靜的面容變得緊繃。「荒謬，」他回答，「如果我的學生告訴過我他們想要在這個研究中名揚天下，我就不會碰這個案子了。我還有一堆其他可以做的事情。」

這場爭執令害羞有禮的叢樂非常不自在，以至於他後來避開了更多

3　原註：作者對丘奇、蘭德與張鋒的訪問。

4　歐萊禮之友科學會議是 2006 年開始的跨學科科學會議，由歐萊禮媒體公司（O'Reilly Media）、數位科學、自然出版集團以及谷歌公司舉辦。

CRISPR 領域相關的研究工作。等我終於在史丹佛醫學院找到他時，他已經在那裡專心研究免疫學與神經科學了，而且才剛度完蜜月。他告訴我他覺得對丘奇隱瞞自己在張鋒實驗室工作的相關細節，在行為上並沒有不妥。「兩間實驗室都是獨立的研究團隊，而且分屬兩家機構，」他說，「主要的研究人員（張鋒與丘奇）負責決定是否要分享數據和資料。進入博士班的時候，《負責任的研究行為》課程就是這樣教我們的。」[5]

當我把叢樂的說法告知丘奇時，他呵呵呵地笑了。丘奇在哈佛教授一堂倫理課，他同意張鋒與叢樂的行為並不是不道德。「他們的行為確實在科學界行事規範的範疇內。」但是他們的行為也的確違背了丘奇在他的實驗室裡所試圖建立的文化。如果張鋒與叢樂兩個人仍是丘奇的研究人員，而不是轉去了布洛德，歷史的角度可能會有點不一樣。「我的實驗室是坦率行為的文化，如果他們還待在我的實驗室，我一定會確保他們與珍妮佛維持更緊密的合作關係，那麼也就不會有這些專利權之爭了。」

重修舊好是深植在丘奇個性中的本能。同樣的，張鋒也對衝突敬謝不敏。他把他那可以令人繳械的微笑，當作有效避免衝突的防護罩。「我的小孫子出生時，張鋒還送了我們一張色彩鮮豔的數字遊戲墊，」丘奇說，「每年他也都會邀請我去他的工作坊。大家都已經繼續往前走了。」張鋒也一樣。「我們每次見面時都會互相擁抱。」[6]

丘奇的成功

在披露 CRISPR-Cas9 如何透過工程手法應用於人類細胞內的競賽上，丘奇與張鋒最後陷入了真正勢均力敵的戰況。丘奇在 10 月 26 日把他的論文寄給《科學》，3 週後，張鋒也寄出了他的報告。應付完了審閱意見後，兩人的文獻在 12 月 12 日這一天，同時被期刊編輯接受，而且同時於 2013 年 1 月 3 日

5　原註：作者以電子郵件對叢樂的訪問。
6　原註：作者對丘奇的訪問。

在網路上發表。

　　和張鋒一樣，丘奇也製造出了經過優化並具備核定位序列的 Cas9 版本。根據道納一夏彭蒂耶 2012 年 6 月的報告（丘奇在歸功他人文獻的態度上，要比張鋒大方），丘奇也合成了一種單一嚮導的 RNA。他的 RNA 長度比張鋒設計的還要長，運作效果也比張鋒的 RNA 好。此外，丘奇還提供了 CRISPR-Cas9 在造成雙股斷裂後，DNA 同源基因引導修復的模版。

　　儘管丘奇與張鋒的報告內容有些不同，但兩人都做出了相同的歷史性結論。「我們的結果確立了一種 RNA 引導的編輯工具，」丘奇在報告中宣稱。[7]

　　《科學》的編輯驚訝中帶了一絲懷疑，期刊收到兩份來自於原本應該是同僚與合作者的相同題目論文，自己是不是遭到了戲弄？「編輯懷疑張鋒和我是不是在進行什麼一魚兩吃的陰謀，把原本應該提交的一份文獻拆成了兩份，」丘奇回憶道，「編輯還要求我寫一封信給他，保證這兩篇論文真的是在雙方互不知情的情況下提交的。」

7　原註：普拉香提・馬里（Prashant Mali）……丘奇與其他人 2013 年 2 月 15 日刊於《科學》的〈透過 Cas9 進行的 RNA 引導人類基因體工程〉（RNA-Guided Human Genome Engineering via Cas9, 2012 年 10 月 26 日提交，12 月 12 日決定刊登，2013 年 1 月 3 日於網路刊出）。

第 27 章

道納的奮力最後一躍

2012 年 11 月，道納和她的團隊正如火如荼地試著把他們的實驗結果定下來，希望能在 CRISPR-Cas9 應用在人類細胞的競賽中勝出。她並不知道丘奇才剛剛遞送了一份論文給《科學》，至於另一個遞送論文給《科學》的張鋒大名，她更是聞所未聞。然後她接到了一位同事的電話。「我希望妳現在正坐在椅子上，」打電話來的人說，「CRISPR 的結果絕對會在喬治‧丘奇手上大放異彩。」[1]

道納從丘奇的電子郵件中，已經知道他在研究 CRISPR，當她聽到他在運用到人類細胞上的研究進展時，她打了通電話給他。丘奇很大方地向她解釋自己做的實驗以及送出去的那份報告。那時候，丘奇已經聽說了張鋒的研究，因此他告訴道納，張鋒的論文也即將發表。

丘奇同意等《科學》的編輯確定接受他的論文時，會寄一份給她參考。12 月初道納收到了丘奇的論文後，她相當灰心。伊尼克仍然在她的實驗室裡做實驗，而他們的實驗數據不如丘奇的廣泛。

「我應該不管三七二十一地繼續試著發表自己的研究結果嗎？」她問丘奇。對方回答當然要這麼做。「他對我們的研究與文獻發表非常支持，」她說，「我覺得他的行為舉止就是個非常棒的同儕。」丘奇告訴道納，不論她產出什麼樣的實驗數據，都能夠累積更多的證明，尤其是如何以最好的方式客製 RNA 嚮導。

1　原註：潘迪卡的〈CRISPR 密碼殺手珍妮佛‧道納〉。

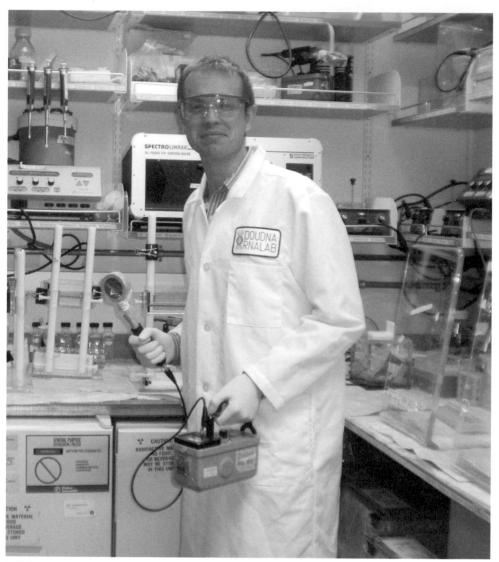

伊尼克

「儘管其他人也在做相同的研究，但我覺得繼續督促我們的實驗很重要，」道納對我說，「因為那樣可以證明利用 Cas9 進行人類基因編輯是多簡單的一件事，也可以證明你不需要具備特別的專業就可以應用這種技術，而我覺得讓大家知道這些事情很重要。」再說，正式發表研究結果，還可以幫助她主張自己實驗室提出 CRISPR-Cas9 可以應用在人類細胞中的結果，與其他競爭實驗室提出的時間差不多。

這就表示她需要盡快發表論文。於是她聯絡了一位柏克萊同事，對方最近才開始經營一個開放取用的電子期刊《eLife》，而這個期刊所刊登的文獻，審閱時間要比《科學》與《自然》這類傳統期刊短。「我和他談了這件事，描述了數據，也把論文標題寄給他，」道納說，「他說聽起來很有意思，他會盡快審閱。」

但是伊尼克卻不太願意倉促發表論文。「他是個實實在在的完美主義者，他想要取得更多數據，勾勒出更完整的故事，」她回憶指出，「他覺得我們的東西還沒有發表的價值。」兩人多次激烈討論，其中一次的激辯地點，是史丹利大樓他們自己實驗室前的柏克萊方院。

「馬丁，我們一定要發表這篇論文，就算還沒有達到我們希望表述的那麼完整，」道納說，「我們必須盡一切可能，用我們手上的數據，呈現出最好的故事，因為我們沒有更多的時間了。其他的報告一直出現，我們一定要發表。」

「如果發表了這個研究結果，我們看起來就會像是基因編輯領域的外行人，」伊尼克如此回擊。

「可是馬丁，我們本來就是外行，這有什麼關係，」她回答，「我不覺得大家會因此對我們有很差的評論。如果有再 6 個月的時間，我們可以做更多更多，可是我覺得你應該更清楚時間不等人，而現在發表這篇論文，對我們是非常非常重要的事。」[2]

道納還記得她當時「立場非常堅定」。又經過了更多的一些討論後，他們達成了共識，伊尼克會把實驗的數據與圖表整合起來，但內容得由道納來寫。

2　原註：作者對道納與伊尼克的訪問。

當時她正在忙著修訂一本分子生物學的教科書再版，那是她以前和另外兩位同事一起合著的書。[3]「我們對初版並不是太滿意，所以大家在卡梅爾（Carmel）租了一間房子，打算花兩天時間聚在一起討論如何修訂，」她說。結果，她發現自己12月中在凍死人的卡梅爾一棟暖氣全壞了的房子裡。屋主說要找人來修，但臨時找不到可以立刻趕到卡梅爾的師傅。就這樣，道納與其他共同作者擠縮在火爐邊，進行著修改教科書大業，直到深夜。

　　晚上11點大家都就寢後，道納得繼續熬夜準備要提交給《eLife》的CRISPR論文。「我真的又累又冷，可是我也知道自己這時候得把報告寫出來，不然絕對寫不完，」她說，「因此我坐在床上3個鐘頭，為了保持清醒，拚命地掐自己，終於把草稿給打出來了。」她把草稿寄給伊尼克，結果卻不斷收到他的修改建議。「我沒告訴教科書的共同作者或編輯有關論文的任何事情，所以你可以想像當時的景象，我在凍死人的屋子裡，試著討論這本教科書，可是又完全走了神，因為我知道自己得寫報告，然後馬丁還會要我再做修改。」終於，她切斷了與伊尼克的聯絡，宣布報告完成。12月15日，她透過電子郵件把論文寄給《eLife》。

　　幾天後，她和她先生傑米以及兒子安迪出發去猶他州度假滑雪。她花了很多時間在他們下榻的小屋房間裡，與伊尼克磋商著論文細部的修訂，以及催促《eLife》的編輯加速審閱程序。每天早上她都會上《科學》期刊的網站去查看丘奇或張鋒的論文是否已經刊出。審閱她論文的主要同儕審閱評鑑學者在德國[4]，道納也是幾乎每天問候，敦促進度。

　　另外，她還要與當時住在于默奧的前合作夥伴埃瑪紐埃爾·夏彭蒂耶通電話，這個時節的于默奧已經是永夜。「我試著維繫我和她的關係，不希望她覺到我們切斷了她與我們當前發展之間的關聯，不過事實確實是她並沒有參與要刊在《eLife》上的那篇報告。」道納說，「所以我們在報告中感謝她的貢獻，

3　原註：麥可·考克斯（Michael M. Cox）、道納、麥可·歐唐納（Michael O'Donnell）合著之《分子生物學：原理與實務》（*Molecular Biology: Principles and Practice*, W. H. Freeman, 2011），初版售價美金195元。
4　原註：審閱者是馬克斯·普朗克研究所發育生物學所的德特萊夫·維傑（Detlef Weigel）。

但她並不是共同作者。」道納把論文草稿寄給她，希望她不會不舒服。「我沒事，」夏彭蒂耶這麼回答，沒有再繼續這個話題。兩人之間出現了一點冷場。道納不解的是夏彭蒂耶雖然不想共同參與編輯人類細胞的計畫，卻覺得她擁有一部分的 CRISPR-Cas9 系統。畢竟當她們在波多黎各相遇時，是夏彭蒂耶把道納帶進了這個研究工作中。[5]

德國的同儕審閱評鑑者終於提供了評鑑回覆，但要求再多增加一些實驗。「必須針對少數幾個變異目標提供序列，這樣才能顯示出預期變異型態的存在，」他寫道。道納後來把這個要求應付了過去。進行審閱者建議的實驗「需要分析將近 100 個複製品，」她回答，而這些實驗「納入較大型研究作為其中一部分，並由該研究來執行會比較合適。」[6]

她贏了，因此《eLife》在 2013 年 1 月 3 日刊登了她的報告。但她並未因此而開心慶祝。前一天晚上，她收到了一封出乎意料的電子郵件，那是一封恭賀新年的郵件，內容卻預示了新的一年可能不會太愉快。

寄件人：張鋒
寄件日期：2013 年 1 月 2 日週三午後 7 點 36 分
收件人：珍妮佛・道納
主旨：CRISPR
附件：CRISPR 手稿 pdf 檔

道納博士您好：
來自波士頓的問候，新年快樂！
我是麻省理工學院的助理教授，一直以 CRISPR 系統為基礎，研究開發其應用。我在 2004 年柏克萊的研究所面試時，有幸與您短暫碰過面，且自那時開始，您的研究就一直給我莫大的啟發。我們的團隊最近與洛克斐勒大學的路

5　原註：作者對夏彭蒂耶與道納的訪問。
6　原註：2013 年 1 月 29 日《eLife》的德特萊夫・維傑的刊登決定函，以及道納的作者回覆。

希阿諾・馬拉費尼合作，完成了一套應用第二型 *CRISPR* 系統執行哺乳動物細胞的基因編輯工作。這項研究成果最近已被《科學》接受，明天將於網路刊出。檢附我們的報告檔，敬請釜正。*Cas9* 系統實在強大，我非常期盼能找機會向您請益。我相信我們必然會有許多可以發揮綜效之處，或許未來還有適合我們合作的研究項目！

　　敬頌時祺，鋒
　　張鋒博士　敬上
　　布洛德研究所核心研究員

　　我後來問道納，如果伊尼克不是那麼龜毛，她的報告會不會更早發表？就算她實驗室的實驗比張鋒和丘奇都晚完成，她的報告有沒有可能與他們兩人同時發表，或甚至比他們還早刊出？「應該不太容易，」道納説，「我想我們應該做不到。我們直到最後一刻都還在做實驗，因為馬丁要確認報告內所涵蓋的數據都有 3 次相同的結果，而他這樣的堅持完全正確。我也希望我們可以更早提出報告，但應該是不可能的任務。」

　　道納他們的報告並沒有加長版的嚮導 RNA，針對這一點，不論是張鋒或丘奇都證明加長版在人類細胞上的運作效果較佳。道納他們的報告與丘奇的報告不同，並沒有納入可以讓 DNA 編輯更穩定的同源基因引導修復模版。但是這份報告卻實實在在地展現了一個專長在生物化學的實驗室，可以快速將試管中的 CRISPR-Cas9 移到人類細胞上。「我們在這裡證明的是 Cas9 可以表現並鎖定人類細胞核，」道納寫道，「這些結果展現出設定 RNA 在人類細胞進行基因編輯的可行性。」[7]

7　原註：伊尼克、伊斯特、亞倫・鄭（Aaron Cheng）、凌嘉鴻（Steven Lin），馬恩伯與道納 2013 年 1 月 29 日刊於《*eLife*》期刊的〈人類細胞的 RNA －設定基因體編輯〉（RNA-Programmed Genome Editing in Human Cells, 2012 年 12 月 15 日提交，2013 年 1 月 3 日決定刊登）。

某些偉大的發現與發明，譬如愛因斯坦的相對論與貝爾實驗室的電晶體發明，都是獨力的發明。其他如晶片的發明，以及 CRISPR 編輯人類細胞的應用，則是透過大約同一時間許多團體的努力才完成。

　　道納論文在《eLife》刊出的同一天，也就是 2013 年 1 月 29 日，第 4 篇認為 CRISPR-Cas9 可以在人類細胞中運作的報告也發表了。發表者是韓國的研究人員金晉秀，他一直都和道納保持聯繫，而且在論文中也提出她 2012 年的論文，為他自己的研究奠定了基礎。「您在《科學》上所發表的論文，促使我們開始這項計畫，」金晉秀在他一封 7 月的電子郵件中這樣寫著。[8] 第 5 篇文獻也在那一天刊出，發表人是哈佛的凱斯‧鄭（Keith Joung），他認為 CRISPR-Cas9 可以從基因層面上，以工程手法計畫並製造斑馬魚的胚胎。[9]

　　儘管道納比張鋒或丘奇都晚了幾個禮拜，但關於 CRISPR-Cas9 編輯方式應用在人類細胞上的 5 篇迥異論文，都在 2013 年 1 月發表，強化了以下論點：證明在試管內有效的這個發現是無可避免的。不論接下來的發展會如張鋒所說的是艱困的一步，還是像道納認為的是顯而易知的一步，利用簡單設定的 RNA 分子，針對特定基因加以改變，對全體人類而言，都會是邁入新時代重大的一步。

8　原註：金晉秀2012年7月16日寄發給道納的電子郵件；曹承佑（Seung Woo Cho）、金韶廷（Sojung Kim）、金鐘民（Jong Min Kim）與金晉秀2013年3月刊於《自然生物科技》的〈以 Cas9 RNA 引導的核酸內切酶進行人類細胞內之目標性基因體工程〉（Targeted Genome Engineering in Human Cells with the Cas9 RNA-Guided Endonuclease, 於 2012 年 11 月 20 日提交，2013 年 1 月 14 日決定刊登；2013 年 1 月 29 日刊登於網路上）。

9　原註：黃汶（Woong Y. Hwang）……凱斯‧鄭與其他人2013年1月29日刊於《自然生物科技》的〈應用 CRISPR-Cas 系統所進行的高效斑馬魚基因體編輯〉（Efficient Genome Editing in Zebrafish Using a CRISPR-Cas System）。

第 28 章

成立公司

方塊舞

2012 年 12 月，就在多篇有關 CRISPR 基因編輯論文排定即將出版的幾週前，道納安排了她的一位企業夥伴安迪・梅伊（Andy May）與喬治・丘奇在丘奇的哈佛實驗室見面。梅伊是出身牛津的分子生物學家，也是馴鹿生物科學的科學顧問，馴鹿生物科學是道納與瑞秋・哈爾威茲在 2011 年成立的生物科技公司。梅伊想要知道利用以 CRISPR 為基礎的基因編輯方式，轉換成醫學技術的商業潛力性如何。

當梅伊試著聯絡道納，想向她說明會議進行的情況時，道納正在舊金山主持一個研討會。「今天晚上晚一點再談，可以嗎？」她用簡訊這麼回覆。

「可以，但我真的需要跟你談一談，」他回覆。

道納在開車回柏克萊的時候聯絡到了梅伊。他的第一句話是，「妳坐著嗎？」

「嗯，當然啊，我正開車回家，」她說。

「那麼希望妳不會開到岔路上去，」他說，「因為跟丘奇的這個會實在太棒了，他說這是最令人驚艷的發現。他正在把他所有的基因編輯研究全部集中在 CRISPR 上。」[1]

1　原註：作者對安迪・梅伊、道納與哈爾威茲的訪問。

CRISPR 潛力所帶來的騷動，刺激得所有重要競爭者都跳起了方塊舞，讓大家在創立公司，將 CRISPR 商業化並轉為醫療用途的追逐之路上，不斷地編隊與更換舞伴。道納與梅伊決定，第一步先與丘奇成立一家新公司，然後看看他們是否可以再說服一些其他 CRISPR 先驅加入。於是哈爾威茲在 2013 年 1 月陪同梅伊回到波士頓，與丘奇展開另一場會議。

丘奇濃密的鬍子與優雅的各種怪癖，讓他一直是科學界的名人，而這件事讓他在和梅伊開會的那天，有些心不在焉。他之前在接受德國雜誌《明鏡週刊》(Spiegel)訪問時，隨性地推測若將尼安德塔人的 DNA 植入自願當代理孕母者的卵子中，可以讓尼安德塔人重現於世的可能性。一點都不令人意外地（除了他自己），八卦媒體盯上了這條新聞，他的電話開始響個不停。[2] 不過最後他還是收拾了心情，全心全意開會，而且在一個小時內就擬定了計畫。他們打算爭取埃瑪紐埃爾·夏彭蒂耶、張鋒，以及幾位頂尖的創投家，組成一個可以將 CRISPR 商業化的大型聯盟。

這個時候的夏彭蒂耶也正進行著成立屬於她自己新興公司的可能計畫。2012 年初，她聯絡了前男友以及長期的科學研究夥伴羅傑·諾瓦克。他們兩人以前在洛克斐勒大學與孟斐斯一起擔任研究人員時相識相知，並且一直是很親密的好友。諾瓦克那時在巴黎的塞諾菲(Sanofi)藥廠工作。

「你覺得 CRISPR 怎麼樣？」她問他。

「妳在說什麼？」他回答。

不過當他研究完她所提供的資料，並徵詢了幾位他的塞諾菲同事後，他知道應用這個運作機制成立事業是非常合理的。所以他打了電話給一位創投家好友蕭恩·佛伊(Shaun Foy)，兩人決定安排一趟溫哥華島北部的衝浪之旅，討論這件事的前景（不過兩人都不會衝浪）。一個月後，諾瓦克又做了一些進一

2　原註：2013 年 1 月 18 日刊於《德國明鏡》之喬治·丘奇專訪〈尼安德塔人能夠起死回生嗎？〉(Can Neanderthals Be Brought Back from the Dead?)；大衛·華格納(David Wagner)2013 年 1 月 22 日刊於《大西洋月刊》的〈快速傳播的尼安德塔寶寶報導如何將真實的科學變身成為新聞垃圾〉(How the Viral Neanderthal-Baby Story Turned Real Science into Junk Journalism)。

羅傑・諾瓦克、珍妮佛・道納，與埃瑪紐埃爾・夏彭蒂耶

步的實地查核後，佛伊打電話給他，告訴他必須盡快成立公司。「你得辭了你的工作，」佛伊對諾瓦克說，諾瓦克後來也照做了。[3]

就在一舉網羅所有重要競爭者共同合作的期待下，2013 年 2 月大家在藍室（The Blue Room）安排了一場早午餐會議。藍室曾是一家很時髦的餐廳，由麻省理工學院附近重新整修過的一間磚廠改建而成，裡面的餐桌全是鋅鐵桌面。這間餐廳所坐落的劍橋肯德廣場（Kendall Square），也是將基礎科學變身為實際應用以及獲利豐厚的各種公司組織的集中地。這兒有諾華藥廠（Novartis）、百健（Biogen）與微軟這類的企業研究中心，有像布洛德與懷海德[4]這樣的非營利組織，以及少數像美國交通運輸系統中心（National Transportation Systems Center）這類聯邦出資運作的機構。

受邀參與早午餐會的人有道納、夏彭蒂耶、丘奇與張鋒。張鋒在最後一刻取消了出席，不過丘奇敦促大家在張鋒缺席之下繼續積極討論。「我們需要創立一家公司，因為實在有太多事情可以做了，」他說，「這個東西實在太強大了。」

「你覺得機會有多大？」道納問他。

「嗯，珍妮佛，我能說的就是有一波巨浪要打過來了，」他回答。[5]

雖然兩人的研究方向已經漸行漸遠，但是道納還是希望能與夏彭蒂耶合作。「我和她通過好多小時的電話，就是想說服她加入我和喬治正在做的事情，」道納說，「可惜她真的不想再和某些波士頓的傢伙共事。我想她並不信任那些人，結果我覺得她是對的。但是當時我沒有看到這一點。我只是試著讓大家在不確定的情況下，先別驟下定論。」

丘奇倒不是那麼想拉夏彭蒂耶上船。「我開始有點擔心她的加入，」他說，「我們不想和她合作的其中一個原因，是她男朋友想當總裁。我們只是覺得這根本不切實際。你必須要經過一定的程序去選出總裁。我願意遵守程序，盡量配

3　原註：作者對諾瓦克的訪問；菲利普・艾梅的〈與羅傑・諾瓦克的爐邊小談〉；瓊・柯漢（Jon Cohen）2017年 2 月 17 日刊於《科學》之〈CRISPR 公司的誕生〉（Birth of CRISPR Inc.,）；作者對夏彭蒂耶的訪問。

4　Whitehead Institute，1982 年由工業家與慈善家艾德溫・懷海德（Edwin C. "Jack" Whitehead）創立，為一非營利生物醫學研究中心，以透過基礎生物醫學研究致力於改善人類健康為宗旨。

5　原註：作者對道納、丘奇、與夏彭蒂耶的訪問。

合。不過珍妮佛反對這樣的作法，而且一條條說明反對的理由，然後我就說，『好啦，妳說得對。』」（事實上，諾瓦克與夏彭蒂耶那時已不是戀人關係。）[6]

安迪‧梅伊對於道納安排自己與諾瓦克和佛伊見面，也有同樣的負面反應。「他們的起手式相當強硬，」梅伊對於夏彭蒂耶的兩位企業夥伴有這樣的印象。「他們一開始的態度就是我們應該把路讓出來，由他們來處理。」[7]

平心而論，不論諾瓦克或佛伊一直都有涉足商業界，所以很清楚他們在做些什麼。不過就是這樣，他們，連同夏彭蒂耶，與道納—丘奇組合分道揚鑣，創立了他們自己的公司 CRISPR 醫療（CRISPR Therapeutics）。這家公司一開始設在瑞典，後來也搬去了麻省的劍橋。「那時候的資金取得實在太容易，特別是技術的名字還叫做 CRISPR，」諾瓦克說。[8]

儘管道納與張鋒是競爭關係，但 2013 年有一陣子，他們看起來似乎有機會成為企業盟友或夥伴。張鋒錯過了 2013 年 2 月在藍室的早午餐會後，曾發了一封電子郵件給道納，詢問她是否想要合作腦部相關的研究項目，這個領域一直是他的興趣之一。「我記得在坐在柏克萊自家廚房的這張書桌後面，看著出現在 Skype 上的他，」道納說。

那年春天，張鋒到舊金山參加一場會議，並在柏克萊的克萊蒙特酒店（Claremont Hotel）與道納碰面。「我去看她，因為我覺得在智慧財產領域建立一些共同的聯盟，是很重要的事情，因為這樣才能清出一塊地方，讓大家來實踐，」張鋒說。他的想法是柏克萊與布洛德的智慧財產與可能的專利，可以放在一起共用，這樣使用者在授權 CRISPR-Cas9 系統時，就很容易了。張鋒以為道納會很欣賞這個想法，所以蘭德打了電話給她，詢問她是否可以建立一個這樣的專利共享架構。「第二天，艾瑞克告訴我，我的這趟行程成果豐碩，」張鋒說，「他以為我們已經確保了聯盟的關係。」

但是道納有疑慮。「張鋒給我的感覺並不好，」她回憶道，「他不夠坦率。

6　原註：作者對諾瓦克與夏彭蒂耶的訪問。
7　原註：作者對安迪‧梅伊的訪問。
8　原註：艾梅的〈與羅傑‧諾瓦克的爐邊小談〉。

他對於他們究竟何時確實申請了專利的這件事，謹慎小心。我不太能接受這樣的態度。」

所以她決定將自己的智慧財產定義為專屬授權，因此柏克萊與夏彭蒂耶，以及道納既有的公司馴鹿生物科學一起合作，並沒有與布洛德結盟。張鋒說他覺得道納「不容易相信別人」，因此她過度倚賴她以前的學生以及馴鹿的創立者哈爾威茲。「瑞秋是個很好的人，也很聰明，然而擔任這樣一家公司的執行長，卻不是正確的人選。」他指出，「在開發這項技術的能力上，選擇豐富更經驗的人，真的是非常重要的事情。」

不分享 CRISPR-Cas9 智慧財產權的決定，鋪展後來的史詩般專利戰爭之路。這個決定也阻礙了這項技術簡單而普遍的授權。「回想起來，如果再來一次，我可能會選擇不同的授權方式，」道納說，「當你有了一個像 CRISPR 這樣的平台技術後，盡可能廣泛地提供利用，可能是一種較好的授權方式。」她不是智慧財產的專家，而她所服務的大學，相關的專業知識也不多。「當時實在有點像是外行在指導外行的樣子。」

愛迪塔斯醫藥公司

道納雖然不想讓布洛德共享她的智慧財產，但她對於成為以 CRISPR 為核心的公司成員，並將自己以及布洛德未來的專利授權予該公司使用，仍抱持著開放的態度。因此 2013 年從春天到夏天，她多次飛往波士頓，輪流與不同的投資者與科學家互動，其中也包括試著成立公司的丘奇與張鋒。

6 月初的一趟旅程中，有天晚上她沿著哈佛邊的查爾斯河慢跑，想起了自己在這兒跟著傑克·索斯達克研究 RNA 的日子。那個時候的她，絕對想不到自己的研究會帶來商業化的企業。這樣的演變並非哈佛價值觀的一部分。不過現在的哈佛大學已經變了，她也變了。她知道如果自己想要為人類帶來直接的影響，成立公司會是將 CRISPR 的基礎科學轉譯為臨床應用的最佳方式。

隨著談判過程拖過了整個夏天，弄清楚如何成立一家公司的壓力，開始讓她備感疲憊。每隔幾週就搭機往返於舊金山與波士頓之間，也令她筋疲力盡。

特別困難的，是她必須選擇與夏彭蒂耶，或是與張鋒和丘奇合作。「我不知道哪一個才是正確的決定，」她承認，「柏克萊有兩個我相信的人和同事，曾經成立過公司，他們都斬釘截鐵地告訴我要與波士頓的人合作，因為他們比較會做生意。」

在這件事之前，道納鮮少生病。但在 2013 年夏天，她發現自己受到一波波疼痛與發燒襲擊。她的關節會在早上出現僵硬的情況，有時候幾乎無法移動。她去看了好幾位醫生，他們都推測她可能受到一種罕見病毒的感染，不然就是自身免疫出了問題。

這些毛病在一個月後消退，但夏末和兒子一起去迪士尼樂園時，再度復發。「那時只有我們兩個人，每天早上在我們的飯店起床時，全身都痛，」她回憶道，「我不想吵醒安迪，所以都會進到浴室，關上門，拿起電話跟波士頓的人通話。」她知道這種情況的壓力正在影響她的身體。[9]

儘管如此，她最後還是在夏末與波士頓的這一批人達成了協議。這個合作團隊以道納、張鋒與丘奇為核心。幾家以波士頓為基地的投資公司，包括三石風險投資（Third Rock Ventures）、北極星投資（Polaris Partners），以及旗艦創投（Flagship Ventures）等，承諾初期投資 4 千萬以上的資金。公司團隊決定由 5 位科學家作為創辦人，所以他們 3 人又決定讓一直也在研究 CRISPR 的哈佛頂尖生物學家凱斯・鄭以及劉如謙加入。「我們 5 個看起來，也很接近夢幻組合的最強聯手了，」丘奇說。董事會成員則包括了 3 家主要投資公司的代表，以及一些聲名卓著的科學家。大家對於大多數董事成員普遍都有共識，但最後丘奇卻投票反對艾瑞克・蘭德進入董事會。

2013 年 9 月，基擎公司（Gengine, Inc）成立。兩個月後，更名為愛迪塔斯醫藥公司（Editas Medicine）。「我們有能力實際做到以任何基因為目標，」北極星投資的主要人物之一凱文・畢德曼（Kevin Bitterman）說，他在新公司成立的最初幾個月間，扛下了過渡期總經理的職位。「而且我們聚焦於任何涉及遺

9　原註：作者對道納的訪問。

傳成分的疾病。我們可以進去矯正錯誤。」[10]

道納辭職

只過了幾個月，道納的不適與壓力又重現。她感覺到她的夥伴，特別是張鋒，正背著她做些什麼事，而她的各種疑慮，在 2014 年 1 月一場由摩根大通於舊金山主辦的醫學會議上加劇。張鋒與幾位愛迪塔斯醫藥的管理團隊成員從波士頓飛去參加那場會議，並邀請道納參加兩場與潛在投資人的會議。道納一走進會場，就有不好的感覺。「我立刻從張鋒的舉止與身體語言知道，事情有了變化，」她說，「他不再打團體戰了。」

她從一個角落看過去，會場上的人全圍在張鋒身邊，視他為負責人。大家對他的介紹是 CRISPR 基因編輯的「發明人」。道納被當成了次要的角色，科學顧問之一。「我成了局外人，」她說，「有些事情與智慧財產有關，我卻沒有更新的資訊。有什麼事情正在發生。」

然後她就接到了一個意外消息的衝擊，讓她瞭解為什麼自己會有那種張鋒瞞著她做什麼事的不安感覺。2014 年 4 月 15 日，她收到了一位記者的電子郵件，詢問她對於張鋒與布洛德研究所剛取得 CRISPR-Cas9 作為編輯工具專利一事的看法。道納與夏彭蒂耶的專利申請尚未定案，但比她們晚提出申請的張鋒與布洛德，付錢加快決定程序。突然之間，雲開見日，至少對道納來說，一切都很清楚了，張鋒與蘭德努力把她和夏彭蒂耶降級為次要角色——不論是在歷史位置，抑或是所有 CRISPR-Cas9 的商業使用重要性上。

道納這時候也才明白，為什麼張鋒與許多其他愛迪塔斯醫藥的人，對她似乎總是神神祕祕的。為什麼波士頓的財務人員把張鋒定位為發明者的角色。「這些事情，他們已經知道好幾個月了，」她對自己這樣說，「現在拿到專利了，所以他們試著要把我完全切開，並在背後捅我一刀。」

---

10 原註：愛迪塔斯醫藥公司 2016 年與 2019 年提交美國證管會之公司年度報告；約翰·卡洛（John Carroll）2013 年 11 月 25 日刊於 FierceBiotech 網站的〈「基因編輯」領域的生物科技先驅者獲創投現金 4 千 3 百萬投資，成立新公司〉（Biotech Pioneer in 'Gene Editing' Launches with $43M in VC Cash）。

她覺得不是只有張鋒。是掌控波士頓生物科技與金融世界的那一票人。「波士頓所有的人都互相串通，」她說，「艾瑞克·蘭德是三石風險投資的董事，只要張鋒被視為發明者，授權合約就可以讓他們賺進數不清的錢。」這段插曲讓她身體出現了問題。

除此之外，她也感到筋疲力盡。她為了愛迪塔斯的會議，一個月飛波士頓一次。「實在令人太難受了。我買的是經濟艙的機票，直挺挺地坐 5 個小時的飛機，早上 7 點進辦公室。我在聯合航空的休息室洗澡、換衣服，進愛迪塔斯，開會，之後通常會去丘奇的實驗室談談科學，接著再跳上下午 6 點的飛機回加州。」

於是她決定離開這家公司。

她和律師商量如何從自己簽署的合約中脫身。這件事花了一點時間，不過到了 6 月，她已經擬好了要寄給愛迪塔斯執行長的請辭電子郵件。她當時在德國開會，與律師透過電話決定了信件的最終內容。「好了，信可以發出去了，」在她和律師為了最後幾個修訂而你來我往後，律師說。她按下了傳送鍵的時候，德國是晚上，波士頓是下午。「不知道我的電話要幾分鐘才會響，」她說，「結果不到 5 分鐘，來電的人是愛迪塔斯的執行長。」

「不，不可以，妳不可以走，不能離開，」他說，「怎麼了？妳為什麼要這麼做？」

「你知道你們對我做了什麼事，」她回答，「我受夠了。我不要跟我無法信任的人、跟在我背後插刀的人共事。你們在我背後捅刀。」

愛迪塔斯執行長否認與張鋒專利申請一事有任何關係。「你聽好，」道納回覆他，「也許你不知道，也許你知道，不管怎樣，我都不要再跟這家公司有任何瓜葛。我受夠了。」

「妳的股票怎麼辦？」他問。

「我不在乎，」她吼回去，「你根本不瞭解。我做這些不是為了錢。如果你以為我是為了錢才做這些事，你根本就不瞭解我。」

道納在敘述這件事時，我第一次聽到她的聲音中的強烈憤怒。她平穩的語調完全消失。「他堅稱不知道我在說什麼，簡直可笑極了。都是鬼扯。謊話連

篇。也許我錯了，可是華特，這就是我對這件事的感覺。」

這家公司的所有創辦人，包括張鋒，都發了電子郵件給她，請她重新考慮。他們也提出要補償她，以及盡可能彌補彼此之間的裂痕。她全部拒絕。

「我受夠了，」她的電子郵件如此回覆。

然後，她立刻覺得自己感覺好多了。「突然之間，沉重的負擔似乎從我肩膀卸了下來。」

當她向丘奇解釋這件事時，他提議如果她希望他跟進，他也可以考慮辭職。「在一個禮拜天，我打電話給人在家裡的喬治，」她說，「他隱晦地提出要辭職，但後來又決定不這麼做了，那是他的決定。」

我問丘奇，道納不信任其他創辦人的這件事是否正確。「他們背著她密謀，申請專利也不告訴她，」他同意她的看法。可是他說張鋒依自身利益行事不應該讓她這麼驚訝。「他可能一直有律師告訴他該怎麼做、怎麼說，」丘奇說，「我試圖去理解人類行事的理由。」丘奇相信每個人的行為，包括張鋒與蘭德的行為，都可以預測得到。「每個人的行事作為，都與我預想的一樣。」

既然如此，他為什麼不辭職？我問。他解釋對於他們的行事作為感到意外是不合邏輯的事，因此為了這些行為辭職也不合邏輯。「我差一點就跟她一起走了，不過後來想一想，這樣做有什麼好處？把其他利潤都雙手奉上，這等於是獎勵他們。我一直勸告大家冷靜。所以我考慮了一下，就決定最好還是保持冷靜。我想要看到一家公司成功。」

道納在離開愛迪塔斯不久後，就在一場會議上向夏彭蒂耶解釋了發生的事情。「噢，真有趣，」夏彭蒂耶回答，「那你要加入 CRISPR 醫療嗎？」那是她和諾瓦克所成立的公司。

「妳知道嗎，這就像離婚，」道納回答，「我不確定自己想要立刻跳進另一家公司中。現在所有的公司都讓我很倒胃口。」

幾個月後，她認定還是與自己的前學生兼信任的夥伴瑞秋・哈爾威茲合作最安心，再說兩人早在 2011 年就已共同成立了馴鹿生物科學公司。馴鹿這時已經成立了一家名為因泰利亞（Intellia）的子公司，使命是將 CRISPR-Cas9 的

工具商業化。「我對因泰利亞的興趣愈來愈高，因為這家公司是馴鹿團隊創立的，而且是由我最喜歡、信任與尊敬的學術界科學家組成，」道納說。這些科學家包括了 3 個偉大的 CRISPR 先驅，巴蘭古、松泰默，以及張鋒之前的合作對象馬拉費尼。他們都很優秀，也都具備了一項更重要的特質，「他們都從事真正的科學研究，但更重要的是，他們都是令人尊敬的直腸子。」[11]

結果，CRISPR-Cas9 的先驅者分屬 3 家互相競爭的公司：夏彭蒂耶與諾瓦克所成立的 CRISPR 醫療；包括了張鋒、丘奇與辭職前的道納所創立的愛迪塔斯醫藥；由道納、巴蘭古、松泰默、馬拉費尼與哈爾威茲所創建的因泰利亞。

11　原註：作者對道納、哈爾威茲、松泰默與馬拉費尼的訪問。

第 29 章

吾友

漸行漸遠

道納加入一家要參與競爭的公司，這個決定反映出了她和夏彭蒂耶之間發展出來的一絲淡漠，或許還助長了這絲淡漠的濃度。她非常努力地想要維持兩人的友情。舉例來說，當初她們合作的時候，其中一個研究目標是要將 Cas9 晶體化，然後判斷出它確實的結構。當道納與她的實驗室在 2013 年成功釐清 Cas9 的結構後，她詢問夏彭蒂耶是否要在產出的期刊論文中當共同作者。夏彭蒂耶覺得既然這個計畫是她帶到道納實驗室的研究，於是回覆欣然接受。這件事讓伊尼克很生氣，但道納還是決定這麼做。「我真的盡力慷慨以對，」道納說，「而且說實話，我想要維繫我們之間在科學研究與私人的關係。」[1]

有部分原因也是因為道納想要維持兩人之間科學合作關係的完整度，所以道納建議夏彭蒂耶一起擔任 2014 年一篇《科學》文獻綜述的共同作者。這類文獻與「研究論文」不同，後者是專注在新發現的專題文獻，而「文獻綜述」則是針對某一個特定題目，調查最新進展的。兩人的這篇文獻綜述標題為〈應用 CRISPR-Cas9 的基因體工程疆域〉（The New Frontier of Genome Engineering with CRISPR-Cas9）。[2] 道納擬好草稿後，夏彭蒂耶做了一些修訂。這件事有助於掩蓋兩人之間可能已經發展出來的所有裂痕。

1　原註：作者對道納、夏彭蒂耶、伊尼克的訪問；伊尼克……斯騰伯格……周凱虹……夏彭蒂耶、夏娃‧諾加勒斯、道納與其他人 2014 年 3 月 14 日刊於《科學》的〈Cas9 核酸內切酶結構透露 RNA 介導構象觸發〉（Structures of Cas9 Endonucleases Reveal RNA-Mediated Conformational Activation）。

2　原註：道納與夏彭蒂耶 2014 年 11 月 28 日刊於《科學》的〈應用 CRISPR-Cas9 的基因工程疆域〉。

然而她們還是漸行漸遠。夏彭蒂耶沒有計畫和道納一起攜手追求如何將
CRISPR-Cas9 應用在人類身上的方式，她告訴道納她打算把焦點放在果蠅與細
菌的研究上。「我喜歡基礎研究更勝於尋找工具，」她說。[3] 兩人之間這種緊
張關係的另一個檯面下原因，至少從道納的角度來看，是 CRISPR-Cas9 系統的
研究上，兩人是地位平等的共同發現者，夏彭蒂耶卻把這個系統看成是她自己
的研究計畫，而道納是她帶進這個研究的人。有時候她在提到這個研究時，都
會用「我的計畫」這種字眼，而提到道納時，也會像道納其實是次要的合作者
那樣。但現在，道納卻處於聚光燈之下，接受採訪、擬訂計畫，繼續進行新的
CRISPR-Cas9 研究。

　　道納從來都不太瞭解夏彭蒂耶那種身為 CRISPR 計畫主人的感覺是怎麼回
事，也不知道該如何處理在她溫暖又漫不經心的態度下那明顯的淡漠。道納不
停地建議各種可以合作的方式，而夏彭蒂耶總是回答，「聽起來很棒。」實際
上卻不會有任何進展。「我想要繼續合作，可是埃瑪紐埃爾顯然不這麼想，」
道納的聲音裡帶著哀淒。「她從來不會主動跟我談這些。我們就只是這樣漸行
漸遠。」最後道納也氣餒了。「我開始覺得這是一種消極抵抗的互動方式，」
她說，「實在令人氣餒又傷心。」

　　這個問題有部分要歸因於她們兩人對於大眾關注度的自在程度迥異。當
她們在頒獎典禮或會議上碰面時，互動就會變得很奇怪，特別是拍照的時候，
當閃光燈聚在道納身上時，夏彭蒂耶就會顯露出一絲細膩的高高在上以及一種
被逗樂了的態度。偶爾會成為道納競爭對手的布洛德研究所艾瑞克・蘭德告訴
我，當他與夏彭蒂耶聊天的時候，她對於道納所得到的大眾關注，流露出憎
惡。在羅傑・諾瓦克的眼中，道納是個非常習慣各種讚頌的美國人，而他必須
維護其聲譽的朋友夏彭蒂耶，則是一個更懂得適時保持沉默的巴黎人。他總是
催著她多接受訪問，甚至還讓她去接受如何對應媒體的訓練。「其實就是個人
風格的差別，她不是美國西岸的人，她是歐洲人、是法國人，她更專心在科學
而非媒體炒作，」諾瓦克後來指出。[4]

3　原註：作者對道納與夏彭蒂耶的訪問。
4　原註：艾梅的〈與羅傑・諾瓦克的爐邊小談〉；作者對諾瓦克的訪問。

這些話並不完全正確。儘管道納很習慣成為公眾人物，也很適應因認可而來的奉承，但事實上，她並不是積極追求名氣的名人。她提出各種建議，試著要與夏彭蒂耶共享聚光燈與獎項。羅道夫‧巴蘭古認為夏彭蒂耶要負比較大的責任。「埃瑪紐埃爾讓人感到很不自在，就算是照相的時候，或者在公開亮相前的休息室裡也一樣，」他說，「對我而言，她沒有與其他人分享榮耀的渴望，簡直莫名其妙。我看到珍妮佛試著要和她分享大眾的注意，甚至補償得過了頭，但埃瑪紐埃爾似乎有些桀驁與抗拒。」[5]

兩人在風格上的差異也反映在許多其他方面，包括她們的音樂品味。在一場兩人都參與的頒獎典禮上，主辦單位讓她們各自選一首歌，作為上台時的配樂。道納選了比莉‧哈樂黛（Billie Holiday）的藍調版《在陽光明媚的街道上》（*On the Sunny Side of the Street*）。夏彭蒂耶選的則是法國雙電子機器人組合傻瓜龐克（Daft Punk）的電子龐克音樂。[6]

橫亙於兩人之間的其中一個實質問題，也是歷史學家太過熟悉的一個問題。所有冒險故事中的任何一個角色，幾乎都很容易記住自己的重要性，要比其他角色眼中的自己還要更高一點。真實生活中也是如此。我們清楚記得自己在某次討論中，有多麼精彩的貢獻；別人的貢獻，在我們的記憶總是有些模糊，不然就是我們往往會將其他人貢獻的重要性最小化。夏彭蒂耶眼中的 CRISPR 故事，她是第一個研究 Cas9 的人、第一個辨識出它成分的人，也是將道納領進這個研究計畫的人。

就以 tracrRNA 的角色功能，不斷冒出新發現的這個令人頭痛的小事為例，tracrRNA 不但有助於製造出可以引導到目標基因的 crRNA，而且，就像道納與夏彭蒂耶在她們 2012 年的報告中所透露的，還可以待在目標附近，幫助 CRISPR-Cas9 複合物裁切目標 DNA。論文發表後，夏彭蒂耶偶爾會暗示她早在與道納開始合作前的 2011 年，就已經知道了 tracrRNA 持續擴增的角色功能。

這件事開始讓道納覺得煩躁。「如果你注意到她最近的說話，以及她所

5　原註：作者對巴蘭古的訪問。
6　原註：大衛斯的《編輯人性》第 96 頁。

展現的檔案資料，我的看法是有律師在指導她，想要呈現出一種在我們合作之前，他們就已經知道 tracrRNA 對於 Cas9 的功能，扮演了極重要角色的感覺，而我覺得那是不誠實的作法，那不是真的，」道納説，「我不知道那是她自己的行為，還是律師教導下的行為，但是我覺得她試著要模糊她 2011 年報告內的研究，以及我們在很後面才釐清這兩者間界線的那個發現。」[7]

我在一次晚餐席間，詢問夏彭蒂耶有關她們兩人之間漸漸成形的淡漠，她表現出相當謹慎的態度。畢竟她很清楚我在寫一本以道納為中心主角的書，不過她並沒有設法説服我轉移焦點。她帶著些許漠不關心的神情，承認事實上她 2011 年 3 月在《自然》發表的報告中，並沒有描述 tracrRNA 的完整角色功能，但她接著又笑著補充，道納應該放鬆一點，不要這麼好勝。「她實在不需要為了 tracrRNA 跟其他那些東西的功勞而如此緊張，」夏彭蒂耶説，「我覺得沒有這個必要。」她在敍述道納的競爭特質時，臉上一直帶著微笑，就好像她覺得這種特質既令人欣羨又讓人覺得有趣，但同時又有些不得體。

兩人之間的裂痕在 2017 年擴大。當時道納正要出版一本與山姆・斯騰伯格合著、有關她自己的 CRISPR 研究發展的書。這本書的內容相當有見地，但以第一人稱闡述的內容比例，超過了夏彭蒂耶覺得適切的標準。「書中以第一人稱進行描述，但大部分內容都是由她的學生執筆，」夏彭蒂耶表示，「應該有人告訴她要以第三人稱寫書。我認識一些辦獎項選拔的人，也認識一些想法很瑞典的人。他們都不喜歡大家太早出書。」把「獎項」與「瑞典」放在同一個句子裡，她指的是所有獎項中最有名的那一個。

各種獎項

把道納與夏彭蒂耶綁在一起的一道外力，是科學界的獎項。她們的雙人合作組合，贏獎的機會最大。有些獎項獎金高達美金 100 萬或更多，然而兩人擁有相同的價值甚至要比獎金更重要。她們都是大眾、媒體，以及未來歷史學家

7　原註：作者對道納的訪問；布洛德研究所網站（broadinstitute .org）之〈CRISPR 大事年表〉（CRISPR Timeline）。

將決定誰在更重要的進展中，值得給予更多榮耀計分卡的人選。律師至在專利案中引用她們的話，當作辯述依據。

每一項重要的科學獎項都僅頒給有限的人數（以諾貝爾獎為例，每個領域的領獎人最多就是 3 位），無法完整反映出所有對某個發現做出貢獻的人。最後的結果，就是這些獎項扭曲了歷史，抑制了合作，一如專利。

這些獎項中最大也是最令人嚮往的其中一個，是生命科學突破獎（the Breakthrough Prize in Life Sciences）。這個獎在 2014 年 11 月頒給了道納與夏彭蒂耶雙人組。幾個月之後，張鋒在第一張專利證上搶得頭籌。突破獎當初的引言預示她們「駕馭並將細菌免疫的一種古老機制，轉換成為一種強而有力卻又普遍的基因編輯技術。」

每位受獎者可得到 300 萬獎金的生命科學突破獎，是在 2013 年由俄國的億萬富翁以及早期臉書的贊助者尤里‧米爾納（Yuri Milner），聯合谷歌的謝爾蓋‧布林（Sergey Brin）、23andMe[8] 的安妮‧沃西基（Anne Wojcicki），以及臉書的馬克‧祖克柏所創。米爾納是個熱情的科學家迷，他用電視轉播光彩奪目的頒獎典禮，為科學界的榮耀添加一點好萊塢的魅力。2014 年與《浮華世界》合作舉辦的正式頒獎典禮，在坐落於加州山景城（Mountain View），也是矽谷心臟位置的美國國家航空暨太空總署艾姆斯研究中心（Ames Research Center）舉行。典禮主持人包括了演員塞斯‧麥克法藍（Seth MacFarlane）、凱特‧貝琴薩（Kate Beckinsale）、卡麥蓉‧狄亞茲（Cameron Diaz）與班尼迪克‧康柏拜區（Benedict Cumberbatch）。克莉絲汀‧阿奎萊拉（Christina Aguilera）還在典禮上演唱她的熱門名曲《美麗》（Beautiful）。

道納與夏彭蒂耶都穿著高雅的黑色及地長禮服，從卡麥蓉‧狄亞茲與當時推特執行長迪克‧科斯特羅的手中接過這個獎。道納先致詞，她向「造就科學的解密過程」致敬。接著帶著一絲頑皮意味的夏彭蒂耶，轉向曾在電視影集《霹靂嬌娃》（Charlie's Angels）[9] 中演出的狄亞茲，「我們是三個非常強大的女人，」

8　23andMe，位於美國加州的遺傳技術公司，企業名稱源於人類的 23 對染色體，以提供客戶直接的個人基因測試聞名。

9　《霹靂嬌娃》最早確實是電視影集，但狄亞茲演出的是電影版。

夏彭蒂耶一面說，一面指著狄亞茲、道納，然後又轉向戴著眼鏡的禿頭科斯特羅，補充說，「不知道你是不是霹靂嬌娃的老闆查理。」

坐在觀眾席中的蘭德，是前一年生命科學突破獎的得主，因此這一屆他奉命電話告知道納與夏彭蒂耶得獎的消息。身為布洛德研究所的所長與張鋒的導師，他相當熱衷於在 CRISPR 的榮譽爭奪戰中對抗道納與夏彭蒂耶。但他同時又與夏彭蒂耶有一點連結，或至少他是這樣覺得，因為他相信夏彭蒂耶對於道納正在累積的名聲感到不滿。一開始，提名角逐突破獎的人只有道納，蘭德告訴我。但他設法說服了評審委員，道納的貢獻比不上夏彭蒂耶、張鋒，或那些最早發現細菌體內 CRISPR 的微生物學家。「我讓大家瞭解珍妮佛或許值得獲獎，但她的貢獻卻不是在 CRISPR 領域，而是在 RNA 結構研究上的成就，」他說，「CRISPR 是許多人共同的努力，珍妮佛的貢獻不是最重要的。」

他無法讓張鋒獲得這個獎項，卻可以協助確保夏彭蒂耶與道納一起得獎。除此之外，他還認為他知道張鋒會在下一年獲獎。後來當他以為的事情並未成真時，他責怪道納刻意阻擋。[10]

突破獎規定每個領域最多兩位得獎人。由一個加拿大基金會創立的蓋爾德納（Gairdner Award）生物醫學科學獎對於得獎者人數就寬容多了，共享榮耀的對象可以多達 5 位研究人員。這也表示當這個基金會在 2016 年決定將榮耀頒給 CRISPR 發展的相關人員時，可以選擇更多的科學家代表。結果獲獎人除了道納與夏彭蒂耶，還加入了張鋒與兩位丹尼斯可研究優格的霍瓦與巴蘭古。然而同時這也表示某些非常重要的角色，成了遺珠之憾，包括法蘭西斯可・莫伊卡、艾力克・松泰默、路希阿諾・馬拉費尼、錫爾文・孟紐、維吉尼亞斯・希克斯尼斯，以及喬治・丘奇。

由於得獎者排除了她的朋友丘奇，所以道納做了兩件事。她將大約 10 萬元的獎金捐給了個人基因教育計畫（Personal Genetics Education Project）。這是丘奇與他在哈佛大學擔任分子生物學教授的妻子吳昭婷所成立的計畫，主旨在

10　原註：作者對蘭德的訪問；2015 年 3 月 9 日的突破獎（Breakthrough Prize）頒獎典禮。

於鼓勵大家，特別是年輕學生，去瞭解自己的基因。同時，她邀請這對夫妻出席蓋爾德納獎的頒獎典禮。只不過她並不確定丘奇是否會接受邀請。畢竟，他是這個榮譽所忽略的對象，而且，或許更重要的是他討厭穿燕尾服。但是丘奇以他一貫親切的態度，和妻子聯袂出席了典禮，而且穿著無懈可擊。「我想藉此機會向兩個人的工作成就獻上讚揚，有非常長的時間，他們一直是激勵我的力量，他們是喬治・丘奇與吳昭婷，」道納說，接著她又意有所指地說丘奇「對基因編輯領域有巨大的影響，包括調整 CRISPR-Cas，讓它可以應用在哺乳動物細胞的基因編輯上。」[11]

2018 年，道納與夏彭蒂耶獲得了第三項大獎，科維理獎（Kavli Prize），完成了三連勝。科維理獎是以挪威出生的美國慈善家佛萊德・科維理（Fred Kavli）為名的獎項，與諾貝爾獎的許多過程設計都類似，譬如同樣有一場令人驚艷的典禮、每位得獎者可以獲得 100 萬獎金以及一面帶有獎項創辦人頭像的金牌。這個獎項可以頒給 3 個人，於是評審委員會加選了維吉尼亞斯・希克斯尼斯，對於這位一直都沒有得到應有認可的腼腆立陶宛人而言，這是名符其實的表彰。「我們都夢想著改寫生命本身的語言，隨著 CRISPR 的發現，我們找到了嶄新且強而有力的書寫工具，」挪威演員海蒂・魯德・艾琳森（Heidi Ruud Ellingsen）說。她和美國演員與科學怪胎亞倫・艾達（Alan Alda）共同主持這場頒獎典禮。道納穿著一件黑色及膝洋裝，夏彭蒂耶是黑色的長禮服，而希克斯尼斯則是一身亮灰色的西裝，看起來就像是專為這個場合所購置的服裝。從挪威國王哈拉德五世（King Harald V）手上接過了獎牌後，三人在嘹亮的小喇叭短曲中，微微彎腰致謝。

11　原註：作者對道納、丘奇的訪問；2016 年 10 月 27 日蓋爾德納獎頒獎典禮。

艾瑞克・蘭德

第 30 章

CRISPR 功臣錄

蘭德版的故事

2015 年春天，埃瑪紐埃爾·夏彭蒂耶造訪美國期間，她在艾瑞克·蘭德布洛德研究院的辦公室中與他共進午餐。根據蘭德的回憶，夏彭蒂耶很「消沉」，而且對道納得到的一些讚頌相當反感。「我覺得事情很清楚，她很氣道納，」蘭德回憶道，「她相信道納得到的榮耀比微生物學家還多，」譬如法蘭西斯可·莫伊卡、羅道夫·巴蘭古、菲利普·霍瓦以及她自己，他們都是最早弄清楚 CRISPR 在細菌體內如何運作的人。

或許蘭德說得對，也或許是他把自己的部分不滿與煽動情緒投射在夏彭蒂耶那僅僅只是模糊不明的感覺上。蘭德極具說服力，非常善於讓別人同意他所說的話。當我詢問夏彭蒂耶有關蘭德記憶中的事時，她苦笑了一下，略微聳了一下肩，暗示著那其實更像是蘭德的情緒，而不是她的。無論如何，蘭德對於她情緒的看法，可能存在一定程度的真實性。「她對這件事很敏感，而且很法國人的樣子，」蘭德回憶道。

蘭德說，他和夏彭蒂耶的午餐對談，成為後來 CRISPR 歷史中一篇非常詳盡、生氣勃勃、廣為報導，而且高度具爭議性的文章濫觴。「和埃瑪紐埃爾談過之後，我決定要弄清楚事情的來龍去脈，回頭看看 CRISPR 的源頭，把功勞歸給那些進行最初研究卻沒有得到任何掌聲的人，」他說，「我就是有這個毛病，喜歡捍衛弱者。我在布魯克林長大。」

我問他是否還有其他動機，包括淡化道納與夏彭蒂耶的重要性，因為她們

不論是在專利或獎項上，都是他徒弟張鋒的競爭者。以一個易怒的人來說，蘭德的自知之明非常值得讚許。他引用了麥可・佛萊恩[1]的戲劇作品《哥本哈根》（*Copenhagen*）作為回答，這部劇作應用測不準原理（uncertainty principle）來猜測維爾納・海森堡[2]在二次大戰初期拜訪尼爾斯・波耳[3]以及討論製造原子彈可能性的動機究竟是什麼。「就像《哥本哈根》那齣戲，我不確定自己的動機是什麼，」蘭德說，「你也不知道你自己的動機。」哇，我想著。[4]

蘭德吸引人的特質之一，是他開心又興致勃勃的好勝心，他催促張鋒去爭取該他的榮耀，又逼著律師去保護張鋒的專利。他的短鬍子與狂熱的雙眼，隨時隨地都展現著生動的表情，傳達著每一次情緒的變動，他這樣的情緒表現方式，應該能讓他的撲克牌對手非常高興。他在說服這個領域所表現出的持續而堅韌的動力與熱情（他讓我聯想到最近才過世的外交官李察・霍爾布魯克[5]），令他的對手惱怒不已，卻也成就了他作為努力進取與強而有力的團隊領導者與組織建構者的地位。他針對 CRISPR 歷史所撰著的文章，就是所有這些本能的一個範例。

蘭德在花了好幾個月讀完所有科學文獻，以及用電話訪談完許多參與 CRISPR 研究的人之後，2016 年 1 月他在期刊《細胞》上發表了〈CRISPR 功臣錄〉（The Heroes of CRISPR）。[6]這篇 8000 字的文章，筆觸生動，細節部分的事實，也都正確，然而卻引來了憤怒評論者的一場風暴性大火。批評者細膩與粗暴兼具地指控這篇文章為了抬升張鋒的貢獻度、貶抑道納的成就而呈現出扭

1　Michael Frayn，1933 ～，英國劇作家與小說家，曾任《衛報》與《觀察家報》記者與專欄作家，戲劇作品《噪音遠去》（*Noises Off*）、《哥本哈根》、《民主》（*Democracy*），以及小說作品《清晨將逝》（*Towards the End of Morning*）都是他的知名作品。

2　Werner Heisenberg，1901 ～ 1976，德國物理學家，量子力學關鍵先驅人物之一，以 1927 年發表的「測不準原理」最廣為人知，1932 年諾貝爾物理學獎得主。

3　Niels Bohr，1885 ～ 1962，丹麥物理學家，對於促進大家對原子結構與量子原理的瞭解，有根本性的貢獻，以原子的波耳模型最為知名，1922 年諾貝爾物理學獎得主。他也是一位哲學家，並積極推動科學研究。

4　原註：作者對蘭德與夏彭蒂耶的訪談。

5　Richard Holbrooke，1941 ～ 2020，美國外交官、作家，曾任美國阿富汗與巴基斯坦特使、駐德國大使、駐聯合國大使與助理國務卿，推動美國和中國建交，並且和臺灣斷交。

6　原註：蘭德的〈CRISPR 功臣錄〉。

曲的內容。這個事件簡直就是一場歷史被強迫黑化的過程。

蘭德的故事從法蘭西斯可‧莫伊卡開始，中間經過了其他我在本書中討論過的研究者，在描述 CRISPR 發展的每一步時，都揉雜了個人色彩與科學解說。他描述並讚揚夏彭蒂耶發現 tracrRNA 的研究成果，但並未繼續闡述她和道納在 2012 年釐清了每一個成分確實功能的事情，反而轉向貢獻了一長段的文字，描繪立陶宛科學家維吉尼亞斯‧希克斯尼斯的研究，以及他在發表論文時遭遇到的困難。

寫到道納時，其實蘭德的文字相當討喜。他稱她為「世界知名的結構生物學家與 RNA 專家，」但他對她和夏彭蒂耶合作的研究工作，卻輕描淡寫的以整篇文章 67 段中的一段帶過。毫無意外地，他對張鋒部分的著墨慷慨多了。在強調完了把 CRISPR-Cas9 從細菌體內移到人類細胞中有多麼困難後，蘭德又以一種有點鉅細靡遺的方式，描述張鋒在 2012 年初所進行的研究，但沒有引述任何證明。至於道納在張鋒報告發表 3 週後的 2013 年 1 月也表示這個系統可以應用在人類細胞上的報告，被蘭德用一句話就打發掉了，而且這句話中還帶了一個有如匕首般的指控「在丘奇的協助之下」。

蘭德這篇文章的主調重要而正確。「科學的突破是極其罕見的頓悟時刻，」他如此總結，「這些突破通常都是經過了十年或更長時間奮力不懈研究的集體作為，在這個過程中，每一位付出心力的成員都變成了某個成果的一部分，而這個成果，要遠比任何一個人所能獨立成就的結果更偉大。」然而這篇文章明顯還有一個中心點，以一種表面溫和卻明確貶低道納重要性的調性。對一份學術期刊而言，《細胞》沒有揭露蘭德的布洛德研究所，正與道納和她的同僚競爭專利的事情，實在是令人奇怪的事情。

道納決定在公開場合保持沉默。她僅簡單地在網路上張貼了一段發言，「有關本人實驗室研究工作以及我們與其他研究人員的互動描述，不具事實正確性，而且作者既未向本人確認，該文發表前，也未經本人同意。」夏彭蒂耶也同樣沮喪。「我很遺憾，有關我和我合作夥伴的貢獻描述，既不完整，也不正確，」她在網上說。

丘奇的評論具體多了。他指出證明加長版嚮導 RNA 運用在人類細胞效果最佳的第一個人是他，不是張鋒。除此之外，針對文中指稱道納從他提供的預印版報告中擷取資料的說法，他也提出了反駁。

反彈

道納的朋友團結聲援她的成就，而且他們憤怒的程度足以讓推特暴民另眼看待。

最激動、傳播最廣的回應來自於精力充沛的遺傳學教授麥可・埃森（Michael Eisen），他是道納在柏克萊的同事。「技藝高超的附身惡魔都有令人著迷之處，而艾瑞克・蘭德就是這樣一個技藝高超的附身惡魔，」在〈CRISPR 功臣錄〉發表幾天後，埃森公開在網上貼文。他稱這篇文章「既是如此邪惡，卻又如此精彩，以致就算我可以想像到他在他肯德廣場的巢穴中大聲地嘎嘎狂笑，身後的巨大雷射槍也已蓄勢待發，準備在我們不雙手奉上我們的專利時，摧毀柏克萊，我卻依舊發覺自己很難不目瞪口呆地楞在當場。」

埃森坦率承認自己是效忠道納的好友，他直接攻擊蘭德的文章是「一個精心策劃的策略」，在歷史角度的裝飾之下，提升布洛德，詆毀道納。「這篇文章是一個精雕細琢的謊言，整理並扭曲歷史的目的只有一個，那就是達成蘭德的目標──讓張鋒贏回一座諾貝爾獎，以及讓布洛德立刻拿下利潤高到讓人瘋狂的專利。在這個關鍵時刻，這件事與現實脫節得實在太厲害，以至於大家實在難以理解這麼聰明的人怎麼會寫下這樣的東西。」[7] 我覺得這樣的指控並不公平，也不是事實。我的看法是，蘭德身為導師的熱心以及愛攪和的興致，或許的確不可取，但他並沒有不誠實的問題。

其他較冷靜的科學家也加入了討伐蘭德的批評陣容，他們的火花到處爆，

7　原註：麥可・埃森2016年1月25日刊於「非垃圾」（it is NOT junk）部落格中的〈CRISPR 中的壞人〉（The Villain of CRISPR）。

從科學討論板同儕吧（PubPeer）到推特，雷聲隆隆，火光燦燦。[8]「對於蘭德在《細胞》上所發表的評述，『屎尿風暴』這個詞彙，簡直就是描繪基因圈反應的藝術之作，」約翰霍普金斯大學醫藥史教授納塔尼爾·康佛特（Nathaniel Comfort）寫道。康佛特稱蘭德的文章是「輝格歷史」，意思是為了「把歷史當作政治工具，」內容經過了精心處理。他甚至還在推特上加了一個標籤 #Landergate（蘭德大門），成為那些認為蘭德陰險批評布洛德競爭對手之人的聚集發言地。[9]

在饒富影響力的《麻省理工科技評論》上，安東尼奧·瑞葛拉多（Antonio Regalado）[10] 把焦點放在蘭德在沒有引述任何證明的情況下，直指張鋒在道納—夏彭蒂耶 2012 年論文發表的前一年，就已在開發 CRISPR-Cas9 工具上取得重大進展的這個主張上。「張鋒的發現並沒有在當時發表，所以不算正式科學記錄的一部分，」瑞葛拉多寫道，「但是如果布洛德想要緊緊抓住這個工具的專利，這些發現就非常重要……若是如此，那麼難怪蘭德希望能在像《細胞》這類重量級的期刊中，把這些發現做首次的描述。我覺得就這一點而言，蘭德這一方確實有些未達目的不擇手段了些。」[11]

知道羅莎琳·法蘭克林在某些 DNA 歷史事件中遭遇不公平待遇的女性科學家與作者，對蘭德的怒火特別旺。蘭德的大男人主義風格，從未讓他受到女性主義者的青睞，儘管他在支持女性科學家方面有相當值得稱許的記錄。「他的評論是另一個把女人排除在科學史之外的實例，」科學記者露絲·瑞德（Ruth Reader）在 Mic 網站上寫道，「這件事有助於解釋蘭德報告之所以引起如此強烈反彈背後所代表的緊迫性：似乎又有一位男性領導者出面，針對許多人所做

8　原註：〈CRISPR 功臣錄〉84 條留言，網址 PubPeer, https://pubpeer .com /publications /D400145518C0A557E9A 79F7BB20294；雪倫·貝格利 2016 年 1 月 18 日刊於《Stat》電子期刊之〈矛盾的 CRISPR 歷史引爆網路火爆〉（Controversial CRISPR History Set Off an Online Firestorm）。

9　原註：納塔尼爾·康佛特 2016 年 1 月 18 日刊於「Genotopia」部落格中之〈CRISPR 的一段輝格歷史〉（A Whig History of CRISPR）；2016 年 1 月 27 日推特 #Landergate @nccomfort，〈我加個 # 號就成了大事！〉（I made a hashtag that became a thing!）。

10　Antonio Regalado，《麻省理工科技評論》生物醫藥領域的資深編輯。

11　原註：安東尼奧·瑞葛拉多 2016 年 1 月 19 日刊於《麻省理工科技評論》的〈一位科學家的 CRISPR 競爭史〉（A Scientist's Contested History of CRISPR）。

出的發現成就，掠奪功績（以及經濟利益）。」另一個厚顏自稱是「一個照理說應該是女性主義網站」的 Jezebel 網站，也刊出了標題為〈一個男人如何試圖從 CRISPR 這個數十年來最大的生技發明中抹去女性痕跡〉（How One Man Tried to Write Women Out of CRISPR, the Biggest Biotech Innovation in Decades）的文章。作者喬安娜・羅斯柯普夫（Joanna Rothkopf）在文中寫著「這個功績的議題讓人想起羅莎琳・法蘭克林。」[12]

這場反對他的突發火爆發生時，蘭德正在去南極的路上，要做出回應並不是太方便，而這件事又因為新聞性太高，以至於主流媒體都有報導。《科學人》雜誌的史蒂芬・霍爾（Stephen Hall）稱這件事為「近年來科學界最具娛樂價值的食物大戰，」而且他還提問，「像蘭德這樣精明又具策略頭腦的思想家，怎麼會寫出這樣一段具高明偏頗性的歷史，來引誘出如此陣仗的公眾撻伐？」霍爾在提到蘭德時，還引用了丘奇的話，「唯一能傷害他的人，就只有他自己，」然後又語帶輕鬆地說，「你還以為科學家都不會氣得罵人。」[13]

蘭德的回應，是批評道納在這篇評論發表前，並沒有針對他以電子郵件寄給她的一些文章片段提供意見。「我收到了全世界 10 多位科學家關於 CRISPR 發展的意見與想法，」蘭德在寄給《科學》的崔西・凡斯（Tracy Vence）的電子郵件上寫著，「道納博士是唯一拒絕提供看法的人，實在很遺憾。然而無論如何，我完全尊重她不願意分享看法的這個決定。」[14] 最後這一記含糊的機敏應對，實在是典型的蘭德作風。

這篇評論文章幫助 CRISPR 戰爭畫出了一條戰線。哈佛大學中欽佩道納的科學家，以丘奇和道納博士指導教授傑克・索斯達克為首，對蘭德的回應非常憤怒。「那就是一篇非常糟糕、糟糕透頂的文章，」索斯達克對我說，「艾瑞

---

12 原註：露絲・瑞德 2016 年 1 月 22 日刊於 Mic 網站上〈這些女人協助創造了 CRISPR 基因編輯。但是為什麼 CRISPR 歷史中沒有她們名字？〉（These Women Helped Create CRISPR Gene Editing. So Why Are They Written Out of Its History?）；喬安娜・羅斯柯普夫 2016 年 1 月 20 日刊於 Jezebel 網站之〈一個男人如何試圖從 CRISPR 這個數十年來最大的生技發明中抹去女性痕跡〉。

13 原註：史蒂芬・霍爾 2016 年 2 月 4 日刊於《科學人》之《生技大突破的尷尬與毀滅之爭》（The Embarrassing, Destructive Fight over Biotech's Big Breakthrough）。

14 原註：崔西・凡斯（Tracy Vence）2016 年 1 月 19 日刊於《科學家》的〈具爭議的 CRISPR 功臣〉（'Heroes of CRISPR' Disputed）。

克想把基因編輯革命的功勞冠到張鋒和他自己的頭上，而不是珍妮佛的頭上。所以他以一種似乎是純粹惡意的方式，絕對貶抑了她的貢獻。」[15]

即使在他自己的研究所內，蘭德的評論文章也引發了不滿。在所內幾位研究員針對此事向他提出質疑後，他寫了一封電子郵件給「親愛的布洛德人」。那不是道歉信。「這篇論文主旨在描述非凡科學家整體（其中許多人都才剛開始他們的科學事業），他們冒險，有了重要的發現，」他寫道，「我對這篇報告，以及這篇報告所傳遞的科學相關信息，感到非常驕傲。」[16]

〈CRISPR 功臣錄〉發表的兩個月後，爭議依然在慢慢生溫之際，我被徵召成了一個外圍角色。蘭德要求哈佛大學當時負責溝通交流的副校長克里絲汀・希南（Christine Heenan）幫忙打圓場。我和艾瑞克相識多年，一直（現在也一樣）是他堅實的仰慕者，於是希南請我在亞斯本研究院（Aspen Institute）的華盛頓總院，也是我工作的地方，為媒體與科學界主持一場與蘭德的討論會。希南打算讓蘭德說出他並沒有貶低道納在 CRISPR 領域貢獻的意思，平息這場爭議。蘭德也試圖照著希南的意思行事，儘管方式上實在稱不上英雄。「我沒有貶抑任何人的企圖，」他說。但在《華盛頓郵報》的喬艾・阿肯巴赫（Joel Achenbach）的咄咄相逼之下，蘭德仍堅持自己的評論都有憑有據，而且沒有對道納的成就輕描淡寫。那時我主動與希南對視，看到她聳了聳肩。[17]

---

15 原註：作者對索斯達克的訪問。

16 原註：蘭德 2016 年 1 月 28 日寄給布洛德研究所人員的電子郵件。

17 原註：喬艾・阿肯巴赫 2016 年 4 月 21 日發表於《華盛頓郵報》的〈艾瑞克・蘭德談 CRISPR 以及諾貝爾獎惡名昭彰的「最多 3 人獲獎法則」〉（Eric Lander Talks CRISPR and the Infamous Nobel 'Rule of Three'）。

第 31 章

專利

「有用的技藝」

　　自從威尼斯共和國在 1474 年通過了一道法令，賦予發明者「所有嶄新與巧器妙物」10 年的獨家獲利權後，世人就展開了專利權的角力。在美國，專利權被供奉在《憲法》第一條的條文中：「國會有權……促進科學與實用技藝的進步，對作者和發明者的著作和發明，在一定期限內給予專利權的保障。」憲法條文通過 1 年後，國會又通過了另一個法案，允許「所有實用技藝、製造物、引擎、機械或任何器物，或任何前述物的前所未聞之改良」擁有專利。

　　然而即使是個簡單的門把，法院在落實法案，並將這些概念付諸實際行動時，過程也非常複雜。1850 年的哈吉奇斯對格林伍德案（Hotchkiss v. Greenwood）是一起有關於以瓷土而非木材製作的門把專利申請糾紛，美國最高法院在判定這項發明是否為「前所未聞」的器物時，從定義何為「顯而易見」與「非顯而易見」開始審理。而當專利爭議涉及生物過程時，專利歸屬的裁定更加困難，然而生物專利卻已走過了很長的一段歷史。以法國生物學家路易斯·巴斯達為例，他在 1873 年取得了世上第一個微生物相關的已知專利：製作「無病菌酵母菌」的方法。從此，我們用巴斯達殺菌法處理牛奶、果汁與葡萄酒。

　　現代生物科技產業在 100 年後誕生，當時一位史丹佛律師接觸史丹利·柯漢與赫伯·博耶，說服他們為兩人所發現以 DNA 重組製造新基因藥物的方法申請專利。當時包括發現 DNA 重組的保羅·伯格在內的許多科學家，對於將一個生物過程專利化的想法感到非常驚懼，但源源不斷流向發明者與發明者所屬

〔第 31 章〕專利　253

大學的權利金，很快就讓生物科技專利成為業界寵兒。以史丹佛為例，因為將柯漢—博耶專利非獨家授權予數百家生物科技公司，25 年間賺了 2.25 億美金。

1980 年發生了兩起具里程碑意義的事件。那一年美國最高法院做出了有利於一位基因工程師的判決。這位工程師培養出了一株可以吃原油的細菌，在漏油事件中能夠有效扮演清理者的角色。美國專利商標局根據不可以將生物專利化的原則，駁回了這位工程師的專利申請。然而最高法院以 5 比 4 的票數，由首席大法官華倫・伯格（Warren Burger）裁定，如果爭議主角是「出於人類創造力的產品」，那麼「一個活的、人造的微生物可以專利化」。[1]

同一年，國會通過了《拜杜法案》（*Bayh-Dole Act*），讓大學院校可以更輕易地從專利獲利，就連政府資助的研究專利也涵蓋在內。在法案通過之前，大學常被要求將發明權指定給出資的聯邦機構。有些學術單位認為拜杜法案騙走了大眾納稅金所資助的應得發明收益，並扭曲了大學的運作方式。「受到為數不多但收益驚人的專利激勵，各大學都發展出從研究獲利的龐大基礎建設，」道納在柏克萊的同僚麥可・埃森這麼認為。他相信政府應該把所有聯邦政府出資贊助的研究成果轉為公眾所有。「讓學院的科學研究回歸到以基礎發現為導向的本質，我們所有人都會因此獲利。從 CRISPR 將學術機構轉變成眼裡只看得到錢的智慧財產權叫賣小販的例子來看，這個作法的毒害就可見一斑。」[2]

埃森的論點很有吸引力，然而總體而論，我認為當前聯邦資助與商業獎勵的混搭結構，一直讓美國科學受惠良多。把一項基礎科學發現轉變成一項藥物或工具，可能要耗費數十億甚至數百億的美金。除非研究成本有辦法得到補償，否則不會有太多投資。[3] CRISPR 的發展以及 CRISPR 所引導出來的治療方

1　原註：1980 年美國高等法院，蒙德與查克拉巴蒂訴訟案，案號 447 U.S. 303；道格拉斯・羅賓森（Douglas Robinson）與妮娜・梅德洛克（Nina Medlock）2005 年所 10 月刊於《智慧財產與科技法律期刊》（*Intellectual Property & Technology Law Journal*）之〈蒙德與查克拉巴蒂訴訟案：生技專利 25 年省思〉（Diamond v. Chakrabarty: A Retrospective on 25 Years of Biotech Patents）。

2　原註：麥可・埃森 2017 年 2017 年 2 月 20 日刊於「非垃圾」部落格之〈專利正在摧毀學術科學的靈魂〉（Patents Are Destroying the Soul of Academic Science）。另請參見艾佛瑞德・恩格伯格（Alfred Engelberg）2018 年 7 月 18 日刊於《現代保健》（*Modern Healthcare*）之〈納稅人有權以合理價格使用聯邦資助的藥物發明〉（Taxpayers Are Entitled to Reasonable Prices on Federally Funded Drug Discoveries）。

3　原註：作者對艾爾朵拉・艾利森的訪問。

式，就是很好的例子。

CRISPR 專利

當時道納對專利瞭解不多。她之前的研究工作也鮮少有實際應用。在和夏彭蒂耶完成 2012 年 6 月的報告之際，她主動聯絡了柏克萊負責智慧財產權的那位女士，那位女士為道納安排了一位律師。

美國研究教授的發明通常都指定給學術機構，柏克萊道納的發明就是這樣的狀況，發明者對於如何授權以及權利金的收受比例（大多數大學都給發明者 1/3 的授權金）也可以表達很多意見。夏彭蒂耶所在的瑞典，專利直接屬於發明者。因此道納的專利是由柏克萊提出的共同申請，而夏彭蒂耶的專利是個人申請，至於凱林斯基所在的維也納大學，則是由維也納大學申請。2012 年 5 月 25 日晚上 7 點過後沒多久，《科學》期刊的報告剛完成，道納團隊就提出了臨時專利申請，用信用卡支付了 155 塊的申請費。他們壓根就沒想過要多付一點點錢加快申請程序。[4]

包括了圖表與實驗數據在內的 168 頁申請案，不但描述了 CRISPR-Cas9，也針對超過 124 種這個系統可能應用的方式提出了主張。申請案中的所有數據都是細菌實驗。但是申請案中也提到應用方式可能可以在人類細胞中作用，並主張以 CRISPR 作為基因編輯工具的專利範圍涵蓋所有生命型態。

如我之前所提，張鋒與布洛德在 2012 年 12 月提出他們的專利申請，那是張鋒有關人類細胞基因編輯的報告正式為《科學》期刊接受的時間。[5] 張鋒的報

4　原註：伊尼克、道納、夏彭蒂耶與凱林斯基2012年25日提出之美國專利申請案〈RNA-引導特定目標DNA修改方法與成分〉（Methods and Compositions, for RNA-Directed Site-Specific DNA Modification），案號61/652,086；雅各・雪考（Jacob Sherkow）2017年12月7日刊於《法律與生物科學期刊》（*Journal of Law and the Biosciences*）之〈CRISPR 專利保護〉（Patent Protection for CRISPR）。

5　原註：2012年12月12日提出之臨時申請案〈改變基因產品表現的CRISPR-Cas系統與方法〉（CRISPR-Cas Systems and Methods for Altering Expressions of Gene Products），案號61/736,527，此案於2014年獲得美國專利，證號8,697,359。此項申請案後來進行內容修改，發明人增納馬拉費尼，與張鋒、樂叢、林帥亮並列。

告中特別描述了在**人類**細胞中使用 CRISPR 的過程。與柏克萊不同的是，布洛德利用了專利申請中一條明文小規定，為了名為「加速審查」，或者更詩意的說法，「特案請求」的程序，支付了一小筆額外的費用，並同意了幾個條件，加快專利審查過程。[6]

一開始，美國專利商標局並沒有同意張鋒的申請，他們要求張鋒提供更多資料。張鋒以一份書面聲明回覆專利商標局的要求，而他在聲明書中所提到的一項指控，令道納非非常憤怒。聲明書指出丘奇曾將他的論文預印版寄給道納，暗示她的專利申請案中利用了丘奇的數據。「本人鄭重質疑該範例的出處，」張鋒說。張鋒與布洛德在一份他們提出的法律文件中聲稱，「一直到丘奇的實驗室分享了未發表的數據後，道納博士的實驗室才報告他們可以改編 CRISPR-Cas9 系統，」運用在人類細胞上。

張鋒的聲明內容讓道納非常憤怒，因為這份文件暗示她剽竊了丘奇的數據。她在一個週六下午打電話給在家的丘奇，而他對自己前學生的指控也同樣憤怒。「我願意公開說明妳沒有不當使用我的數據，」丘奇對她說。丘奇後來對我說，她在報告中禮貌地用了一句話感謝自己的協助，而張鋒竟然利用這個小小的合作來針對她，簡直「可惡至極」。[7]

馬拉費尼遭到排除

在張鋒等待他的專利申請裁定結果同時，他和布洛德做了一件相當罕見的事情，他們並沒有在主要申請書上列入張鋒的合作研究者路希阿諾·馬拉費尼的名字。這件有些神祕的事件，是專利法可能對科學合作造成扭曲影響的遺憾

6　原註：張鋒／布洛德的主要專利申請案與相關文件提出，可參考美國專利商標局之美國臨時專利申請案案號 61/736,527，道納／夏彭蒂耶／柏克萊專利申請案，列於美國臨時專利申請案，案號61/652,086之下。紐約法學院雅各·雪考的文章對專利相關爭議有相當好的說明，包括2015年3月刊於《自然生物科技》的〈CRISPR 專利爭議的法律、歷史與教訓〉（Law, History and Lessons in the CRISPR Patent Conflict）、2016年6月刊於《生物化學家》期刊（*Biochemist*）2017年的〈CRISPR 時代的專利〉（Patents in the Time of CRISPR）、2017年5月23日刊於《歐洲分子生物學組織報告》（*EMBO Reports*）的〈創新的腳步：CRISPR 專利爭議與科學進展〉（Inventive Steps: The CRISPR Patent Dispute and Scientific Progress），以及〈CRISPR 專利保護〉。

7　原註：作者對丘奇、道納、蘭德與張鋒的訪問。

例子。這件事也是一個競爭的故事，甚至是貪婪、令人無法承受的好意，以及合作的故事。

馬拉費尼是位出生於阿根廷，輕聲細語的洛克斐勒大學細菌學家，他和張鋒在 2012 年初開始合作，而且是張鋒刊登在《科學》上的論文共同作者。張鋒一開始申請專利時，馬拉費尼列名為合作發明者之一。[8]

1 年後，馬拉費尼被請進了洛克斐勒大學校長室，並被告知張鋒與布洛德決定縮減一些專利申請項目，只專注於能夠運用於人類細胞的 CRISPR-Cas9 過程，而馬拉費尼因為在這方面的貢獻不足以共享專利權，因此布洛德片面決定移除馬拉費尼。這個消息讓馬拉費尼他震驚又感到深深的悲哀。

「張鋒甚至無禮到沒有直接告訴我，」馬拉費尼搖著頭說，6 年過去，他看起來依然覺得震驚又難過。「我是個理性的人。如果他們說我的貢獻度不足以和他們共享專利權，我也願意降低自己的專利權分享比例。可是他們甚至連說都不跟我說一聲。」特別讓他難過的，是他看到了他與張鋒的合作，變成了一則激勵美國人的故事：兩個移民出身的年輕新星，一個來自中國，一個來自阿根廷，攜手合作展現 CRISPR 如何運用在人類身上。[9]

我詢問張鋒這件事時，他同樣以沉靜又難過的語調回覆，就好似受到傷害的人是他。而當我問他馬拉費尼是否在協助他專注於那個酵素的研究上有一定的功勞時，他堅持「我從一開始就專注在 Cas9 的研究。」將馬拉費尼排除在專利權人的名單之外，或許是種心胸狹窄的表現，但在張鋒心裡，這樣的安排並非毫無根據。也因此，專利製造出來的問題之一，就是專利會刺激我們在分享功勞時，變得心胸比較狹窄。[10]

8　原註：臨時申請案〈改變基因產品表現的 CRISPR-Cas 系統與方法〉，案號61/736,527。
9　原註：作者對馬拉費尼的訪問。
10　原註：作者對張鋒與蘭德的訪問；蘭德的〈CRISPR 功臣錄〉。

衝突

雖然道納的申請案仍在審查中[11]，但美國專利商標局依然在 2014 年 4 月 15 日通過了張鋒的專利申請。[12] 當道納聽到這個消息時，她打了電話給當時正在開車的商業夥伴安迪・梅伊。「我記得自己把車停到了路邊，接起電話，也得知了這個爆炸性的消息，」他說，「『怎麼會發生這種事？』她問，『我們怎麼會被人搶先？』她暴怒，名符其實的暴怒。」[13]

道納的申請案繼續在專利商標局拖延。因此這也浮現了一個問題：如果有人申請一個專利，但在專利商標局裁定之前，另一個人卻取得了類似的專利，怎麼辦？在美國相關法律規定下，申請人有 1 年的時間可以要求召開「衝突」聽證會。於是 2015 年 4 月，道納提出了張鋒的專利因為與她之前所提出的專利申請有所衝突，應予以撤銷的主張。[14]

道納特別送交了一份長達 114 頁的「專利權衝突建議」，詳述張鋒的主張為什麼有些與她尚在進行審核程序的主張，「可專利性不可區別」。儘管她的研究團隊所做的實驗都與細菌有關，但她聲稱他們的專利申請「特別聲明」此系統可以應用在「所有的有機體」，並提出在人體上「許多可以應用此系統步驟的詳細敘述」。[15] 張鋒在他的答辯聲明中則聲稱道納應用「**沒有**涵蓋 Cas9 及辨識人類細胞 DNA 標靶的特性。」[16]

11　原註：提到專利爭議時，作者用的都是簡略的說法。當作者提到道納的專利申請案時，泛指她和夏彭蒂耶、柏克萊與維也納大學共同申請的專利案。同樣的，作者提到張鋒的專利申請案時，指的是他和布洛德、麻省理工學院與哈佛大學共同申請的專利案。

12　原註：美國專利證號 8,697,359。

13　原註：作者對梅伊與道納的訪問。

14　原註：道納與其他人的臨時專利申請案案號 U.S. 2012/61652086P 以及公開的專利申請案案號 U.S. 2014/0068797A1；張鋒與其他人的臨時專利申請案案號 U.S. 2012/61736527P（2012 年 12 月 12 日）與核准領證證號 US 8,697,359 B1（2014 年 4 月 15 日）。

15　原註：2015 年 4 月 10 日與 13 日，美國專利商標局針對道納與其他人之專利申請案序號 2013/842859 之「專利權衝突建議」以及「達納・卡洛博士支持建議專利權衝突聲明」；馬克・桑墨菲爾德（Mark Summerfield）2015 年 7 月 11 日刊於《專利學》（Patentology）期刊的〈CRISPR—會是最後一個美國專利衝突大案嗎？〉（CRISPR—Will This Be the Last Great US Patent Interference?）；雅各・雪考 2015 年 12 月 29 日刊於《史丹佛法學院部落格》上的〈CRISPR 專利衝突案攤牌戲上演〉（The CRISPR Patent Interference Showdown Is On）；安東尼奧・瑞萬拉多 2015 年 4 月 15 日刊於《麻省理工科技評論》的〈CRISPR 專利戰現在已成為一場勝者全拿的角力〉（CRISPR Patent Fight Now a Winner-Take-All Match）。

16　原註：張鋒私下提供給作者的 2014 年 1 月 30 日針對張鋒專利申請案的「聲明書」。

雙方就這樣拉開了戰線。道納與她的同僚辨識出了 CRISPR-Cas9 的必要成分，並以工程手法發明了一個技術，利用細菌細胞的成分，讓這個系統運作。他們的論述重點在於當時這套系統如何作用在人類細胞上，就已經是「顯而易知」的事情了。張鋒與布洛德研究院則反辯這個系統可以在人體作用並不是那麼明顯，需要另一個具創新的步驟，才能在人體細胞內作用，而張鋒就是在這一點上擊敗了道納。為了解決這個爭議，專利審查在 2015 年 12 月召開了一場「衝突程序」會議，由 3 位專利法官組成的審查小組做出裁定結果。

當道納的律師堅持這個系統因為可以作用在細菌細胞中，因此作用在人類細胞中是「顯而易知」的論點時，他們使用的是技術的術語。在專利法中，「顯而易知」一詞指的是特定的法律概念。法院曾宣布過「顯而易知的範疇判斷，取決於之前的技藝是否能夠啟發該技藝領域，使其認知該過程具合理的成功可能性。」[17] 換言之，如果僅是修改一個他人所發明的東西，而這個領域內僅具一般程度的人，都能夠利用相同的修改之法，達到合理程度的成功可能性，那麼你就無法取得新的專利。遺憾的是，像「具一般程度技術之人」與「合理的成功可能性」這類的描述，在生物學的應用領域都太模糊，因為實驗要比其他工程型態的東西更難以預測。[18]

訴訟

正式提出的所有相關摘要、聲明與議案費時 1 年，經過了這些文字作業之後，2016 年 12 月，三位法官組成的審理團位，在位於維琴尼亞州亞歷山卓市的美國專利商標局，召開了一場聽證會。淺黃色的木質高台與質樸的桌子，讓聽證室看起來猶如一間令人昏昏欲睡的郡縣交通法庭。然而在開審當天，上百位媒

17　原註：陶氏化學案相關資料，文號 837 F.2d 469, 473（聯邦巡迴上訴法院）。

18　原註：雅各‧雪考 2017 年 5 月 23 日刊於《歐洲分子生物學組織報告》的〈創新的腳步：CRISPR 專利爭議與科學進展〉；布洛德與其他人提出為布洛德與其他人利益而提出之可能回覆聲請 6，2016 年 6 月 22 日美國專利商標局申請案號 61/736,527；2016 年 8 月 15 日美國專利商標局，加州大學與其他人，異議聲請，專利衝突案案號 106,048（異議布洛德沒有事實上的衝突之主張）。

體記者、律師、投資者與生物科技的粉絲，在大約清晨 5 點 45 分就排隊想要搶得法庭裡的一個座位。這些人大多數都戴著眼鏡，看起來都有點像宅男書呆。[19]

聽證會的序幕由張鋒的律師揭開，他陳述這件案子的關鍵在於道納—夏彭蒂耶 2012 年的論文發表後，「CRISPR 運用在真核生物細胞是否為顯而易知的事情」。[20] 為了說明這並非顯而易知的事情，他列出了一系列的海報，海報上是道納與她團隊之前所發表的一些說法。第一張海報出自道納接受柏克萊化學系學報的一次訪問：「我們 2012 年的報告很成功，但有一個問題。我們不確定 CRISPR-Cas9 是否可以在植物與動物細胞中運作。」[21]

張鋒的律師接著又豎起了一張海報，上面引用的話，不再只是一句即興的意見，而是道納與馬丁・伊尼克在 2013 年 1 月發表在《eLife》文章裡的一句聲明。他們這篇稍早發表的報告，認為要將 CRISPR 系統應用在編輯人類基因上，「表示有令人興奮的可能性，」他們寫道，但接著又補充，「然而，還不知道這樣一個細菌系統是否可以作用在真核生物的細胞中。」張鋒的律師告訴法庭，「當時的這些評論都與顯而易知的概念矛盾。」

道納的律師駁斥這樣的說法，陳述道納的評論單純出自一位謹慎科學家的立場。這個說法並未說服審判長黛博拉・凱茲（Deborah Katz）。「還有任何其他的陳述，」她問道納的律師，可以「指出任何人曾說過他們真的相信這個可以成功運作嗎？」律師當時能做的最大挽救，就是指出道納曾說過，這樣的運作方式「真的有可能」。

為了避免吃敗仗，道納的律師改變了辯論方向。道納—夏彭蒂耶發表了她們的發現後 6 個月間，有 5 間實驗室成功地讓這個系統在真核細胞中運作，律師說，這就證明這樣的一步是如何的「顯而易知」。他同時也展示一張表，說

19　原註：亞麗珊卓・波坦茲（Alessandra Potenza）2016 年 12 月 6 日刊於《邊緣》（The Verge）的〈誰擁有 CRISPR〉（Who Owns CRISPR?）；雅各・雪考 2012 年 12 月 7 日刊於《麻省理工科技評論》的〈本世紀的生物科技官司會決定誰擁有 CRISPR〉（Biotech Trial of the Century Could Determine Who Owns CRISPR）；雪倫・貝格利 2016 年 12 月 6 日刊於《Stat》電子期刊的〈CRISPR 的法院審理讓加州大學坐上了辯護席〉（CRISPR Court Hearing Puts University of California on the Defensive）。

20　原註：美國專利商標局專利衝突案，案號106,048，2016 年 12 月 6 日專利於審理暨訴願委員會前的言詞辯論內容謄寫本。

21　原註：2014 年 7 月 10 日刊於柏克萊化學學院《催化劑》（Catalyst）刊物的道納專訪。

艾爾朵拉・艾利森

明這些實驗室使用的全都是已知的方式。「這裡並沒有特別的醬料，」他對法官說，「除非這些實驗室對成功有合理的期待，否則他們不會著手進行這樣的探索。」[22]

三位法官組成的審理團最後支持張鋒與布洛德的立場。「布洛德說服了我們，他們對爭議事項的主張具可專利性區別，」法官們在 2017 年 2 月宣布，「證據顯示這類系統的發明，在真核細胞內不具顯而易知性。」[23]

道納這一方上訴到聯邦法庭，開始了一個又耗費了 19 個月的訴訟程序。

---

[22] 原註：美國專利商標局專利衝突案，案號106,048，2016 年 5 月 23 日柏克萊正式動議4。請參見布洛德正式動議2、3、5。

[23] 原註：專案衝突案，案號106,048，2017 年 2 月 15 日專利審判暨訴願委員會（Patent Trial Board）動議判定與裁決（Judgment and Decision on Motions）。

2018 年 9 月，美國聯邦巡迴上訴法院維持了專利審理暨訴願委員會的原判。[24] 張鋒擁有他的專利權；這與道納和夏彭蒂耶的專利申請沒有衝突。

然而就像許多複雜的智慧財產案件所發生的事情一樣，這些判決並未讓事情落幕，也沒有給予張鋒完全的勝利。正是因為這兩件專利申請案之間「沒有衝突」，所以專利審核人員會個別裁量兩件申請案，換言之，道納—夏彭蒂耶的專利也可能通過審查。

專利優先權爭議，2020

事實上，這就是實際發生的事情。美國聯邦巡迴上訴法院在 2018 年確認張鋒專利權的判決書最後兩句話中，強調了一個重點。「本案是關於兩套應用主張的範疇，以及這些主張是否具可專利性區別，」法官寫道，「此次並非針對任何一造主張的有效性進行判決。」也就是說，授予張鋒的專利權，以及道納和夏彭蒂耶已經申請但仍在審理的專利案之間，沒有「衝突」。這兩件申請案可以被視為兩件不同的發明，**兩件案子**都可能會被授予專利，而道納—夏彭蒂耶的專利也可能具有優先權。

當然，這樣的結果會很麻煩又有些矛盾。如果兩個專利都通過審核，而看起來又似乎有重疊，那麼法庭沒有衝突的裁決就完全是悖離常理。不過有時候，人生啊，特別是細胞內與法庭內的人生，就是很可能會出現矛盾。

2019 年初，美國專利商標局根據道納與夏彭蒂耶 2012 年申請的案子，發出了 15 項專利，這個時候，道納已經聘雇了一位新的首席律師艾爾朵拉·艾利森（Eldora Ellison）。她令人驚艷的學習教育背景，簡直就是為了生物科技時代量身打造。艾利森是哈佛大學的生物學士、康乃爾大學的生物化學與細胞生物學博士，最後再加上一個喬治城大學的法學學位。我常常建議我的學生考慮同時修習生物學與商學，就像瑞秋·哈爾威茲，或生物學與法學，一如艾利森。

24　原註：專案衝突案，案號106,048，2018 年 9 月 10 日美國聯邦巡迴上訴法院金柏麗·摩爾法官（Judge Kimberly Moore）判決。

利用共進早餐的時間，艾利森向我分析這件訴訟案，她可以同時從生物學與法學的角度解釋各種細微的差異，而且她隨時都能引用她記憶中各種科學文獻與法院判決的冷僻註解與細節。我最終的結論就是艾利森在最高法院上的表現必然極其亮眼，因為在當下的環境裡，參審法官中至少會有一位具備足夠的生物學與科技知識。[25]

2019 年 6 月，艾利森成功促使專利商標局另立新案。[26] 與只關注張鋒專利是否與道納申請的專利案有所衝突的第一件案子不同的是，這個新立的案子牽涉到根本議題的裁定，那就是關鍵的發現是由哪一方先找到的。這個新的「優先爭議」是試圖利用實驗室筆記以及其他證據，明確指出哪一方的申請者，將 CRISPR-Cas9 的創新，發明成了一個編輯工具。

因為新冠疫情封城而以視訊會議方式召開的 2020 年 5 月公聽會中，張鋒的律師辯稱這件事情早已定案，因為道納與夏彭蒂耶 2012 年發現的 CRISPR-Cas9 系統，在人類細胞中運作並非「顯而易知」，因此身為第一個證明可以這麼做的張鋒理應擁有專利權。艾利森辯駁新案中的法律課題與這件事並不相同。道納與夏彭蒂耶所取得的專利，是涵蓋了從細菌到人類的所有生物體中使用的 CRISPR-Cas9。她說，因此新案的問題，在於道納與夏彭蒂耶 2012 年所提出的專利申請案中，是否涵蓋了足夠的證據，證明她們發現了這一點。艾利森辯稱，即使兩人的實驗數據來自於試管中的細菌成分，但她們的專利申請案，在考慮整體性的情況下，描述了如何在任何生物體中應用這個系統。[27] 直到 2020 年末，這件案子依然在纏訟中。

歐洲的情況一開始也與美國一樣，道納與夏彭蒂耶取得了一張專利，張鋒也有一張專利。[28] 但這個時候，張鋒與馬拉費尼的爭議又浮上了檯面。在張鋒

25　原註：作者對艾爾朵拉·艾利森的訪問。

26　原註：專案衝突案，案號106,115，2019 年 6 月 24 日專利審判暨訴願委員。

27　原註：專案衝突案，案號106,115，2020 年 5 月 18 日言詞辯論（專利審判暨訴願委員會案號）。

28　原註：歐洲專利局〈RNA- 引導目標 DNA 修改方法與成分〉（Methods and Compositions for RNA-Directed Target DNA Modification），專利證號 EP2800811，2017 年 4 月 7 日核准；傑夫·阿卡斯特（Jef Akst）2017 年 3 月 24 日刊於《科學家》的〈加州大學柏克萊分校取得歐洲 CRISPR 專利〉；雪考的〈創新的腳步：CRISPR 專利爭議與科學進展〉。

申請案經過修改，把馬拉費尼的名字排除在外之後，歐洲專利法庭裁定張鋒不可以用原始的申請案日期當作「優先權日期」。結果其他的專利申請被視為擁有更早的優先權日期，因此專利法庭撤銷了張鋒的專利。「張鋒的歐洲專利之所以被取消，在於他把我摘掉的方式，」馬拉費尼指出。[29] 到了 2020 年，道納與夏彭蒂耶另外又拿到了英國、中國、日本、澳洲、紐西蘭與墨西哥的主要專利權。

這些專利權之戰值得嗎？道納與張鋒若能達成協議，會不會比對簿公堂要好？道納的企業夥伴安迪・梅伊在回想這些過程時，也是這麼認為。「如果我們可以設法一起合作，所有這些法律論證所花費的大量時間與金錢都可以省下來，」他這麼說。[30]

情緒與不滿，也讓這場歹戲拖棚的戰爭發展到了一個沒有必要的程度。道納與夏彭蒂耶其實可以效法德州儀器的傑克・基爾比（Jack Kilby）與英特爾的羅伯・諾伊斯（Robert Noyce）。他們在纏訟 5 年的官司後，同意透過彼此智慧財產的交互授權而共享專利權與權利金，此舉不但讓積體電路產業呈現指數成長，科技的新時代也因此被定義。[31] 與 CRISPR 競爭者不同的是，基爾比與諾伊斯遵循了一個最重要的商業準則，那就是**搶劫大業尚未完成前，別吵著分贓**。

29　原註：作者對馬拉費尼的訪問；歐洲專利局專利〈序列操縱的系統、方法與最優化引導成分工程運作〉（Engineering of Systems, Methods, and Optimized Guide Compositions for Sequence Manipulation），專利證號 EP2771468；凱莉・雪維克（Kelly Servick）2018 年 1 月 18 日刊於《科學》的〈布洛德研究所在歐洲 CRISPR 爭奪戰中痛失一城〉（Broad Institute Takes a Hit in European CRISPR Patent Struggle）；洛伊・歐尼爾（Rory O'Neill）2020 年 1 月 16 日刊於《生命科學智慧財產評論》（Life Sciences Intellectual Property Review）的〈歐洲專利局撤銷布洛德的 CRISPR 專利〉（EPO Revokes Broad's CRISPR Patent）。

30　原註：作者對梅伊的訪問。

31　基爾比於 1958 年發明了史上第一個積體電路，諾伊斯在大概半年後的 1959 年也發明了積體電路。諾伊斯採用的矽晶片比基爾比的鍺晶片更便宜實用，且將不同元件連結在一起的技術也更先進，當前的晶片設計與生產發展都以諾伊斯的發明為基礎。

第 4 篇

CRISPR 的應用

人若罹病，就沒有了抵抗
——沒有治療的食物、沒有油膏、也沒有任何飲品——
缺醫少藥，因此他們只能日漸衰弱，
直到我教會了他們如何混製治療的藥物。

——普羅米修斯，希臘悲劇之父埃斯庫羅斯（Aeschylus）
劇作《被縛的普羅米修斯》（*Prometheus Bound*）

第 32 章

治療

鐮狀細胞

2019 年 7 月，納許維爾某家醫院裡有位醫生，將一個大針筒的針頭插進一位來自密西西比州中部小鎮的 34 歲非裔美國女子手臂上，把之前從她血液中內提取出來，再以 CRISPR-Cas9 編輯過的幹細胞注入她體內。這些重新置入的幹細胞是治療她鐮刀型貧血症的一項嘗試。從她還是個襁褓中的嬰兒開始，鐮刀型貧血症使人衰弱的疼痛，就一直讓她生活在煎熬之中。也因此，4 個孩子的母親維多利亞·葛雷（Victoria Gray），成了美國接受 CRISPR 基因編輯工具治療的第一人。這項臨床實驗是由埃瑪紐埃爾·夏彭蒂耶所成立的 CRISPR 醫療公司主導。當幹細胞重新注入葛雷體內時，她的心率狂飆，有那麼一下子，連呼吸都有困難。「那個當下有點令人害怕，對我來說有點難熬，」她對獲准追蹤她治療過程的美國全國公共廣播電台（NPR）記者羅伯·史丹（Rob Stein）說，「之後，我就哭出了聲。不過那都是快樂的眼淚。」[1]

現在對 CRISPR 的諸多關注，包括了針對會傳承給我們未來所有子孫所有細胞的人類遺傳（生殖細胞系）基因編輯的潛力，以及具有改變我們這個物種

---

[1] 原註：羅伯·史丹 2019 年 7 月 29 日於美國全國公共廣播電台的《晨間新聞》（*Morning Edition*）播出的專題〈世界首例，美國醫生利用 CRISPR 工具治療基因疾病患者〉（In a First, Doctors in U.S. Use CRISPR Tool to Treat Patient with Genetic Disorder）；羅伯·史丹 2019 年 12 月 25 日於美國全國公共廣播電台（NPR）的《萬事皆曉》（*All Things Considered*）播出的專題〈密西西比一名年輕女士的基因編輯先驅實驗之旅〉（A Young Mississippi Woman's Journey through a Pioneering Gene-Editing Experiment）。

的可能性。這些編輯可以在生殖細胞中進行，也可以在早期的胚胎上進行。2018 年中國的 CRISPR 雙胞胎寶寶就是這樣的應用，這件事極具爭議性，之後的章節會有詳細討論。這一章的重點，我打算聚焦在 CRISPR 最常見與最受歡迎的應用上，至少目前是如此，那就是類似維多利亞·葛雷這樣的案例。在這些案例中，CRISPR 被用來編輯患者的某些而非全部的身體細胞（體細胞），而這種編輯所做出的改變，**不具遺傳性**。要達到這樣的目的，可以透過取出患者的一些細胞、進行編輯，再把這些（**離體**）細胞重新置入患者體內，或將 CRISPR 編輯工具送入患者的（**體內**）細胞中。

鐮刀型貧血症是**離體**基因編輯最適合的候選之一，因為這種疾病涉及一種抽取出來與重新置入都挺簡單的血細胞。鐮刀型貧血症的致病原因，是因為一個人超過 30 億對鹼基對的 DNA 中出現了單一鹼基突變，造成血紅素改變。血紅素正常的紅血球呈平順中央凹陷的圓盤狀，能夠輕易地在血管中移動，從我們的肺攜帶氧氣到身體各處。但是變異的血紅素會形成讓紅血球扭曲的長纖維，紅血球縐成鐮刀狀，這種紅血球會聚集在一起，堵塞血管。因此氧氣無法穿透過組織與器官，引發嚴重疼痛，而且在大多數病例中，病人都活不過 55 歲。飽受鐮刀型貧血症折磨的人，全球超過 400 萬，其中約有 80% 是撒哈拉沙漠以南的人民；美國約有 9 萬人，主要是非裔。

這個基因小差錯的單純性以及綜合徵狀的嚴重性，都讓這種疾病成為基因編輯的完美選擇。在維多利亞·葛雷的例子中，醫生從她自己的血液中取出幹細胞，利用 CRISPR 加以編輯後，啟動一種只有在生命胎兒期可以正常製造的血細胞。那種胎兒期的血紅蛋白很健康，所以如果基因改造有效，患者就可以開始製造他們自己的正常細胞。

在醫生為葛雷注射基因編輯細胞幾個月後，她開車到納許維爾確認治療是否有效。她很樂觀。因為從輸入編輯細胞後，她不再需要輸血，也不再突然疼痛。護士插入了一根針，抽出了好幾管血。經過了一段緊張的等待時間，主治醫生走進來告訴她結果。「我對你今天的結果，感到超級興奮，」他說，「跡象顯示你已經開始製造胎兒血紅蛋白了，這對我們來說，是非常值得興奮的事情。」葛雷現在大約有一半的血液都是健康細胞的血紅蛋白。

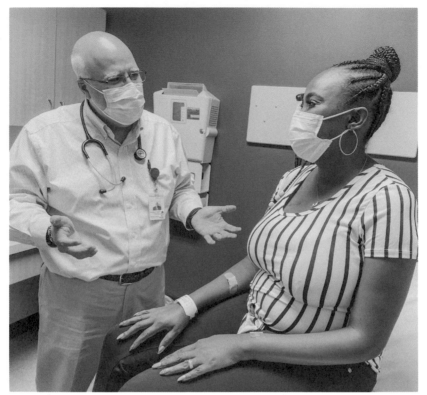

海達・法蘭戈爾醫生（Dr. Haydar Frangoul）與維多利亞・葛雷，攝於田納西州納許維爾的莎拉・坎農研究所（Sarah Cannon Research Institute）

　　2020 年 6 月，葛雷甚至收到了更令人雀躍的消息：她的治療效果似乎仍在持續。9 個月後，她依然沒有再遭到任何鐮刀型貧血症的疼痛襲擊，也沒有任何輸血需求。檢測顯示，她 81% 的骨髓細胞都在製造健康的胎兒血紅蛋白，這也意味著基因編輯效力持續。[2]「高中畢業典禮、大學畢業典禮、婚禮、外孫、外孫女，以前我以為自己全都看不到，」葛雷在知道這個消息後說，「現在我可以陪女兒們挑婚紗了。」[3] 這是個了不起的里程碑，CRISPR 顯然可以治癒一

2　原註：2020 年 6 月 12 日 CRISPR 醫療公司發佈的〈CRISPR 醫療公司與福泰製藥宣布新臨床數據〉（CRISPR Therapeutics and Vertex Announce New Clinical Data）。

3　原註：羅伯・史丹 2020 年 6 月 23 日於美國全國公共廣播電台《晨間新聞》播出的專題〈1 年後，第一位因鐮刀型貧血症接受基因編輯治療的患者健康開心〉（A Year In, 1st Patient to Get Gene-Editing for Sickle Cell Disease Is Thriving）。

種人類的遺傳疾病。在柏林的夏彭蒂耶聽著葛雷接受美國全國公共廣播電台訪問時激動發言的錄音檔，「聽她的敍述，真的很令人驚喜，」她說，「因為我瞭解到 CRISPR 編輯這個我幫忙創造出來的小寶寶，讓她不會再受到這個病痛的折磨。」[4]

負擔得起的治療費用

類似這種案例的 CRISPR 種種應用，很可能可以挽救生命，然而這樣的應用也必然所費不貲。事實上，一位患者的這類治療要花費美金 100 萬或更高的成本，至少初期是如此。因此 CRISPR 行大善的應用可能性，直接會引發的問題是美國醫療保險體系可能會破產。

道納在 2018 年 12 月與一群美國參議員討論之後，開始針對這個問題尋求解決之道。那場在國會大廈的會議，是在雙胞胎「CRISPR 寶寶」已於中國誕生的正式宣布幾週後召開，道納希望這場會議可以把焦點集中在 CRISPR 寶寶這個標題新聞上。一開始，會議的走向的確如此。但出乎她意料的是，會議的討論重點很快就從遺傳基因編輯的危險性，轉到了利用基因編輯治療疾病的可能性上。

道納告訴與會的參議員，CRISPR 在開創鐮刀型貧血症的治療方式上，已接近成功，這個消息讓大家都相當振奮，但他們立刻丟出各種有關費用的問題。「國內目前有 10 萬人受到鐮刀型貧血症的影響，」有位參議員指出，「如果一個患者的治療費用是 100 萬美元，我們要怎麼負擔？只會破產。」

道納因此認定如何讓大家負擔得起鐮刀型貧血症的治療費用，應該納入她的創新基因學院（Innovative Genomics Institute）使命當中。「對我而言，參議院的公聽會是一個分水嶺，」她說，「在那之前，我也一直在想費用的問題，但不是那麼聚焦。」回到柏克萊後，她召集自己團隊開了一系列會議，討論如何將鐮刀型貧血症治療盡可能普及化的議題放入他們的使命中，成為一個新的

---

4 原註：作者對夏彭蒂耶的訪問。

核心任務。[5]

　　小兒麻痺疫苗普及化的公私合夥關係成了一個靈感。道納主動接觸了蓋茲基金會與美國國家衛生研究院，兩個機構後來宣布挹注兩億美金，合作推動一個鐮狀細胞治癒計畫（Cure Sickle Cell Initiative）。[6] 這個計畫的主要科學目標是找出方法，在不需要抽取骨髓的情況下，編輯患者體內的鐮狀細胞突變。一種可能是在患者血液內注射一種帶有位址標籤的基因編輯分子，位址標籤可以引導這個分子直奔骨髓中的細胞。困難則在於找出正確的遞送機制，譬如某個類似病毒的分子，但又不會引發患者的免疫排斥。

　　如果這個計畫能夠成功，那麼這種治療方式不只可以治癒許多罹患這一種可怕疾病的人，還有助於伸張健康正義。世上大多數的鐮刀型貧血症病患都是非洲人或非裔美國人。從歷史的角度來看，這些人口族群長久以來一直沒有得到醫學界充分的照顧。雖然大家對於鐮刀型貧血症源於遺傳致病原因的瞭解，要比任何類似疾病都早得多，但新的治療方式卻始終停滯落後。舉例來說，主要影響美國與歐洲白人的纖維性囊腫，其治療方式的研究所收到來自政府、慈善機構與基金會的資金，比鐮刀型貧血症的治療方式研究，要多出了 8 倍不止。基因編輯很有可能讓醫學改頭換面，但危險在於擴大貧富之間醫療保健差距。道納設計鐮狀細胞計畫的目的，就是要找到避免讓這個危險成真的方法。

癌症

　　除了治療如鐮刀型貧血症這類的血液疾病外，CRISPR 也用來對抗癌症。中國一直都是這個領域的先驅，而且在設計治療方式以及進入臨床實驗這個層面，領先美國 2 至 3 年。[7]

5　原註：作者對道納的訪問。

6　原註：柏克萊創新基因學院 2020 年 2 月提出〈創新基因學院鐮狀細胞計畫提案〉（Proposal for an IGI Sickle Cell Initiative）。

7　原註：裴提卡・拉納（Preetika Rana）、艾美・道格瑟・馬可斯（Amy Dockser Marcus）與范文欣（Wenxin Fan）2018 年 1 月 21 日刊於《華爾街日報》的〈中國未受法規與種族問題阻礙，在基因編輯試驗領域取得領先〉（China, Unhampered by Rules, Races Ahead in Gene-Editing Trials）。

第一位接受 CRISPR 治療的人，是人口多達 1400 萬的中國四川省成都市一位肺癌患者。2016 年 10 月，科學醫療團隊從患者血液中提取了一些 T 細胞。T 細胞是一種白血球，功用在於幫助擊退疾病以及發揮免疫力。醫生接著利用 CRISPR-Cas9 讓關閉細胞免疫反應的一種名為 PD-1 蛋白質的基因失效。癌細胞有時候為了保護自己不受免疫系統攻擊，會誘發 PD-1 反應。藉由 CRISPR 編輯基因，患者 T 細胞擊殺癌細胞的效率提高了。一年內，中國利用這個技術已做過 7 次的臨床試驗。[8]

「我認為這會引發中美之間一場『史普尼克 2.0』版（Sputnik 2.0）[9]的生物醫學角力對決，」賓州大學知名的癌症研究者卡爾‧炯恩（Carl June）表示。當時他正為了自己的類似臨床實驗，努力爭取主管機構的批可。炯恩與他的同僚最後終於獲准進行臨床實驗，並於在 2020 年發表了初步結果。他們在 3 位癌末病患身上測試的治療方式，要比中國使用的方式複雜得多。他們先剔除 PD-1 基因，也在 T 細胞內插入一個可以鎖定患者腫瘤的基因。

儘管那 3 位患者並未被治癒，但實驗顯示這個技術很安全。道納與她一位博士後研究學生在《科學》期刊上發表了一篇報告，解釋賓州大學的實驗結果。「截至目前為止，CRISPR-Cas9 所編輯的 T 細胞，一旦重新注入人體內，是否可以被人體接受並自此繁榮茁壯，尚不可知，」她們寫道，「實驗的這些發現代表基因編輯在醫療應用上的一個重要進展。」[10]

此外，CRISPR 也被用來當成一種檢測工具，精準辨識患者罹患的癌症種類。道納與她另外兩名研究生所成立的猛獁生物科學公司（Mammoth Biosciences），正在以 CRISPR 為基礎，設計可以應用於診斷腫瘤的工具，希望能夠快速且輕易地辨識出各種不同腫瘤相關的 DNA 序列。正確診斷後，就可

8　原註：大衛‧塞拉諾斯基（David Cyranosk）2016 年 11 月 15 日刊於《自然》的〈首次在人類身上進行的 CRISPR 基因編輯測試〉（CRISPR Gene-Editing Tested in a Person for the First Time）。

9　史普尼克 1 號（Sputnik 1）是俄國 1957 年 10 月 4 日成功發射的人造衛星，也是人類第一顆進入行星軌道的人造衛星。俄國 2020 年因應新冠肺炎推出的疫苗，也命名史普尼克。

10　原註：珍妮佛‧漢彌頓與道納 2020 年 2 月 6 日刊於《自然》的〈打破工程處理細胞活性的藩籬〉（Knocking Out Barriers to Engineered Cell Activity）；愛德華‧史塔特摩爾（Edward Stadtmauer）……卡爾‧炯恩與其他人 2020 年 2 月 6 日刊於《科學》的〈頑固性腫瘤患者體內的 CRISPR 工程設計 T 細胞〉（CRISPR-Engineered T Cells in Patients with Refractory Cancer）。

以針對每個患者量身制訂精準的治療方式。[11]

失明

　　CRISPR 編輯的第三種應用方式，在 2020 年上路，目標是要治癒一種先天性失明。由於眼睛的細胞不能像血液與骨髓細胞一樣抽取出來後再重新置入，因此這個計畫的治療過程是在**體內**進行，顧名思義，也就是患者體內。張鋒及其他人創立的愛迪塔斯醫藥公司是這項臨床實驗的執行合作單位。

　　計畫目標是治療萊伯氏先天性黑矇症，這是一種常見的病因所造成幼年失明病症。罹患這種眼疾的病患，因為眼睛感光細胞基因的某種突變，以致短缺一種重要蛋白質，而讓投射到細胞上的光線，無法轉換成神經訊號。[12]

　　第一次的治療應用是在 2020 年 3 月奧勒岡州波特蘭市的凱西眼科研究所（Casey Eye Institute）進行，就在新冠病毒讓大多數醫療診所都暫時休業之前。長達一個小時的治療過程中，醫生利用一根僅有毛髮寬度的微小管子，在患者眼睛視網膜正下方含有感光細胞的內裡處，滴下 3 滴混入 CRISPR-Cas9 的液體。一個量身設定的病毒被用來當作傳遞 CRISPR-Cas9 至目標細胞的載體。如果細胞可以依照計畫進行編輯，那麼修復的效果就是永久性的，因為眼睛的細胞不像血液細胞，不會自行分裂，也不會自動更新。[13]

敬請期待

　　目前還有一些更具野心的 CRISPR 基因編輯應用計畫正在進行中，希望能

11　猛獁科技生物公司網站 2019 年 6 月 11 日張貼的〈癌症治療中的 CRISPR 診斷〉（CRISPR Diagnostics in Cancer Treatments）。

12　原註：美國國家衛生研究院網站 ClinicalTrials.gov 於 2019 年 3 月 13 日張貼之〈使用 LCA10 患者之單劑量遞增研究〉（Single Ascending Dose Study in Participants with LCA10），識別碼：NCT03872479；摩根・梅德（Morgan Maeder）……與蔣海燕 2019 年 1 月 21 日刊於《自然》的〈第十型萊伯氏先天性黑矇症視力受損的基因編輯治療方式發展〉（Development of a Gene-Editing Approach to Restore Vision Loss in Leber Congenital Amaurosis Type 10）。

13　原註：瑪麗蓮・瑪奇歐內（Marilynn Marchione）美聯社 2020 年 3 月 4 日報導的〈醫師在失明者體內嘗試第一次的 CRISPR 編輯〉（Doctors Try 1st CRISPR Editing in the Body for Blindness）。

讓我們在大規模傳染的疾病、癌症、阿茲海默症以及其他病痛面前，不至於那麼脆弱。舉例來說，一個眾人稱為 *P53* 的基因，基因編碼負責管控一種抑制惡性腫瘤生長的蛋白質。這種基因幫助身體對應受損的 DNA，並防止癌細胞分裂。人類通常有一份這個基因的副本，但如果這個基因出了差錯，癌細胞就會增生。大象擁有 20 份這個基因的副本，所以牠們幾乎永遠都不會罹癌。研究人員目前正在研究於人體內增加額外一份 *P53* 基因的方式。同樣的，*APOE4* 基因提高了阿茲海默症惡化的風險。研究人員正在設法將這個基因轉換成較溫和的版本。

另外一個基因 *PCSK9* 編入了一種促進低密度脂蛋白這種「壞」膽固醇生成的酵素管控功能。某些人因為這個基因突變，低密度脂蛋白非常低，因此冠狀動脈性心臟病的風險大降 88%。在賀建奎決定將編輯接收 HIV 受器基因的作法應用在他創造的 CRISPR 寶寶身上之前，他的研究方向就是如何利用 CRISPR 在胚胎的 *PCSK9* 基因中進行生殖細胞系基因體編輯，希望能製造出大幅降低心臟病風險的設計嬰兒。[14]

2020 年初，各處進行的種種 CRISPR-Cas9 應用臨床測試有 20 多個，其中包括了血管性水腫（一種會造成嚴重腫脹的遺傳疾病）、急性骨髓性白血病、超高膽固醇、以及雄性禿。[15] 不過後來因為新冠病毒大流行，同年 3 月，大多數學術研究實驗室都暫時關閉。唯一的例外就是研究抵禦新冠病毒的實驗室。特別是包括了道納在內的許多 CRISPR 研究人員，都把研究重點轉向了新冠病毒的檢測工具以及治療方式，其中有些人還偷師細菌，使用了細菌阻擋新病毒入侵的作法。

14　原註：雪倫・貝格利 2018 年 12 月 4 日刊於《Stat》電子期刊的〈CRISPR 寶寶的實驗室要求美國科學家協助關閉人體胚胎的膽固醇基因〉（CRISPR Babies' Lab Asked U.S. Scientist for Help to Disable Cholesterol Gene in Human Embryos）；安東尼・金（Anthony King）2018 年 3 月 7 日刊於《自然》的〈心臟疾病的 CRISPR 編輯〉（A CRISPR Edit for Heart Disease）。

15　原註：馬修・波提亞斯（Matthew Porteus）2019 年 3 月 7 日刊於《新英格蘭醫學期刊》（*New England Journal of Medicine*）的〈DNA 編輯帶來的新醫學階級〉（A New Class of Medicines through DNA Editing）；雪倫・貝格利於《Stat Plus》的專欄〈CRISPR 追蹤：最新發展〉（CRISPR Trackr: Latest Advances）。

第 33 章

生物駭客

2017 年在舊金山舉行的全球合成生物學高峰會（Global Synthetic Biology Summit）上，喬西亞・札伊納（Josiah Zayner) 穿著黑色 T 恤與白色緊身牛仔褲，站在一整間會議室的生物科技專家面前，以一組他在自家車庫裡搗鼓出來的 DIY「青蛙基因工程套組」，把會議推向高峰。標價美金 299 元在網路銷售的這套套組，可以讓使用者將 CIRSPR 編輯過的 DNA 注射到青蛙體內，使得青蛙的肌肉在一個月內成長兩倍。肌肉生長抑制素是一種當動物長成到成熟體型時，就抑制肌肉繼續成長的蛋白質，而札伊納這個經過編輯的 DNA，則是讓肌肉生長抑制素的基因失效。

札伊納臉上閃現著一抹陰謀者的微笑說，這個工具也可以作用在人類身上，你可以長出更大的肌肉。

現場發出了一些緊張的笑聲，然後是幾聲鼓勵的大叫。「是什麼原因沒有這麼做？」有人喊著。

札伊納這位裹著叛逆外表的嚴肅科學家，拿出隨身的皮套酒壺喝了一大口威士忌。「你的意思是我應該試著用在人體上嗎？」他回應。

會場出現更多的竊竊私語，夾雜著一些抽氣聲與大笑聲，然後是更多鼓勵。札伊納把手伸進一個醫藥包中，拿出了一根針筒，從一個小藥瓶中汲滿編輯過的 DNA，然後宣布，「好了，那我們就來行動吧！」他把針頭戳進自己的前臂，皺了一下眉，接著把針筒裡的液體注入血管中。「這會改造我的肌肉基因，給我更大的肌肉，」他宣布。

稀稀落落的掌聲響起。札伊納又拿起隨身酒壺喝了一大口。「我會讓你們知道結果如何，」他說。[1]

札伊納的額前有一撮頭髮挑染成金黃色、雙耳各有 10 個耳洞。因為這起事件，他成了許多群體的招牌人物，包括新品種的生物駭客、充滿熱情的叛逆研究人員團體，以及想要透過科學普及讓生物學大眾化，並將科學普及力量帶給所有人的快樂業餘愛好者圈。在傳統研究人員擔心專利的同時，生物駭客想要的是讓生物學前線維持不受權利金、規範、與限制的束縛，與數位駭客對於網路邊境的想法類似。像札伊納這樣的生物駭客，大多數都是頗有成就的科學家，他們放棄了在大學或企業工作的機會，成為自造者運動（do-it-yourself maker's movement）怪異領域的流浪巫師。在 CRISPR 這齣戲裡，札伊納扮演的角色是莎士比亞筆下的一種睿智愚者，一如《仲夏夜之夢》中，以雜耍為偽裝，說著實話、取笑那些胸懷大志者的自命不凡，並藉著明指這些凡夫俗子蠢愚的方式，推著我們往前走的精靈帕克（Puck）。

札伊納年少時在摩托羅拉擔任手機網路程式設計師，不過 2000 年科技泡沫破碎他遭到裁員後，決定去上大學。他在南伊利諾州大學的植物生物學系拿到了學士、在芝加哥大學取得了分子生物物理學博士。念研究所期間，他研究光活化蛋白質的運作機制，但後來並沒有繼續傳統的博士後研究，反而寫了關於利用合成生物學來幫助火星殖民的申請資料，應聘到太空總署工作。可惜札伊納天生就與階級組織不對盤，於是他辭了工作，追求當個生物駭客的自由。

在進入 CRISPR 世界之前，札伊納嘗試過好幾種合成科學的實驗，實驗對象包括他自己。為了改善自己的腸胃問題，他進行了一次糞便微生物移植（不要問我細節），希望能改變自己腸道裡的微生物群。他在一間飯店房間內進行這項

1　原註：札伊納 2017 年 10 月 6 日於 YouTube 張貼的〈自製人類 CRISPR 肌肉生長抑制素基因剔除〉（DIY Human CRISPR Myostatin Knock-Out）；莎拉・張（Sarah Zhang）2018 年 2 月 20 日刊於《大西洋月刊》的〈生物駭客對電視直播自我注射 CRISPR 的行為感到後悔〉（Biohacker Regrets Injecting Himself with CRISPR on Live TV）；史蒂芬妮・李（Stephanie Lee）2017 年 10 月 14 日於網路新聞《*BuzzFeed*》刊出的〈這傢伙說他不是第一個用 CRISPR 編輯自己 DNA 的人〉（This Guy Says He's the First Person to Attempt Editing His DNA with CRISPR）。

喬西亞‧札伊納

移植，還請了兩名攝影師記錄整個過程（如果你真的很想知道整個移植怎麼進行的），製作了一支可以在網路上找到，名為《駭腸》（*Gut Hack*）的記錄短片。[2]

　　札伊納現在在自家車庫經營一家名為奧丁小店（the ODIN）的網路生物駭客供應店，創製並銷售「讓所有人都可以在家或實驗室中，做出獨一無二且可用的有機體套組與工具。」他銷售的產品除了那套青蛙肌肉套件素外，另外還有「自己動手的細菌基因工程 CRISPR 套組」（售價美金 169 元）與「基因工程家庭實驗室套組」（售價美金 1999 元）。

　　就在 2016 年札伊納開業後不久，他接到了哈佛大學喬治‧丘奇寄來的電

2　原註：凱特‧麥克林（Kate McLean）與馬利歐‧佛洛尼（Mario Furloni）2017 年 4 月 11 日在《紐約時報》「觀點與評論紀錄片」（op-doc）中的《駭腸》（Gut Hack）；艾瑞艾拉‧杜海姆—羅斯（Arielle Duhaime-Ross）2016 年 5 月 4 日在《邊緣》刊出之的〈一顆苦澀的藥丸〉（A Bitter Pill）。

子郵件。「我喜歡你做的東西,」丘奇在信中寫道。兩人閒談一陣子後,終於見了面,接著丘奇就成了奧丁小店的科學顧問。「我想喬治就是喜歡收集有趣的傢伙。」札伊納說,一針見血。[3]

大多數在學術實驗室裡工作的生物學家,對於札伊納這種他們視為粗製濫造的方式,都抱持蔑視的態度。「喬西亞的噱頭,是一種為了追求知名度而絲毫不計後果的行為,」在道納實驗室裡工作的凱文・道格斯森(Kevin Doxzen)表示,「公開鼓勵好奇心與質疑,是件值得去做的事情,但是販售讓人覺得可以在自家廚房以工程手法處理青蛙、在客廳裡處理人類細胞,或在車庫裡處理細菌的套組,試圖簡化一種一點都不簡單的技術,卻是另外一回事。一想到高中老師用他們日漸拮据的預算去買根本就行不通的套組,讓我很難過。」札伊納將這類批評看成學術界科學家為了維護他們高人一等的身分而做的努力,並嗤之以鼻。「我們套組的 DNA 序列和我們所有的數據與方法,都會公布在網路上,提供每個人自行判斷。」[4]

札伊納在舊金山會議上用自身為實驗對象所執行的即興 CRISPR 程序,並沒有為他有些過瘦的身體肌肉帶來明顯效果。那樣的效果需要長時間的系列治療。但是這件事卻對 CRISPR 世界的規範帶來了影響。身為試圖編輯自己基因的第一人,札伊納證明了基因精靈早晚都會從魔瓶裡釋放出來,而他堅信這是件好事。

札伊納想要讓基因工程革命盡可能地開放,並且還想藉由網路群眾幫忙解決問題,就像早期的數位革命,林納斯・托瓦茲(Linus Torvalds)這類的編碼專家創造了開放原始碼的 Linux 操作系統,還有史蒂夫・沃茲尼克(Steve Wozniak)這類駭客,聚集在自釀電腦俱樂部(Homebrew Computer Club)中,討論如何將電腦從企業與政府機構的獨佔掌控中解放出來。札伊納堅稱基因工程的難度並沒有比電腦工程高。「我差點無法從高中畢業,」他說,「可是我卻能夠學會如何做這個東西。」他的夢想是全世界成百上千萬的人,都可以培養出對

3　原註:奧丁小店的「網站介紹」, https://www.the-odin .com/about-us/;作者對札伊納的訪問。
4　原註:作者對札伊納與道格斯森的訪問。

生物工程的興趣。「現在我們大家都有規劃生命的能力，」他說，「如果成百上千萬的人都參與其中，醫學與農業都會產生立即的改變，對這個世界也會有非常多貢獻。藉由展現 CRISPR 是多麼簡單的一件事，我想要鼓舞大家那麼做。」

我問，每個人都有使用這種技術的管道，不危險嗎？「不危險，簡直就是他媽的刺激極了，」他反駁，「除非大家都能夠有完整取用的管道，不然任何偉大的科技都不會開花結果。」他說的也有道理。數位時代真正繁盛的原因，確實是在電腦的**個人化**。那是 1970 年代中期發生的事情，當時 Altair 與 Apple II 這兩款把電腦演算能力的掌控大眾化的產品問世。接著可以任意使用自己的電腦，並產出數位成果的人，從一開始的駭客，逐漸擴展到其他所有人。這個數位革命到了 2020 年代初期，隨著智慧手機的出現，甚至衝入了另一個更高的層次。如同札伊納所說的，「一旦所有人都可以在家使用生物科技，就像我們運用電腦程式做的事情一樣，那麼對許多很棒的事情都會有益。」[5]

札伊納很可能會心想事成。CRISPR 技術的簡易程度，已經很接近不需要在井井有條的實驗室裡進行的地步了。而且叛逆與不受管束的人還會在邊境遠遠的另外一頭，繼續推進這個過程。這樣的發展，很可能會讓 CRISPR 步上數位革命的路徑，而其中很大一部分，也可能如同從 Linux 到維基百科的過程一樣，透過網路群眾的群策群力驅使而成。在數位的範疇中，分隔業餘編碼者與專業編碼者的界線並不清楚。同樣的情況或許很快也會成為生物工程師世界中的真實。

除了危險性外，生物科技遵循著數位科技的腳步前進自有其裨益。在傳染病大規模流行之際，各個社會若能利用生物的智慧與群眾的創新之力，會是很有用的事情。最起碼，人民可以在家對他們自己和鄰居做檢測就很好。接觸者的追蹤與數據的收集，也可以動用網路的群眾之力。當下，正式認證的生物學家與自己動手的駭客之間，楚河漢界壁壘分明，但是喬西亞・札伊納要致力改變這個現況。CRISPR 與新冠病毒會幫助他模糊這樣的界線。

---

5 原註：作者對札伊納的訪問。另外請參考札伊納 2020 年 1 月 2 日刊於《Stat》電子期刊的〈CRISPR 寶寶科學家賀建奎不應遭到惡魔化〉（CRISPR Babies Scientist He Jiankui Should Not Be Villainized）。

第 34 章

國防高等研究計畫署與
反 CRISPR 系統

威脅評估

　　道納開始擔心 CRISPR 遭到駭客、恐怖分子或海外敵人利用的可能性。她在 2014 年參加了一場會議，並在會議上聽到一位研究人員描述如何以工程手法設定一個攜帶了 CRISPR 成分的病毒，進入老鼠體內編輯基因，然後讓老鼠罹患肺癌的過程後，她就開始擔心。當時一陣寒意貫穿她全身。只要在引導程序上進行一點點調整或發生一個失誤，這樣的效果就可能在人類肺部產生作用。一年後在另一場會議上，她向一位曾與張鋒共同撰著一篇論文的研究生提問，這名研究生的論文描述了類似讓老鼠致癌的 CRISPR 實驗。這些實驗以及其他的經歷讓她開始參與一個由國防部資助的計畫，試著找出方法防範 CRISPR 濫用。[1]

1　原註：海蒂・雷弗德（Heidi Ledford）2015 年 6 月 3 日刊於《自然》的〈破壞者 CRISPR〉（CRISPR, the Disruptor）；丹尼羅・馬達羅（Danilo Maddalo）……與安卓亞・范圖拉（Andrea Ventura）2014 年 10 月 22 日刊於《自然》的〈利用 CRISPR/Cas9 系統進行體內致癌基因的染色體重置工程〉（In vivo Engineering of Oncogenic Chromosomal Rearrangements with the CRISPR/Cas9 System）；席迪・陳（Sidi Chen）、納維爾・桑賈納（Neville E. Sanjana）……張鋒與菲利普・夏普（Phillip A. Sharp）2015 年 3 月 12 日刊於《細胞》的〈腫瘤成長與移轉的老鼠模型全基因體的 CRISPR 篩檢〉（Genome-wide CRISPR Screen in a Mouse Model of Tumor Growth and Metastasis）。

自從切薩雷‧波吉亞雇用了達文西[2]後，軍備費用就一直推動著創新往前趕。2016 年，當美國國家情報總監詹姆斯‧克萊佩（James Clapper）提出了該單位的年度《美國情報體系的威脅評估》（Threat Assessment of the U.S. Intelligence Community），首次將「基因體編輯」納入可能的大規模毀滅武器之列時，CRISPR 也出現了相同狀況。五角大廈資金充裕的研究部門國防高等研究計畫署（DARPA），成立了一個名為「安全基因」（Safe Genes）的計畫，針對防禦基因工程武器方法提供支援，並為此撥出了相當於 6500 萬美元的研究經費，使得軍事單位成為 CRISPR 研究最大的單筆資金來源。[3]

　　國防高等研究計畫署的首筆研究經費分配給了 7 個團隊。一份撥給了哈佛的喬治‧丘奇，進行暴露於輻射後的回復突變研究。麻省理工學院的凱文‧艾斯維爾特[4]也被欽點進行基因驅動研究。基因驅動可以加速改變一整個族群的基因，譬如蚊子與老鼠。哈佛醫學院的阿米特‧喬德哈瑞[5]得到的研究經費，則是要找出啟動與關閉基因體編輯的方法。[6]

　　道納得到的那份研究經費，加總金額高達 330 萬美金，涵蓋了許多計畫，包括找出方法阻擋 CRISPR 編輯系統。這個計畫的目標是要製造出一些工具，達到公告內容那樣「某天可以讓採用了 CRISPR 技術的武器失效」。聽起來像是平裝版驚悚小說的劇情：恐怖分子或敵國發動了 CRISPR 系統攻擊，這個系統可以

2　Cesare Borgia，1475 ～ 1507，教宗亞歷山大六世的私生子，義大利政客，曾任樞機主教，為聖殿騎士團成員。他在 1502 ～ 1503 年間曾短暫雇用過達文西擔任軍事設計師與工程師。

3　原註：詹姆斯‧克萊佩（James Clapper）2016 年 2 月 9 日提出的《美國情報體系的威脅評估》；安東尼奧‧瑞葛拉多 2019 年 5 月 2 日於《麻省理工科技評論》刊出的〈尋找可以阻止 CRISPR 的氪星石〉（The Search for the Kryptonite That Can Stop CRISPR）；羅伯特‧山德斯 2017 年 7 月 9 日刊於《柏克萊新聞》的〈國防部傾資 6500 萬美元增加 CRISPR 的安全程度〉（Defense Department Pours $65 Million into Making CRISPR Safer）。

4　Kevin Esvelt，生物學家，麻省理工學院媒體實驗室（MIT Media Lab）探索演化與生態工程的雕塑演化小組（Sculpting Evolution Group）負責人，他發明可以快速演化出有用生物分子的合成微生物生態系統，有益於 CRISPR 之發展。他也是第一個識別出可能改變生物野生族群的 CRISPR「基因驅動」系統潛力，在瞭解科學家可以隻手改變生物共有環境的意涵後，沒有依照傳統科學家默默繼續研究的傳統，反而揭露他與同僚的發明，呼籲大家公開討論，集思廣益防範與捍衛生態環境之法。

5　Amit Choudhary，化學家、生物物理學家，研究精準掌控的 CRISPR-Cas9 基因編輯工具，在包括基因驅動等各種系統內的發展可能。

6　原註：國防高等研究計畫署 2017 年 7 月 19 日提出的〈打造安全的基因工具組〉（Building the Safe Genes Toolkit）。

約瑟夫・龐迪—迪諾米

針對譬如蚊子等生物進行編輯，讓牠們具備超強破壞力，然後身穿白袍的道納博士必須衝出來解救我們。[7]

　　道納指派兩位年輕的博士後研究生凱爾・特斯（Kyle Watters）與蓋文・納特（Gavin Knott）負責這項計畫。兩人把焦點放在一個細菌在某些病毒攻擊時，無法啟動 CRISPR 系統的方法上。換言之，細菌發展出了 CRISPR 系統來抵禦病毒，但病毒也發展出了關閉那些防禦系統的方式。這是五角大廈絕對能夠充分了瞭解的武器競賽：飛彈有防禦系統抵禦，防禦器統又有反防禦系統因應。這個新發現的系統被命名為「反 CRISPR」。

7　原註：作者對道納的訪問。

反 CRISPR

反 CRISPR 是在 2012 年底由多倫多大學博士生喬‧邦迪─迪諾米（Joe Bondy-Denomy）所發現。當時道納與張鋒正在 CRISPR-Cas9 轉換成人類基因編輯工具的賽道上拚命衝刺。邦迪─迪諾米在一次不應該有結果的試驗上，意外發現了這個系統。他當時正在用應該已經被細菌的 CRISPR 系統打敗了的病毒，試著再感染細菌。結果在少數幾個實驗中，攻擊的病毒竟然存活了下來。

邦迪─迪諾米一開始以為自己搞砸了實驗，但又突然想到，會不會是狡猾的病毒已經發展出一種讓細菌 CRISPR 防禦系統繳械的方式。這個想法後來證實正確。病毒已經能夠滲透進入細菌的 DNA 當中，用一點點的序列，破壞細菌的 CRISPR 系統。[8]

因為邦迪─迪諾米的反 CRISPR 系統似乎無法在 CRISPR-Cas9 系統上發揮作用，因此他的發現一開始並沒有引起太多注意。但在 2016 年，他和之前合作撰寫最初報告的艾普兒‧鮑魯克（April Pawluk）找到了能夠讓 Cas9 酵素失效的反 CRISPR 系統。這個發現簡直就是打開了閘門，讓其他研究人員也加入狩獵行列，而且很快就發現了超過 50 種反 CRISPR 的蛋白質。邦迪─迪諾米這時已是加州大學舊金山分校的教授，也在和道納實驗合作，證明反 CRISPR 系統可以送進人體細胞內，調整或停止 CRISPR-Cas9 的編輯。[9]

這其實是關於大自然界奧妙的基礎科學發現，證明細菌與病毒演化之間的軍備競賽是多麼精彩。同時，這個發現再次成為基礎科學引導出有用工具發明的範例。經過工程處理的反 CRISPR 系統，可以規範基因編輯系統。這個發展對需要對 CRISPR 編輯限定時間的醫學應用，用處很大，而且也可以用來當作抵禦恐怖分子或惡意敵人所創造出來的系統。反 CRISPR 系統還可以用來關閉類似蚊子

8　原註：作者對約瑟夫‧邦迪─迪諾米的訪問；邦迪─迪諾米、艾普兒‧鮑魯克……艾倫‧大衛森（Alan R. Davidson）與其他人 2013 年 1 月 7 日刊於《自然》的〈鈍化 CRISPR/Cas 細菌免疫系統的噬菌體基因〉（Bacteriophage Genes That Inactivate the CRISPR/Cas Bacterial Immune System）；艾利‧多琴（Elie Dolgin） 2020 年 1 月 15 日刊於《自然》的〈CRISPR 緊急終止開關可以讓基因編輯更加安全〉（Kill Switch for CRISPR Could Make Gene Editing Safer）。

9　原註：李永‧辛（Jiyung Shin）……邦迪─迪諾米與道納 2017 年 7 月 12 日刊於《科學》的〈由反 CRISPR 的 DNA 擬態關閉 Cas9〉（Disabling Cas9 by an Anti-CRISPR DNA Mimic）。

這類快速繁殖的物種數量，快速進行基因變化垂直擴散所特有的基因驅動。[10]

　　道納將計畫結果順利遞交給國防高等研究計畫署，並且在柏克萊的創新基因學院接下來的幾年間，又接到了其他新研究計畫的研究經費。就像丘奇在哈佛的實驗室一樣，道納也接到了要求進行如何利用 CRISPR 防護核子輻射的研究。這個擁有 950 萬資金計畫的負責人是費爾多‧烏爾諾夫[11]。他在車諾比核災期間，還是莫斯科國立大學的大學生。這個計畫的使命是在核子攻擊或遭到核災時，拯救軍人與人民的性命。[12]

　　接受安全基金研究經費的實驗室，每年都與國防高等研究計畫署生物科技辦公室的計畫經理芮妮‧韋格辛（Renee Wegrzyn）開一次會。道納 2018 年參加過一場在聖地牙哥的會議，在推進各個接受軍事經費實驗室間的合作上，韋格辛的表現令她刮目相看。國防高等研究計畫署在 1960 年代就曾撥出軍事費用進行這樣的合作計畫，當時的計畫，創造出了後來的網路。除此之外，會議的不協調性也帶給道納相當的衝擊。「我們在戶外搖曳的棕櫚樹下吃飯，享受美好的天氣，」道納說，「但我們談論的卻是輻射造成的疾病，以及被用來製造大規模毀滅武器的基因體編輯。」[13]

徵募我們的駭客

　　2020 年 2 月 26 日，正當新冠疫情席捲全美的時候，包括了美國陸軍將領、國防部官員，以及生物科技界高級主管在內的隊伍，走過愛因斯坦巨大的坐姿雕像旁，步入了位於華盛頓特區的美國國家科學院雄偉的大理石總部一樓會議室中。這群人是去參加由陸軍的研究與技術計畫（Research and Technology

---

10　原註：妮可‧馬瑞諾（Nicole D. Marino）……與邦迪─迪諾米 2020 年 3 月 16 日刊於《自然─方法》（Nature Methods）的〈反 CRISPR 蛋白質的應用：來自自然界對 CRISPR-Cas 技術的煞車〉（Anti-CRISPR Protein Applications: Natural Brakes for CRISPR-Cas Technologies）。

11　Fyodor Urnov，柏克萊大學分子與細胞生物系教授，為基因體編輯的先驅之一，也是創新基因學院科技與轉譯部的主任。

12　原註：作者對費爾多‧烏爾諾夫的訪問；艾蜜麗‧穆林（Emily Mullin）2019 年 9 月 27 日刊於 OneZero 平台的〈國防部計畫打造抗輻射的 CRISPR 戰士〉（The Defense Department Plans to Build Radiation-Proof CRISPR Soldiers）。

13　原註：作者對道納與蓋文‧納特的訪問。

Program）所主辦的一場「生物演化與其對軍隊作戰能力之意涵」（The Bio-Revolution and Its Implications for Army Combat Capabilities）的研討會。大約 50 位左右的與會者中，有些是最優秀的科學家，最知名的非喬治·丘奇莫屬，但也包括了一位異端分子，那就是有許多耳洞、曾在舊金山的合成生物學會議上，往自己身上注射了 CRISPR 編輯基因的生物駭客喬西亞·札伊納。

「建築物不錯，不過餐廳簡直就是垃圾，」札伊納說。至於會議呢？「真的很無聊。一群根本就不知道自己在說什麼的人。」曾有一度，他在自己的筆記上草草寫著「演講者聽起來像是吃了鎮靜劑。」

札伊納喜歡擺出無禮不遜的樣子，然而不論他說什麼，我感覺他其實非常享受那場會議。會議單位一開始並沒有安排他上台演講，不過他給人的印象實在太深刻，於是被抓上台即席發表看法。之前軍方官員一直在抱怨徵募不到夠格的科學家。「你們需要開放你們的實驗室，也許開始建置一個生物駭客的空間，跟更多的人互動，」札伊納對他們說。他指出軍方已經開始和電腦駭客進行這樣的交流了。他說，政府實驗室招募一些自己動手做的生物圈人士，或許可以弄出一些對軍方有用的解決方案。

另外一些演講者也提供了軍方應該（套用他們的話）從「非傳統族群」那兒取得協助的看法。一如某位官員說的，可以利用「公民科學」來提升軍方辨識威脅的能力。當時距離新冠病毒引起的全國警報措施，還有幾天的時間，但現場有位工業科學家已經注意到了新病毒在中國擴散的情況。他們應該想像全世界，這位科學家說，全都處於這種大規模病毒傳染已是常態的情況；在這樣的情況下，招募公民科學家找出部署即時的檢測方式，並集合網路的群眾之力，收集與分析數據，應該是很有用的作法。這是一個很重要的觀點，也是札伊納與生物駭客界一直試著提出並堅持的觀點。

在會議即將結束時，軍方官員有意招募駭客界加入努力的陣營，一起利用 CRISPR 來保護軍人對抗新冠疫情的情況，讓札伊納感到驚喜。「每個人都盯著我看，而且對我的出現感到驚訝，」他在自己的筆記本上快速寫著。然後，過了一會兒，「大家走過來謝謝我的參與。」[14]

14　原註：作者對札伊納的訪問。

第 5 篇

大眾科學家

這是一個新房間，滿是希望，卻也因陌生的危險而可怕。

一段模糊的民間記憶，保存了一個更偉大的進步故事：

鷹身女妖撕扯著普羅米修斯的肝臟，作為盜火的代價。

這個世界準備好跨出下一步了嗎？

當然，這會改變整個世界。你必須制訂適合新世界的法律。

如果普通人不瞭解或無法控制新世界，還有誰會瞭解、誰能控制？

——摘自詹姆斯‧艾吉[1]

《時代雜誌》封面故事〈原子時代〉（Atomic Age）

1945 年 8 月 20 日原子彈落下的那一日

---

[1] James Agee，1909 ～ 1955，美國小說家、記者、詩人、劇作家與電影評論者。1940 年代，他是美國最具影響力的影評人之一。他去世後出版的自傳式小說《失親記》（*A Death in the Family*），獲得普立茲獎。

第 35 章

規則

烏托邦與生物保守派

數十年來，以工程手法造人的想法，一直都是科幻小說的領域。3 部經典作品都警告過我們，如果從神祇那兒盜了火，可能會發生什麼事情。瑪麗・雪萊（Mary Shelley）1818 年的小說《科學怪人》（*Frankenstein*），又名《另一個普羅米修斯》（*The Modern Prometheus*），是一個具警世意味的故事，講述一位科學家以工程手法做出了一個像人的創作品。威爾斯（H. G. Wells）1895 年出版的《時光機》（*The Time Machine*），講述一個穿越到未來的旅人，發現人類演化成了兩個物種，一種是悠閒的埃洛伊（Eloi），一種是勞工階級的莫洛克（Morlock）。赫胥黎（Aldous Huxley）1932 年推出的《美麗新世界》，則是描繪了一個類似反烏托邦的未來，在那個未來世界中，基因改造產出了一種菁英領導階層，有強化的智能與體能。在《美麗新世界》的第一章，一名工作人員導覽了一趟嬰兒孵化場：

> 我們小心孵化嬰兒成為社會化的人類，也許是阿爾法（Alphas），也許是愛普西隆（Epsilons），他們會是污水道清潔工或未來的……」他本來打算說「未來的世界掌控者」，但自我修正了一下，改成了「未來的孵化場主任」。

這種以工程手法造人的想法，在 1960 年代已經從科幻小說的範疇，移到了科學的領域。研究人員藉釐清我們 DNA 中某些序列所扮演的角色，開始破

解基因密碼。發現如何從不同的有機體那兒裁切與黏貼 DNA，開啟了基因工程的領域。

針對這些突破的第一個反應，特別在科學家之間，是近乎傲慢的樂觀。「我們已經成了當代的普羅米修斯，」生物學家羅伯特‧辛希默[2] 宣稱，毫無跡象顯示他對希臘神話有任何瞭解。「我們很快就會有能力自覺地修改我們的傳承、我們的天性。」他對那些對此前景感到不安的人，不屑一顧。他辯稱，由於個人可以選擇要不要利用基因控制未來，因此從道德的角度來看，這種新優生學與 20 世紀前半世紀遭質疑的優生學迥然不同。「我們將有潛力創造連作夢都沒有想過的新基因、新特質，」他歡欣鼓舞地說，「這是超級大的大事件。」[3]

遺傳學家班特利‧葛萊斯（Bentley Glass）在他 1970 年就任美國科學促進會（American Association for the Advancement of Science）會長致詞時，認為道德問題並不在於大家將擁抱這些新的基因技術，而是可能會拒絕這些科技。「每個孩子都帶著健全的身心結構來到這個世界，必須要成為首要的兒童權利，」他說，「父母沒有權利讓畸形或智力不全的孩子成為社會負擔。」[4]

約翰‧佛萊切爾（John Fletcher）是維琴尼亞大學教授醫學倫理課程的教授，也曾是位落跑的聖公會牧師，他也同意將基因工程視為一種責任而不是一件有道德爭議的事件。「我們透過『性交輪盤』這種沒有預先設想，也沒有控制子宮的方式所誕生的孩子，毫無選擇餘地，是不負責任的事情，但是我們現在可以進行基因選擇了，」他在他 1974 年的著作《遺傳控制倫理學》中寫著，「既然我們學習如何在醫療層面上引導突變，就應該這麼做。有能力控制而不去控制是不道德的行為。」[5]

與這種生物科技烏托邦主義相反的，是一群在 1970 年代愈來愈有影響力的神學家、科技懷疑論者，以及生物保守派。普林斯頓的基督教倫理學教授保

---

2 Robert Sinsheimer，1920 ～ 2017，曾任加州大學聖塔克魯茲分校校長。

3 原註：羅伯特‧辛希默 1969 年 4 月刊於加州理工學院《工程與科學》（*Engineering and Science*）的〈設計的遺傳性改變〉（The Prospect of Designed Genetic Change）。

4 原註：班特利‧葛萊斯 1971 年 1 月 8 日刊於《科學》的美國科學促進會會長就任致詞內容。

5 原註：約翰‧佛萊切爾的《遺傳控制倫理學：終結繁衍的輪盤》（*The Ethics of Genetic Control: Ending Reproductive Roulette*, Doubleday, 1974）第 158 頁。

羅・羅姆西（Paul Ramsey）是傑出的新教神學家，也是《虛構的人：遺傳控制倫理》（*Fabricated Man: The Ethics of Genetic Control*）的作者。這是本非常嚴肅的書，但其中有句話很動人：「人在學會當人以前，不應該扮演上帝。」[6] 被《時代》雜誌稱為美國「基因工程最重要反對者」的社會理論學家傑若米・瑞夫金恩（Jeremy Rifkin），與人合著了一本名為《誰該扮演上帝》（*Who Should Play God*）的書。「曾經，所有的這些事情，都可以冠上科幻小說或法蘭克斯坦醫生[7]的瘋言狂語之名，一笑置之，」他寫道，「但現在已經不是那麼一回事了。儘管我們還沒有抵達美麗新世界，但確實已經在路上了。」[8]

雖然人類基因編輯技術還沒有被完全發明設計出來，但戰線已經明確定義。許多科學家的任務是要找到中庸的立場，而不是任由這個事件發展成兩極化的政治對立。

阿西洛馬

1972 年的夏天，才剛發表完一篇如何製作重組 DNA 報告的保羅・伯格，到了西西里島海岸的埃里切（Erice）山巔古鎮，去主導一場新生物科技的研討會。參與那場研討會的研究生對他所描述的東西大表震驚，不斷提出有關基因工程，特別是人類改造的道德風險問題。伯格的重點並不在這類問題上，但他同意某天晚上，在俯瞰西西里海峽的一個諾曼時代古老城堡壁壘上，舉辦一場非正式的討論。圓月下，80 個學生與研究人員一邊喝著啤酒，一邊進行著道德議題攻防戰。他們問的問題都很根本，伯格卻難以回答：如果我們可以用基因工程決定身高或眼睛的顏色，會怎麼樣？智商呢？我們要那麼做嗎？應該那麼做嗎？和華生一起發現 DNA 雙螺旋結構的法蘭西斯・克里克也在場，但他就

6　原註：保羅・羅姆西的《虛構的人》（Yale, 1970）第 138 頁。

7　《科學怪人》中創造科學怪人的醫生。

8　原註：泰德・霍華（Ted Howard）與傑若米・瑞夫金恩合著的《誰該扮演上帝》（Delacorte, 1977）第 14 頁；迪克・湯普森（Dick Thompson）1989 年 12 月 4 日刊於《時代》雜誌的〈科學界最令人痛恨的人〉（The Most Hated Man in Science）。

詹姆斯・華生與悉尼・布倫納於阿西洛馬

赫伯・博耶與保羅・伯格於加州阿西洛馬

只是啜著他的啤酒，一語不發。[9]

　　這些討論讓伯格在 1973 年 1 月召開了一場生物學家的會議，會議地點設於鄰近蒙特利附近加州海岸上的阿西洛馬的會議中心。由於這場會議啟動了兩年後在相同地點舉辦的高潮會議，因此大家又將這場會議稱為「阿西洛馬第一次會議」（Asilomar I），會議重點在於實驗室的安全相關議題。位於麻省理工學院的美國國家科學院接著又在同年 4 月舉辦了一場會議，討論製造出可能有危險性的重組 DNA 有機體的防範之法。參與討論人愈多，任何一項防範的防呆機制也就愈無法確保。於是大家發出了一封連署，呼籲大家在安全方針制訂完成前，「暫時中止」重組 DNA 的製造，連署的包括伯格、詹姆斯·華生、赫伯·博耶以及其他人。[10]

　　這封呼籲信所促成出的一場會議，值得在後來科學家試圖規範他們自我領域的編年史中留下濃書重彩的記錄。這場會議就是 1975 年 2 月為期 4 天的阿西洛馬會議。在遷徙的帝王蝶為天空帶來點點斑紋的同時，150 位參與者，包括生物學家、醫師與律師以及幾位同意在討論過於激烈時關掉錄音機的記者，從世界各地聚集在阿西洛馬。會議期間，與會者一起在沙丘散步、坐在會議桌前，爭辯著在新的基因工程科技領域，應該設定什麼樣的限制。「他們的討論展現出小男孩那種擁有新化學實驗工具組時的活力，以及在後院八卦時的高漲情緒，」《滾石》雜誌的麥可·羅傑斯（Michael Rogers）在他標題取得恰如其份的〈潘朵拉之盒會議〉（The Pandora's Box Conference）中寫道。[11]

9　原註：夏恩·克勞帝（Shane Crotty）的《曲弧之前》（*Ahead of the Curve*, University of California, 2003）第 93 頁；穆克吉的《基因》第 225 頁。

10　原註：保羅·伯格與其他人 1974 年 7 月 26 日刊於《科學》的〈重組 DNA 分子的生物災難可能性〉（Potential Biohazards of Recombinant DNA Molecules）。

11　原註：作者對大衛·巴爾帝摩的訪問；麥可·羅傑斯 1975 年 6 月 19 日刊於《滾石》雜誌的〈潘朵拉之盒會議〉；麥可·羅傑斯的《生物災難》（*Biohazard*, Random House, 1977）；克勞帝的《曲弧之前》第 104 ～ 8 頁；穆克吉的《基因》第 226 ～ 30 頁；《生物醫學政治學》（*Biomedical Politics*, National Academies Press, 1991）中唐納德·佛萊瑞克森（Donald S. Fredrickson）的〈阿西洛馬與 DNA 重組：開始的終點〉（Asilomar and Recombinant DNA: The End of the Beginning）；《文化角度的科學》（*Science as Culture*）2005 年秋季刊中理查·辛德馬許（Richard Hindmarsh）與赫伯特·葛特韋斯（Herbert Gottweis）的〈重組規則：阿西洛馬影響 30 年〉（Recombinant Regulation: The Asilomar Legacy 30 Years On）；丹尼爾·葛萊戈爾威斯（Daniel Gregorowius）、尼可拉·比勒─安多諾（Nikola Biller-Andorno）與安娜·戴普拉斯─贊普（Anna Deplazes-Zemp）2017 年 2 月 20 日刊於《歐洲分子生物學組織報告》的〈人類生殖細胞系基因體編輯控制的科學自我規範角色〉（The Role of Scientific Self-Regulation for the Control of Genome Editing in the Human Germline）；吉姆·柯祖貝克（Jim Kozubek）的《現代普羅米修斯》（*Modern Prometheus*, Cambridge, 2016）第 124 頁。

這場會議的主要召集人當中，有一位語調和緩卻又帶著溫和威嚴的麻省理工學院生物學教授大衛‧巴爾帝摩（David Baltimore），他因為證明了像新冠病毒這類擁有 RNA 的病毒，可以透過一種稱為「反轉錄」的過程，將基因物質插入宿主細胞的 DNA 中，而獲得了那一年的諾貝爾獎。也就是說，RNA 可以轉錄成為 DNA 的發現，徹底改寫了生物學原本認定遺傳資訊是以 DNA 轉至 RNA 的單行道中心法則。巴爾帝摩後來相繼接任了洛克斐勒大學與加州理工學院校長，他在政策委員會半個世紀，一直都是受人敬重的領袖，後來也成為道納參與公眾議題的榜樣。

　　藉由解釋召集這場會議的原因，巴爾帝摩為會議定了調。接著伯格出面描述爭議的科學議題，亦即重組 DNA 技術使得大家結合不同有機體的 DNA 創造出一種新基因的過程，變得「簡單到荒謬的程度」。伯格告訴與會者，在他發表了自己的發現後，很快就開始接到研究人員打來的電話，請他提供資料給他們進行實驗。當他詢問來電者他們要做什麼樣的實驗時，伯格回憶道，「我們聽到了恐怖實驗的描述。」因此他開始害怕某些瘋狂的科學家會創造威脅整個地球的新種微生物，就像麥可‧克萊頓[12] 在他 1969 年的生物驚悚小說《天外病菌》（*The Andromeda Strain*）那樣。

　　政策辯論的過程中，伯格堅持，因為利用重組 DNA 製造新的有機體極難推算出結果，所以該一律禁止。某些與會者則覺得這樣的立場很荒謬。巴爾帝摩採行他職涯中的一貫作法，也就是試著找出中庸之道。他認為重組 DNA 的技術應該僅限於那些已經「被弱化」的病毒，杜絕這些病毒的傳播。[13]

　　詹姆斯‧華生在這場會議中維持著他一貫的行事風格，從頭到尾扮演著脾氣暴躁的反對者。「這些傢伙已經工作得進入了一個歇斯底里的狀態，」他後來告訴我，「我支持研究人員做任何他們想做的實驗。」有一度，他與伯格陷入了相當令人難堪的爭執中。伯格紀律嚴明的舉止和華生的魯莽，完全是鮮明反差。兩人的爭辯火爆到伯格甚至威脅要向華生提告。「你簽了一封信，信上

12　Michael Crichton，1942 ～ 2008，哈佛醫學院醫學博士，美國著名的暢銷小說家與製片人，鼎鼎大名的《侏儸紀公園》作者，也是電視影集《急診室的春天》編劇，共著有 26 本小說。
13　原註：作者對華生與大衛‧巴爾帝摩的訪問。

說這方面的研究有潛在風險，」伯格提醒他，指的是他們一年前聯名發出去的那封信。「就憑你現在說你不願意制訂可以保護冷泉港人員的程序，虧你還是那兒的主任，我就可以告你不負責任，而且我一定會告。」

就在這些資深科學家的爭吵聲中，有些年輕的與會者偷偷溜到海灘去吸大麻。到了會議預定要結束前的晚上，大家還是沒有達成任何共識。但是有一群律師警告他們，如果實驗室有任何人感染了重組 DNA 的有機體，他們所服務的機構很可能會被牽連並咎責，而這個警告很有益於刺激科學家們找出解決方案。屆時如果真的發生那種狀況，要負責任的大學可能就得關門大吉。

那天晚上稍晚，伯格、巴爾帝摩與幾位同儕熬夜未睡，待在海灘邊的一座木屋裡吃著外帶的中國菜。他們用一面徵用來的黑板，花了好幾個小時，試圖寫下一篇聲明。到了凌晨 5 點左右，就在太陽升起之前，他們帶著聲明稿出現了。

「能夠將迴異的有機體遺傳資訊重組的新技術，讓我們處在一個有著許多未知的生物領域，」他們在聲明中寫著，「正是這樣的未知，驅使我們斷定，在進行這類研究時慎重再慎重，才是明智之舉。」接著他們描述了在實驗時應該遵守的預防與限制原則。

巴爾帝摩趕在早上 8:30 的正式會議開時，把這份臨時聲明稿影印了出來，分發給與會者，而伯格在同一時間則負責爭取科學家們的支持。有人堅持應該針對每一條條文表決。伯格知道這麼做絕對是災難，因此否決了這個提案。但他同意了傑出分子生物學家悉尼・布倫納的要求，針對這份聲明的中心議案，亦即解除暫停基因工程研究的建議，以及這些研究應在符合特定預防措施的情況下進行的原則，投票表決贊成或否決。「停滯的會議溝通得以繼續，」布倫納說。全場同意了他的提議。幾個小時後，正當最後一頓會議午餐的鈴聲響起之際，伯格要求針對整份聲明文件，包括所有詳列需要遵守的實驗室安全規定，進行贊成或否決的表決。大多數人都舉手贊成。伯格漠視那些依然叫囂著要發言的人，詢問現場是否有人反對。只有 4、5 個人舉手，認為整套預防機制都是蠢事的華生也舉了手。[14]

---

14 原註：保羅・伯格與其他人1975 年6 月刊於《美國國家科學院院刊》的〈阿西洛馬會議對重組 DNA 分子的總結聲明〉（Summary Statement of the Asilomar Conference on Recombinant DNA Molecules）。

這場會議有兩個目的，預防製造新型態基因可能帶來的風險，以及預防政治人物可能全面禁止基因改造的威脅。從這兩條戰線來看，阿西洛馬會議很成功。這場會議制訂出了「一條謹慎的前進之路」，這也成為後來巴爾帝摩與道納在 CRISPR 基因編輯爭論中所複製的原則。

全球的大學與贊助機構都接受了阿西洛馬會議上所通過的限制條例。「這場獨特的會議，開啟了一個非凡科學時代以及公眾討論社會政策的濫觴，」伯格在 30 年後寫下了這句話。「我們得到了大眾的信賴，因為這正是科學家涉入最深也最廣的範疇，也因此，科學家有絕對的動機去自由追尋他們的夢想，但也要提醒他們注意自己所進行實驗的內在風險問題。因為這樣才可以避免全國性的限制立法。」[15]

有些人並不是那麼甘願加入這種互相恭維的戲碼。厄文·查葛夫（Erwin Chargaff）是對 DNA 結構有關鍵性發現的優秀生物化學家，在他的回顧中，阿西洛馬會議就是一場明顯的作假事件。「這場阿西洛馬委員會，聚集了分子界的主教與全球各教堂的神父，就是為了要聲討大家質疑他們其實才是頭號罪犯的這種異端邪說，」他說，「或許這是史上頭一遭，縱火犯成立他們自己的救火隊。」[16]

阿西洛馬會議很成功的這個說法，伯格完全沒有說錯。這場會議為基因工程即將成為蓬勃成長的領域鋪好了路，但是查葛夫嘲弄式的評論卻也點出了這場會議另一個始終難以放下的包袱。阿西洛馬也因為科學家所**沒有**討論到的議題而受人矚目。會議的焦點在於安全。但沒有人提到道德這個大議題，而這個議題卻是伯格在西西里與人討論到深夜難眠的議題：如果使用工程手法處理我們自己的基因，萬一，或者真的已經成為一種安全的作法時，我們該走到哪一步？

15　原註：保羅·伯格 2002 年 3 月 18 日刊於《科學人》的〈阿西洛馬與 DNA 重組〉（Asilomar and Recombinant DNA）。

16　原註：辛德馬許與葛特韋斯的〈重組規則：阿西洛馬影響 30 年〉第 301 頁。

剪接生命，1982 年

阿西洛馬會議未將道德議題列為焦點這件事，讓許多宗教領袖非常憂心。也因此，全國教會聯合協會（the National Council of Churches）、美國猶太教堂聯合會（the Synagogue Council of America）以及美國天主教會議（the U.S. Catholic Conference）三大宗教組織的領導人聯名上書給卡特總統。「因為基因工程的飛躍成長，我們正快速邁向一個會為根本帶來危險的新時代，」他們在致總統的信件中寫著，「當生命的型態是由工程手法決定時，該由誰來決定怎麼做最能幫助達到人性的善？」[17]

3 位宗教領袖一致認為，這些問題不應該由科學家來決定。「永遠都會有一些人篤信利用基因方法『矯正』我們的心理與社會結構，是很恰當的作法。當各種基因技術的基本工具終於唾手可得時，這樣的心態就會變得更加危險。那些扮演上帝的人，會受到空前的誘惑。」

卡特總統的回應是指定了一個總統委員會（presidential commission）進行這個議題的研究。委員會在 1982 年年底提出了一份 108 頁名為〈剪接生命〉（Splicing Life）的研究報告，報告的結論就是沒有定論的一團爛糊。這份報告僅呼籲進一步對話，達成社會共識。「這份報告的目的之一，是要促進周延的長期討論而不是搶著驟下必要卻不成熟的結論。」[18]

委員會的報告確實引起了兩個具先見之明的顧慮。第一個顧慮是擔心基因工程會導致企業與大學研究的牽扯愈來愈深。從歷史的角度看，大學一直專注在基礎研究與觀念的公開交流，但是這份報告提出了警告，「這些目標很可能會一路衝向產業界的目標當中——換言之，透過應用研究而得到的可上市產品與技術發展，需要維持競爭優勢、保護商業機密，以及追求專利保護。」

17　原註：克萊爾・蘭道（Claire Randall）、伯納德・曼德巴恩拉比（Bernard Mandelbaum）與湯瑪斯・凱利主教（Thomas Kelly）1980 年 6 月 20 日的〈三位秘書長致卡特總統的信〉（Message from Three General Secretaries to President Jimmy Carter）。

18　原註：摩里斯・亞伯拉罕（Morris Abram）等人 1982 年 11 月 16 日提交予醫學、生物醫學與行為研究的道德問題研究總統委員會（President's Commission for the Study of Ethical Problems in Medicine and Biomedical and Behavioral Research）的〈剪接生命〉。

第二個顧慮是基因工程很可能會讓不平等的現況更加惡化。新的生物科技程序應該會所費不貲，因此最大獲益者，很可能是出生在特權環境中的人。這樣的情況不但會加深現有的不公現象，還會讓這樣的不公成為遺傳編碼，恆久流存。「基因治療與基因手術，很可能會從現實面上，直接動搖機會均等這個民主政治的理論與實踐的核心承諾。」

胚胎著床前基因檢測──電影《千鈞一髮》

經過了 1970 年代的重組 DNA 發展後，下一個重大的生物工程進展（以及一連串的道德議題）在 1990 年代出現，而後來的這個進展源於**體外**人工受孕（史上第一個試管嬰兒露意絲・布朗〔Louise Brown〕於 1978 年出生）以及基因定序科技這兩種創新的匯流。[19]

胚胎著床前基因檢測包括在培養皿中讓卵子受精後，針對產生的胚胎[20] 進行不同的檢測，判斷胚胎的遺傳特徵，接著就是將這個具備大多數預期特徵的胚胎，植入女性的子宮內。這樣的程序可以讓為人父母者選擇他們孩子的性別，避免孩子得到遺傳性疾病或父母不希望留下的遺傳特徵。

這種基因篩檢與選擇的可能性，透過 1997 年由伊森・霍克（Ethan Hawke）和鄔瑪・舒曼（Uma Thurman）主演的電影《千鈞一髮》而進入了大眾的想像之中（這部電影的英文片名 *Gattaca*，取自代表 4 個 DNA 鹼基的字母）。《千鈞一髮》描述了一個基因選擇成為例行應用以確保所有孩子都擁有強化後最好遺傳特徵的未來。

為了宣傳這部電影，電影公司在報紙上刊登了好幾則完全像是出自一家真正基因編輯診所的廣告。廣告的標題寫著「千鈞一髮帶給你們設計自己後代的

---

19 原註：艾倫・漢迪塞德（Alan Handyside）等人1992年9月刊於《新英格蘭醫學期刊》的〈體外人工受孕後生出的正常女孩與囊腫性纖維化的胚胎著床前基因檢測〉（Birth of a Normal Girl after in vitro Fertilization and Preimplantation Diagnostic Testing for Cystic Fibrosis）。

20 原註：此處是指廣義的「胚胎」。受精卵發展出來的單細胞有機體稱為受精卵。當受精卵分裂成許多可以置入子宮壁內的細胞時，被稱為囊胚。大約4週後，囊胚通常就會稱為胎兒。

新可能性。這裡有一張可以幫助你決定要傳承哪些特徵給你新生兒的清單。」清單上的項目包括性別、身高、眼睛顏色、膚色、重量、成癮易感度、犯罪侵略傾向、音樂力、運動技能力，以及智力。最後一個選項是「以上皆非」。這個廣告對於最後這個選項的建議說法是，「不論是出於宗教或其他原因，您也可以對自己孩子的基因工程選擇保留。然而我們真摯地請您重新考慮，從人類現處的階段來看，小小的提升，對人類還是有益的。」

這則廣告的最下方標示著一組免付費電話號碼，打過去就會接通一個錄音留言，提供三個選項：「如果您要進行確保您後代不受疾病侵襲，請按 1；如果您要強化後代的智力與體能特徵，請按 2；如果你不想改變您孩子的基因構造，請按 3。」兩天之內，這個免付費電話接到了 5 萬通來電，但，可惜啊，電影公司並未記錄下每個選項的選擇人數。

《千鈞一髮》中由霍克扮演的主角，是一個沒有得到胚胎著床前工程益處或包袱的人，而他為了實現自己成為太空人的夢想，必須與遺傳歧視體系抗爭。當然，他最後勝利了，因為這是電影。戲中特別有趣的一幕，是他父母決定利用基因編輯生第二個孩子。醫生描述了所有診所可以透過工程手法留下與強化的特徵：更好的視力、令人更渴望得到的眼珠與皮膚顏色、不會酗酒或成為禿頭的體質，以及更多更多。「留幾項讓機會決定，會不會比較好？」這對父母問。當然不會，醫生向他們保證，現在這麼做，只是在給孩子「能力所及的最好起跑點。」

這幕戲讓電影評論者羅傑・艾伯特（Roger Ebert）寫道，「當父母能夠訂製『完美』的寶寶時，他們會這麼做嗎？他們會賭一把基因骰子，還是會向供應商訂製一個依照他們想要的模版做出的成品？放眼世上所有你可以購買的車子，有多少人準備閉著眼睛隨機買一台車？多少人願意這樣買車，我猜，就有多少人選擇生下自然的孩子。」不過艾伯特接著又明智地表達了當時已經開始成形的擔憂：「每個人都將比《千鈞一髮》世界裡的人活得更長、長得更好、更健康。但這有很大的樂趣嗎？為人父母者會去訂製比他們更反叛、更不優雅、更自我中心、更具創意，或聰明很多的孩子？難道你們不會覺得有時候自

己剛好生對了年代嗎？」[21]

華生與加州大學洛杉磯分校的其他人，1988 年

　　脾氣暴躁的 DNA 先驅老前輩詹姆斯‧華生再次坐在觀眾席，大聲嘟囔著那些他似乎樂於無法壓制的挑釁想法。這次的地點是 1988 年加州大學洛杉磯分校教授葛萊格瑞‧史塔克（Gregory Stock）所主持的基因編輯會議上。利用基因工程製造藥物的一位領導人物法蘭屈‧安德生（French Anderson），先對與會者上了一堂短講，宣導辨識治療疾病方式差異的必要性，他提到了哪些方式是他聲稱符合道德規範的治療，並可以提供孩子基因強化的效果，哪些並非如此。這時華生開始嗤之以鼻地挑釁。「沒人真的有膽子這麼說，」他打斷了安德生的演講，「可是如果我們能夠因為知道如何增加基因而做出更好的人類，我們為什麼不應該這麼做？」[22]

　　這次的會議名稱是「設計人類生殖細胞系」（Engineering the Human Germline），研討重點在於製造有遺傳性基因編輯的道德議題。這些「生殖細胞系」的編輯，不論在醫學上還是道德上，都與體細胞編輯那種只影響單一患者的某種特定細胞，有根本上的不同。生殖細胞系是科學家不太願意跨越的紅線。「這是第一次大家可以公開談論**生殖細胞系**工程的會議，」華生讚許地說，「看起來生殖細胞系治療會比體細胞編輯更加成功。如果我們坐等體細胞治療的成功，可能要等到太陽燃盡。」

　　華生說，簡直就是荒謬，把生殖細胞系看成「某個了不起的難關，只要破釜沉舟地跨過去，就違反了自然法則似的。」當他在挑戰尊重「人類基因庫神聖性」的必要性時，他的火氣又衝上來了，「演化很可能就只是他媽的殘酷而

21　原註：羅傑‧艾伯特 1997 年 10 月 24 日刊於 rogerebert.com 的〈評電影《千鈞一髮》〉。

22　原註：葛萊格瑞‧史塔克與約翰‧坎伯（John Campbell）的《設計人類生殖細胞系》（*Engineering the Human Germline*, Oxford, 2000）第 73 ～ 95 頁；作者對華生的訪問；吉娜‧科拉塔（Gina Kolata）1998 年 3 月 21 日刊於《紐約時報》的〈科學家對於人類演化道路改變的準備〉（Scientists Brace for Changes in Path of Human Evolution）。

已，要說我們有了完美的基因體，還是這個基因庫還有什麼神聖性，簡直就是蠢話。」華生罹患了思覺失調症的兒子羅弗斯，每天都在提醒著他，就如他所說的那樣，基因彩券很可能他媽的殘酷。「我們碰到最大的道德問題，就是不去利用我們的知識、沒有膽子往前走，試著去幫助某些人，」他堅持。[23]

在大多數情況下，華生總會在與自己有類似想法的人面前侃侃談著他的主張。加州大學洛杉磯分校會議上的意見，從對基因編輯熱心投入，到近乎毫無保留支持的人都有。所以當有人認為一步錯就可能會步步錯地導致意外結果時，華生卻立場堅定而毫不動搖。「我覺得這種一步錯步步錯的滑坡論調簡直就是胡說八道。社會繁榮，是在人民樂觀的時候，不是悲觀的時候，這種滑坡論聽起來就像是一個精疲力盡又生自己氣的人說出來的話。」

普林斯頓大學的生物學家李・席爾佛（Lee Silver）當時剛出版了一本名為《重建伊甸園》（*Remaking Eden*）的書，而這個名稱也成了這場會議的宣言。席爾佛發明了「生殖遺傳學」（reprogenetics）這個名詞，表示利用科技決定孩子應該繼承什麼樣的基因。「在一個珍惜個人自由重於一切的社會中，要找出任何限制生殖遺傳學應用的法律基礎，是非常困難的事，」他寫道。[24]

席爾佛的著作很重要，因為這本書框出了在一個以市場為導向的消費者社會中，有關個人自由與個人自主性的議題。「如果民主社會允許父母為自己的孩子購買環境優勢，那麼這樣的社會又怎麼能禁止父母為孩子購買遺傳優勢？」他尖銳提問。對任何試圖制止這種自由的努力，「美國人都會以『我為什麼不可以讓我的小孩得到其他小孩與生俱來的有益基因？』這個問題回應。」[25]。

席爾佛對於科技的熱情，為這次會議與會者眼中的歷史時刻定了調。「我們第一次以一個物種的身分，擁有了自我演化的可能性，」席爾佛對與會者說，「我的意思是，這是一個令人難以置信的概念。」他用「令人難以置信」這個

23　原註：史帝夫・康納（Steve Connor）2000 年 5 月 17 日刊於《獨立報》的〈諾貝爾科學家樂於用 DNA「扮演上帝」〉（Nobel Scientist Happy to 'Play God' with DNA）。

24　原註：李・席爾佛的《重建伊甸園》（Avon, 1997）第 4 頁。

25　原註：李・席爾佛 2000 年 11 月 15 日刊於《歐洲分子生物學組織報告》的〈生殖遺傳學：第三個千年推測〉（Reprogenetics: Third Millennium Speculation）。

詞彙，是讚揚之意。

就像阿西洛馬會議，加州大學洛杉磯分校這場會議的其中一個目的，就是要阻擋政府訂定規範。「我們需要勾勒出來的主要訊息，是不讓政府參與任何型態的基因決定，」華生表明。與會者都接受這個觀點。「任何規範生殖細胞系基因治療的國家或聯邦立法，此次都不可以通過，」會議召集人葛萊格瑞‧史塔克在他的總結中寫道。

史塔克接著又寫了一份贊同編輯的宣言〈重新設計人類：我們躲不掉的基因未來〉（Redesigning Humans: Our Inevitable Genetic Future）。「人類本質的一個關鍵層面，是我們操作這個世界的能力，」他說，「連探索生殖細胞系選擇與改造都不做就直接揚棄，無疑是在否定我們的本質，甚至我們的命運。」他強調政客不應該企圖干預這個進程。「政策制訂者有時候誤以為他們對生殖細胞系技術是否可以出現的問題，有置喙的權利，」他寫道，「他們沒有。」[26]

對於基因工程的熱情，美國人的態度與歐洲人形成了強烈對比。不論是將基因工程運用在農業還是人類身上，歐洲政策制訂者與各種委員會反對立場都愈來愈堅定。表達反對意見最知名的事件是 1997 年在西班牙奧維耶多（Oviedo）由歐盟理事會召開的一場會議。這場會議計畫將決議的《奧維耶多公約與協議》（Oviedo Convention and Its Protocols）變成具有法律約束力的公約，阻止任何人將生物學進展當成威脅人類尊嚴的方式。除了「為預防、診斷或治療目的，且僅在沒有意圖改變人類後代基因組成結構」的情況，這份公約禁止進行所有人類基因工程。換言之，不准進行生殖細胞系編輯。29 個歐洲國家都已將《奧維耶多公約與協議》納入其法律，其中又以英國和德國的立場最堅定，也最引人注意。即使是未批准納入國內法律的國家，這份公約也協助形成了歐洲反對基因工程的普遍共識。[27]

26　原註：葛萊格瑞‧史塔克的〈重新設計人類：我們躲不掉的基因未來〉（Houghton Mifflin, 2002）第170頁。
27　原註：歐盟理事會1997年4月4日提出的《奧維耶多公約與協議》。

傑西・蓋爾辛格

美國研究人員對於基因工程所瀰漫的樂觀心態，在 1999 年 9 月因為費城一個活潑、英俊又有點叛逆的 18 歲高中生的事情而洩了氣。由於一個單純的基因突變，傑西・蓋爾辛格（Jesse Gelsinger）罹患了一種較溫和的肝病。這個病讓蓋爾辛格的肝臟無法正常排除體內因蛋白質分解而產生的氨。這種疾病通常讓患者在襁褓時期就離世，但蓋爾辛格的症狀較為溫和，所以他只要採行低蛋白質飲食，再加上每天吞下 32 顆藥片，就得以存活。

當時賓州大學有一個團隊正在測試這個疾病的基因治療法。他們的治療法並不包括體內實際細胞中的 DNA 編輯，取而代之的是利用實驗室製造出來、沒有突變的基因，由醫生將這些好的基因植入一個被當成傳遞載體的病毒中。在爾辛格的治療過程中，這些承載了好基因的病毒，會被注射到一條通往肝臟的動脈中。

這個治療方式不太可能讓蓋爾辛格一夜之間立即痊癒，因為試驗的目的在於瞭解這種方式是否可以用來拯救嬰兒，不過也給了蓋爾辛格一個希望，也許在拯救小寶寶的同時，某天他也可以大啖熱狗。「我可能碰到的最糟情況是什麼？」他在準備到賓州醫院住院前對一位朋友說，「死翹翹，但那是為了小寶寶們而死。」[28]

和其他 17 位臨床實驗者不同的是，蓋爾辛格因為轉運治療基因的病毒，而出現了嚴重的免疫反應，始終高燒不退，接著他的腎臟、肺臟與其他器官全部棄守。他在 4 天內死亡。基因治療的研究工作陷入停頓。「我們都非常清楚發生了什麼事，」道納回憶道，「那件事讓整個基因治療領域都消散了，大部分是這樣，而且這種情況至少維持了 10 年。連**基因治療**這 4 個字都變成了一種黑色標籤。任何補助計畫都不想跟這個扯上關係。你不會想要說『我正在研究基因治療』。聽起來就很恐怖。」[29]

---

28 原註：雪莉・蓋・史多伯格（Sheryl Gay Stolberg）1999 年 11 月 28 日刊於《紐約時報》的〈傑西・蓋爾辛格的生物科技之死〉（The Biotech Death of Jesse Gelsinger）。

29 原註：梅爾・瑞恩德（Meir Rinde）2019 年 6 月 4 日於科學史研究所（Science History Institute）發表的〈傑西・蓋爾辛格之死〉（The Death of Jesse Gelsinger）。

卡斯委員會，2003 年

　　在世紀交替之際，也就是人體基因體計畫以及複製桃莉羊都完成之後，基因工程的辯論帶來了另一個美國總統委員會，這一次是 2003 年由喬治・布希總統指派成立。委員會的主席是生物學家與社會哲學家李昂・卡斯（Leon Kass），他是早在 30 年前第一個提出要謹慎處理生物科技議題的人。

　　不論是美國生物保守派，還是敦促大家在處理新遺傳技術時，必須有所節制的那些具生物學知識的傳統倫理派，卡斯都是最具影響力的人物。卡斯出生於沒有嚴格宗教信仰的猶太家庭，在芝加哥大學取得生物學學位，也深受這所學校「名著」核心課程[30] 的影響。他後來在芝加哥繼續深造，拿到了醫學學位，又去了哈佛取得生物化學的博士學位。他和妻子艾美（Amy）在 1965 年以推展公民權利的骨幹成員身分，到密西西比州為非裔同胞進行投票登記，而這個經驗強化了他對傳統價值的信仰。「我在密西西比看到大家生活在危險與貧困的環境中，很多人都是文盲，但是宗教、大家庭以及與社區的連結，支撐著他們向前走，」他回憶道。[31]

　　回到芝加哥大學任教後，卡斯的著作範疇從分子生物學的科學論文到《希伯來聖經》。他在讀了赫胥黎的《美麗新世界》後，就開始對「若不謹慎處理那些意圖征服自然的科學計畫，我們會如何走向非人性化」的議題，愈來愈感興趣。結合了他在科學與人文兩方面的學養，他開始應對諸如複製以及**體外**人工受孕這類生殖技術所帶來的問題。「我很快就把自己的事業重心，從科學移轉到思考從人類的角度來看，科學的意義是什麼，」他寫道，「以及擔心該如何堅持我們的人文價值，去抵抗可能的科技危害。」

　　卡斯發表的第一份生物工程警世著作，是 1971 年刊登在《科學》期刊上

30　名著選讀課程是指以閱讀各類名著作為教育奠基的課程計畫，最早的一堂課是由哥倫比亞大學英文系厄爾斯金教授（John Erskine）在 1920 年開設，1930 年代芝加哥大學廣泛推展，內容涵蓋語言、文學、數學、科學等，現在名著選讀不但已成為美國基礎與高等教育的核心課程，也成為各地的例行閱讀活動。

31　原註：哈維・佛羅門哈夫特（Harvey Flaumenhaft）2004 年刊於《當代衛生法律與政策期刊》（*Journal of Contemporary Health Law & Policy*）的〈李昂・卡斯的事業〉（The Career of Leon Kass）；李昂・卡斯 2015 年 12 月的〈與比爾・克里斯多的對談〉（Conversations with Bill Kristol），請參見 https://conversationswithbillkristol.org/video/leon-kass/。

的一封信，批評班特利・葛萊斯爭辯「每個孩子都有得到良好遺傳特徵的不可剝奪權利」的論點。卡斯表示「讓良好成為如此『不可剝奪的權利』，表示把人類生育轉變為量產。」第二年，他寫了一篇文章，解釋他對基因工程科技的擔憂。「通往美麗新世界的路，滿是感傷——是的，即使路上有愛，也有慈善，」他寫道，「我們有足夠的判斷力回頭嗎？」[32]

2001 年，卡斯委員會納入了許多傑出的保守派與新保守派思想家，包括羅伯・喬治[33]、瑪麗・安・葛蘭登[34]、查爾斯・克烏薩墨[35]，以及詹姆斯・威爾森[36]。另外還有兩位聲名卓著的哲學家，後來成為了委員會中特別具有影響力的成員。第一位是哈佛教授邁可・桑德爾（Michael Sandel），在定義正義這個概念的領域中，他是約翰・羅爾斯[37]的當代接班人。桑德爾當時正在寫一批標題為〈反對完美：設計嬰兒、仿生學運動員以及基因工程的問題在哪裡〉（The Case Against Perfection: What's Wrong with Designer Children, Bionic Athletes, and Genetic Engineering）的文章，這篇作品 2004 年刊登於《大西洋月刊》。[38] 另一位重要的思想家是法蘭西斯・福山（Francis Fukuyama），他在 2000 年出版了《我們的後人類未來：生物科技革命的後果》（Our Posthuman Future:

32 原註：李昂・卡斯 1971 年 7 月 9 日刊於《科學》的〈完美寶寶的代價？〉（What Price the Perfect Baby?）；李昂・卡斯 1971 年 4 月 1 日刊於《現代神學》（*Theology Today*）的〈評保羅・羅姆西的《虛構的人》〉（Review of *Fabricated Man* by Paul Ramsey）；李昂・卡斯 1972 年刊於《公眾利益》（*Public Interest*）冬季號的〈製造寶寶：新生物學與舊道德觀〉（Making Babies: the New Biology and the Old Morality）。

33 Robert George，1955～，美國法學學者與政治哲學家，天主教徒，在普林斯頓大學教授憲法解釋、公民權利、法學哲理以及政治哲學等課程。

34 Mary Ann Glendon，1938～，哈佛法學院教授，反墮胎者，曾任美國駐教廷大使，教授的課程與著作的內容包括生物倫理學、比較憲法、財產法，以及國際法中的人權。

35 Charles Krauthammer，1950～2018，哈佛醫學院畢業的精神科醫生，1970 年代後期至 1980 年代初開始寫作事業，是美國知名政治專欄作家和普立茲獎得主。

36 James Q. Wilson，1931～2012，政治科學家，主要在加州大學洛杉磯分校與哈佛授課，曾任哈佛—麻省理工學院的城市研究聯合中心主任。除了卡斯委員會外，他也曾任雷根與布希總統時代的海外情報顧問委員會委員。

37 John Rawls，1921～2002，美國倫理與政治哲學家，曾獲肖克邏輯與哲學獎（Schock Prize for Logic and Philosophy）與美國國家人文獎章（National Humanities Medal），著作《正義論》（*A Theory of Justice*）堪稱當代政治哲學最重要的著作之一。

38 原註：邁可・桑德爾 2004 年 4 月刊於《大西洋月刊》的〈反對完美〉；邁可・桑德爾的《反對完美》（Harvard, 2007）。

Consequences of the Biotechnology Revolution），這本書後來也成為要求政府立法規範生物科技的強而有力呼籲。[39]

　　毫不令人意外的，這個委員會最後提交了長達 310 頁的報告〈治療之外：生物科技與追尋幸福〉（Beyond Therapy: Biotechnology and the Pursuit of Happiness），內容周延又令人感動，也充滿了對基因工程的憂慮。這份報告針對允許科技跨越單純的治療疾病界限，應用在強化人類能力的危險性，提出了警告。「我們有理由去質疑，就算尋求生物科技的協助，滿足了人類最深層的慾望，生命是否真的可以變得更好，」這份報告這樣表示。

　　這份報告的作者們，把主要焦點放在哲學而非安全考量上，討論身為人類、追求快樂、尊重天賦、接受被賦予的一切，代表了什麼意義。如果過分改變「自然」的一切，那麼我們就是傲慢自大，而我們個人的本質也會受到威脅。這份報告為這樣的立場辯護，或者更正確的說法是，這份報告宣揚這樣的立場。「我們都想要更好的孩子，但絕非藉由把生育轉換成量產的手段，也不是透過改變孩子的頭腦，讓他們得到超越同儕能力的作法，」這份報告寫道，「我們想要在生活各個層面的活動中表現得更優秀，但絕非把自己變成不過是化學家手下的製造生物，也不是用非人性的方式，把自己變成只為了獲勝或達到目的的工具。」我們幾乎可以想像大家在聽到這段話時，紛紛點頭稱是的樣子，只不過仍有少數人在後面低聲喃喃地說，「才不是這樣。」

39　原註：法蘭西斯・福山的《我們的後人類未來》（Farrar, Straus and Giroux, 2000）第 10 頁。

喬治‧達利、道納與大衛‧巴爾帝摩於 2015 年的國際高峰會

第 36 章

道納進場

希特勒夢魘

2014 年春天，當 CRISPR 專利戰與開設基因編輯公司的熱潮，正如火如荼地展開之時，道納做了一個夢。更精確地說，她做了一個惡夢。在夢裡，有位傑出研究人員請她去見一個想要瞭解基因編輯的人。當她走進房間後，她瑟縮了。坐在她面前，把紙筆都準備好要記筆記的那個人，竟是長了一張豬臉的阿道夫・希特勒。「我想知道妳發展出來的這種神奇技術的應用與意涵，」他說。道納記得自己被這個惡夢嚇醒。「我就這麼躺在黑暗中，心臟狂跳，完全躲不開那場惡夢留下來的不祥感覺。」自此之後，她開始出現睡眠障礙。

基因編輯技術有巨大的力量可以行善，但利用這種技術改變人類未來世代的遺傳卻令人深感不安。「我們是不是創造出了一個製造未來科學怪人的工具箱？」她問自己。或者，更糟的是，這個技術會不會成為未來希特勒的工具？「埃瑪紐埃爾、我，以及與我們合作的人，都曾想像 CRISPR 技術可以治癒遺傳疾病，並因此拯救許多生命，」她後來寫道，「但現在再想想，我幾乎不敢設想，我們辛苦的研究也可能成為各種邪門歪道。」[1] "

---

[1] 原註：納與斯騰伯格的《創造的裂縫》第 198 頁；麥克・史派克特 2015 年 11 月 16 刊於《紐約客》的〈人類 2.0〉（Humans 2.0）；作者對道納的訪問。

快樂的健康寶寶

　　大約也在這時，道納遇到了一個案例，讓她瞭解，心懷善意的人可以如何為基因編輯鋪路。道納實驗室關係緊密的 CRISPR 團隊成員山姆・斯騰伯格，在 2014 年 3 月收到了一封電子郵件，寄件人是舊金山的一位年輕企業家羅倫・布奇曼（Lauren Buchman），她從朋友那兒知道了斯騰伯格的名字。「嗨，山姆，」她在信中寫著，「很高興在電子郵件中與你相遇。我知道你就在舊金山大橋的另一端。有沒有機會請你喝杯咖啡，談談你們有什麼打算？」[2]

　　「儘管我的行程很緊，還是很樂意與妳碰面，」斯騰伯格回覆，「在此期間，也許妳可以大概介紹一下貴公司的業務。」

　　「我成立了一家公司，取名為快樂的健康寶寶，」她在下一封電子郵件中解釋，「我們看到了 Cas9 可以協助預防未來試管嬰兒遺傳疾病的可能性。對我們而言，確保這個過程符合最高科學與道德標準是最重要的第一要務。」

　　斯騰伯格雖然很驚訝，也並非完全意外。在那個時候，CRISPR-Cas9 已經用來編輯植入猴子體內的胚胎了。他對進一步挖掘布奇曼更深層的動機以及她對這個概念的發展，相當感興趣，因此同意和她在柏克萊的一家墨西哥餐廳碰面。布奇曼在餐廳裡提出了要為大家提供用 CRISPR 編輯未來寶寶的機會。

　　她當時已經申請到了 HealthyBabies.com 的網域名稱。他想不想當聯合創辦人？這個提議讓斯騰伯格非常驚訝。他驚訝不僅是因為謙遜，他和實驗室夥伴兼至交布雷克・威登海夫特一樣，都有一副好脾氣和謙遜的心態。更因為他從來沒有編輯人類細胞的經驗，遑論該如何下手進行胚胎植入了。

　　首次聽到布奇曼的想法時，我覺得很不安。然而深入瞭解後，卻意外地發現她對這個議題的道德層面真的有相當周全的思考。她妹妹曾罹患血癌，後來因為治療結果，無法生育。布奇曼正試著建立屬於自己的事業，但又擔心她的生理時鐘正在走下坡。「我那時已經是個 30 多歲的女人了，」她回憶著，「我們都面臨了同樣的問題。我們想要自己的事業，不想只當個賢妻良母；於是我

2　原註：作者對斯騰伯格與羅倫・布奇曼的訪問。

們開始和生殖醫學中心打交道。」

她知道**體外**人工受孕診所可以在植入胚胎前篩出有害的基因，但是身為 30 多歲的女人，她也知道實際要製造出一堆受精卵，做起來要比說的困難太多。「最後可能只會成功做出一兩個胚胎，」她明白地指出，「也因此胚胎著床前基因檢測並非總是那麼容易。」

大概就在這時候，她聽說了 CRISPR 技術，感到非常雀躍。「我們有能力處理細胞內某些問題的這個想法，實在棒極了，而且大有可為。」

她對於社會議題也非常敏感。「所有的科技都可以用來行善，也可以用來作惡，不過新科技中的率先行動者，更有機會促進科技朝向正面與符合倫理道德的方向使用，」她說，「我想要正確地使用基因編輯，而且以開放的方式進行，因為這樣，想要使用這項科技的患者才會有一個既定的道德程序模式可循。」

布奇曼諮詢過一些創投基金與生物科技的企業家，他們最後給她的怪異意見，包括招募基因駭客、在網路上齊力編輯患者基因的想法，把她嚇壞了。「聽得愈多，我愈覺得『我一定要做，』」她說，「因為如果我不做的話，那些毫不在乎結果衝擊或倫理道德的邊緣人，就會接收這個領域。」

斯騰伯格在甜點上桌前就結束了他與布奇曼的晚餐，離開了墨西哥餐廳。他對擔任事業共同創辦人沒有興趣，但對於參訪布奇曼公司的工作場所，卻有很高的意願。「就算天塌下來，我也不可能參與公司業務，不過我很好奇，」他說。他知道道納已經開始在擔心這類的事情了，所以他決定走一趟布奇曼的實驗室，和有意主導注定會掀起社會風暴的 CRISPR 這類技術的人，好好聊一聊。

在參觀布奇曼公司的過程中，他看了一支快樂的健康寶寶宣傳影片，裡面有非常多的動畫與各種實驗的現成影片素材，而影片中，布奇曼坐在一個有很多大片玻璃窗、陽光很充足的房間裡，解釋基因編輯寶寶的想法。斯騰伯格告訴布奇曼，他覺得在美國，至少 10 年內，相關單位都不會批准 CRISPR 應用在人類嬰兒身上。她的回應是，診所並不一定設在美國。很可能有其他國家會允許這樣的作法，而有足夠經濟能力進行基因編輯寶寶程序的人，也一定會願意千里奔波。

斯騰伯格決定不再參與此事，但沒多久，喬治‧丘奇同意無償擔任布奇曼

公司的科學顧問。「喬治建議我把重心從胚胎移轉到精細胞，」布奇曼回憶說，「他說這樣爭議和麻煩都可能比較少。」[3]

布奇曼最後放棄了這項新興事業。「我在深入瞭解了應用案件、市場規範與道德議題後，愈來愈清楚現在還沒有到可以開始這個事業的時機，」她說，「不但科學面沒有、社會面也沒有準備好。」

當斯騰伯格向道納描述與布奇曼的會議過程時，說布奇曼「眼裡有一種普羅米修斯般的微光閃爍。」後來，在和道納合著的書中，他也用了這樣的形容，但此舉讓布奇曼很氣憤。如果快樂的健康寶寶論調可以早幾年出現，道納和斯騰伯格在書中寫著，他們必然會把這樣的想法「當成純幻想」，不屑一顧，因為「當時幾乎沒有任何機會可以讓人追求科學怪人計畫。」然而 CRISPR-Cas9 技術的發明，卻改變了這樣的現實。「現在，我們再也不會嘲笑這類的假設。畢竟，讓人類基因體能像細菌基因體一樣容易被掌控，是 CRISPR 已經達到的成就。」[4]

納帕，2015 年 1 月

在希特勒惡夢與斯騰伯格快樂的健康寶寶經歷後，道納在 2014 年春天決定更積極地參與 CRISPR 基因編輯工具應該如何應用的政策討論。一開始，她想過在報上寫一篇社論文章，不過考慮當前所面對的挑戰，這種作法似乎並不恰當。於是她想到了 40 年前促成 1975 年 2 月阿西洛馬會議的過程。那場會議為重組 DNA 的研究工作制訂出「謹慎的前進之路」原則。她決定也有必要為 CRISPR 基因編輯工具的發明，組織一個類似的團體。

她的第一步，是徵召兩位 1975 年阿西洛馬會議的關鍵召集人加入。一位是發明了重組 DNA 的保羅・伯格，另一位是從阿西洛馬會議開始就參與了大多數重要政策會議的大衛・巴爾帝摩。「我覺得如果我們可以讓這兩位前輩加入，就可以和阿西洛馬建立直接的連結，也得到了信用保證，」她回憶道。

3　原註：作者對丘奇與布奇曼的訪問。

4　原註：道納與斯騰伯格的《創造的裂縫》第 199 ～ 220 頁，作者對道納與斯騰伯格的訪問。

兩人都同意參與，會議決定在 2015 年 1 月舉行，地點設在舊金山往北約一小時車程的納帕山谷（Napa Valley）。會議還邀請了另外 18 位頂尖的研究人員，包括道納實驗室裡的馬丁·伊尼克和山姆·斯騰伯格。會議的焦點放在進行遺傳性基因編輯時的倫理道德議題上。

　　在阿西洛馬的會議上，眾人的討論大多繞著安全議題打轉，道納卻要確保納帕會議會針對一些道德問題加以討論，包括美國置於一切之上的個人自由，是否需要把寶寶基因編輯的最主要決定權，交到父母手上？基因寶寶的創造，要到什麼程度——我們天賦遺傳源於自然隨機抽獎結果的想法，要放棄到什麼程度——會出現敗壞我們道德同理心的現象？人類物種的多樣性會出現降低的危機嗎？又或者，把問題局限在更具生物自由的層面，不去應用基因編輯，從道德的角度來看，是錯誤的嗎？[5]

　　大家很快形成了一個共識，完全禁止生殖細胞系基因體編輯，並不是好事。與會者希望能讓基因編輯的大門保持敞開。他們的目標與阿西洛馬的與會者目標相似，他們想要找出一條前進的路，而不是直接踩煞車。現在要安全進行生殖細胞系編輯的時機還不夠成熟，但這個技術早晚有一天會實現，屆時大家的目標應該著重於提供謹慎的準則。這個共識成為後來大多數由科學家所組成的委員會與召集的會議主題。

　　大衛·巴爾帝摩在這次的納帕會議中，曾針對一個與 40 年前阿西洛馬會議不同的發展，提出警告。「當前的重大差異在於生物科技業的建立，」他對全體與會者說，「1975 年沒有大型的生物科技公司。今天，公眾關心的是商業發展，因為那一個領域的監督較少。」他說，如果與會者想要預防大眾對基因編輯的強烈反彈，就必須說服大眾不但要相信穿著白袍的科學家，也要相信商業所驅動的企業，而這可能會是項很艱鉅的行銷任務。威斯康辛法學院的生物倫理學家阿爾塔·查洛（Alta Charo）指出，學術研究人員與商業公司的緊密關係，會為學術界的可信度染上污點。「財務利益會敗壞當今科學家的『白袍』形象，」她說。

5　原註：作者對大衛·巴爾帝摩、道納、斯騰伯格，以及達納·卡洛的訪問。

有位與會者提起了有關社會正義的論點。基因編輯應該會很昂貴。是否只有富者才能利用？巴爾帝摩也同意這會是個問題，但他認為這並不構成禁止這項技術的理由。「那個論點並不深入，」他說，「所有的事情都一樣。就拿電腦為例，一旦進入批發模式，所有的東西都會變得便宜很多。這個論點並不是反對基因編輯繼續往前走的理由。」

　　納帕會議期間，中國已經在無法存活的胚胎上進行了一些編輯實驗的相關耳語逐漸傳開。與製造核子武器技術不同的是，基因編輯的技術可以輕易拓展，不僅負責任的研究人員可以應用，流氓醫師和素行不良的生物駭客也可以應用。「我們真的可以把精靈關回瓶子裡去嗎？」有位與會者問。

　　參與會議的人都同意 CRISPR 工具用於**非遺傳性**的體細胞基因編輯是件好事。這樣的應用可以帶來有益的藥物與治療方式。於是他們決定，同意為基因編輯技術加上一些限制，避免引起反彈。「我們需要放慢生殖細胞系編輯的發展，在政治層面創造出一個安全的空間，這樣我們才能繼續研究體細胞的編輯，」一位與會者指出。

　　最後，與會者決定呼籲要求暫時中止人類生殖細胞系編輯的研究，至少在安全與社會問題可以進一步深入瞭解前，希望能暫時中止。「我們希望科學界按下暫停鍵，直到生殖細胞系編輯在社會、倫理道德，以及哲學意涵都經過完整而周延的討論——最理想的狀況是經過全球層級的討論，」道納說。

　　道納草擬了初版的會議報告，請其他與會者過目。在納入了大家的建議後，她在 3 月將報告投遞到《科學》。這篇報告的標題訂名為〈基因工程與人類生殖細胞系基因改造的謹慎前進之路〉（A Prudent Path Forward for Genomic Engineering and Germline Gene Modification）[6]。儘管實際上道納是第一作者，但巴爾帝摩與伯格的名字卻列在第一位。姓氏字母排序也恰巧讓這兩位阿西洛馬的先驅排在報告的最前面。

　　這份報告清楚定義了「生殖細胞系編輯」，也說明了為什麼跨過這道門檻，會同時成為倫理道德和科學的重要一步。「現在，我們已經有能力在動物的受精卵或胚胎中進行基因體改造，進而改變有機體內每一個分化細胞的遺傳結構，並因此確保改變會延續給有機體的後代，」他們寫道，「人類生殖細胞

系工程的可能性，長久以來始終是個令一般大眾既感到興奮又覺得不安的源頭，特別是針對疾病治療的應用，因為有些案例出現了不具說服力，或甚至帶有令人不安意味的結果，大家開始有一種「一步錯，就會步步錯的滑坡效應」顧慮。[6]

一如道納所期待的，這篇期刊報告得到了全美很大的關注。《紐約時報》把相關報導放在頭版，由尼可拉斯・韋德主筆，報導中還放了一張道納坐在她柏克萊辦公桌後的照片，報導標題是〈科學家尋找禁止編輯人類基因體的方法〉（Scientists Seek Ban on Method of Editing the Human Genome）。[7]不過這個標題其實誤導了。確實，大多數關注納帕報告相關內容的媒體焦點，都漏失了一個重點。參加納帕會議的與會者與當時某些其他科學家不一樣[8]，他們刻意決定不去呼籲禁止或暫時中止，因為這樣的決定，會因為時間流逝而難以解除。他們的目標是如果安全而且醫療上又有其必要性，就要讓生殖細胞系編輯的可能性大門繼續開著。這也是為什麼，在報告的標題中，他們要呼籲「一條謹慎的前進之路」，而這幾個字也成了許多人類生殖細胞系基因編輯科學會議的監督原則。

中國的胚胎研究，2015 年 4 月

在納帕會議期間，道納聽到了一個令她很不安的傳言：有史以來第一次，一組中國科學家已將 CRISPR-Cas9 應用在人類的初期胚胎基因上。從理論面來說，這樣的編輯會造成遺傳改變。稍微讓這種不安感降低一點的是這些科學家是針對無法存活的胚胎進行編輯。這些無法存活的胚胎無法置入母親的子宮內。不論如何，如果謠言是真，立意良善的政策制訂者的計畫，就有可能再次被急切研究人員的狂熱所打亂。[9]

6　原註：大衛・巴爾帝摩以及其他人 2015 年 4 月 3 日刊於《科學》的〈基因工程與人類生殖細胞系基因改造的謹慎前進之路〉（2015 年 3 月 19 日於網路發表）。

7　原註：尼可拉斯・韋德 2015 年 3 月 19 日刊於《紐約時報》的〈科學家尋找禁止編輯人類基因體的方法〉。

8　原註：請參見，譬如艾德華・藍費爾（Edward Lanphier）、費爾多・烏爾諾夫以及其他人 2015 年 3 月 12 日刊於《自然》的〈不要編輯人類生殖細胞系基因體〉（Don't Edit the Human Germ Line）。

9　原註：作者對道納與斯騰伯格的訪問；道納與斯騰伯格的《創造的裂縫》第 214 頁開始的內容。

中國那篇相關的研究論文還沒有發表，但確實有這樣一篇論文的消息卻已傳開了。《科學》與《自然》這類聲名卓著的期刊已拒絕接受刊登，因此那篇論文還在挑選落腳處。最後接受那篇論文的期刊是一個並不怎麼出名的中國期刊《蛋白質與細胞》（*Protein & Cell*），2015 年 4 月 18 日在網路上發表。

在這篇論文中，廣州一所大學的研究人員描述他們如何在 16 個不可能存活的受精卵（胚胎前體）中，利用 CRISPR-Cas9，剪下一個會導致和鐮刀型貧血症同樣會致命的血液疾病 β 型海洋性貧血的突變基因。[10] 儘管這些胚胎永遠不會成長為嬰兒，但就算沒有跨界，卻也已經碰觸底線。有史以來第一次，CRISPR-Cas9 已經應用在人類生殖細胞的可能編輯上，而這是能夠由未來世代傳續下去的改造。

根據道納後來的回憶，她在自己的柏克萊辦公室裡看完那篇論文後，盯著舊金山灣，感覺到「驚懼，而且有點噁心想吐。」世界各地的科學家很可能都在用著她和夏彭蒂耶所創造出來的技術，進行類似的實驗。她知道，這樣的情況會帶來一些非常意外的後果，也可能會引發大眾的強烈反彈。「這個技術還沒有準備好進行人類生殖細胞系的臨床應用，」她在接受美國全國公共廣播電台訪問，論有關中國實驗的時候這麼回答，「這個科技的那種應用需要暫時中止，大家要先針對科學與倫理道德議題，進行層面更廣的社會討論。」[11]

納帕會議和中國胚胎編輯實驗引來了國會的關心。參議員伊莉莎白·華倫（Elizabeth Warren）主持了一場國會簡報會，道納和既是她朋友又是研究同僚的 CRISPR 先驅喬治·丘奇一塊兒去華盛頓作證。這場簡報會實在太受歡迎，以至於會場只有立席。超過 150 位的參議員、國會議員、參謀人員，以及政府人員全擠入了這個會場。在會上，道納敘述了 CRISPR 的歷史，強調開始就只是單純受到「好奇心驅使」的研究，想要瞭解細菌抵禦病毒的方式。她解釋，

10　原註：梁普平……黃軍就與其他人2015年5月刊於《蛋白質與細胞》的〈人類三前核受精卵的CRISPR/Cas9介導基因編輯〉（CRISPR/Cas9-Mediated Gene Editing in Human Tripronuclear Zygotes），2015年4月18日於網路發表。

11　原註：羅伯·史丹2015年4月23日於美國全國公共廣播電台的《晨間新聞》播出的專題〈評論者抨擊在人類胚胎進行DNA編輯的中國科學家〉（Critics Lash Out at Chinese Scientists Who Edited DNA in Human Embryos）。

把這個技術用在人類身上，需要找到方式把這個技術送到體內正確的細胞內，這項工作在初期胚胎上進行會更容易。「然而把基因編輯用在這樣的事情上，」她警告，「在道德上的爭議也更大。」[12]

道納與丘奇先後將他們對於進行遺傳性基因編輯的看法轉換成了文字，並寄給《科學》期刊。雖然兩人的立場在某個程度上是對立的，但他們都強調，科學家正在嚴肅地處理目前所面對的議題，不需要政府制訂新的規範。「人類生殖細胞系工程的應用方式，各方意見南轅北轍，差異極大，」道納寫道，「個人的看法，完全的禁止可能會阻斷未來治療方式的研究機會，再說，有鑑於CRISPR-Cas9廣泛普遍的易取得性，以及應用的簡便性，全面禁止也是不切實際的作法。我們期待的反而是站在一個適當的中庸立場，擬定一份實實在在的協議。」[13]丘奇則是更為強力地論述，研究，即使是人類生殖細胞系基因編輯，都應該繼續。「與其討論禁止改造人類生殖細胞系的可能性，我們更應該討論如何改善這個技術的安全性與效率，」他寫道，「禁止人類生殖細胞系的編輯，會為最好的醫療研究帶來阻力，反而會促使這樣的醫療行為轉入地下到黑市，帶動無法掌控的醫療旅遊。」[14]

知名的心理學教授，也是丘奇的哈佛同僚史迪芬・平克（Steven Pinker），在大眾媒體上，把丘奇對生物學的熱衷推到另一波高度。「今天生物倫理的首要道德目標，可以一言蔽之，」他在《波士頓環球報》（Boston Globe）的社論中提出，「別擋路。」他粗魯地用一棍子打翻了整個生物倫理學的專業範疇。「真正有道德的生物倫理，不應該依據像『尊嚴』、『神聖』、或者『社會正義』這些含糊不明卻又廣泛流行的原則，或官僚作風、正式中止、起訴的威脅，讓研究陷入停頓，」他辯稱，「我們最不需要的，就是所謂的倫理道德遊說。」[15]

12　原註：作者對吳昭婷、丘奇與與道納的訪問；強尼・康格（Johnny Kung）2015年12月1日於個人遺傳學教育計畫（Personal Genetics Education Project，簡稱pgED）所提出的摘要報告〈提高政策制訂者對於遺傳學的興趣〉（Increasing Policymaker's Interest in Genetics）。

13　原註：道納2015年12月3日刊於《自然》的〈胚胎編輯需要謹慎待之〉（Embryo Editing Needs Scrutiny）。

14　原註：丘奇2015年12月3日刊於《自然》的〈鼓勵創新者〉（Encourage the Innovators）。

15　原註：史迪芬・平克2015年8月1日刊於《波士頓環球報》的〈生命倫理學的道德命令〉；保羅・克努普福勒（Paul Knoepfler）於《利基》（The Niche）部落格中的史迪芬・平克專訪。

國際高峰會，2015 年 12 月

緊接著他們的納帕會議之後，道納與巴爾帝摩敦促美國國家科學院以及其全世界的姊妹組織召開一次全球性的代表會議，討論如何謹慎地規範人類生殖細胞系的編輯。超過 500 位科學家、政策制訂者與生物倫理學家──不過患者或受到病痛折磨的孩子父母卻幾乎無人出席──在 2015 年 12 月初，齊聚華盛頓參加為期 3 天的第一屆國際人類基因體編輯高峰會（International Summit on Human Gene Editing）。除了道納和巴爾帝摩，包括張鋒、丘奇在內的其他 CRISPR 先驅，也都參與了會議。合辦的單位包括中國科學院與英國皇家學會。[16]

「承續達爾文、孟爾德 19 世紀的研究工作，我們今天聚集在此，是歷史進程的一部分，」巴爾帝摩在開場致詞時說，「我們很可能處於人類歷史一個新紀元的頂端。」

來自北京大學的一位代表向與會者保證，中國為了阻止生殖細胞系基因編輯，已設置了安全防備措施。他說，「精子、卵子、受精卵，或者胚胎，為了繁衍目的的基因操縱，一概禁止。」

因為與會者和記者人數實在太多，會議捨棄了辯論方式，主要採取結構扎實、內容詳盡的演講形式舉行。甚至連會議的結論都是事先準備。最重要的結論內容幾乎與同年初小型納帕會議所下的結論一模一樣。在符合並恪守嚴格條件之前，大家應該極力避免人類生殖細胞系編輯，但要避免使用「中止」與「禁止」這樣的詞彙。

這場會議所採納的結論當中，有一條是在「大眾對於該應用技術的適當性，達到廣泛社會共識」前，不應該進行生殖細胞系的基因編輯。「廣泛社會共識」的必要性，是生殖細胞系編輯的道德討論經常會被援引的主題，已經像是一句咒語了。這是一個值得讚揚的目標。然而就像大家在墮胎議題上的爭論一樣，討論並不一定會帶來廣泛的社會共識。美國國家科學院負責主辦會議的

16　原註：作者對道納、大衛・巴爾帝摩與丘奇的訪問；2015 年 12 月 1 ～ 3 日的國際人類基因體編輯高峰會（National Academies Press）；傑夫・阿卡斯特 2015 年 12 月 3 日刊於《科學家》的〈來談談人類工程〉（Let's Talk Human Engineering）。

人很清楚這一點。儘管他們呼籲這個議題的公眾討論，但他們也成立了一個 22 人的委員會，進行為期 1 年的研究，想要瞭解是否應該針對生殖細胞系的 DNA 編輯下達中止令。

這個委員會的最後報告發表於 2017 年 2 月，他們並沒有要求禁止或中止相關研究，反而提出了一份在允許生殖細胞系編輯進行之前，應該要達到的規範清單，其中包括「無其他合理選擇或抑制方式可防止嚴重疾病或病況，」以及少數幾條在可預見的未來有可能克服的條件。[17] 特別是這次的報告刪除了 2015 年國際高峰會報告的一條重要限制。在遺傳性基因編輯獲准之前，不需要再提到「廣泛社會共識」的必要性。取而代之的是，這份 2017 年的報告僅要求「公眾廣泛而持續地參與和投入。」

許多生物倫理學家都很失望，但包括巴爾帝摩和道納在內的大多數科學家，卻覺得這份報告找到了一個合理的中庸立場。在那些投入醫療研究者的眼裡，這份報告代表的是黃燈，允許他們保持謹慎態度繼續研究。[18]

英國聲譽最卓著的獨立生倫理組織納菲爾德生物倫理學委員會（Nuffield Council on Bioethics），在 2018 年 7 月發表了一份報告，態度更開放。「基因體編輯可能為人類繁衍領域帶來變革性的技術，」這份報告下了這樣的結論。「只要遺傳性基因體編輯的介入行為，與未來人類的福祉、未來的社會正義與社會團結，維持一致性，這些介入行為就沒有違反任何道德禁令。」納菲爾德生物倫理學委員會甚至更進一步放寬利用基因編輯去治療疾病以及提供遺傳性能力強化的區別界線。「基因體編輯在未來很可能應用於……強化感官或能力，」這份報告的導讀如此寫道。毫無疑問地，這份報告可以視為在幫人類生

17　原註：阿爾圖·查洛（R. Alto Charo）、理查·海內斯（Richard Hynes）2017 年的美國國家學院（the National Academies of Sciences, Engineering, Medicine）報告〈人類基因體編輯：科學、醫學與道德考量〉（Human Genome Editing: Scientific, Medical, and Ethical Considerations）。

18　原註：佛朗索瓦·貝利斯（Françoise Baylis）的《改變的遺傳：CRISPR 與人類基因體編輯倫理》（*Altered Inheritance: CRISPR and the Ethics of Human Genome Editing*, Harvard, 2019）；喬瑟琳·凱瑟（Jocelyn Kaiser）2017 年 2 月 14 日刊於《科學》的〈美國國會審查小組要求人類胚胎編輯謹慎並緩下腳步〉（U.S. Panel Gives Yellow Light to Human Embryo Editing）；凱爾西·蒙哥馬利（Kelsey Montgomery）2017 年 2 月 27 日刊於《醫學新聞》（*Medical Press*）的〈國家科學研究院《人類基因體編輯報告》的幕後〉（Behind the Scenes of the National Academy of Sciences' Report on Human Genome Editing）。

殖細胞系基因編輯鋪路，而《衛報》相關報導的標題定名為〈英國倫理組織同意進行基因改造寶寶〉（Genetically Modified Babies Given Go Ahead by UK Ethics Body）。[19]

全球規範

針對生殖細胞系編輯，雖然美國國家科學院與英國的納菲爾德生物倫理學委員會都保持支持開放的態度，兩個國家卻也都設定了一些限制。美國國會通過了一項規定，禁止食品及藥品管理署審核任何「針對包含改造可遺傳的基因而刻意製造或改造的人類胚胎」療法。歐巴馬總統的科學顧問約翰・赫德仁（John Holdren）宣布「政府相信為了臨床目的而改變人類生殖細胞系，在現階段，是絕不可跨越的一條界線，」而美國國家衛生研究院院長法藍西斯・柯林斯則是宣布「國家衛生研究院不會贊助任何人類胚胎的基因編輯技術研究。」[20]同樣的，英國也訂定了各種規定限制人類胚胎的編輯。然而不論是英國還是美國，都沒有一條絕對且明確的法律，禁止生殖細胞系基因編輯。

俄國也沒有阻止人類基因編輯應用的法律，不僅如此，俄國普丁總統在2017年還大力讚揚了CRISPR的潛力。那年在一個年輕人的節慶上，普丁總統提及了基因工程製造的人類所帶來的益處與危險，譬如萬能士兵。「人類有機會進入由自然，或依宗教人士所說的，神所創造出來的遺傳密碼中，」他說，「大家可以想像科學家依照期望的特質創造出一個人。這個人也許是數學天

---

19 原註：2018年7月納菲爾德生物倫理學委員會發表的〈基因體編輯與人類繁衍〉（Genome Editing and Human Reproduction）；伊恩・山波（Ian Sample）2018年7月17日刊於《衛報》的〈英國道德組織同意進行基因改造寶寶〉；克里夫・庫克森（Clive Cookson）2018年7月17日刊於《金融時報》的〈道德研究機構表示人類基因編輯在道德上可行〉（Human Gene Editing Morally Permissible, Says Ethics Study）；唐娜・狄根森（Donna Dickenson）與瑪西・達諾夫斯基（Marcy Darnovsky）2019年3月15日刊於《自然生物科技》的〈寬容的科學文化鼓勵「CRISPR寶寶」實驗嗎？〉（Did a Permissive Scientific Culture Encourage the 'CRISPR Babies' Experiment?）。

20 原註：2016年合併撥款法案，2015年12月18日通過之公法第114-113號第749條款；法蘭西斯・柯林斯2015年4月28日發表的〈國家衛生研究院資助將基因編輯技術應用於人類胚胎研究的聲明〉（Statement on NIH Funding of Research Using Gene-Editing Technologies in Human Embryos）；約翰・赫德仁2015年5月26日發表之〈基因體編輯隨筆〉（A Note on Genome Editing）。

才，也許是傑出的音樂家，但也可能是個軍人，一個在作戰時沒有恐懼、沒有感情，也沒有慈悲心和疼痛的軍人。」[21]

中國的政策限制性較多，至少表面看來如此。雖然一樣沒有確切的法律條文，明確禁止人類胚胎的遺傳性基因編輯，卻有許多規範與準則防止這樣的研究，至少大家如此相信。舉例來說，中國衛生部在 2003 年頒佈了《人類輔助生殖技術規範》，明訂「禁止以生殖為目的，對精子卵子、合子和胚胎進行基因操作。」[22]

在世界上，中國是控制程度最高的社會之一，鮮有政府不知的臨床事件。裴端卿是備受敬重的年輕幹細胞研究人員，也是中國科學院廣州生物醫藥與健康研究院院長，他向華盛頓國際高峰會營運委員會的其他委員同僚保證，中國不會發生胚胎的生殖細胞系基因編輯事件。

這也是為什麼裴端卿和他來自世界各地有相同想法的朋友，在 2018 年 11 月抵達香港參加第二屆國際人類基因體編輯高峰會時，發現儘管大家提出高瞻遠矚的深思熟慮並各種字字斟酌、句句謹慎的報告後，人類物種依然在突然且完全出乎意料的情況下，被推入一個新時代時，會如此震驚的原因。

---

21 原註：「普丁說科學家應該製造萬能士兵型的超人，」請參考 2017 年 10 月 24 日的 YouTube, youtube .com/watch ?v= 9v3TNGmbArs；「俄國國會試圖製造基因編輯寶寶」出自《歐盟觀察者》(EU Observer) 網路新聞台 2019 年 9 月 3 日報導；克里斯汀娜‧道曼 (Christina Daumann) 2019 年 9 月 4 日刊於阿斯迦迪亞網站上之〈新型態社會〉(New Type of Society)。

22 原註：阿奇敏‧羅斯曼 (Achim Rosemann)、李江、張新慶 2017 年 5 月於納菲爾德生物倫理學委員會發表的〈中華人民共和國人類胚胎、配子與生殖系基因編輯研究與臨床應用的規範與法律現況〉(The Regulatory and Legal Situation of Human Embryo, Gamete and Germ Line Gene Editing Research and Clinical Applications in the People's Republic of China)；李錦儒 (音譯) 與其他人 2019 年 1 月刊於浙江大學學報 (英文版) B 輯的〈導致第一個基因編輯寶寶的實驗〉(Experiments That Led to the First Gene-Edited Babies)。

第 6 篇

CRISPR 寶寶

一個新物種會視我為其創造者與源頭而
讚頌我；許多快樂又優秀的自然物存在，
也均歸功於我。

——瑪麗・雪萊，《科學怪人》，
又名《另一個普羅米修斯》，1818 年

賀建奎與道納在冷泉港實驗室自拍

麥可・迪姆

第 37 章

賀建奎

迫不及待的企業家

賀建奎是一名日子艱困的米農之子，出生於 1984 這個歐威爾年，在新化縣長大。新化是中國中部靠東的湖南省鄉下最貧瘠的村子之一。在他孩提時代，家庭平均年收入只有 100 美元。由於父母非常貧窮，沒有錢給他買課本，他總是步行到村裡的書店去念書。「我來自一個普通的農民家庭，」他回憶道，「夏天，每天都要從腿上拽下水蛭。我永遠不會忘記自己的根源所在。」[1]

賀建奎的童年經驗讓他心中萌生對功成名就的渴望，所以他追隨著學校海報與宣傳布條的訓詞，投身擴展科學疆域。最後他真的開拓了這個疆域，但驅使他這麼做的主因，則是遠大於偉大科學的熱切渴望。

---

[1] 原註：本章節資料源於 2018 年 11 月 27 日謝欣、許悅、肖可刊於《界面新聞》的〈復盤賀建奎的人生軌跡：是誰給了他勇氣〉；瓊・柯漢 2019 年 8 月 1 日刊於《科學》的〈世界首次出現的基因編輯寶寶背後「信任圈」不為人知的故事〉（The Untold Story of the 'Circle of Trust' behind the World's First Gene-Edited Babies）；雪倫・貝格利與安德魯・約瑟夫（Andrew Joseph）2018 年 12 月 17 日刊於《Stat》電子期刊的〈CRISPR 驚恐〉（The CRISPR Shocker）；札克・柯曼（Zach Coleman）2018 年 11 月 27 日刊於《日經亞洲評論》的〈操縱寶寶 DNA 醫生背後的事業〉（The Businesses behind the Doctor Who Manipulated Baby DNA）；柔伊・羅（Zoe Low）2018 年 11 月 27 日刊於《南華早報》的〈中國的基因編輯科學怪人〉（China's Gene Editing Frankenstein）；揚揚・鄭（Yangyang Cheng）2019 年 1 月 13 日刊於《原子科學家公報》（Bulletin of the Atomic Scientists）的〈帶有中國特色的美麗新世界〉（Brave New World with Chinese Characteristics）；賀建奎 2018 年 11 月 25 日於 YouTube 發表的〈倫理原則草案〉（Draft Ethical Principles），http://youtube.com/watch?v=MyNHpMoPkIg；安東尼奧・瑞蒠拉多 2018 年 11 月 25 日刊於《麻省理工科技評論》的〈中國科學家正在製造 CRISPR 寶寶〉（Chinese Scientists Are Creating CRISPR Babies）；瑪麗蓮・瑪奇歐內 2018 年 11 月 26 日刊於《美聯社》的〈中國研究人員聲稱率先製造出基因編輯寶寶〉（Chinese Researcher Claims First Gene-Edited Babies）；克里斯汀娜・拉森（Christina Larson）2018 年 11 月 27 日於美聯社發出的〈基因編輯的中國科學家秘密進行他的計畫〉（Gene-Editing Chinese Scientist Kept Much of His Work Secret）；大衛斯的《編輯人性》。

他堅信科學是一條愛國之路。受到了這種信仰的帶動，年輕的賀建奎在家裡設立了一個簡陋的物理實驗室，並在此沒日沒夜地做著實驗。他在學校表現優異，被中國科學技術大學錄取。中國科學技術大學位於他家東方 575 哩外的合肥，賀建奎主修物理。

4 年的大學教育之後，他申請到美國深造，最後只有位於休士頓的萊斯大學接受他的申請。他在萊斯跟著後來也成為一次倫理調查重要調查對象的遺傳學工程師麥可‧迪姆做研究。賀建奎很快就在創造生物系統的電腦模擬方面，成為一顆明星。「賀建奎是個有非常有韌性的學生，」迪姆說，「他在萊斯的表現非常傑出，我確信他的事業會非常成功。」

賀建奎與迪姆設計出了一套數學模型，可以預測每年出現的流感病株，而且在 2010 年 9 月合作完成了一篇不是特別顯眼的報告，說明間隔序列與病毒 DNA 的配合是如何形成。[2] 身為一個受歡迎、喜歡與人交往，且熱衷於建立人脈的人，賀建奎擔任萊斯中國學生與學者聯誼會會長，也是狂熱的足球員。「萊斯是個你可以真正享受研究所求學階段的地方，」他對校刊說，「出了實驗室，還有很多事情可以做。噢，我的天啊，萊斯有 6 座足球場！實在太棒了。」[3]

他在萊斯取得物理學博士學位後，卻認定了未來應該在生物學這條路上。迪姆讓他去參加美國各地的會議，並介紹他認識史丹佛的生物工程師史蒂芬‧達克（Stephen Quake），後來達克邀請賀建奎去他的實驗室做博士後研究。在史丹佛同事的記憶裡，他是個有趣又精力充沛的傢伙，對於創業有股超乎常人的熱情。

達克曾經成立過一家公司，將他自己開發出來的基因定序科技商業化，但公司營運每下愈況，最後宣布破產。賀建奎相信自己可以在中國讓整個基因定序流程成功商業化，因此決定在中國創立一家公司。達克對於這個計畫的反應也相當熱烈。「這是一個讓鳳凰浴火重生的機會，」他欣喜若狂地對他的一位

2　原註：賀建奎與麥可‧迪姆 2010 年 9 月 14 日刊於《物理評論快報》（*Physical Review Letters*）的〈CRISPR 內的間隔異質多樣性〉（Heterogeneous Diversity of Spacers within CRISPR）。

3　原註：麥克‧威廉斯（Mike Williams）2010 年 11 月 17 日刊於萊斯大學《萊斯新聞》（*Rice News*）的〈他連勝好幾場〉（He's on a Hot Streak）。

企業夥伴說。[4]

中國迫切地想要扶植生物科技方面的企業家。2011年，中國在深圳建立了一所創新的新興大學——南方科技大學。深圳與香港相鄰，人口多達2000萬，是個正在蓬勃發展的都市。賀建奎回應了這所大學網站上的求職訊息，並獲聘為生物學教授，同時他也在自己的部落格上，宣布要創立「賀建奎與麥可・迪姆聯合實驗室」。[5]

中國官員早就將基因工程定為國家經濟未來以及與美國競爭的關鍵重點，而且為了這個目標，他們採行各種新措施，鼓勵企業家創業，以及吸引海外深造的研究人員回國。賀建奎就得利於這些措施中的兩個計畫：一個是千人計畫，另一個則是深圳市政府的孔雀計畫。

2012年7月，賀建奎創立了他的新公司，以達克的科技為基礎，打造基因定序設備，深圳的孔雀計畫為他的公司提供了首輪挹注款15.6萬美元。「深圳在鼓勵新興公司上的慷慨，特別是與矽谷也相差無幾的創投家，非常吸引我，」賀建奎後來對《北京周報》這麼說。「我並不符合傳統意義的教授，我比較喜歡當個研究型的企業家。」

接下來的6年，賀建奎的公司從又政府那兒收到約570萬美金的資助。到了2017年，基因定序設備上市，而賀建奎擁有1/3股權的這家公司市值，已經高達3.13億美元。「這個設備的開發，是一項技術性的突破，將會大幅提升基因定序的成本效益、速度以及品質，」賀建奎說。[6]他在一篇說明基因體定序設備使用的科學文章中，宣稱他的設備使用起來「顯示與伊魯米那（Illumina）的表現不相上下。」他指的伊魯米那，是稱霸了DNA定序市場的美國公司。[7]

4　原註：瓊・柯漢的〈世界首次出現的基因編輯寶寶背後「信任圈」不為人知的故事〉；札克・柯曼的〈操縱寶寶DNA醫生背後的事業〉。

5　原註：大衛斯的《編輯人性》第209頁。

6　原註：袁元（Yuan Yuan）2018年5月31日刊於《北京周報》的〈人才磁鐵〉（The Talent Magnet）。

7　原註：魯揚・趙（Luyang Zhao）……賀建奎與其他人2017年7月13日於《bioRxiv》網路平台的〈利用GenoCare單分子基因定序儀重新為大腸桿菌基因體定序〉（Resequencing the Escherichia coli Genome by GenoCare Single Molecule）。

圓滑的個性以及對聲名的渴望，讓賀建奎成為中國小有名氣的科學界名人，而當時中國國營媒體也正迫切尋找可以當作楷模讚揚的創新者。中央電視台聯播網在 2017 年下半年播出了一個系列節目，專門介紹中國國內的年輕科學企業家。當激憤人心的愛國音樂響起，賀建奎在電視上談論著他公司的基因定序器。根據旁白者的說法，這個定序器的表現要比美國產品更好、更快。「有人說我們的機器震驚了全世界，」微笑的賀建奎在鏡頭前表示，「沒錯，他們說對了！我做到了——我，賀建奎，做到了！」[8]

一開始，賀建奎利用他的基因定序技術，診斷人類胚胎初期的基因狀況。但 2018 年初，他開始討論除了閱讀人類基因體，進一步去編輯人類基因體的可能性。「數十億年來，生命一直都是根據達爾文的演化論演進：隨機的 DNA 突變、物競天擇，以及繁衍，」他在自己的網站上寫著，「今天，基因體定序與基因體編輯，提供了強而有力的嶄新工具來掌控演化。」他說，他的目標是花美金 100 元就可以進行人類基因體定序，然後再向前去修補任何問題。」我們一旦知道了基因序列，就可以利用 CRISPR-Cas9 去插入、編輯或刪除特定特徵的關聯基因。藉由矯正疾病細胞，我們人類在這個快速變遷的環境中，可以過得更好。」

然而他也確實提到反對利用基因編輯進行某種型態的能力強化。「我支持以基因編輯來治療與預防疾病，」賀建奎在社群媒體網站微信上，張貼了這樣的內容，「但不贊成用來強化或提升智商，這樣對社會沒有好處。」[9]

8　原註：金宣・鄧（Teng Jing Xuan）2018 年 11 月 30 日刊於《財新國際》的〈中國中央電視台 2017 年熱烈讚揚被基因編輯界放逐的賀建奎〉（CCTV's Glowing 2017 Coverage of Gene-Editing Pariah He Jiankui）；羅柏・施密茲（Rob Schmitz）2019 年 2 月 5 日於全國公共廣播電台《萬事皆曉》播出的專輯〈基因編輯科學家的行動是現代中國的產物〉（Gene-Editing Scientist's Actions Are a Product of Modern China）。

9　原註：〈歡迎參觀賀建奎實驗室〉（Welcome to Jiankui He Lab），http://sustc-genome .org.cn/people.html（此網站已停止運作）；安東尼奧・瑞萵拉多的〈中國科學家正在製造 CRISPR 寶寶〉。

建立人脈

　　賀建奎在中國網站與社群媒體所發表的意見，並沒有引起西方太多注意。但是身為一個混雜式的網路使用者與到處參加會議的人，他在美國科學界也發展出了自己的熟人圈。

　　2016 年 8 月，他參加了在冷泉港實驗室舉辦的 CRISPR 會議。「剛結束的冷泉港基因編輯會議，是這個領域的最大盛事，」他在自己的部落格中如此吹噓，「張鋒、珍妮佛・道納以及其他重要關鍵人物全都參與了這場盛會！」配合他貼文所貼出的一張照片，是他與道納坐在大禮堂華生油畫畫像下的一張自拍照。[10]

　　幾個月後的 2017 年 1 月，賀建奎寄了一封電子郵件給道納。就像他向其他頂尖的 CRISPR 研究人員所做的一樣，他請求下次訪美的時候與她碰面。「我現在正在中國研究如何提升人類胚胎基因體編輯的效率與安全性，」他寫道。這封電子郵件寄出時，道納正在幫忙籌備一個以「基因編輯的挑戰與機會」為題的小型工作坊活動。當時距離納帕山谷會議已有兩年，而支持這種大型倫理道德問題研究的譚普頓基金會（Templeton Foundation），也提供了一系列 CRISPR 討論的經費。道納邀請了 20 位科學家和倫理學家參與柏克萊的首場工作坊聚會，但海外與會者卻少之又少。「如果您能與會，我們很非常高興，」她回覆賀建奎，而對方也毫不意外地欣然接受了邀請。[11]

　　會議由喬治・丘奇的公開演講揭開序幕，他在演講中提到生殖細胞系編輯可能帶來的好處，包括人類能力的強化。丘奇在會上放了一張投影片，列出了可能貢獻出有益影響的簡單基因變異項目。其中有一個 CCR5 基因變種，可以

10　原註：賀建奎 2016 年 8 月 24 日的部落格貼文〈CRISPR 基因編輯會議〉（CRISPR Gene Editing Meeting），http://blog.sciencenet.cn/home.php?mod=space&uid=514529&do=blog&id=998292。

11　原註：瓊・柯漢的〈世界首次出現的基因編輯寶寶背後「信任圈」不為人知的故事〉；雪倫・貝格利與安德魯・約瑟夫的〈CRISPR 驚恐〉；作者對道納的訪問；道納與威廉・赫巴特（William Hurlbut）以專題「基因編輯的挑戰與機會」獲譚普頓基金會補助 217,398 美元。

讓人類降低引起愛滋病的 HIV 接受度。[12]

　　賀建奎在他的部落格中寫到了這場非正式的會議。「許多尖銳的議題引起了現場激烈的辯論，空氣中充斥著濃濃的火藥味。」特別有趣的是他對於新出爐的基因編輯高峰會報告的詮釋。他稱這份報告是一個「人類基因編輯的黃燈」。換言之，根據他的詮釋，他所讀到的這份報告，並非呼籲大家不要現在進行遺傳性人類胚胎編輯，而是一個他可以謹慎行動的信號。[13]

　　賀建奎的報告安排在會議的第二天。他以「人類基因胚胎編輯的安全性」為題的報告並不精彩。整個報告只有一個有趣的地方，那就是他描述自己編輯 CCR5 基因的研究，而這個基因也是丘奇在他演講中提到，可能當成未來生殖細胞系基因編輯的一個選項。CCR5 基因是一個會製造出可以成為 HIV 接受器的蛋白質。賀建奎說明自己如何在老鼠、猴子以及遭生殖醫學中心丟棄的不可能存活的人類胚胎上，編輯這個基因。

　　當時其他的中國研究人員，已經促請國際倫理道德團體，針對 CRISPR 在不能存活的人類胚胎上進行 CCR5 基因編輯議題加以討論，所以會上沒有人對這樣的研究給予太多關注。「我對他的演講，沒有留下任何印象，」道納說，「我發現他急著想要認識人，想要讓人接受他，但他還沒有發表任何重要文獻，而且看起來他好像也沒有在進行任何重要的科學研究。」當賀建奎問道納他是否可以以訪問學者身分進她實驗室時，她對他的大膽感到非常驚訝。「我轉開了話題，」她說，「我一點興趣也沒有。」會議期間，賀建奎令道納和其他人覺得驚愕的是，他似乎對進行胚胎遺傳性基因編輯的相關道德問題毫無興趣。[14]

　　賀建奎繼續他的人脈網建立與到處參加會議的行徑，並於 2017 年 7 月又到了冷泉港參加年度 CRISPR 會議。穿著條紋襯衫，一頭黑髮亂得很有年輕氣息的賀建奎，報告內容與當年稍早在柏克萊的報告沒有太大差異，與會者的反

12　原註：大衛斯的《編輯人性》第 221 頁；丘奇 2017 年 1 月 26 日於創新基因學院發表的〈未來、人類、自然：演化的讀取與編寫〉（Future, Human, Nature: Reading, Writing, Revolution），http://innovative genomics.org/multimedia-library/george-church-lecture/。

13　原註：賀建奎 2017 年 2 月 19 日的部落格貼文〈人類胚胎基因編輯的安全性尚待解決〉（The Safety of Gene-Editing of Human Embryos to Be Resolved），以中文撰寫，http://blog.sciencenet.cn/home.php?mod=space&uid=514529&do=blog&id=1034671。

14　原註：作者對道納的訪問。

應也同樣是呵欠與聳肩齊發。不過他這次報告的結尾是一件警示事項，配合的是一張《紐約時報》所報導的傑西・蓋爾辛格事件。傑西・蓋爾辛格是那個在接受基因治療後驟逝的年輕人。「一個失敗案例就可能扼殺整個領域，」他下了這樣的結論。現場提出了 3 個不痛不癢的問題。沒有人認為他的實驗會做出任何科學突破。[15]

編輯嬰兒

2017 年 7 月在冷泉港的報告中，賀建奎描述了他在無法存活的人類胚胎中進行 *CCR5* 基因編輯的過程。他並未在報告中揭露的是，他當時早已計畫要在可存活的人類胚胎中，進行這樣的基因編輯，而且有意讓基因改造後的嬰兒誕生——換言之，他打算進行遺傳性的生殖細胞系基因編輯。4 個月前，他已送了一份醫療倫理申請書到深圳市婦幼保健院。「我們計畫利用 CRISPR-Cas9 編輯胚胎，」他在申請書上寫著，「經過編輯的胚胎，會移轉到婦女體內，經歷妊娠期。」他的目標是要讓罹患愛滋病的夫妻，生下可以抵禦 HIV 的嬰兒，而這個嬰兒的後代也會有抵禦 HIV 的能力。

預防愛滋傳染還有其他更簡單的方式，譬如洗精或在胚胎置入前，篩選健康的胚胎等，所以從醫學角度來看，這樣的編輯程序並非必要。再說，這樣的過程也無法導正一種明顯的遺傳性疾病；*CCR5* 基因很普遍，而且可能具多項功能，包括協助抗禦西尼羅病毒。因此賀建奎的計畫並不符合多場國際會議已達成的共識準則。

但是這個計畫確實提供了賀建奎一個做出重要的歷史性突破的機會，並為中國科學界增光，至少他是這麼認為。「這將是歷史與醫學上的一個偉大成就，」他在醫療倫理申請書上寫道，而且他還拿這個研究與「2010 年獲得諾貝

15　原註：賀建奎2017年7月29日於冷泉港實驗室研討會發表的〈評估人類、猴子與老鼠胚胎的生殖細胞系基因體基因編輯安全性〉（Evaluating the Safety of Germline Genome Editing in Human, Monkey, and Mouse Embryos），　http://youtube.com/watch ?v= llxNRGMxyCc&t= 3s；安東尼奧・瑞蔦拉多的〈中國科學家正在製造 CRISPR 寶寶〉。

爾獎肯定的體外人工受孕」相提並論。醫院的倫理委員會全員同意他的申請。[16]

　　中國大概有 125 萬 HIV 檢驗呈陽性反應的人，而且數字在快速攀升中，這些人遭到排擠的狀況也在蔓延。賀建奎與一個總部設在北京的支援愛滋病患團體合作，希望能找到 20 對丈夫呈現 HIV 陽性反應，但妻子是陰性反應的志願夫妻。結果超過 200 對夫妻表示有興趣。

　　2017 年 6 月的某個週六，兩對被選中的夫妻來到賀建奎深圳的實驗室。他們在一場有影像存檔的會議中，被告知即將進行的臨床實驗，並且被詢問是否願意參加。賀建奎詳細地向這兩對夫妻說明同意書內容。「身為志願者，您的配偶被診斷出罹患愛滋病，或曾感染 HIV，」同意書上寫著，「這項研究計畫很可能會幫助您生出抗 HIV 的嬰兒。」兩對夫妻都同意參與研究計畫，另外 5 對徵選出來的夫妻，也在其他場次的會議中，同意參與研究。這些夫妻總共提供了 31 個胚胎，其中可以提供賀建奎編輯的有 16 個。11 個在置入志願者母體時失敗，但到了 2018 年春天，他成功將一對雙胞胎胚胎植入一位母親體內，並將另一個胚胎植入另外一位母親體內。[17]

　　賀建奎的研究過程包括從父親那兒取出精子，清洗精細胞，去除 HIV，然後將精子注入母親提供的卵子中。其實這樣的作法大概已經足以確保最後的受精卵沒有 HIV 了。但是他的目標是要確保孩子永遠不會感染 HIV。因此他又將目標鎖定在 CCR5 基因的 CRISPR-Cas9 注入受精卵內。這些受精卵要在培養皿中成長 5 天左右，直到擁有了 200 個細胞以上的胚胎初期，才會進行 DNA 定序，瞭解編輯是否成功。[18]

16　原註：深圳市婦幼保健院醫療倫理核准申請書，2017 年 3 月 7 日， http://theregreview .org/wp-content/uploads/2019/05/He-Jiankui-Documents-3.pdf；瓊・柯漢的〈世界首次出現的基因編輯寶寶背後「信任圈」的不為人知故事〉；凱西・楊（Kathy Young）、瑪麗蓮・瑪奇歐內、愛蜜莉・王（Emily Wang）與其他人 2018 年 11 月 25 日於 You-Tube 發表的〈中國報導指出世上首現的基因編輯寶寶出生〉（First Gene-Edited Babies Reported in China）， https://www.youtube.com/watch ?v= C9V3mqswbv0；蓋瑞・施（Gerry Shih）與卡洛琳・強生（Carolyn Johnson）2018 年 11 月 28 日刊於《華盛頓郵報》的〈中國遺傳學科學家捍衛他的基因編輯研究〉（Chinese Genomics Scientist Defends His Gene-Editing Research）。

17　原註：賀建奎 2017 年 3 月發表的〈知情同意，女性 3.0 版本〉（Informed Consent, Version: Female 3.0），http://theregreview .org/wp-content/uploads/2019/05/He-Jiankui-Documents-3.pdf；瓊・柯漢的〈世界首次出現的基因編輯寶寶背後「信任圈」不為人知的故事〉；瑪麗蓮・瑪奇歐內的〈中國研究人員聲稱率先製造出基因編輯寶寶〉；克里斯汀娜・拉森的〈基因編輯的中國科學家秘密進行他的計畫〉。

18　原註：奇蘭・穆蘇努魯（Kiran Musunuru）的《CRISPR 世代》（The CRISPR Generation, BookBaby, 2019）。

他的美國至交

賀建奎 2017 年美國之行期間，曾向少數幾個他碰面的美國研究人員暗示過自己的計畫，後來許多人都因為沒有更盡力勸阻或沒有揭發他的計畫而表示懊悔。最引人注意的，是他向曾經與道納共同舉辦 2017 年 1 月柏克萊會議的史丹佛神經生物學家與生物倫理學家威廉・赫巴特合盤托出自己的計畫。赫巴特後來告訴期刊《Stat》，他們曾經有過「多次關於科學與倫理道德方面的長談，每次大概 4、5 小時」。赫巴特知道賀建奎有意進行胚胎編輯會真的誕生生命。「我試著讓他瞭解實際的意涵與道德層面的意涵，」他說，但賀建奎堅持反對生殖細胞系編輯的人，就只有那「一小撮邊緣分子」。賀建奎問，如果這樣的編輯可以用來預防某種可怕的疾病，大家為什麼要反對？在赫巴特眼中，賀建奎是「一個懷著善意，並想讓自己的努力結出善果的人」，但也是一個受到了「把具有煽動性質的研究、聲名、國家科學競爭力，以及搶第一，置於一切之上」的這種科學文化驅動的人。[19]

賀建奎另外還把他的計畫全盤揭露給史丹佛醫學院一位成就斐然且備受敬重的幹細胞研究人員馬修・波提亞斯（Matthew Porteus）。「我直接就被震呆了，連下巴都被震掉了，」波提亞斯回憶道。結果原本計畫就科學數據進行友善對談時間，變成了波提亞斯半個小時的說教，他把所有他覺得賀建奎這種想法很糟糕的理由都說給他聽。[20]

「根本就沒有醫療需求，」波提亞斯說，「這樣的研究違反了所有的準則。你正在危害整個基因工程領域。」然後他堅持要求瞭解賀建奎的這個實驗是否由他的資深人員進行。

不是，賀建奎回答。

---

19 原註：雪倫・貝格利與安德魯・約瑟夫的〈CRISPR 驚恐〉。另請參見潘・貝魯克（Pam Belluck）2019 年 1 月 23 日刊於《紐約時報》的〈如何制止脫序的人類胚胎基因編輯？〉（How to Stop Rogue Gene-Editing of Human Embryos?）；裘提卡・拉納 2019 年 5 月 10 日刊於《華爾街日報》的〈一位中國科學家如何打破規範，製造出世界首次出現的基因編輯寶寶〉（How a Chinese Scientist Broke the Rules to Create the First Gene-Edited Babies）。

20 原註：作者對馬修・波提亞斯的訪問。

「在進一步之前,你需要跟這些人好好談一談,這些中國的政府官員,」波提亞斯帶著逐漸升高的怒氣警告他。

這個時候的賀建奎變得非常安靜,臉也漲得通紅,然後走出了波提亞斯的辦公室。「我想他應該沒想到會碰到這樣負面的反應,」波提亞斯說。

從事後諸葛的角度來看,波提亞斯自責沒有做更多。「恐怕有些人覺得我裡外都不是人,」他說,「我真希望,他還在我辦公室的當下,我有堅持一起聯名發信給中國各個單位的資深官員。」不過賀建奎很可能不會同意波提亞斯把這件事透露給其他人知道。「他覺得他如果提早告訴別人,他們就會試著阻止他,」波提亞斯說,「可是他一旦成功產出第一個 CRISPR 寶寶,那麼每個人都會把這件事看成一個偉大的成就。」[21]

另一個讓賀建奎知無不言的人是史蒂芬・達克,他是史丹佛的基因定序企業家,曾是賀建奎博士後研究的指導教授,也是用他自己所發明的技術,幫助賀建奎創立以深圳為總部公司的人。早在 2016 年,賀建奎就告訴達克他想要成為第一個製造基因編輯嬰兒的人。達克告訴他那是「一個可怕的想法,」不過賀建奎堅持他的想法,達克於是建議他要在取得適當的核准後再進行。「我會接受你的建議,等我們取得了地方的倫理核准,再進行第一次的人類嬰兒基因編輯,」賀建奎在一封電子郵件中對達克說。這封郵件後來經《紐約時報》的健康線記者潘・貝魯克(Pam Belluck)披露。「請保密。」

「好消息!」賀建奎在 2018 年 4 月寫給了這樣的信件給達克。「*CCR5* 基因編輯過的胚胎 10 天前植入母體,今天已確定懷孕!」

「哇,那真是一項相當大的成就!」達克回覆,「希望她能順利生育。」

經過調查,史丹佛宣告達克以及赫巴特、波提亞斯並沒有任何過失。「審查發現,史丹佛的研究人員曾對賀博士的研究工作表達嚴正的關切,」史丹佛大學聲明,「當賀博士沒有聽從他們的建議而繼續進行時,史丹佛的研究人員

---

21 原註:瓊・柯漢的〈世界首次出現的基因編輯寶寶背後「信任圈」不為人知的故事〉;雪倫・貝格利與安德魯・約瑟夫的〈CRISPR 驚恐〉;瑪麗蓮・瑪奇歐內與克里斯汀娜・拉森 2018 年於美聯社發出的〈有人可以制止基因編輯寶寶的實驗嗎?〉(Could Anyone Have Stopped Gene-Edited Babies Experiment?)。

敦促他遵循適切的科學慣例行事。」[22]

在賀建奎面前說得上話的美國熟人中，受到此事牽連最深且聲譽受損最嚴重的人，莫過於他在萊斯大學的博士指導教授麥可・迪姆。在賀建奎與獲選參與臨床實驗夫妻第一次開會，並告知他們有關為他們的胚胎進行基因編輯同意書的影片中，有一個畫面拍到了迪姆坐在桌子前。「這對夫妻簽署知情同意書時，」賀建奎後來公開表示，「這位美國教授有在場見證。」中國團隊的一位成員告訴《Stat》期刊，迪姆還透過翻譯和這些志願者對話。

在一次美聯社的訪問中，迪姆承認舉行那場會議的時候，他人在中國。「我與這些父母見了面，」他說，「他們在簽署知情同意書時，我確實在場。」除此之外，迪姆也為賀建奎的行為辯護。之後他卻聘雇了兩位波士頓的律師，且律師發出了一份聲明，宣稱錄影帶的畫面雖然顯示迪姆當時坐在現場，但他並未涉及知情同意程序。此外，律師也聲稱「麥可沒有進行人類研究，也沒有在這個計畫中進行人類研究。」這樣的聲明，與後來迪姆遭到揭露是賀建奎一篇報告的共同作者身分，似乎有所矛盾。那篇報告是賀建奎根據他自己的人類基因編輯實驗所撰著。萊斯大學表示會進行調查，但事件過後兩年，萊斯並沒有宣布任何發現。到了 2020 年底，迪姆的教師網頁從萊斯大學的網站上被移除，不過學校依然拒絕提供任何說明。[23]

22　原註：潘・貝魯克 2019 年 4 月 14 日刊於《紐約時報》的〈基因編輯寶寶：中國科學家對美國導師說了什麼話〉（Gene-Edited Babies: What a Chinese Scientist Told an American Mentor）；2019 年 4 月 16 日《史丹佛新聞》（Stanford News）的〈賀建奎相關的事實調查聲明〉（Statement on Fact-Finding Review related to Dr. Jiankui He）。貝魯克是第一位公開賀建奎與遠克用電子郵件內容的人。

23　原註：賀建奎 2018 年 11 月 28 日在香港第二屆國際人類基因體編輯高峰會（the Second International Summit on Human Genome Editing）的問答時間；瓊・柯漢的〈世界首次出現的基因編輯寶寶背後「信任圈」不為人知的故事〉；瑪麗蓮・瑪奇歐內與克里斯汀娜・拉森的〈有人可以制止基因編輯寶寶的實驗嗎？〉；瑪麗蓮・瑪奇歐內的〈中國研究人員聲稱率先製造出基因編輯寶寶〉；邱珍（Jane Qiu）2019 年 1 月 31 日刊於《Stat》電子期刊的〈美國科學家在「CRISPR 寶寶」計畫中所扮演的角色，較大家以往所知的更加積極〉（American Scientist Played More Active Role in 'CRISPR Babies' Project Than Previously Known）；陶德・亞克曼（Todd Ackerman）2018 年 12 月 13 日刊於《休士頓紀事報》（Houston Chronicle）的〈律師表示萊斯大學教授未涉入基因編輯寶寶研究之爭議〉（Lawyers Say Rice Professor Not Involved in Controversial Gene-Edited Babies Research）；已停用的網頁：萊斯大學師資介紹 https://profiles.rice.edu/faculty/michael-deem；請參見萊斯大學網站，搜尋麥可・迪姆（Michael Deem），https://search.rice.edu/?q= michael+deem&tab= Search。

賀建奎的公關操作

2018 年中，中國的基因編輯寶寶繼續在母體內成長的同時，賀建奎很清楚自己日後的宣告將撼動世界。他想把這個消息變成自己的資本。畢竟，他實驗的目的並不僅僅只是要讓兩個孩子不受愛滋所苦。功成名就的前景，也是他的一個動力。因此他雇用了備受敬重的美國公關高階主管萊恩・法洛（Ryan Ferrell）。法洛曾與賀建奎合作過其他案子，這次他覺得賀建奎的計畫實在太令人興奮，因此離開了當時效力的公司，暫時搬到深圳去住。[24]

法洛打算展開一場多媒體的發表宣傳活動，包括讓賀建奎為期刊寫一篇基因編輯的倫理道德文章、與美聯社合作，在製造 CRISPR 寶寶這個議題上做獨家專訪、錄製 5 份影片放在賀建奎的網站和 YouTube 上播放。除此之外，賀建奎還要寫一份科學報告，與萊斯大學的麥可・迪姆並列共同作者，試著在《自然》這類聲名卓著的期刊上發表。

賀建奎與法洛定名為〈治療性輔助生育科技的倫理原則草案〉（Draft Ethical Principles for Therapeutic Assisted Reproductive Technologies）的倫理道德文章，是刻意為了名為《CRISPR》期刊的新出版品所撰著的作品，這個刊物的主編是 CRISPR 的先驅研究人員羅道夫・巴蘭古和科學記者凱文・大衛斯。賀建奎在他所擬定的草案中，列出了 5 項大家在進行人類胚胎編輯時，應該遵守的原則：

對有需要的家庭施以慈悲：對少數的家庭而言，早期的基因手術可能是治療遺傳性疾病，並拯救一個孩子脫離一輩子折磨的唯一可行方式⋯⋯

只針對重大疾病，永遠不會為虛榮的目的服務：基因手術是一個嚴肅的醫療程序，永遠都不應該用於審美、能力強化或性別選擇⋯⋯

尊重孩子的自主權：生命不僅僅只有身體⋯⋯

基因無法定義你這個人：我們的 DNA 無法預先決定我們的目標或我們想要達到的成就。我們的成功與苦壯，來自於我們努力的工作、我們的營養，以及社會和我們所愛的人給予我們的支持⋯⋯

---

24 原註：瓊・柯漢的〈世界首次出現的基因編輯寶寶背後「信任圈」不為人知的故事〉。

每個人都應該有免於遺傳性疾病的自由：財富不應該決定健康。[25]

　　賀建奎並沒有遵循諸如美國國家科學院這類組織所建立的準則，反而精心編織了一個可以為他利用 CRISPR 移除 HIV 受器基因的行為正名的框架，至少他認為如此。他遵循的是由某些傑出的西方哲學家所提出的道德原則，而且這些原則有時候還頗具說服力。就拿杜克大學的教授亞倫·布坎南（Allen Buchanan）為例，他曾是雷根總統時代醫學倫理委員會（Commission on Medical Ethics）的哲學家委員，也曾是柯林頓總統時期美國國家基因體研究所（National Human Genome Research Institute）顧問委員會的成員。賀建奎決定在人類胚胎進行 *CCR5* 基因編輯的 7 年前，布坎南就曾在他相當具有影響力的著作《勝人》（*Better Than Human*）裡，支持過這樣的想法：

　　假設我們知道大家都想要的某種基因或基因組已經存在，但只存在於極少數的人身上。可以抵禦特定 HIV 愛滋病病毒株的基因，其實正是這種狀況。如果我們仰賴「大自然的智慧」或「一切順其自然」的心態，這種有益的基因型或許可以，但也或許無法在人類之間擴散……假設藉由刻意的基因改造，有可能確保這類有益的基因可以擴散得更快。要達到這樣的成效，可以把基因注射到睪丸裡，或甚至更激進的作法，利用體外受孕的方式，把基因插入到大量的人類胚胎內。我們就可以得到這種益處……而不用大屠殺。[26]

　　布坎南的道德之路並非只有他踽踽獨行。賀建奎進行臨床實驗之前，不僅過分熱心的科學研究人員，就連許多嚴肅的倫理思想家，都曾以 *CCR5* 基因為例，公開爭辯過利用基因編輯來治療或預防疾病，是大家可以同意、甚至希冀

25　原註：賀建奎、萊恩·法洛、陳遠玲、覃金洲與陳楊然（Chen Yangran）最初於 2019 年 11 月 26 日刊於《CRISPR》期刊的〈治療性輔助生育科技的倫理原則草案〉，後來撤回並從網站移除。另請參閱亨利·葛利（Henry Greeley）2019 年 8 月 13 日刊於《法律與生物科學期刊》的〈CRISPR 寶寶〉（CRISPR's Babies）。

26　原註：亞倫·布坎南的《勝人》（Oxford, 2011）第 40、101 頁。

的結果。

法洛給了美聯社團隊獨家專訪賀建奎的機會，這個團隊成員有瑪麗蓮・瑪奇歐內（Marilynn Marchione）、克里斯汀娜・拉森（Christina Larson）以及愛蜜莉・王。她們甚至獲准在賀建奎的實驗室裡，拍攝將 CRISPR 注射進無法存活的人類胚胎內的過程。

在法洛的指導之下，賀建奎也準備了一些由他擔綱、在他的實驗室裡直接對著鏡頭解說的影片。第一支影片中，他概述了 5 個倫理原則。「如果我們可以讓一個小女孩或小男孩免於特定疾病的攻擊，如果我們可以幫助更多相愛的夫妻建立他們的家庭，那麼基因手術就是一種健康的發展，」他說。此外，他還區分了治療疾病與強化人類能力的差異。「基因手術應該只用來治療嚴重的疾病。我們不應該用這樣的手術來提升智商、增進運動表現，或改變膚色。那不是愛。」[27]

在第二支影片中，他解釋了為什麼他覺得「如果大自然給了我們保護孩子的工具，父母卻不去使用，是不人道的行為。」第三支影片說明他為什麼選擇 HIV 作為他的第一個目標。第四支影片是由他的一名博士後研究學生以中文錄製，解釋 CRISPR 編輯技術的科學層面細節。[28] 至於第五支影片的製作時間，他們一直推遲到可以對外宣布兩個寶寶活產出世之時。

出生

公關宣傳與 YouTube 影片上線，都計畫在寶寶 1 月的預產期。但 2018 年 11 月初的某天晚上，賀建奎接到一通電話，告知他雙胞胎的母親早產。他帶了幾名實驗室裡的學生，直奔深圳機場，飛到那位母親居住的地方。最後經過剖

---

27 原註：賀建奎的〈治療性輔助生育科技的倫理原則草案〉。
28 賀建奎 2018 年 11 月 25 日於 YouTube 他的「賀建奎實驗室」的影片〈設計嬰兒只是別稱〉（Designer Baby Is an Epithet），以及〈我們為什麼會首先選擇 HIV 與 *CCR5* 基因〉（Why We Chose HIV and *CCR5* First）。

腹，兩個明顯健康的女寶寶誕生，分別取名為娜娜與露露。

由於兩個小丫頭來得太早，賀建奎還沒有把正式的臨床實驗說明遞交給中國政府。11月8日，在兩個寶寶出生之後，正式的實驗說明終於送交官方。報告是以中文寫成，因此接下來兩個禮拜，西方一無所知。[29]

這段時間，賀建奎也完成了一直在進行的學術報告。這篇名為〈經過抗 HIV 基因體編輯的雙胞胎誕生〉（Birth of Twins after Genome Editing for HIV Resistance）的報告，被投給了知名的期刊《自然》。這篇報告從未被正式發表，但原稿提供了賀建奎的科學研究細節，也讓人能夠一窺他的心態。我手中有一份副本，是賀建奎寄發給多位美國研究人員當中的一位提供給我的。[30]「胚胎階段的基因體編輯，具永久治癒疾病以及賦予致命性感染抵抗力的可能，」他寫道，「在此，我們向大家報告，人類第一對經基因編輯的嬰兒誕生了。兩個在胚胎時期經過了 CCR5 基因編輯的女寶寶，已經在 2018 年 11 月正常且健康地來到了人世。」在這篇報告中，賀建奎捍衛自己行為的倫理價值。「我們預期人類胚胎的基因體編輯，可以為千百萬個希望擁有免受遺傳疾病纏身，也不受後天具致命威脅疾病所苦的健康寶寶的家庭，帶來新的希望。」

然而有些令人不安的訊息隱藏在賀建奎這篇未發表的報告中。露露的兩個相關染色體中，只有一個有妥善改造。「我們確認娜娜的 CCR5 基因編輯成功，兩條染色體的等位基因都出現了框移突變，露露卻只有一條染色體突變，」他承認。換句話說，露露的兩個染色體出現了不同的基因版本，表示她的系統仍有可能製造出一些 CCR5 蛋白質。

除此之外，還有證據顯示出現了一些脫靶編輯，而且兩個胚胎都有鑲嵌現象，也就是說，在 CRISPR 編輯完成之前，胚胎都已經發生足夠次數的細胞分裂，導致寶寶這些分裂出來的細胞中，某些並沒有經過編輯。儘管如此，賀建

29　原註：賀建奎 2018 年 11 月 8 日中國臨床實驗註冊中心註冊證號 ChiCTR1800019378，〈人類胚胎內的 HIV 免疫基因 CCR5 基因編輯〉（HIV Immune Gene CCR5 Gene Editing in Human Embryos）。

30　原註：覃金洲……麥可・迪姆、賀建奎與其他人 2019 年 11 月投設給《自然》的〈經過抗 HIV 基因體編輯的雙胞胎誕生〉（本文從未發表，作者的報告副本提供者是一位美國研究人員，而他的副本則是由賀建奎提供）；邱珍的〈美國科學家在「CRISPR 寶寶」計畫中所扮演的角色，較大家以往所知的更加積極〉。

奎之後又提到，這對父母仍選擇置入兩個胚胎。賓州大學的奇蘭・穆蘇努魯[31]
後來發表了以下意見，「第一次駭進生命密碼並假借改進人類寶寶健康藉口的
嘗試，說穿了，其實就是駭客做的事情。」[32]

新聞曝光

　　雙胞胎出生後的最初幾天，賀建奎與他的公關負責人法洛努力想把事情壓
下來，希望等到 1 月再宣布，因為他們期待《自然》會在那時發表他們的學術
報告。不過這個消息的爆點實在太高，根本無法壓制。就在賀建奎準備參加在
香港舉辦的第二屆國際人類基因體編輯高峰會時，他的基因寶寶新聞曝光了。

　　安東尼奧・瑞葛拉多是《麻省理工科技評論》的記者，善於結合他自己的
科學素養以及作為精通挖掘獨家新聞的記者直覺。10 月的時候，他人在中國，
也剛好受邀在賀建奎、法洛準備他們的宣布計畫時，與兩人碰面。儘管賀建奎
並沒有透露自己的祕密，但他確實討論到了 *CCR5* 基因。瑞葛拉多也是一個
足夠專業的記者，他懷疑他們正在進行著什麼事情。經過網路搜尋後，他發現
賀建奎呈送到中國臨床實驗註冊中心的申請書。〈獨家：中國科學家正在製造
CRISPR 寶寶〉（Exclusive: Chinese Scientists Are Creating CRISPR Babies）成了他
報導的標題，11 月 25 日這條新聞上了網路。[33]

　　隨著瑞葛拉多的新聞上線，美聯社的瑪奇歐內和她的同事也在網路上刊出
了一則內容充滿細節的平衡報導。美聯社這則新聞的導讀句，完整捕捉到了當
時的這件大事：「一位中國研究人員宣稱他協助製造了世界上第一對基因編輯
寶寶──一對本月出生的雙胞胎女寶寶。據該研究人員表示，她們的 DNA 已
由他應用了有能力改寫生命最基本藍圖的強大新技術加以改造。」[34]

31　Kiran Musunuru，美國心臟科醫師，賓州大學醫學院教授，研究重點為心血管與新陳代謝疾病的遺傳與基因
　　體。

32　原註：亨利・葛利的〈CRISPR 寶寶〉；奇蘭・穆蘇努魯的《CRISPR 世代》；作者對達納・卡洛的訪問。

33　原註：安東尼奧・瑞葛拉多的〈中國科學家正在製造 CRISPR 寶寶〉。

34　原註：瑪麗蓮・瑪奇歐內的〈中國研究人員聲稱率先製造出基因編輯寶寶〉；克里斯汀娜・拉森的〈基因編
　　輯的中國科學家秘密進行他的計畫〉。

針對生殖細胞系基因編輯的相關議題，倫理學家一直都在進行的所有討論，突然間就這麼被一位野心勃勃、想要創造歷史的中國年輕科學家搶去了鋒頭。就像當初的第一個試管嬰兒露意絲・布朗、第一隻複製羊陶莉一樣，世界邁入了一個新的紀元。

　　那天晚上，賀建奎播放了之前他與最後一支錄影片一起製錄製的幾支影片，而在最後一支影片中，他藉著 YouTube，做出了重大宣布。他在鏡頭前平靜但驕傲地宣布：

> 兩個漂亮的中國小女娃娃，名字叫做露露與娜娜，在幾週前哇哇哭著來到了這個世界，她們和所有其他的寶寶一樣健康。兩個小女娃現在在家和她們的母親葛瑞斯以及她們的父親馬克在一起。葛瑞斯的妊娠是以正常的體外人工受孕開始，除了一點不一樣。我們在把她丈夫的精子送進她的卵子當中時，也送進了一個小小的蛋白質與指令，讓這個蛋白質執行基因手術。當露露和娜娜都還只是單細胞時，這個手術就已經移除了 HIV 感染人體的入門通道。……第一次見到女兒時，馬克說的頭一句話是他從來沒有想過自己可以當個父親。現在他找到了生活的理由、散步的理由，他找到了目的。你們要知道，馬克是 HIV 感染者……身為兩個女兒父親的我，讓另外一對夫妻有機會建立一個充滿愛的家庭，我實在想不出來有比這個更美麗、更健康的禮物可以送給社會了。[35]

35　原註：賀建奎 2018 年 11 月 25 日在 YouTube 上發表的〈關於露露與娜娜〉（About Lulu and Nana）。

第 38 章

香港高峰會

11 月 23 日，賀建奎新聞曝光的兩天前，道納收到了他寄來的電子郵件。郵件主旨很聳動：「寶寶出生了。」

她先是摸不著頭腦，繼而感到震驚，然後是驚恐。「一開始，我以為是假消息，不然就是他瘋了，」她說，「竟然有人會用『「寶寶出生了』這樣的主旨，寫下那樣的內容，實在是太不真實了。」[1]

寄給道納的郵件中，賀建奎檢附了他提交給《自然》的草擬原稿。道納開啟附件後，她知道整起事情再真實不過了。「那天是星期五，剛過完感恩節，」她回憶道，「我當時和家人以及多年好友，在我們舊金山的公寓裡，而這封郵件簡直就像晴天霹靂。」

道納知道，因為時機點，這則新聞甚至會更轟動。3 天內，500 位科學家與政策制訂者應該會陸續抵達香港，參加第二屆國際人類基因體編輯高峰會，也就是 2015 年華盛頓高峰會的後續會議。道納和巴爾帝摩是核心籌備人員中的兩位，而賀建奎則安排了擔任報告者。

一開始，賀建奎並不在道納和其他會議籌備者的受邀報告者名單上。然而幾個禮拜前，當他們聽到謠傳他有編輯人類胚胎的夢想，或者該說妄想時，他們改變了主意。計畫委員會的某些人覺得把他納入高峰會中，或許能夠在勸阻他跨越生殖細胞系那條界線上，使上一點力氣。[2]

1　原註：作者對道納的訪問。
2　原註：作者對巴爾帝摩訪問。

一接到賀建奎嚇死人的「寶寶出生了」郵件時，道納就立刻想辦法拿到巴爾帝摩的手機號碼，並在他準備出門搭機飛往香港時，聯絡上了他。兩人商量後，達成共識，道納會變更自己的飛機班次，比原計畫提早一天到香港，然後他們再決定怎麼做。當她在 11 月 26 日星期一清晨抵達香港並打開手機後，她看到賀建奎一直刻意試著用電子郵件聯絡她。「就在我踏入機場那個十億分之一秒的瞬間，我接到了一缸子賀建奎寄來的郵件，」道納告訴《科學》期刊的作者瓊·柯漢。他開車從深圳到香港，想要盡快跟道納碰面。他在郵件中寫道，「我必須立刻跟你談一談，事情真的已經脫控了。」[3]

　　道納並沒有回覆他，因為她想要先和巴爾帝摩以及其他籌備者見面。就在她剛入住與會者下榻的數碼港艾美酒店沒多久，飯店服務人員敲開了她的房門，送上一份賀建奎的留言，請她立即回電。

　　她同意與賀建奎在飯店大廳碰面，但她首先還是匆忙地把部分籌備者約到了四樓的一間會議室內。巴爾帝摩已經到了，在座的還有哈佛醫學院的喬治·達利、倫敦法蘭西斯·克里克研究所的羅賓·洛弗爾—貝吉、美國國家醫學院的曹文凱[4]，以及威斯康辛大學的生物倫理學家阿爾圖·查洛。他們沒有人看過賀建奎遞送給《自然》的科學報告，於是道納就把他寄給自己的副本拿給大家看。「我們小組成員倉促地想要決定，是否還要讓賀建奎的場次繼續留在會議議程上，」曹文凱回憶道。

　　大家很快就決定他還是應該上台。事實上，他們認為重要的是不讓他退縮。他們會在議程上排出他個人的表演時間，請他說明他用來製造 CRISPR 寶寶的科學理論與方式。

　　15 分鐘的會議後，道納下樓到大廳與賀建奎碰面。和她一起下樓的還有羅賓·洛弗爾—貝吉，因為他是賀建奎報告那個場次的主持人。他們 3 人坐在沙發上，道納與洛弗爾—貝吉告訴賀建奎，他們想要他在報告時間直接解釋他所進行的那個實驗過程與原因。

3　原註：瓊·柯漢的〈世界首次出現的基因編輯寶寶背後「信任圈」不為人知的故事〉。

4　Victor Dzau，1945～，華裔美籍醫生，2014 年開始擔任美國國家醫學院院長，是第一位美國國家級學院華裔院長。

賀建奎堅持維持原來準備的投影片報告，不討論 CRISPR 寶寶的態度，讓道納與洛弗爾一貝吉感到有些慌亂。臉色通常都帶點黃棕色的洛弗爾一貝吉，這時的臉色已經轉成蒼白。道納則是禮貌地指出了賀建奎的荒謬。他觸發了科學界多年來的最大爭議，不可能逃得過大家對這件事的討論。這樣的說法似乎讓賀建奎頗為驚訝。「我覺得他天真得有點奇怪，而且沽名釣譽，」她回憶著，「他刻意造成了這樣一個大轟動，但又想表現得像什麼事都沒有發生一樣。」他們說服賀建奎當晚與某些籌備委員會成員共進一頓提早開始的晚餐，以便討論這件事。[5]

道納在離開大廳途中，正因覺得匪夷所思而搖著頭時，迎面碰上在美國受教育的中國幹細胞生物學家裴端卿，他同時也是廣州生物醫藥與健康研究院院長。「你聽說了嗎？」道納問他。等她把事情原委告訴他後，他簡直不敢置信。裴端卿與道納一起參加了多次會議後，包括 2015 年於華盛頓舉行的第一屆國際高峰會，兩人已成為好友，而且他一再對他的美國同僚說，中國有禁止人類生殖細胞系基因編輯的規範。「我向大家保證在我們的體制下，每件事都有嚴格的控管與授權，所以這類事情不可能發生，」裴端卿後來告訴我。他同意當天晚上一起去跟賀建奎吃晚餐。[6]

晚餐桌上的攤牌

那天在飯店四樓粵式料理自助餐廳的晚餐，氣氛緊繃。賀建奎到場之後，他對自己所做的事情有很強的防禦心，甚至稱得上明顯的抗拒。他拿出了筆電，出示了他在進行胚胎實驗時的數據與 DNA 定序。「我們愈來愈驚恐，」洛弗爾一貝吉回憶道。他們不斷向賀建奎提出問題：他取得同意書的程序是否有人監督？他為什麼會認為生殖細胞系胚胎編輯有醫療必要性？他是否看過國際醫學學院所採納的準則。「我覺得我遵守了所有的這些標準，」賀建奎這麼

5　原註：作者對曹文凱、巴爾帝摩與道納的訪問。
6　原註：作者對裴端卿的訪問。

回答。他任教的大學與服務的醫院都知道他打算要做的所有事情，也都核准了，他堅持，「現在他們看到了些反效果，於是就開始否認，讓我自生自滅。」當道納耐心地向他說明為什麼生殖細胞系基因編輯並沒有預防 HIV 感染的「醫療必要性」後，他變得非常情緒化。「珍妮佛，你不瞭解中國，」他說，「中國栽在 HIV 檢測陽性者頭上的污名，令人難以想像，我想要給這些人一個正常生活的機會，我想要幫助他們擁有自己的孩子，而這是其他方式所無法幫他們做到的事情。」[7]

晚餐席間的緊繃感愈來愈強烈。一個小時後，賀建奎一改他的哀怨態度，變得很生氣。他突然從座位上起身，丟了幾張紙鈔在桌上。他說，他收到了死亡威脅，現在打算要搬到記者找不到他的隱蔽旅館住。道納追著他出去。「我覺得你週三出現在會場，而且發表你的研究是非常重要的事，」她說，「你會來嗎？」他停下了腳步，同意會出席，但他要求保全保護。他很害怕。洛弗爾—巴吉承諾會請香港大學提供警力保護。

賀建奎之所以表現出明顯抗拒的其中一個原因，是他始終以為自己會被當成一個中國英雄，甚至全球英雄般受人推崇。第一篇中國新聞報導確實如此。中國官方的《人民日報》那天早上以〈世界第一對具愛滋遺傳抵抗力的基因編輯寶寶在中國誕生〉的標題刊出這條新聞，這篇報導並稱賀建奎的研究實驗為「中國在基因編輯科技領域所達到的一個里程碑。」然而連中國科學家都開始批評他的行為時，這股浪潮就迅速轉了方向。當天晚上，《人民日報》甚至刪除了網頁上的那篇報導。[8]

賀建奎從晚餐席上離開後，會議籌備者留下來繼續討論如何處理這個狀況。裴端卿看著他的手機，告訴在場的人，中國科學家已經發出了一則譴責賀建奎的聲明，然後他把聲明內容翻譯給大家聽。「直接進行人體實驗，只能用

7　原註：作者對道納的訪問；羅賓・洛弗爾—巴吉 2019 年 2 月 6 日刊於期刊《發育》期刊（*Development*）的〈CRISPR 寶寶〉。

8　原註：中國《人民日報》刪除的 2018 年 11 月 26 日報導之暫存檔，http://ithome .com/html/discovery/396899.htm。

『瘋狂』來形容，」聲明中說，「這對於中國科學，尤其是生物醫學研究領域在全球的聲譽和發展，都是巨大的打擊。」道納詢問裴端卿這個聲明是否由中國科學院發出。裴端卿回答，不是，這是由 100 多位在中國擁有很高聲望的科學家簽署的共同聲明，而這也表示此聲明已經過官方認可。[9]

　　道納以及跟她一起晚餐的籌備同伴都清楚，身為會議的籌備者，他們也應該發出一份聲明。但他們不想用太強烈的語氣與內容，怕激怒賀建奎，取消他的報告。道納承認，說實話，他們這麼做的動機，並非完全從科學角度出發。這件事引發的全球譁然聲量實在太大，所有人的目光都放在香港，如果賀建奎就這麼開車回深圳，必然會讓人大失所望，而且他們也會因此失去參與歷史時刻的機會。「我們發表了一則很簡短且乏善可陳的聲明，還因此受到了批評，」她說，「不過我們想要確保他出席會議。」

　　就在道納和她的同僚吃晚餐的同時，賀建奎大規模的公關計畫也展開了：YouTube 的影片開始播映、他接受的美聯社報導瘋傳，他寫的那篇情操高尚的倫理文章，也終於透過《CRISPR》期刊的編輯而在網上發表（不過這篇文章後來被《CRISPR》期刊下架）。「他相當年輕，再搭配上他所表現出來的傲慢與令人匪夷所思的幼稚這種有趣的結合，都令我們瞠目結舌，」道納說。[10]

賀建奎的報告

　　2018 年 11 月 28 日星期三正午，終於到了賀建奎上台報告的時間。[11]主持人羅賓・洛弗爾一巴吉上台，看起來有點忐忑。一頭灰金色的頭髮，被他不時地抓得更亂，加上一副牛角框的眼鏡，讓他看起來有如書呆子加強版的伍迪・艾倫。他還顯得有些憔悴。後來他對道納說，前一天晚上他根本沒有睡覺。他依自己的稿子照本宣科，吩咐在場觀眾要維持禮節，似乎在害怕與會者會衝到

9　原註：作者對裴端卿、道納的訪問。

10　原註：作者對道納、曹文凱的訪問。

11　原註：2018 年 11 月 27 ～ 29 日於香港大學舉行的第二屆國際人類基因體編輯高峰會。

台上。「請大家不要干擾他的報告，」他說，然後像要擦拭機器那樣揮了揮手，並補充道，「如果現場有太多的雜音或干擾，我有權取消這個場次。」但是現場只有站在會場後方的數十名記者按下相機快門的喀嚓喀嚓聲。

洛弗爾—巴吉向大家解釋，安排賀建奎報告是在他的 CRISPR 寶寶新聞曝光之前。「我們當時對過去這幾天所盛傳的新聞事件，毫不知情，」他說，「事實上，他寄給我的這次報告投影片檔案中，也完全沒有任何他今天將要談論的事情內容。接著，他緊張地環顧四周後宣布，「那麼現在，如果他聽得到我的聲音，我要請賀建奎上台進行他的研究報告。」[12]

一開始，沒有人現身。全場觀眾似乎都屏息以待。「我相信大家一定在猜測他究竟會不會出現，」洛弗爾—巴吉後來回憶道。接著，就在當時站在講台右方的洛弗爾—巴吉身後，走出了一名穿深色西裝的年輕亞洲男子。現場響起了稀稀落落帶點困惑的試探性掌聲。台上的那名男子擺弄著一台筆電，把正確的投影片投放在螢幕上，然後調整了一下麥克風。等大家瞭解到這位先生只是視聽設備的技術人員時，群眾中有人開始神經質地笑了起來。「各位，我不知道他在哪裡，」洛弗爾—巴吉揮著記事本說。

在感覺像是**很久**的詭異 35 秒內，會場充斥著一種緊張的安靜，但沒有人有任何動作。終於，一個穿著條紋白襯衫，身材有些纖長的男人，手裡提著一只鼓脹的茶色公事包，帶著些許遲疑，從遠遠的講台走出來。在這個有些正式的氛圍中（洛弗爾—巴吉穿著西裝），這位敞著襯衫領口，沒有穿西裝外套，也沒有打領帶的人，與周遭環境顯得有些違和。「他看起來更像在香港潮濕氣候中趕著去搭天星小輪的通勤者，不像處於嚴重國際風暴中的科學家，」科學編輯凱文・大衛斯如此報導。[13] 鬆了一口氣的洛弗爾—巴吉向賀建奎招招手，等他們一起站在講台前時，洛弗爾—巴吉低聲對他說，「請不要講太長時間，我們需要保留時間問你問題。」

賀建奎要開始他的報告時，有如猛烈砲火般襲來的狗仔隊相機快門聲與閃光燈立刻將他淹沒，而且似乎驚嚇到了他。坐在前排的大衛・巴爾帝摩起身，

12 原註：2018 年 11 月 28 日於香港舉行的第二屆國際人類基因體編輯高峰會賀建奎報告。
13 原註：大衛斯的《編輯人性》第 235 頁。

賀建奎正要上台

賀建奎和羅賓‧洛弗爾—貝吉 [1] 與馬修‧波提亞斯

| Robin Lovell-Badge，英國科學家，最知名的成就是他與彼得‧古德菲洛（Peter Goodfellow）共同發現了哺乳動物的性別是由 Y 染色體上的 *SRY* 基因決定。目前是倫敦法蘭西斯‧克里克研究所（Francis Crick Institute）的幹細胞生物學與發展基因學部門負責人。

轉向媒體區指責他們。「相機的快門聲大到我們根本聽不到台上發生了什麼事，」他說，「所以會議暫時由我接手，請他們停止照相。」[14]

賀建奎羞怯地四下張望了一下，肌膚平滑的臉讓他看起來比 34 歲的實際年齡更年輕。「因為我的成果意外走漏，致使在這場會議報告之前，我失去了同儕審閱評鑑的機會，我必須為此致歉，」這樣的開場白之後，他似乎並未意識到自己這段話中的矛盾，繼續說著：「感謝美聯社，在寶寶誕生的幾月前，正確地報導了這項研究的結果。」然後賀建奎慢慢地跟著他的稿子念，幾乎不帶任何情緒地描述 HIV 感染的禍害、造成的死亡與歧視，以及 CCR5 基因突變可以如何預防確診 HIV 陽性父母的孩子感染 HIV。

經過了 20 分鐘投影片呈現以及討論他的研究過程後，到了問答時間。洛弗爾—巴吉與認識賀建奎的史丹佛幹細胞生物學家馬修・波提亞斯上台，協助進行問答時間。洛弗爾—巴吉並沒有針對賀建奎為什麼違法國際規範，利用人類胚胎進行生殖細胞系基因編輯提問，反而以連續兩個冗長的問題，請教賀建奎有關演化歷史，以及 CCR5 基因可能扮演的角色。波提亞斯接著又丟出了好幾個關於賀建奎臨床實驗所涉及的夫妻有幾對、卵子與胚胎各有多少，以及參與的研究人員等細節問題。「台上的討論並沒有把焦點放在主要議題上，這點令我很失望，」道納後來表示。

最後，觀眾受邀提出意見與問題。不過巴爾帝摩先站起了身，直入主題。在重申任何人類生殖細胞系基因進行編輯之前，都應該先符合國際準則後，他又宣稱，「這些都還沒有做到。」他稱賀建奎的行為「不負責任」、神祕兮兮，而且不具「醫療必要性」。哈佛知名的傑出生物化學家劉如謙是下一個發言者，他挑戰賀建奎的問題，是為什麼他會覺得在這個案例中，胚胎編輯是絕對必要的作法？「你可以洗精，得到沒有受到感染的胚胎，」劉如謙說，「對這些病患來說，還有什麼一定要這麼做的必要原因嗎？」賀建奎輕聲回覆他並非只是要試著幫助雙胞胎女嬰，而是想要找到一個可以「幫助數百萬 HIV 孩童」的方法，因為這些孩子甚至在出生後，都可能在某天需要保護，才能避免父母帶來的感染。「我

14　原註：作者對大衛・巴爾帝摩的訪問。

有親身接觸過一個愛滋村的經驗，那個村子中有 30% 的村民都是確診者，他們因為害怕孩子被感染，而必須把自己的親生骨肉送給叔伯嬸姨扶養。」

「大家普遍都有一個共識，不允許生殖細胞的基因體編輯，」一位北京大學的教授指出，「你為什麼會選擇跨越那條警戒線？你又為什麼會祕密進行這些（程序）？」洛弗爾－巴吉這時出面接手，重新表述了一遍這個問題，卻只保留了祕密進行實驗的部分，而賀建奎則移轉了目標，開始描述他已經如何諮詢過許多在美國的研究人員，他根本沒有直接答覆這件事所涉及的歷史性問題。最後一個問題是由一位記者提出：「如果是你自己的寶寶，你會這麼做嗎？」賀建奎的回答是，「如果我的寶寶陷入這樣的情況，我會試試看。」然後賀建奎拿起他的公事包，離開講台，開車回深圳。[15]

坐在觀眾席的道納開始冒汗。「我感覺到一種混合了腎上腺素分泌過剩以及噁心反胃的感覺，」她回憶道。她與其他科學家所共同發明出來的這麼棒的基因編輯工具 CRISPR-Cas9，竟然被用來製造有史以來第一次的基因設計人類。而且還是在安全相關層面的臨床測試之前、在道德問題解決之前、在這樣的作法，是否是科學──以及人類──要演化的方式，形成社會共識之前。「就個人而言，我對這個工具被這樣使用，感到無比的失望與厭惡。我很擔心這樣的競賽動機，不是出於醫療需求或幫助人們的冀望，而是源於譁眾取寵以及爭奪第一的慾望。」[16]

她和其他會議籌備者需要面對他們是否應該背負部分責任的問題。多年來，針對所有人類基因編輯進行之前所應該符合的準則，他們一直在精心擬制卻沒有清楚要求停止這類的嘗試，或擬定進行這類嘗試的明確批核程序。因此賀建奎可以宣稱，在他心中，他確實遵守了這些規定，而他也確實如此宣稱。[17]

15　原註：作者對馬修・波提亞斯的訪問。
16　原註：作者對道納的訪問。
17　原註：作者對裴端卿的訪問。

「不負責任」

那天晚上稍晚，道納到了飯店的酒吧，和幾位已經精疲力盡的會議籌辦同僚小聚。巴爾帝摩也來了，大家點了啤酒。他相信，而且比任何人更甚，科學界自認作足了自我規範的認知，是錯誤的。「事情很清楚，」他說，「如果這個傢伙真的做到了他宣稱自己做過的那些事情，而這些事情其實並不難做到，那麼這就是一個令人警醒的想法。」他們決定必須發表一個聯合聲明。[18]

道納、巴爾帝摩、波提亞斯與另外 5 位籌備委員佔用了一間小會議室，開始錘鍊他們的聲明稿。「我們花了許多個小時，逐字逐句地討論每一句的重點，」波提亞斯回憶道。他和其他人一樣，也想對賀建奎的所作所為表達強烈的不贊同，但他同時也希望避免使用「暫時中止」這個詞，或做出任何可能有礙基因編輯研究進程的事情。「我發現『暫時中止』並不是一個很有用的詞彙，因為它沒有提供一種如何跨越的感覺，」波提亞斯說，「我知道這個詞對很多人都有一定的吸引力，因為它畫下了一道你不可以越過的漂亮黑線。然而只提應該暫時中止，會切斷對話溝通，而且無法讓我們去想清楚，什麼樣的可能性可以讓我們以負責任的方式抵達彼岸。」

道納則是陷入了兩個方向的拉扯。一方面她對賀建奎的行為感到震驚，因為這樣的實驗還不成熟，而且就醫療程序來說，根本沒有必要，再說這樣一種譁眾取寵的作法，很可能會爆發大眾對所有基因編輯研究的強烈反彈。同時，她也開始相信，並希望有人可以證明 CRISPR-Cas9 是一種有助於人類福祉的強大工具，而人類的福祉也包括或許終有一天，可以透過生殖細胞系編輯來達成。在討論聲明稿的時候，這樣的想法也成為在場所有人的共識。[19]

於是他們再次決定要遵循著中庸之道行事。生殖細胞系基因編輯應該放行的時間必須有明確的規範，但也要避免可能導致國家發佈禁制與暫時中止令的措辭。「與會者都感覺到科技已經進展到了我們必須對胚胎基因編輯的臨床使用，制訂出明確道路的時刻，」道納說。換言之，與其試著制止 CRISPR 未

18　原註：作者對道納、巴爾帝摩的訪問。
19　原註：作者對馬修・波提亞斯、巴爾帝摩的訪問。

來在製造基因編輯寶寶方面的任何應用,她想鋪一條路,讓這類應用方式可以安全地進行。「把頭埋在沙子裡,或說我們需要一個暫時中止令,一點都不實際,」她認為,「相反的,我們應該說『如果你想要開始基因編輯的臨床階段,就必須先完成這些特定的步驟。』」

哈佛醫學院院長喬治·達利對道納有很大的影響,他是道納長期的好友,也在這些相關審議中扮演了一定的角色。他堅信 CRISPR 未來很可能會被應用來進行遺傳性編輯;哈佛已經展開了可能預防阿茲海默症的精子生殖細胞系基因編輯研究了。「喬治讚揚人類胚胎的生殖細胞系基因編輯可能帶來的價值,也想要讓這樣的技術得以在未來保持其可能性,」道納説。[20]

因此,道納、巴爾帝摩和其他會議籌備人員所擬定的聲明非常內斂。「這次的高峰會議中,我們聽到了一個令人意外,也讓人深深擔憂的主張,人類胚胎經過了編輯與置入,因而有人懷孕並生下一對雙胞胎,」這份聲明寫道,「整個過程是不負責任的作法,而且不符合國際準則。」但這份聲明卻沒有呼籲禁止或暫時中止這類研究,只是輕描淡寫地説目前安全風險實在太高,因此「現階段」還不能許可進行生殖細胞系基因編輯。這份聲明接著強調:「未來如果這些風險都得以解決,也可以符合某些規定時,生殖細胞系基因編輯也可以被接受。」生殖細胞系不再是不可跨越的紅線了。[21]

---

20 原註:瑪麗·露易絲·凱利(Mary Louise Kelly)2018 年 11 月 29 日於美國全國公共廣播電台《萬事皆曉》節目播出的〈哈佛醫學院院長針對基因編輯的倫理議題發表強烈意見〉(Harvard Medical School Dean Weighs In on Ethics of Gene Editing)。另請參見佛朗索瓦·貝利斯的《改變的遺傳:CRISPR 與人類基因編輯的道德》第 140 頁;2019 年 3 月 7 日刊於《新英格蘭醫學期刊》的兩篇報告,喬治·達利、羅賓·洛弗爾—貝吉與茉莉·史戴方(Julie Steffann)的〈風暴過後—負責任的基因體編輯之路〉(After the Storm—A Responsible Path for Genome Editing),以及阿爾塔·查洛的〈生殖細胞系基因編輯的失序行為與規範〉(Rogues and Regulation of Germline Editing);大衛·西倫諾斯基(David Cyranoski)與海蒂·雷弗德(Heidi Ledford)2018 年 11 月 2 日刊於《自然》的〈基因體編輯寶寶事件的啟示對研究的影響〉(How the Genome-Edited Babies Revelation Will Affect Research)。

21 原註:大衛·巴爾帝摩等人於 2018 年 11 月 29 日發表之〈第二屆國際人類基因體編輯高峰會籌備委員會聲明〉(Statement by the Organizing Committee of the Second International Summit on Human Genome Editing)。

第 39 章

接受

國會聽證會上的法藍西斯·柯林斯、道納，與參議員理查·德平

喬西亞·札伊納的讚揚

　　1 年前曾在自己身上注射 CRISPR 編輯基因的喬西亞·札伊納，興奮得整夜不睡，就是為了要看賀建奎在香港宣布消息的現場直播。他在床上盯著筆電看，腿上蓋著毯子，女朋友在他身邊沉睡，房間裡的燈全關了，只有筆電反射出來的光照在他的臉上。「我就那麼坐著等他上台，興奮極了，而且因為知道有什麼非常刺激的事情要發生，全身都起了雞皮疙瘩，」他說。[1]

1　原註：作者對喬西亞·札伊納的訪問。

當賀建奎描述他所製造出來的 CRISPR 編輯雙胞胎時，札伊納自言自語地說了一句「哇靠！」他覺得這不僅是一項科學成就，也是人類的里程碑。「我們做到了！」他開心極了，「我們把基因工程實際應用在胚胎上了！我們人類已經永遠地被改變了！」

他很清楚現在已經沒有回頭路。就像當初羅傑・班尼斯特（Roger Bannister）創下 4 分鐘內跑完 1 哩的記錄一樣。事情已經發生，就一定會再發生。「在我看來，這件事是科學一直以來最具開創性的事情之一。在人類所有的歷史中，我們都不能決定自己有什麼基因，對吧？現在我們有決定權了。」而且從個人的角度來看，札伊納始終視為己任的事情，也因此有了正當性。「我實在太興奮，好幾天都睡不著，因為這件事肯定了我為什麼要做我要做的事情。我要做的事情就是確保大家可以推著人類向前邁進。」

推著人類向前邁進？的確，有時候推著人類向前邁進的人確實是叛逆者。札伊納說這些話的時候，平緩的語調與瘋狂的興奮感，讓我想起了有天賈伯斯坐在他家後院裡，憑著記憶背誦他幫蘋果打造的「不同凡想」（Think Different）廣告台詞。那部廣告片是關於不善於與人相處的人、叛逆的人與製造麻煩的人，他們不喜歡規定，對現狀也缺乏任何敬重。「他們推著人類往前邁進，」賈伯斯背誦著，「因為那些足以瘋狂到以為自己可以改變世界的人，才是改變世界的人。」

札伊納後來在一篇投遞給《Stat》期刊的文章中，解釋難以預防未來再次出現 CRISPR 寶寶的其中一個原因，是這個技術很快就會流入有成就但不善於與人相處者的手中。「現在已經有人用 150 美金的倒裝顯微鏡在進行人類細胞編輯了，」他寫著，而且類似他自己經營的網路公司，也已經在販售 Cas9 蛋白質與嚮導 RNA 了。「胚胎注射的必備器具非常少，一支微型注射器、一根微量移液吸管，還有一架顯微鏡就夠了。這些器具都可以從 eBay 上買到，幾千塊美金就可以完成組裝。」人類胚胎可以從生殖醫學中心以大約 1000 美金的價格買到，他說，「如果你不告訴醫生你在做什麼，或許還可以在美國請醫生把胚胎植入體內，不然就去其他國家做……所以下一個經過編輯並置入母體的人

類胚胎，不會太遠。」[2]

札伊納說，生殖細胞系基因編輯很了不起的地方，在於可以讓人類永久移除疾病或遺傳性異常。「不僅僅是治癒一個患者，」他說，「而是在人類的未來中，移除諸如肌肉失養症這類悲慘的死刑疾病。完全絕跡。」他甚至支持將CRISPR 應用在強化孩子的能力上。「如果我可以讓我的孩子比較不容易肥胖，或者可以讓他們擁有運動和其他方面表現得更棒的基因，我幹嘛要拒絕？」[3]

對札伊納來說，這件事也是很私人的。我在 2020 年中和他聊這些事情的時候，他和他的伴侶正試著透過體外受孕的方式懷個孩子，他們也利用胚胎著床前基因檢測的技術，選擇孩子的性別。此外，醫生還篩除了幾個重大的遺傳疾病，但他們不會幫札伊納為有機會存活的胚胎，進行完整的基因體定序或標記。「我們無法選擇進入我們寶寶體內的基因，簡直莫名其妙。」他說，「取而代之的是我們要讓機會來決定寶寶的基因。我覺得為自己的孩子選擇你想要的基因沒問題。挺嚇人的，而且這樣做會製造出**智人** 2.0 版。不過我覺得這真的、真的、真的非常刺激。」

當我提出反對意見時，札伊納舉了一個他自己想要編輯的遺傳傾向的例子，阻止我繼續說下去。「我深受躁鬱症所苦，」他說，「很糟糕。這個毛病給我的生活帶來非常嚴重的困擾。我很想解決這個毛病。」我問他，他是否會擔心消除了這個疾病後，他就不是他了？「大家就是會努力捏造這樣的謊言，說什麼這會幫你變得更有創意，還有一堆有的沒有的廢話，但這是一種病啊。這是一種會讓人受苦的病，他媽的受很多很多苦。而且我想就算沒有這個病，我們大概也可以找出其他有創意的方法。」

札伊納知道有很多基因都以神祕的方式造成精神疾病，而我們知道得不夠多，所以還無法治療這些疾病。但理論上，如果可以奏效，他覺得他會想要利用生殖細胞系基因編輯，來確保降低他孩子受到這類折磨的可能性。「如果我可以利用編輯基因，降低我的小孩成為躁鬱症患者的可能性，如果我可以讓我

2　原註：札伊納的〈CRISPR 寶寶科學家賀建奎不應該被大眾惡魔化〉。
3　原註：作者對喬西亞・札伊納的訪問。

的小孩降低一點點可能性，我怎麼可能不去做？我怎麼可能希望我的小孩就這樣長大，然後必須像我一樣吃這些苦？我想我辦不到。」

那麼與醫療需求比較無關的編輯呢？「當然，如果可能的話，我會想要我的孩子多長高 6 吋、更有運動天分，」他說，「還要更有吸引力。比較高、比較有吸引力的人更成功，對吧？你想讓你的孩子有些什麼？如果是我的小孩，很明顯，我想把全世界都給他們。」他猜我生長在一個父母在能力可及範圍內提供我最佳教育的家庭，而他的猜測也很正確。「這跟想提供孩子最好的基因，」他問，「有什麼差別？」

沒有出現強烈反彈

道納從香港回到家後，她發現青少年期的兒子並不瞭解為什麼賀建奎的基因編輯會引發這麼大的騷動。「安迪非常無所謂的樣子，這讓我懷疑這件事在未來世代的眼裡，不是一件很大的事，」她說，「也許他們覺得這其實就像試管嬰兒一樣，但試管嬰兒一開始出現的時候，也造成了非常大的爭議。」道納記得 1978 年第一個試管嬰兒誕生的時候，她的父母非常震驚。那年她 14 歲，才剛讀到《雙螺旋》，道納還記得跟他們討論，為什麼以**體外**受孕的方式創造寶寶，會讓他們覺得是不自然，而且是錯誤的事情。「不過話說回來，後來大家都接受了，我父母也接受了——他們還有朋友只能透過試管嬰兒生小孩，而且很高興有這種技術的存在。」[4]

結果，政治圈與大眾對於 CRISPR 寶寶的反應也和安迪一致。道納從香港回來的兩週後，參加了國會山莊舉行的一場會議，與 8 位參議員討論基因編輯。這類會議通常都是政治人物針對他們並不完全瞭解的某件事，表達震驚或沮喪的一種座談會，然後呼籲制訂更多法令與規定。不過這場由伊利諾州民主黨參議員迪克（理查）‧德平主持的參議院簡報，卻剛好相反。與會的參議員包括了南卡羅萊納州的共和黨議員琳西‧葛拉漢（Lindsey Graham）、羅德島民

4　原註：作者對道納的訪問，以及與她和安德魯‧道納‧凱特（Andrew Doudna Cate）的晚餐。

主黨議員傑克‧李德（Jack Reed）、田納西州共和黨議員拉瑪‧亞歷山大（Lamar Alexander），以及路易斯安那州的共和黨黨議員比爾‧卡西迪（Bill Cassidy，也是位醫生）。「我很高興所有的這些參議員，每一個人都對基因編輯是重要技術的普遍想法，持正面鼓勵的態度，」道納說，「我很驚訝他們當中竟然沒有人要求制訂更多的規範。他們只是想要弄清楚『接下來要怎麼做？』」

道納與陪同她出席的美國國家衛生研究院院長法藍西斯‧柯林斯，向大家解釋胚胎上應用基因編輯的限制規範已經存在。然而與會的參議員們更有興趣的，是想要瞭解 CRISPR 在醫療與農業方面的可能價值。他們的焦點並未放在剛出生的 CRISPR 寶寶身上，而是詳細地詢問了從身體治療與生殖細胞系基因編輯兩個層面來看，CRISPR 在治療鐮刀型貧血症的可能作用方式。「鐮刀型貧血症以及像杭汀頓舞蹈症、戴克薩斯症以及其他這類致使患者衰弱的單基因疾病的治療潛力，讓他們興奮不已，」道納回憶道，「他們還提到了這種療法對於永續醫療保健的意義。」[5]

因為處理生殖細胞系基因編輯的議題成立了兩個委員會。第一個是國家科學研究院成立的委員會，屬於自 2015 年之後的進程後續。另一個委員會是由世界衛生組織成立。道納很擔心這兩個組織會出現互相矛盾的訊息，進而讓未來的賀建奎們針對準則做出屬於他們自己的詮釋。為此，我去見了美國國家醫學院院長曹文凱，以及世界衛生組織委員會的聯合主席瑪格麗特‧漢伯格（Margaret Hamburg），瞭解他們如何分責。漢伯格說，「國家科學院體系的焦點在於科學，」曹文凱則說，「世界衛生組織的重點則是在考慮如何建造一個全球性的規範架構。」雖然兩個委員會會出具兩份報告，但還是比過去各國科學研究所各自訂定不同的準則要好多了。

然而漢伯格也承認這樣做並不太可能阻止各國自訂屬於他們自己的法則。「各國都有不同的立場與規範標準，就像他們對於基因改造食物的作法一樣，會反映出各國不同的社會價值，」她解釋。很遺憾地，這樣的情況可能會導致

5　原註：作者對道納、比爾‧卡西迪的訪問。

基因旅遊的現象。想要強化能力的有錢有權之人，會旅行到提供這些服務的國家。漢伯格很清楚世界衛生組織很難維持與管理各國遵守規範的狀況，「這和可以安排衛兵與大鎖來強化安全提案的核子武器不同。」[6]

暫時中止的問題

當這兩個委員會在 2019 年中開始運作後，科學界爆發了一波公眾爭議，再次挑起了道納與態度積極的布洛德研究所艾瑞克・蘭德的對立。這一次爭議的源頭是大多數科學委員會多年來一直在避免使用的「暫時中止」這個詞彙。

從某個角度來看，是否要提出暫時中止這個正式呼籲的爭議，其實是語義上的歧異。在什麼樣的條件下可以獲准進行胚胎基因編輯，之前就有明文規定——必須要安全且具「醫療必要性」，而現階段這些條件都不符合。但有些人辯稱，賀建奎的行為顯示大家需要一個更明確且更明顯的停止行進燈號。持這種立場的人包括蘭德、他的弟子張鋒、保羅・伯格、法藍西斯・柯林斯，以及道納的科學合作夥伴埃瑪紐埃爾・夏彭蒂耶。「如果你使用暫時中止這個詞，」柯林斯解釋，「影響力會稍微大一點。」[7]

蘭德很喜歡當個公共知識分子與政策顧問。能言善道、風趣、喜歡社交，又饒富吸引力的他（至少對那些不會因為他的認真投入而感到不喜的人），非常善於立場主張，也很善於召集那些自認深謀遠慮的團體。然而道納卻質疑蘭德之所以用 CRISPR 公共政策思想家第一人的身分，吸引所有的鎂光燈，攪動這池暫時中止議題的春水，至少有小部分，是因為她和大衛・巴爾帝摩，而不是因為對拋頭露面有點害羞的張鋒。「艾瑞克與布洛德研究所有一支很大的擴音器，」她說。「他們呼籲暫時中止，其實是為了他們早期沒有先下手的事去搶佔很多頭條版面的方式。」

6　原註：作者對瑪格麗特・漢伯格與曹文凱的訪問；作者 2019 年 7 月 27 日刊於數位週刊《Air Mail》的〈應該同意有錢人購買最好的基因嗎？〉（Should the Rich Be Allowed to Buy the Best Genes?）。

7　原註：潘・貝魯克的〈如何制止脫序的人類胚胎基因編輯？〉。

不論蘭德的動機為何（我傾向於他們其實很認真地看待此事），他都著手為一篇刊登在《自然》期刊上，標題為〈正式通過遺傳性基因體編輯的暫停中止令〉（Adopt a Moratorium on Heritable Genome Editing）的文章尋求支持。張鋒當然表示支持，道納以前的合作夥伴夏彭蒂耶也支持這個立場。出面表示支持的還有 44 年前因為他的重組 DNA 發現而促成了阿西洛馬會議的伯格。「我們呼籲全面暫時中止全球所有人類生殖細胞系基因編輯的臨床使用——也就是說，暫時中止透過改變（精子、卵子或胚胎中的）遺傳性 DNA，來製造基因改造的孩子，」這篇文章如此開頭。[8]

蘭德和之前一起在人類基因體計畫中攜手合作的老友柯林斯，協作完成了這篇文章。「我們必須要在能力所及範圍內，做出最明確的聲明，我們還沒有準備好在這條路上繼續往下走，現在不行，未來也有可能永遠不行，」柯林斯在蘭德文章發表前一天的某個訪問中說。

蘭德強調這個問題不應該交由個人選擇或自由市場去決定。「我們正在努力規劃這個未來將留給我們孩子的世界，」他說，「那個世界會是我們深刻思考過醫療應用，並且只用在嚴重病例上的世界，抑或是個只有猖獗商業競爭的世界？」張鋒也表示這些基因編輯相關的議題，需要由社會整體來解決，不能交由個人決定。「你可以想像有人因為其他父母都為孩子作了基因編輯，而他們也有壓力要去編輯自己孩子的情況，」他說，「這樣的事情將會進一步加劇不平等，而且讓社會變得一團亂。」[9]

「艾瑞克為什麼會如此堅持公開推動暫時中止令？」世界衛生組織小組的聯合主席瑪格麗特‧漢伯格問我。這是一個很認真的問題。蘭德的名聲已經如

8　原註：蘭德與其他人 2019 年 3 月 13 日刊於《自然》的〈正式通過遺傳性基因體編輯的暫停中止令〉。

9　原註：伊恩‧山波 2019 年 3 月 13 日刊於《衛報》的〈科學家呼籲全球暫時中止胚胎的基因編輯〉（Scientists Call for Global Moratorium on Gene Editing of Embryos）；喬艾‧阿肯巴赫 2019 年 3 月 13 日刊於《華盛頓郵報》的〈國家衛生研究院與頂尖科學家呼籲暫時中止基因編輯寶寶〉（NIH and Top Scientists Call for Moratorium on Gene-Edited Babies）；瓊‧柯漢 2019 年 3 月 13 日刊於《科學》的〈呼籲全面禁止基因編輯寶寶分化生物學家的新聲明〉；法蘭西斯‧柯林斯 2019 年 3 月 13 日的美國國家衛生研究院聲明《國家科學研究院支持國際暫時中止臨床生殖細胞系基因編輯》（NIH Supports International Moratorium on Clinical Application of Germline Editing）。

此，就算他做了什麼看起來直截了當的事情，別人也會懷疑他的動機。漢伯格覺得這次呼籲暫時中止令，似乎是為了炫耀；其實根本沒有必要，因為不論世界衛生組織或是美國國家研究院，都已經在著手釐清適切的準則，而不是呼籲停止生殖細胞系基因編輯。[10]

巴爾帝摩也表達了他的困惑。蘭德曾試著請他簽署聲明書，但一如 40 年前在阿西洛馬針對重組 DNA 的討論，巴爾帝摩更感興趣的，是去為一個可能是救命的發展找出「一條謹慎的前進之路」，而非宣布一個實施之後就可能很難解除的暫時中止令。他懷疑蘭德之所以要推動這個暫時中止令，可能是為了要討好美國國家衛生研究院院長柯林斯，因為這個機構提供了許多財政資源給各個學術實驗室。

至於道納，蘭德愈賣力地推動暫時中止令，她反對暫時中止令的立場也愈堅定。「既然生殖細胞系基因編輯已經在中國寶寶身上進行過，我覺得在這個階段再去呼籲暫時中止，實在是非常不切實際，」她說，「如果你呼籲暫時中止，實際上你也把自己劃出了對話的範圍之外。」[11]

道納的看法佔了上風。2020 年 9 月，美國國家科學研究院委員會在賀建奎令人震驚的宣告之後，完成並發表了一份長達 200 頁的報告。蘭德雖然身為 18 位委員會的成員之一，但這份報告既沒有呼籲暫時中止，也沒有提到那個詞彙。它反而提到遺傳性的人類基因體編輯，為有遺傳性疾病的夫妻，「可能在未來提供一種生殖選擇」。這份報告說明遺傳性基因編輯目前還不安全，而且通常都不具醫療必要性，但它贊成並支持「為人類遺傳性基因體編輯的臨床使用，定義出一條負責任的路徑」——換言之，繼續追求道納於 2015 年 1 月籌辦的納帕山谷會議所擁護的目標，「一條謹慎的前進之路」。[12]

10　原註：作者對瑪格麗特・漢伯格訪問。另請參見莎拉・瑞登（Sara Reardon）2019 年 3 月 19 日刊於《自然》的〈世界衛生組織專門小組積極參與 CRISPR 寶寶辯論〉（World Health Organization Panel Weighs In on CRISPR-Babies Debate）。

11　原註：作者對道納的訪問。針對道納立場的強烈批評，請參見佛朗索瓦・貝利斯的《改變的遺傳：CRISPR 與人類基因編輯的道德》第 163 ～ 66 頁。

12　原註：凱・大衛斯（Kay Davies）、理查・利夫頓與其他人 2020 年 9 月 3 日人類臨床生殖細胞系基因體編輯國際委員會（International Commission on the Clinical Use of Human Germline Genome Editing）的〈遺傳性人類基因體編輯〉（Heritable Human Genome Editing）。

賀建奎獲罪

　　賀建奎不但沒有如他之前所預想的被稱為國家英雄，反而於 2019 年在深圳人民法院受審。訴訟過程具備了許多公平審判的要素，包括他獲准聘請他自己的律師辯護。由於他當庭承認遭指控的「非法行醫」罪，因此並沒被加重量刑。他被叛 3 年監禁，罰鍰人民幣 300 萬元，且終身不得再進行生殖科學的研究。「為了追名逐利，（他）故意違反國家有關科研和醫療管理規定，逾越科研和醫學倫理道德底線，」法院宣判。[13]

　　中國官方媒體對於這場審判的報導，還透露了賀建奎利用工程手法讓第二位母親所懷的第三個 CRISPR 寶寶，已經出生。但對於這個寶寶，或者第一對 CRISPR 編輯雙胞胎露露與娜娜的現況，卻沒有任何進一步說明。

　　《華爾街日報》詢問道納對這場判決的看法時，她很小心地只針對賀建奎的研究做了批評，卻沒有譴責生殖細胞系基因編輯。她說，科學界必須處理好安全與倫理道德的問題。「對我而言，主要問題不在於這種事情會不會再發生，」她說，「我想答案是肯定的。問題是什麼時候、怎麼發生。」[14]

13　原註：新華社 2019 年 12 月 30 日刊出的〈賀建奎因非法進行人類胚胎基因編輯入獄〉（He Jiankui Jailed for Illegal Human Embryo Gene-Editing）。

14　原註：溫友正與艾美・道格瑟・馬可斯（Amy Dockser Marcus）2019 年 12 月 30 日刊於《華爾街日報》的〈基因編輯寶寶的中國科學家銀鐺入獄〉（Chinese Scientist Who Gene-Edited Babies Is Sent to Prison）。

第 7 篇

道德議題

如果科學家不扮演上帝，誰來扮演？

——詹姆斯·華生，2000 年 5 月 16 日
於英國國會與科學委員會

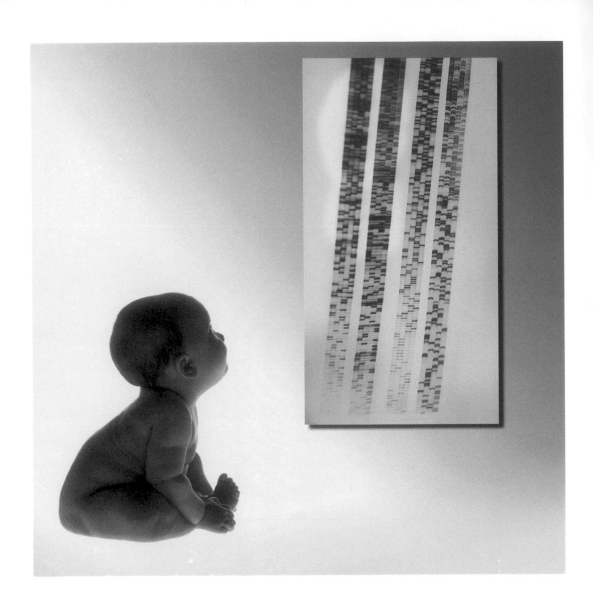

第 40 章

底線

風險

賀建奎在製造世界上第一對 CRISPR 寶寶時，目標是要讓這些孩子以及他們的後代，能對致命病毒的攻擊免疫，此舉讓多數明辨是非的科學家表達了憤怒。在大家眼中，對他的行為最正面的看法是時機未到，最糟的則是認為他極其可惡。但在 2020 新冠病毒疫情大肆蔓延之後，編輯我們的基因而對病毒攻擊免疫的想法，似乎開始變得比較沒那麼駭人聽聞。呼籲暫時中止生殖細胞系基因編輯的聲量也開始消退。就像細菌已經用了數千萬甚至上億年演化來發展出各種對病毒免疫的方式，或許我們人類也應該利用我們的創意來做相同的事情。

如果我們可以安全地編輯基因，讓孩子不再那麼容易感染 HIV 或新冠病毒，那麼編輯基因是錯誤的行為嗎？或者不去這麼做才是錯的？那麼，在未來幾十年內可能成真的修補其他基因缺陷或強化能力，又該如何判定？如果這些基因編輯的方式最後都可以安全進行，政府應該阻止我們使用嗎？[1]

---

[1] 原註：本章節資料源於大量有關基因工程的倫理道德著作，包括佛朗索瓦・貝利斯、邁可・桑德爾、李昂・卡斯、法蘭西斯・福山、納塔尼爾・康佛特、傑森・史考特・羅伯（Jason Scott Robert）、艾瑞克・柯漢（Eric Cohen）、比爾・麥克奇朋（Bill McKibben）、瑪西・達諾夫斯基、艾瑞克・派倫斯（Erik Parens）、喬瑟夫・強斯頓（Josephine Johnston）、蘿斯瑪麗・葛倫－湯普森（Rosemarie Garland-Thomson）、羅伯・史派羅（Robert Sparrow）、唐納・德沃金（Ronald Dworkin）、尤根・哈伯瑪斯（Jürgen Habermas）、麥可・豪斯凱勒（Michael Hauskeller）、強納森・葛洛佛（Jonathan Glover）、葛萊格瑞・史塔克、約翰・哈里斯（John Harris）、麥斯威爾・梅爾曼（Maxwell Mehlman）、蓋・卡漢（Guy Kahane）、傑米・梅佐（Jamie Metzl）、亞倫・瑪奇歐內（Allen Marchione）、朱立安・沙福萊斯庫（Julian Savulescu）、李・席爾佛、尼克・波斯壯（Nick Bostrom）、隆納・葛林（Ronald Green,）、尼可拉斯・阿嘎爾（Nicholas Agar）、亞瑟・凱普蘭（Arthur Caplan）以及漢克・格依利（Hank Greeley）。另外，作者也參考了哈斯汀斯中心（Hastings Center）、遺傳學與社會中心（Center for Genetics and Society）、牛津大學尤希羅實踐倫理學中心（Oxford Uehiro Centre for Practical Ethics）與納菲爾德生物倫理學委員會出版與發表的著作。

這個問題是我們人類所面臨的最深奧難題之一。這個星球上的生命演化過程中，有史以來第一次，有一個物種發展出了編輯自己基因結構的能力。這種能力提供了各種極佳益處的可能性，包括清除許多致命的疾病以及讓人類變得虛弱的異常狀況。在未來的某一天，這樣的技術會同時帶來承諾與危險，因為它可以讓我們，或至少我們當中的某些人，強化自己的身體與我們孩子的身體，讓我們和孩子們都能擁有更好的肌肉、心智、記憶，以及情緒。

在未來數十年間，我們藉由駭進自己的演化機制中而獲得的力量將愈來愈大，因此也必須跟倫理道德與心靈層面的深刻問題角力，譬如我們是否具備對自然的善意？接受被賦予的一切，是否是一種美德？同理心是基於對上帝恩典的信仰，抑或是相信大自然樂透機制會隨機讓我們各自帶著不同組合的天賦出生在這個世界上？強調個人自由是否會將最基本的人類本質層面，變成基因超市的消費選擇？我們應該把這個決定權留給個人選擇，抑或社會應該根據開放程度來達成某種共識？

話說回來，我們對所有的這些焦慮不安，是否有點反應過度？如果可以消弭我們這個物種的危險疾病，並強化我們孩子的能力，我們怎麼可能不抓住這個機會？[2]

生殖細胞系是道紅線

大家最主要的顧慮就是生殖細胞系的基因編輯，因為那些改變是在人類的卵子、精子或早期胚胎中的 DNA 進行，也因此，經過基因編輯的孩子——還有他們的所有後代，他們的每個細胞都會帶著編輯的痕跡。現在一般大眾已經能普遍接受被稱為體細胞編輯的事情，而且理應如此，改變活生生患者體內的目標細胞，不會影響任何生殖細胞。如果這類的治療出現什麼問題，對於患者

2　原註：邁可‧桑德爾的《反對完美》；羅伯‧史派羅 2015 年 9 月 24 日刊於《藥學雜誌》（*Pharmaceutical Journal*）的〈基因工程人類〉（Genetically Engineering Humans）；傑米‧梅佐的《駭進達爾文》（*Hacking Darwin*, Sourcebooks, 2019）；朱立安‧沙福萊斯庫‧魯德‧特‧謬倫（Ruud ter Meulen）與蓋‧卡漢的《強化人類能力》（*Enhancing Human Capacities*, Wiley, 2011）。

來說可能是災難，但對人類這個物種而言，卻沒有影響。體細胞編輯可以應用在特定型態的細胞中，譬如血液細胞、肌肉細胞或眼細胞。但這樣的編輯價格昂貴，不但無法一體適用所有細胞，效果也可能不具永久性。生殖細胞系基因編輯可以修復體內的所有細胞，也因此提供了更大的希望，以及更多意識得到的危險。

2018 年第一對 CRISPR 寶寶被製造出來前，為孩子選擇遺傳特質的方式，分成兩種醫療主流派別。第一種是產前檢測，這種檢測方式包括了對還在子宮裡成長的胚胎進行遺傳檢測。現在，這類產檢可以檢測到唐氏症、性別以及數十種先天性疾病。在美國，唐氏症產前診斷大約會有 2/3 的受檢者選擇人工流產。[3]

試管嬰兒的發展引發另一波遺傳控制的進展──胚胎著床前基因檢測。有能力的夫妻可以提供多個受精卵，然後在置入母體前，將受精卵放在實驗盤中進行遺傳特質檢測，看看有沒有杭汀頓舞蹈症、鎌刀型貧血、戴薩克斯症等的突變。或者某一天我們會像電影《千鈞一髮》中所發生的一樣，有人會詢問這些夫妻對孩子是否有預期的身高、記憶力和肌肉量基因需求？然後透過胚胎著床前基因檢測，那些帶著父母期待特徵的受精卵就這樣被置入母體，而其他的受精卵就可以丟棄了之類的。

不論是產前檢測還是胚胎著床前基因檢測，都和生殖細胞系基因編輯一樣，引起相同的一些道德問題。舉例來說，向來直言不諱的 DNA 發現者之一的詹姆斯・華生，曾發表意見認為女人應該有權根據自己的任何喜好或偏見，譬如矮子、有閱讀障礙問題、同性戀或女孩，而選擇人工流產。[4] 這番言論引起非常多人的強烈反彈，這當然是可以理解的事情。然而胚胎著床前基因檢測目

3　原註：葛特・德・葛拉夫（Gert de Graaf）、法蘭克・巴克利（Frank Buckley）與布萊恩・斯可特可（Brian Skotko）2015 年 4 月刊於《美國醫學遺傳學期刊》的〈美國唐氏症活產、自然死亡與選擇性流產數量預估〉（Estimates of the Live Births, Natural Losses, and Elective Terminations with Down Syndrome in the United States）。

4　原註：史帝夫・波根（Steve Boggan）、葛蘭達・庫柏（Glenda Cooper）與查爾斯・亞瑟（Charles Arthur）1997 年 2 月 17 日刊於《獨立報》（*The Independent*）的〈諾貝爾獲獎者支持「任何理由」的墮胎〉（Nobel Winner Backs Abortion 'for Any Reason'）。

前在道德層面上，已被視為是可接受的作法，而父母們也普遍可以自由決定他們要篩選的標準。

問題在於，在歷史演變中，未來生殖細胞系基因編輯會不會像產前或胚胎著床前的篩檢一樣，僅僅被視為是另外一種有過爭議、後來卻逐漸被人接受的生物干預方式。若情勢真的如此發展，那麼把生殖細胞系基因編輯看成一起獨特事件，並用一套不一樣的道德標準去規範，合理嗎？

這個問題可以稱之為連續性難題。有些倫理學家善於做出區別，有些善於破除區別。或者用另一種說法，有些倫理學家會辨清界線，有些則是模糊界線。那些喜歡模糊界線的倫理學家常常宣稱就是因為界線太過模糊，所以採取不同的處理方式對待不同類別的事情，並沒有合理的依據。

就以原子彈來當譬喻。二次大戰期間，美國戰爭部部長亨利・史汀生（Henry Stimson）正掙扎於是否要下令在日本投下原子彈。有些人認為這是一種全新領域的武器，因此是不可以跨越的底線。但有些人則說基本上並沒有差異，而且相較於已經在德勒斯登與日本進行的大規模轟炸行動，原子彈的野蠻程度似乎的確低了那麼一點點。第二種論述佔了上風，原子彈在日本落下。不過後來原子武器被視為特殊類別，再也不曾出現於戰場上。

至於基因編輯，我認為生殖細胞系確實是一道真正的底線。或許生殖細胞系與其他生物技術之間，並沒有一條明確的區分線，但一如達文西以他的暈塗技法所教導我們的道理，即使界線有些模糊，但依然是明確的界線。一旦跨越生殖細胞系，我們就會邁入另一個完全不同的新界域。這條界線涉及基因體以工程手法設定，並非自然孕育產出，而且所導入的改變會傳續給未來所有的後代。

不過這並不代表我們永遠都不應該跨越生殖細胞系這條界線，只代表可以視生殖細胞系為一道防火線，讓我們有機會在決定是否應該停下腳步的時候停下來，暫停基因工程技術的進一步發展。也因此，大家面對的問題就變成了如果真有必要，什麼樣的狀況會使我們跨越這條生殖細胞系的界線？

治療與能力強化

　　除了體細胞編輯與生殖細胞系編輯的界線之外，大家需要考慮的另外一條界線，牽涉到為了修補危險的基因異常的特殊「治療」，以及透過設計來改善人類能力或特質的「能力強化」這兩之間的差異。乍看之下，治療的正當性似乎要比能力強化更容易解釋。

　　但治療與能力強化之間的區別，其實也是條模糊的界線。透過產前檢測或胚胎著床前基因檢測，可以檢驗出特定孩子有比較矮、比較胖、專注力不足，或憂鬱的基因。在什麼樣的情況下，藉由基因改造來修補這些特徵，算是從有益健康的治療，跨越界線成為能力強化呢？可以讓人對 HIV、新冠病毒、癌症或阿茲海默產生免疫的基因改造呢？也許針對這些疾病，除了「治療」與「能力強化」之外，我們還需要一個稱為「預防」的第三種類別。甚至還可以增加一個名為「超級能力強化」的第四類別，納入那些涉及可能賦予人類物種前所未見的新能力，譬如能夠看到紅外線、聽到超高頻的聲音，或避免讓骨頭、肌肉、記憶力隨著年齡老化而衰減等特質。

　　如大家所見，這個分類可以變得很複雜，而且不見得都與大家可能希冀的結果或倫理道德規範相關。要在這條佈滿地雷的倫理道德區繪製出可行路線，一些思想實驗或許可以提供幫助。

第 41 章

思想實驗

杭汀頓舞蹈症

在我們以膝射式反應行動，糊里糊塗地就支持諸如體細胞編輯很好，但遺傳性生殖細胞系編輯不好；治療很好，但能力強化不好等等這類立場堅定的宣告之前，先讓我們探究一些特定的案例以及這些案例所引發的問題。

如果真的出現人類單一基因的編輯案例，那麼必然是為了要消弭會引發杭汀頓舞蹈症的突變，因為這是一種殘酷又令人痛苦的殺手疾病。杭汀頓舞蹈症的致病原因是 DNA 序列中一個不正常的鹼基重複，最終會導致腦細胞死亡。這種疾病好發於中年，患者一開始是無法控制的抽搐。他們的注意力無法集中，因此他們保不住工作。最後患者將逐漸無法走路、無法說話、無法吞嚥。有時候會伴隨出現癡呆。這是一個令人非常痛苦的死亡過程，而且全程以慢動作播放。這個疾病對患者家人同樣有巨大的破壞力——特別是孩子，他們不但要眼睜睜看著自己父母恐怖的退化、面對學校同學的憐憫與嘲弄，最後還會瞭解到他們自己也有一半的機會落入相同的命運。若是活在這種折磨當中，還能相信人生會有好事降臨，這樣的人絕對是堅強篤信救贖的狂熱信徒。[1]

杭汀頓舞蹈症是一種罕見的顯性疾病，即使只複製一次突變，厄運也會降臨。病徵通常都是在一個人過了生育年齡後出現，所以患者總是要到生兒育女

---

[1] 原註：麥特·瑞德里的《23 對染色體》(*Genome*, Harper Collins, 2000)，其中第 4 章強而有力地描述了杭汀頓舞蹈症以及南西·威克斯勒（Nancy Wexler）針對杭汀頓舞蹈症的研究。

之後，才知道自己罹患了這種遺傳疾病，也因此這種疾病不會被自然淘汰。演化進程根本不會在乎已經繁衍了後代的我們會遭遇什麼事情，也不會去操心我們是否可以把孩子養到他們有能力照顧自己的安全年紀，因此有一堆疾病都是出現在人過中年之後，包括杭汀頓舞蹈症以及大多數型態的癌症。這些全是我們人類想要除之而後快的疾病，大自然卻覺得沒這個必要。

應用編輯方式治療杭汀頓舞蹈症並不複雜，而且完全不受控制的多餘 DNA 序列毫無用處。既然如此，為什麼不用基因編輯技術把這些 DNA 從備受折磨的家庭成員中刪除，並一勞永逸地讓這個疾病成為我們人類物種世界裡的歷史名詞？

有一派的論點是如果可能，最好還是去尋找生殖細胞系基因編輯的替代療法。在大多數案例中，除非父母雙方都有這種基因，否則透過胚胎著床前基因檢測可以確保孩子的健康。如果父母可以製造出足夠的受精卵，那麼有杭汀頓舞蹈症基因的卵子就可以被剔除。然而所有經歷過生育治療的人都知道，製造許多可以存活的卵子並不一定是件容易的事。

另外一個替代方案是領養。但同樣的，在現代，這件事情也不見得簡單。再說，準父母通常都想要和自己有血緣關係的孩子。這個期待是合理的渴望，抑或只是虛榮心作祟？[2] 不論倫理學家說什麼，大多數父母都覺得要一個與自己有血緣關係的孩子是合理的事情。從細菌到人類，有機體經歷數百萬上千萬年的奮鬥，其實都是在設法把自己的基因傳續下去，這就表示繁衍有血緣關係後代的衝動，是這個星球上最自然的本性之一。

若要利用基因編輯技術消弭杭汀頓舞蹈症，除了去除可怕的突變，其他部分都不會有所改變。所以，我們應該允許這樣的事情嗎？特別是胚胎著床前的篩檢並不容易。就算我們決定為生殖細胞系基因編輯訂定高標準的通行許可，看起來（至少對我而言），杭汀頓舞蹈症確實是一種我們應該從人類世界消滅的疾病。

2　原註：佛朗索瓦·貝利斯的《改變的遺傳：CRISPR 與人類基因編輯的道德》第 30 頁；提娜·儒利（Tina Rulli）2012 年 6 月 6 日刊於《哲學羅盤》（*Philosophy Compass*）的〈生殖與收養的倫理道德〉（The Ethics of Procreation and Adoption）。

果真如此，那麼還有什麼其他遺傳性問題可以讓父母有權利阻止繼續傳續給他們的寶寶？因為我們身處的這個斜坡，一旦滑倒就會一發不可收拾，所以讓我們一步一步來。

鐮刀型貧血症

　　鐮刀型貧血症是下一個值得考慮的有趣案例，因為這種疾病會引發兩種複雜的問題，一種屬於醫學，一種屬於道德。就像杭汀頓舞蹈症一樣，鐮刀型貧血症是由單一突變所引起的疾病。在遺傳到了父母雙方不良基因複製體的病患體內，攜帶氧氣到身體各組織部分的紅血球，會因為突變而變形為鐮刀狀。由於這些鐮狀細胞死亡的速度更快，而且比較難在人體內移動，所以這種疾病會導致病患疲憊、感染、一陣陣的疼痛，以及早逝。這種疾病好發於非洲人與美國非裔人種的身上。

　　在 2020 年之前，體細胞的鐮狀細胞治療試驗就已經開始，包括在之前章節提過的納許維爾臨床實驗案例之一的密西西比女士維多利亞・葛雷。造血幹細胞先是從患者體內取出、編輯，再重新置入病患體內。然而這是一個極昂貴的療程，對於全球超過 400 萬的患者來說，並不可行。如果鐮狀細胞突變可以在生殖細胞系階段矯正，透過編輯卵子、精子或初期的胚胎進行，成本會便宜很多，而且可以一勞永逸地讓鐮刀型貧血症在我們這個物種完全絕跡。

　　所以，這種疾病是否可以算在與杭汀頓舞蹈症相同的類別當中？這種疾病是否應該用遺傳性的編輯使之絕跡？

　　這麼說吧，許多這類基因都有其複雜性存在。只從父親或母親單方遺傳到這種異常的複製基因者，並不會發展出這樣的疾病，卻會發展出一種對大部分型態的瘧疾免疫的能力。換言之，這種變異的基因曾經（目前在許多地方依然）很有用，特別是在撒哈拉以南的地區。現在我們有了治療瘧疾的方法，這種基因的用處就沒那麼大了。但這卻是我們想要擾亂大自然運行的一個提醒，這些基因很可能扮演了多重角色，而且它們的存在背負了演化的理由。

　　假設研究人員證明透過基因編輯技術，移除鐮狀細胞突變是安全的作法。

那麼我們有任何理由阻止病患在懷孕時，用編輯方式清除掉這樣的基因嗎？

討論到這個節骨眼之時，出現了一個令人愉悅的小伙子，而他也讓問題的複雜度又升高了一點點。這個名叫大衛‧山切斯（David Sanchez）的男孩，是個膽子很大、魅力十足，又很有想法的加州非裔美籍青少年，熱愛籃球，但他的鐮刀型貧血症卻會讓他痛得直不起腰。因為鐮狀細胞阻塞了肺部血管，他曾一度發生胸部徵候群，不得不中斷中學課業。不像明星的山切斯，在 2019 年關於 CRISPR 的撼動人心紀錄片《基因解密》（Human Nature）中，成了一顆耀眼的明星。「我猜，我的血就是不太喜歡我，」他說，「有時候會出現一個小小的鐮狀細胞危機。有時候是很嚴重的問題。不過我不會因此就不打籃球。」[3]

山切斯的祖母每個月都會帶他到史丹佛大學的附屬兒童醫院（Stanford University Children's Hospital）輸血，從捐血者提供的血液中汲取健康細胞。這樣的作法可以讓他得到暫時的緩解。史丹佛的基因編輯先驅馬修‧波提亞斯一直在協助治療他。波提亞斯曾向山切斯解釋過，未來的某天，生殖細胞系基因編輯或許可以讓這種疾病消失。「也許有一天，利用 CRISPR，」波提亞斯對山切斯說，「他們可以進入胚胎裡的基因進行改變，這樣孩子在出生時就不會有鐮狀細胞了。」

山切斯的眼睛裡立刻閃出熠熠星光。「我覺得那樣很酷，」他說。然後他沉默了一會兒。「不過我想那應該是由以後的小孩去決定吧。」當他被問及為什麼這麼說時，他思考了一下，才慢慢繼續說下去。「有鐮狀細胞的相關狀況，我瞭解了很多。因為我有這樣的問題，所以我學會對每個人都很有耐心。我學會了如何保持積極正面的態度。」

但是他會不會希望一出生就沒有鐮狀細胞的問題呢？這一次，他同樣沉默了一會兒。「不會，我不會希望我從來沒有過這樣的疾病，」他說，「我覺得如果沒有鐮刀型貧血症，我就不會是我了。」然後他露出了一個大大的可愛微笑。這孩子注定就應該出現在這樣一支紀錄片裡。

3　原註：亞當‧波特（Adam Bolt）擔任導演、艾略特‧克斯許納（Elliot Kirschner）擔任執行製作人於2019年所推出的紀錄片《基因解密》紀錄片，由合作奇蹟（Wonder Collaborative）發行。

並非每個罹患了鐮刀型貧血症的人都和大衛‧山切斯一樣。即使是大衛‧山切斯，也並非一直是那個在紀錄片中的大衛‧山切斯。不論他在鏡頭前說了些什麼，我都很難想像一個孩子會選擇與鐮刀型貧血症共存，而不是沒有這樣的疾病。我更難想像身為父母的人，尤其是他們本身也終生受到鐮刀型貧血症折磨的父母，會決定讓自己的孩子罹患這樣的疾病。再說，山切斯確實申請加入了可以遏制他鐮刀型貧血症的計畫。

這個問題一直讓我坐立難安，於是我透過安排，向山切斯提出了幾個問題。[4] 他這次的想法與他在紀錄片中的受訪內容有些不同。當然，在一件像這類牽涉到個人複雜因素的議題上，我們的想法容易出現變化，是可以理解的事情。我問他是否想找到辦法，確保他的孩子出生時沒有鐮刀型貧血症的問題？「是，」他回答，「如果那個選項存在的話，當然要。」

他當初對紀錄片製作人提到，他從鐮刀型貧血症所學習到的耐心，以及積極正面的態度，是怎麼回事？「同理心對人類真的非常重要，」他這麼回應，「這是我從鐮狀細胞所學到的東西，而且就算我的孩子出生時，沒有鐮狀細胞的問題，這也是我真的很想傳達給他們的觀念。不過我一點都不希望自己孩子或其他人經歷我所經歷的這一切。」山切斯對 CRISPR 瞭解得愈多，對於這個技術可以治癒他以及保護他孩子的想法，就愈感興奮。遺憾的是，事情並不是那麼簡單。

個性

大衛‧山切斯這些睿智之語引出了一個更大層面的問題。病痛的攻擊以及所謂的身心障礙狀況，通常都能夠錘煉個性、教導接納以及徐徐培養韌性。這些狀況甚至可以和創意力扯上關聯。就以邁爾斯‧大衛斯[5] 為例，鐮刀型貧血症

4　原註：作者對大衛‧山切斯的提問，以及他透過《基因解密》製作人梅若迪斯‧迪薩拉札爾（Meredith DeSalazar）傳達的回覆。

5　Miles Davis，1926 ～ 1991，美國著名的小喇叭手與作曲家，是爵士音樂史與20世紀音樂界最具影響力也最受讚譽的音樂家之一。

造成的疼痛導致他吸毒酗酒,甚至可能是導致他後來死亡的原因。然而這個疾病卻也讓他成為了能夠創作出《泛泛藍調》(*Kind of Blue*)與《即興精釀》(*Bitches Brew*)專輯的創意音樂家。沒有鐮刀型貧血症的邁爾斯‧大衛斯,還會是邁爾斯‧大衛斯嗎?

這並不是什麼新鮮問題。羅斯福總統的小兒麻痺淬煉了他的心志,相關的病痛改變了他的個性。同樣的,我認識一個傢伙,他是 1950 年代沙克與沙賓疫苗出現前,最後一批受到小兒麻痺攻擊的孩子之一。他也是個成功的人,我想他的成功部分要歸功於他個性上的寬厚,他教導了我們所有人人性的堅毅與感激。華克‧波西[6]的《電影常客》(*The Moviegoer*)是我最喜歡的小說,這部作品講述了身障的朗尼(Lonnie)對其他角色的改造效果。

天生畸臂的生物倫理學家蘿斯瑪麗‧葛倫－湯普森(Rosemarie Garland-Thomson)也提到了她和另外 3 位同樣出生就有遺傳疾病的女性之間所建立的友誼。另外 3 個人,一個失明,一個失聰,還有一個有肌肉障礙問題。「我們的遺傳條件,讓我們在表達、創意、應變力與關係建立這些人類之所以繁盛的層面,得到了許多起步比別人早的機會,」她寫道。[7]

卓瑞‧弗萊明(Jory Fleming)也有類似的情況。他是個很棒的年輕人,天生就有嚴重自閉以及其他棘手的健康問題。他沒有辦法適應學校教育,因此在家自學。長大一點後,他又自學如何應對自己內在世界與其他人迥異的事實。結果他拿到了牛津大學的羅德獎學金(Rhodes Scholarship)。在他 2021 年的回憶錄《做人》(*How to Be Human*)中,他思考如果基因編輯可以刪除一些引起自閉症的成因,是否應該應用。「這樣一來,我們就移除了某一個角度的人類經驗,」他寫道,「但確切的好處是什麼呢?」他認為自閉症是一種很難處理的狀況,主要的困難點在於這個世界並不適合容納情緒生活與一般人不同的

6　Walker Percy,1916 ～ 1990,哥倫比亞大學醫學院畢業的美國作家,以背景設在紐奧良與周遭地區的哲學性小說著稱,第一本小說《電影常客》即獲得了美國國家圖書獎的肯定。

7　原註:艾瑞克‧派倫斯與喬瑟夫‧強斯頓合著的《在基因編輯的時代中茁壯》(*Flourishing in an Age of Gene Editing*, Oxford, 2019)中,蘿斯瑪麗‧葛倫－湯普森的〈歡迎意外〉(Welcoming the Unexpected);蘿斯瑪麗‧葛倫－湯普森 2015 年 1 月刊於《美國生命倫理學期刊》(*American Journal of Bioethics*)的〈人類生物多樣性的保護〉(Human Biodiversity Conservation)。另請參見伊森‧威斯(Ethan Weiss)2020 年 2 月 21 日刊於《Stat》電子期刊的〈「壞掉的」基因應該修補嗎?〉(Should 'Broken' Genes Be Fixed?)。

大衛‧山切斯注視著鐮刀型貧血症的解藥

人。但是對我們這些其他人而言，這樣的不同卻提供了一個很有用的思考角度，包括如何做出不受不良情緒影響的決定。「社會應該改變態度，承認自閉症除了是挑戰外，也能帶來益處嗎？」他問。「當然，我所經歷的一切，始終具相當的挑戰性，但也有回報。誰知道呢，也許將來我可以因為我的生活經歷，透過某些方式，做出對其他人有益的事情。」[8]

　　這是一個有趣的困境。當初遏止小兒麻痺的疫苗一經發現，我們人類就快速又輕易地決定使用，就算可能要賭上能夠淬煉未來羅斯福總統們心志的機會，也要把這種疾病排除在人類物種的世界之外。利用基因編輯預防身心障礙，也許會減少這個社會的多元性與創意。但這個原因可以賦予政府權力去告訴為人父母者，不可以利用這樣的技術嗎？

耳聾

　　這還引發另一個問題，什麼樣的狀況應該被標記為身心障礙？雪倫‧杜謝諾（Sharon Duchesneau）與坎蒂‧麥卡拉（Candy McCullough）是一對同性戀人，想找一位捐精者懷孕生子。她們兩人都聽不見。在她們的認知中，耳聾是她們

8　原註：卓瑞‧弗萊明的《做人》（Simon &Schuster, 2021）。

的一部分，不是什麼需要治癒的問題，她們也希望孩子能夠成為她們文化認同的一部分。兩人登廣告招募天生耳聾的捐精者。後來她們找到了捐精者，成功生下了一個耳聾的孩子。

在《華盛頓郵報》刊登了這則新聞後，有人抨擊她們刻意讓孩子承受身障之苦。[9] 但是她們的行為卻在耳聾圈裡得到了讚揚。哪一個才是正確的反應？這對同性戀人應該為確保她們的孩子是身障者而受到批評，還是應該為了保存了她們的次文化對這個社會的多樣性、甚至同理心有貢獻而加以讚揚？如果她們不是採用了耳聾捐精者的精子，而是選擇了胚胎著床前基因檢測，刻意篩選出具有耳聾基因突變的胚胎，會有什麼不同嗎？又，如果胚胎其實正常，但她們以基因編輯方式讓孩子成為耳聾者呢？這樣可以嗎？如果在孩子出生時，她們要求醫生把孩子的耳膜打穿呢？

在某些時候，要建立一個道德論據時，倒轉測驗很有幫助。哈佛哲學家邁可‧桑德爾就利用了這樣的思想實驗。假設一位父親或母親去找醫生，並對醫生說，「我的孩子出世時會是個聾子，不過我想請你幫忙讓她能聽得到。」這樣的話，醫生就會試一試，對吧？但假設為人父母者說，「我的孩子出生時是能聽見的，但我想請你幫忙確定她一出生就是聾子。」如果這位醫生同意這麼做，我想我們絕大多數人都會強烈反對。我們的天性就是認為耳聾是種身障。

真正的身障者，以及主要因為社會不善於接納他們，而讓他們成為身障者的這群人之間，我們要如何區別兩者的特質？就以那對耳聾的同性戀人為例。有些人認為她們耳聾與同性戀的這兩個現實都是劣勢。如果她們想要透過一種基因程序，讓她們的孩子更可能成為傳統的異性戀呢？如果她們反向選擇，希望讓她們的孩子更可能變成同性戀呢？（這只是個思想實驗。天底下沒有單純的同性戀基因。）同樣的，在美國，生為黑皮膚會被認為是種劣勢。*SLC24A5* 這個基因對於決定膚色有重大影響。如果一對黑膚色的父母認為自己的種族是種社會障礙，想要透過基因編輯，生出淺膚色寶寶呢？

9　原註：麗莎‧孟迪（Liza Mundy）2002年3月31日刊於《華盛頓郵報》的〈他們自己的世界〉（A World of Their Own）；邁可‧桑德爾的《反對完美》；瑪里昂‧安德瑞亞‧施密特（Marion Andrea Schmidt）的《根除耳聾？》（*Eradicating Deafness?*, Manchester University Press, 2020）

這類的問題促使我們正視「身心障礙」這個詞彙，還要提問這些身心障礙在何種程度算是遺傳性問題，而什麼樣的程度又算是因為我們的社會結構與偏見而被視為劣勢。不論是一個人或任何其他動物，耳聾的劣勢都是實實在在的。相反的，身為同性戀或黑皮膚的劣勢，則是源於可以改變，而且應該改變的社會態度。這也是為什麼我們要在利用基因技術預防耳聾與影響諸如膚色與性取向之間，界定出道德分野的原因。

肌肉與運動

現在來做些思想實驗，看看我們在面對應用基因編輯去治療真正的身心障礙，以及利用基因編輯去強化我們孩子的各項特質時，是否會想要跨越兩者之間的模糊界線。*MSTN* 基因會製造一種蛋白質，在肌肉成長到一個正常程度後，削弱肌肉成長力道。壓制這個基因就等於移除了煞車。研究人員已經在進行這樣的研究，想要製造出「鼠超人」，以及擁有「雙肌」的牛隻。這也是生物駭客喬西亞・札伊納用來製作他那些工具套組的成分，他的工具套組可以創造出超級青蛙，他也曾用這套工具把 CRISPR 注入他自己體內。

對這些類型的基因編輯感興趣的人，除了牛隻育種者外，體育指導員也在其列。希望兒子女兒拿金牌的爭強好勝父母，也必然會緊追不捨。特別是如果利用生殖細胞系基因編輯，大家還可以製造出擁有更大骨骼與更強壯肌肉的全新品種運動員。

奧林匹克滑雪冠軍艾洛・曼德蘭達（Eero Mäntyranta）身上被發現了一種罕見的基因突變，讓整個情況更加複雜。曼德蘭達一開始遭指控使用禁藥，後來大家才發現他體內有一個基因，讓他的紅血球數量增加比常人多出 25%。這個結果自然會強化他的耐力與供氧能力。

所以，針對那些想要透過基因編輯，為孩子製造出更大塊頭、更多肌肉，以及更佳耐力的父母，我們該如何回應？那些想要孩子可以擁有跑馬拉松、突破對手擒抱，以及徒手斷鋼這類能力的父母呢？這樣的事情對於我們觀念中的運動員，又會產生什麼影響？我們會不會從原本欽佩運動員勤奮的角度，改弦

易轍去佩服基因工程師的神奇巫術？當全壘打王荷西・坎塞可（José Canseco）或馬克・麥奎爾（Mark McGwire）承認使用類固醇時，在他們累計的全壘打數旁標示一個星號，不過是舉手之勞。然而如果這些運動員格外強壯的肌肉，其實是來自於他們天生的基因呢？如果這些基因是他們父母花錢買來的，而非自然樂透遊戲所隨機賦予的天賦，有差別嗎？

運動所扮演的角色，至少從西元前 776 年第一屆奧運開始，就一直在歌頌兩件事：先天的天賦，結合後天不懈的努力。能力強化必然會改變這樣的平衡，降低勝利者人定勝天的努力比例，也因此他們的成就必然就不是那麼值得稱許與激勵人心了。如果運動員的勝利是靠著醫學工程的體能提升，多少都有點作弊的意味。

但是這類的公平論也有問題。大多數成功的運動員**通常**都恰巧是運動基因比我們其他人要好一點的人。個人的努力當然是成功要素，但天生就有良好的肌肉、血液、協調能力以及其他與生俱來的優勢，也是一大助力。

舉例來說，幾乎每一位冠軍跑者都擁有我們稱為 *ACTN3* 基因的 R 等位基因。這種基因會生產一種建構快縮肌纖維的蛋白質，跟力量增強、肌肉傷害的復原狀況都有關聯。[10] 未來某一天，或許有機會把這種 *ACTN3* 基因的變異型態編輯到你孩子的 DNA 中。這是不公平嗎？有些孩子天生就擁有這樣的變異基因型態，公平嗎？為什麼兩者的公平性會有差異？

身高

應用基因編輯進行身體能力強化是否公平的思考過程中，身高是一個可以讓我們通盤考量的角度。有一種疾病型態稱為 IMAGe 症候群，這類疾病因為

10　原註：奎格・皮克寧（Craig Pickering）與約翰・基利（John Kiely）2017 年 12 月 18 日刊於《生理學前線》（*Frontiers in Physiology*）的〈*ACTN#* 不僅是追求速度的基因〉（*ACTN#*：More Than Just a Gene for Speed）；大衛・艾普斯坦（David Epstein）的《運動基因》（*The Sports Gene*, Current, 2013）；哈蘭・席巴帕蘭（Haran Sivapalan）2018 年 9 月 26 日刊於《體適基因》（*Fitness Genes*）的〈馬拉松跑者的遺傳〉（Genetics of Marathon Runners）。

CDKN1C 基因的突變，體型發育受到嚴重影響。我們是否應該同意利用基因編輯，消除這樣的缺陷，讓孩子的身高可以成長到平均值？我們大多數人都會同意吧。

那麼讓我們以身材剛好都矮小的父母為例。他們是否可以編輯他們孩子的基因，讓孩子的身高有機會成長到平均值？如果不可以，這兩種狀況的道德差異又在哪裡？

假設基因編輯可以讓一個孩子增加身高 25 公分。若有一個孩子，不用這種基因編輯方式，未來的身高不會超過 150 公分，應用了這個技術，他變成可以擁有平均身高的人，適當嗎？那麼，把相同的技術應用在一個原來可以長到 180 公分的孩子身上呢？

思考這些問題，是要在「治療」與「能力強化」之間做出區隔。針對各種不同的特徵，如身高、視力、聽力、肌肉協調性等等，我們可以運用統計方法來定義「標準物種機能」。嚴重低於這個標準，就可以定義為「身心障礙」。[11] 利用這樣的標準，我們可以同意治療身高矮於 150 公分的孩子，但拒絕強化那些原來就可能高過平均身高值的孩子。

藉由身高問題的思考，我們可以做出另一個有用的區隔，那就是絕對改善與相對改善的分野。在絕對改善的範疇中，經過強化的能力不但對你有好處，對任何其他接受到強化的人，也都有好處。試想，有一種方法可以增進你對病毒的記憶力或抵抗力。你會因為具備這樣增強的能力而變得更好，但即使是其他人擁有這種增強的能力，你也一樣受惠。事實上，這次新冠病毒大流行的事件就顯示出，**特別是**在其他人有強化的抵抗力時，你也會是獲益者。

但是增加身高的優勢就是更相對性的議題了。就讓我們姑且稱之為踮腳尖問題吧。當你站在一個擁擠的房間內，想要看清楚前面發生了什麼事，你會踮起腳尖。這是個有效的方法！但你身邊的每個人也都踮起了腳尖。人家都突然高出了 5 公分。最後，房間裡的所有人，包括你在內，看到的東西都沒有站在

---

11 原註：根據《美國身心障礙法》（*the Americans with Disabilities Act*）的定義，殘障是指「在實質上限制了一項或多項重要生活活動的身體或心理障礙」。

前排的人清楚。

同樣的，如果我的身高與一般人相同，強化增高了 25 公分後，我就會比大多數人高，對我而言可能是個優勢。然而如果每個人都同樣強化增高了 25 公分，我就得不到真正的好處了。這樣的強化不會讓我或整體社會變得更好，特別是如果考慮到現代飛機座艙內的置腳空間時，更是如此。唯一的實際獲益者可能只有那些專門加高門框的木匠業者。所以增強身高是**相對性**的好處，而增加抵抗病毒的能力，則是**絕對性**的好處。[12]

這樣的區隔並沒有解答我們是否應該同意基因能力強化的問題。但我們在摸索出一套原則，並於其中納入我們道德演算的這個過程中，這樣的區隔卻能明確指出我們應該考慮的一個因素，那就是應該支持可以讓所有社會層面都獲益的能力強化，勝過那些提供接受者相對性優勢的能力強化。

超級強化與超人類主義

某些能力強化或許可以得到廣泛的社會支持。那麼能力的超級強化呢？我們應該希望以工程手法設計並建造出超乎任何人類曾經擁有的特質與能力嗎？高爾夫球選手老虎·伍茲（Tiger Woods）作完雷射手術後，兩眼視力甚至進步到超過 2.0。我們會不會也希望自己的孩子擁有那樣的視力？如果再加上可以看到紅外線或其他色彩呢？

五角大廈的研究機構國防高等研究計畫署，在未來的某天可能想要製造出具有夜視能力的超級士兵。他們還可能希望擁有另一種強化能力，在萬一真的發生核子攻擊時，人類細胞能更好地抵抗輻射線。事實上，這些已不只是國防部的想像了。國防高等研究計畫署已經與道納實驗室展開一項合作計畫，研究如何創造基因強化士兵。

允許超級強化的一個可能結果，就是孩子大概會變得像蘋果手機一樣，每

---

12 原註：弗萊德·賀許（Fred Hirsch）《成長的社會限制》（*Social Limits to Growth*, Routledge, 1977）；葛倫·柯漢（Glenn Cohen）2014 年 4 月 21 日刊於《塔爾薩法律評論》（*Tulsa Law Review*）的〈萬一人類能力強化出了錯，怎麼辦？萬一能力強化成真，怎麼辦？〉（What (If Anything) Is Wrong with Human Enhancement? What (If Anything) Is Right with It?）。

隔幾年就會出一個新版本，提供更好的功能與應用程式。孩子會不會隨著年齡增長，覺得自己已經過時？會不會隨著年齡增長，覺得他們的眼睛沒有新孩子的最新版基因工程那種超酷的三層鏡片強化能力？幸好這些都只是我們興之所至隨口掰出來的問題，不需要回答。這些問題的答案，要由我們的孫輩去釐清。

心理疾病

人類基因體計畫完成的 20 年後，我們對於遺傳傾向如何影響人類心理，依然所知甚微。不過最終我們還是可以區隔出容易導致思覺失調、躁鬱症、重度憂鬱以及其他心理疾病傾向的一些基因。

接下來，我們必須要決定是否應該允許、或甚至鼓勵為人父母者，一定要把這些基因從孩子身上刪除。讓我們先假設時光倒流。如果詹姆斯‧華生的兒子羅弗斯‧華生某些易出現思覺失調的遺傳因子可以被編輯刪除，會是一件好事嗎？我們應該允許他的父母做出這樣的決定嗎？

華生本人的答案毫無疑問會是肯定的。「我們當然應該應用生殖細胞系的治療方式，去修補思覺失調這類自然界捅出來的大紕漏，」他說。這麼做可以減少很多很多的折磨與痛苦。思覺失調、憂鬱症與躁鬱症的病況都可能相當殘酷，而且常常會造成致命的結果。沒有人希望任何人或任何人的家人罹患這樣的疾病。

然而就算我們承認自己想要消弭人類世界中的思覺失調以及類似的疾病，也應該要考慮社會、或甚至整個人類文明是否要付出什麼代價。梵谷不是罹患了思覺失調，就是有躁鬱症。數學家約翰‧奈許（John Nash）也一樣。（還有邪教領袖查爾斯‧曼森〔Charles Manson〕與企圖刺殺雷根總統的約翰‧欣克利〔John Hinckley〕。）作家海明威、歌手瑪麗亞‧凱莉（Mariah Carey）、名導演柯波拉（Francis Ford Coppola）、演員嘉莉‧費雪（Carrie Fisher）、小說家格雷安‧葛林（Graham Greene）、優生學家朱立安‧赫胥黎（Julian Huxley）、音樂家馬勒、搖滾歌手盧‧瑞德（Lou Reed）、音樂家舒伯特、詩人普拉絲（Sylvia Plath）、作家愛倫坡、電視主持人珍‧寶利（Jane Pauley）以及其他成千上百的

藝術家與創作者，都有躁鬱症。罹患了重度憂鬱症的創作型藝術家，更是成千上萬。思覺失調研究先驅南西‧安德瑞森（Nancy Andreasen）針對當代 30 位知名作家的研究，顯示其中 24 位都經歷過至少 1 次嚴重的憂鬱症攻擊或情緒問題，12 位被診斷出躁鬱症。[13]

要應付什麼程度的情緒起伏、臆症、妄想、強迫症、躁狂，以及深度憂鬱，才有助於激發某些人的創造力與藝術力？沒有這些強迫或躁狂的特質，就很難成為偉大的藝術家嗎？如果你知道不去治癒自己孩子的思覺失調，他就會成為梵谷，改變藝術世界，你的選擇會是什麼？（別忘了梵谷最後自殺身亡。）

在這個時點，我們的思考必須要面對的，是個人冀望與有益於整個人類文明的可能衝突。情緒疾病的減輕對於絕大多數飽受折磨的個人、父母與家人來說，會被視為益處。所以他們一定非常期望有這樣的結果。但如果是站在社會的制高點，大家對這件事情會不會有不同的看法？在我們學習如何利用藥物，以及最終應用基因編輯的治療方式去處理情緒疾病的過程中，我們會不會多了一些快樂，卻少了幾個海明威？我們是否希望住在一個沒有各式各樣梵谷的世界？

利用工程手法消除情緒疾病的問題，引出了另一個甚至更根本的問題，那就是生命的目標或目的，到底是什麼？是快樂嗎？滿足嗎？沒有痛苦或糟糕的情緒？如果是這樣，事情可能很簡單。《美麗新世界》的統治者設計建造了一個沒有痛苦的人生，確保群體大眾都有一種名為索麻（soma）的藥物。這種藥物可以強化大眾的喜樂感，讓他們避開不安、悲傷或氣憤。假設我們可以讓腦子與某種哲學家羅伯‧諾吉克（Robert Nozick）稱為「經驗機器」的東西掛勾，這個機器就可以讓我們相信自己正在打出全壘打、與電影明星共舞，或者漂浮在一個美麗的海灣中。[14] 這樣的環境會讓我們一直覺得幸福。這就是我們想要的嗎？

13 原註：南西‧安德瑞森 2018 年 6 月刊於《臨床心理學對話》（*Dialogues in Clinical Psychology*）的〈創意力與情緒失調之間的關係〉（The Relationship between Creativity and Mood Disorders）；尼爾‧伯頓（Neel Burton）2012 年 3 月 19 日刊於《今日心理學》（*Psychology Today*）的〈捉迷藏：躁鬱症與創造力〉（Hide and Seek: Bipolar Disorder and Creativity）；納塔尼爾‧康佛特 2015 年 11 月 17 日刊於《永世》（*Aeon*）的〈更好的寶寶〉（Better Babies）。

14 原註：羅伯‧諾吉克（Robert Nozick）的《無政府狀態、國家和烏托邦》（*Anarchy, State, and Utopia*, Basic Books, 1974）。

又或者，好的生活其實有更深層的目標？這個目標會不會應該是每個人都將自己的天賦與特質用到極致，然後以更深刻的方式成長茁壯？如果是這樣，那就需要實際的經驗、真正的成就，以及確確實實的努力，而不是工程技術的結果。好的生活是否意味著要為我們的群體、社會與文明作出貢獻？演化是否把這樣的目的編入了人類的天性中？但要為大我貢獻，就可能意味著犧牲、痛苦、心理上的不安與挑戰這些我們通常不見得會選擇的經歷。[15]

聰明

好了，現在讓我們來處理最後的邊境，也是最有希望，卻也最令人害怕的一個領域，那就是增強認知能力的可能性，譬如記憶力、專注力、資訊處理能力，或許某天還會納入定義模糊的智力概念。認知能力與身高不同，不僅僅是相對好處。如果每個人都聰明一點，或許我們所有人都可以過得更好。事實上，就算僅僅只有全球人口的一部分變得更聰明，社會中的每個人都可能因此獲益。

記憶力是未來我們可以工程改造的第一個心智強化項目，而且幸運的是，這也是一個不像智商那麼令人憂心忡忡的領域。老鼠的記憶力已經透過諸如強化神經細胞裡的 *NMDA* 受體基因而得到強化。在人類的案例中，強化這些基因不但有助於預防記憶隨著老化而衰退，年輕人的記憶也可以加強。[16]

或許我們可以增進我們的認知能力，讓我們都能跟上挑戰的腳步，更睿智地利用我們的科技。啊，問題就在這兩個字，**睿智**。人類智力的複雜組成成分當中，智慧可能是最難以捉摸的那個。想要瞭解智慧的遺傳成分，我們可能需要先瞭解意識，但我猜這個世紀都可能無法做到。於此同時，在思考如何應用我們所發現的基因編輯技術時，還必須針對自然所配給我們的有限智慧，進行有效的部署。缺乏智慧的創造力很危險。

---

15 原註：請參見艾瑞克·派倫斯與喬瑟夫·強斯頓的《在基因編輯的時代中茁壯》（Oxford, 2019）。

16 原註：劉金平（Jinping Liu）……武燕（Yan Wu）與其他人 2019 年 2 月 8 日刊於《神經科學前線》（*Frontiers in Neuroscience*）的〈NMDA 受體在阿茲海默症中所扮演的角色〉（The Role of NMDA Receptors in Alzheimer's Disease）。

第 42 章

誰來決定？

美國國家科學研究院的影片

推特上的文字帶了點挑釁的意味，而且挑釁的程度比作者本意還要多一點。這段文字如下：

夢想變得更強壯嗎？💪更聰明？🧠夢想過有個第一名的學生或運動明星嗎？一個沒有遺傳性 #疾病的孩子？👶🍼人類的 #基因編輯最終可以讓這些以及更多的選擇成真嗎？

這是向來嚴肅的美國國家科學研究院，從善如流地採納了所有與基因編輯議題相關的會議所提出的建議，在 2019 年 10 月企圖帶起基因編輯這個議題「廣泛大眾討論」的嘗試。這則推特訊息會連結到一個測驗與一個解釋生殖細胞系基因編輯的影片。

連結的影片一開始，是 5 個「普通人」在一張人體圖上貼便利貼，幻想著他們想要對自己的哪些基因做出改變。「我應該想要再高一點，」其中一個男人說。其他人的個人希冀則包括了「我想要改變我的體脂肪」、「我們來預防禿頭」、「處理掉閱讀障礙的問題。」

道納在影片中解釋 CRISPR 如何運作，接著，影片的畫面是大家討論設計他們未來孩子基因的前景。「創造完美的人類？」一個人如此沉思著。「很酷！」有個人說，「你想把最好的特質都放在自己的後代身上。」另一名女子附和著，

「如果我有機會為自己的孩子選擇最好的 DNA，我一定要她變成很聰明。」其他人則是討論著自身的健康問題，譬如注意力不足症、高血壓。「我不希望自己的孩子還要應付這樣的問題。」[1]

生物倫理學家立即在推特上發起群攻。「錯大了，」加州大學戴維斯分校的癌症研究人員與生物倫理學家保羅・諾普福勒（Paul Knoepfler）如此推文。「這則怪異的推文和連結的網頁，看起來對人類遺傳性基因編輯的樂觀，以及設計嬰兒概念的輕浮態度，都令人非常不安，這些東西的背後，是國家科學研究院媒體辦公室裡的哪個人？」

不令人意外地，推特並非討論生物倫理的最佳論壇場所。網路評論版存在著一條真理，那就是只要經過 7 輪有來有往的應答，任何討論都會淪落到有人叫囂著「納粹！」的下場。在基因編輯討論串的案例中，這個應答的回合更可能縮短成 3 輪。「我們現在還是 1930 年代的德國嗎？」一則推文這麼說。另一則推文加入，「正統德國人會如何看待這件事？」[2]

不到 1 天，國家科學研究院就鳴金收兵，刪除了推文，並撤掉了網路上的影片。一位發言人出面為他們曾「讓大眾以為『強化』人類特質的基因體編輯應用，是獲得允許或可以掉以輕心的事情」而道歉。

這場短暫的風暴顯示出，呼籲大家針對基因編輯的道德議題進行更大層面的社會討論這種陳腔濫調知易行難。這樣的討論也引發了誰有權力決定基因編輯工具該如何應用的問題。就像我們在前面章節說明的思想實驗，許多攸關基因編輯的棘手問題，不止跟如何決定這件事情有關，也與誰應該做出決定有關。再說，這個事件牽扯到太多政策議題，個人的冀望很可能會與群體的益處發生矛盾。

---

1 原註：國家科學院 2019 年發表的〈人類基因編輯如何運作〉（How Does Human Gene Editing Work?），網址已移除。https://thesciencebehindit .org/how-does-human-gene-editing-work/；瑪麗蓮・瑪奇歐內 2019 年 10 月 2 日美聯社報導的〈人類基因編輯如何運作〉（Group Pulls Video That Stirred Talk of Designer Babies）。

2 原註：2019 年 10 月 1 日的推特討論串，@FrancoiseBaylis, @pknoepfler, @UrnovFyodor, @theNASAcademies 以及其他帳號。

個人還是群體？

最嚴肅的道德議題，必然都會遭遇兩種互相對立的觀點。一種是強調個人權利、個人自由，捍衛個人選擇的立場。這種從英國哲學家約翰‧洛克[3]與其他17世紀啟蒙運動時期思想家所萌發的傳統，肯定所有人對於各自認定對生活的好處，可以擁有南轅北轍的不同信念，而且抱持這個立場的人認定，只要沒有危害到他人，國家就應該給予人民極大的選擇自由。

持反方向立場的人則是從社會，甚至或許（在生物工程與氣候政策上）是整個人類的角度去看待正義與道德。學童必須施打疫苗、人民在疾病大流行期間配戴口罩的規定，都是這樣的例子。強調社會利益更勝於個人權益的這種態度，可能採用彌爾[4]的利他主義形式，以追求整個社會的最大快樂為目標，即使這麼做也代表將摧殘一些個人的自由。這種論點，或許也可能以更複雜的社會契約論方式呈現，而在這樣的情況下，我們的道德責任就來自於我們與自己想要居住的社會所達成的協議。

這兩派的對立立場，造成了我們時代最基本的政治分裂。一派希望將個人自由最大化、義務與稅捐最小化，國家對我們的干預愈少愈好。另一派希望促進大我的好處、創造有益於所有社會的事情、將一個不受束縛的自由市場對我們的努力與環境所造成的傷害降至最低，同時限制可能會傷害群體與這個世界的自私行為。

大約都在50年前完成的兩本極具影響力的作品，為這兩個立場的各自現代基礎架構做了闡述，一本是約翰‧羅爾斯的《正義論》，支持群體大我的利益，另一本是羅伯‧諾吉克的《無政府狀態、國家和烏托邦》，強調個人自由的道德根本。

如果所有人聚在一起訂定契約，羅爾斯追求的是定義出大家都同意的規

3　John Locke，1632～1704，英國哲學家與醫生，英國早期的實驗主義者之一，被視為啟蒙時代最具影響力的思想者之一與「自由主義之父」，對後世的認識論與政治哲學發展影響深遠。

4　John Stuart Mill，1806～1873，英國哲學家、政治經濟家，為利他主義者的支持者、古典自由主義（Classical Liberalism）的重要思想家，又被尊為十九世紀英語世界中最具影響力的哲學家。

定。而且為了確保一切「公平」，他說我們應該在想像不知道自己最終的社會定位是什麼、也不知道自己有什麼樣天賦能力的情況下，擬定出應該訂定的規定。他認為處於這種「無知之幕」（veil of ignorance）之後，大家就會決定唯有在對整體社會，特別是最弱勢者有益的時候，我們才應該允許不公平的存在。在《正義論》中，這個無知之幕的原則，引導出了羅爾斯認為只有在不增加不公平狀況的情況下，基因工程才有正當性。[5]

諾吉克的作品，是他回應哈佛同事羅爾斯的結果。諾吉克同樣是藉由想像設想我們如何從一個無政府的自然狀態中出現。然而與羅爾斯那一份複雜的社會契約不同的是，他認為社會規範應該源於個人自主的選擇。他的指導原則是個人不應該被利用去促進他人所制訂的社會或道德目標。這樣的立場讓他支持一種極簡國家的論點，這類國家的功用僅限於公眾安全與社會契約的執行，同時它還要避免絕大部分的規範或重新分配的行為。諾吉克在他著作的附註內容中，回覆了基因工程的問題，他採納的是自由主義者與自由市場的立場。與其由中央集權以及由監管者制訂規定，諾吉克認為應該有「一種基因超級市場」。醫生應該要去「滿足準父母的個別標準（在特定的道德限制下）」。[6] 自從他的這本書出版後，「基因超級市場」一詞就成了流行語，不論支持者還是反對者，在形容基因工程的決定應該留給個人或自由市場時，都會用到這個詞彙。[7]

另外兩本為這個議題添油加柴的科學小說，是喬治‧歐威爾的《1984》，以及阿道斯‧赫胥黎的《美麗新世界》[8]。

歐威爾變出了一個歐威爾主義世界，在這個世界裡，資訊科技被一直在監視你的「老大哥」所用，為的就是要在一個超級國家中進行中央集權，掌控被

5　原註：約翰‧羅爾斯的《正義論》（Harvard, 1971）第266、92頁。

6　原註：羅伯‧諾吉克的《無政府狀態、國家和烏托邦》第315頁附註。

7　原註：科林‧葛瓦淦（Colin Gavaghan）的《為基因超級市場辯護》（*Defending the Genetic Supermarket*, Routledge-Cavendish, 2007）；彼得‧辛爾（Peter Singer）的〈基因超級市場的採購〉（Shopping at the Genetic Supermarket），收錄於約翰‧羅斯可（John Rasko）編輯的《遺傳性基因改造的倫理道德》（*The Ethics of Inheritable Genetic Modification*, Cambridge, 2006）中；克里斯‧金吉爾（Chris Gyngell）與湯瑪斯‧道格拉斯（Thomas Douglas）2015年5月刊於《生命倫理學》的〈基因超級市場的備貨〉（Stocking the Genetic Supermarket）。

8　原註：法蘭西斯‧福山的《我們的後人類未來》第1章；喬治‧歐威爾的《1984》（Harcourt, 1949）；阿道斯‧赫胥黎的《美麗新世界》（Harper, 1932）。

嚇壞了的老百姓。個人自由與獨立思考遭到電子監視器以及全面資訊控制所碾壓。歐威爾是在警告大家，某個佛朗哥或史達林，可能在某天掌控資訊科技，摧毀個人自由的危險。這個危機並沒有發生。當真正的 1984 年實際到來時，蘋果推出了一款便於使用的個人電腦麥金塔，而且賈伯斯為這款電腦親自捉刀的廣告詞中這樣寫著，「你會知道為什麼 1984 與《1984》完全不同。」這句話融入了一個深刻的真實。電腦不但沒有成為中央集權的壓迫工具，個人電腦與網路分權本質的結合，反而成了一種移轉更多力量並下放給每一個個人的方式，且因此釋出了湧泉般的言論自由，徹底讓媒體民主化。然而，或許是自由得過了頭。我們新資訊科技的黑暗面，並不是允許政府壓迫自由的言論，而是完全反其道而行，新資訊科技允許任何人在幾乎沒有任何究責風險的情況下，散播任何想法、陰謀、謊言、仇恨、詐騙或密謀，以致各個社會愈來愈不文明、愈來愈難以治理。

遺傳技術也可能重蹈這種覆轍。赫胥黎在他 1932 年的小說裡就警告過世人，中央極權政府掌控生殖科學的美麗新世界可能出現。出自「孵育與條件控制中心」的人類胚胎，經過分類後，配合不同社會目的進行工程化程序。那些獲選為「阿爾發」階級的人，體能與心智都會得到強化，成為領導者。另一個極端是那些「愛普西隆」階級的人，他們會被培育為卑賤的勞工，而且終身都被設定活在被誘發的幸福麻木感當中。

赫胥黎說他寫這本書是為了回應「當前一切都走向極權掌控的趨勢。」[9] 然而就如同資訊科技的發展，遺傳技術的危險很可能並不是太多**政府**的掌控，而是完全相反地，來自於過多**個人**的掌控。20 世紀初，美國毫無節制的優生學運動，以及後續納粹的惡毒計畫，都讓國家掌控遺傳計畫的想法沾染上一股可怕的惡臭味，優生學這個英文原意是「好基因」的詞彙也因此惡名昭彰。不過當下的我們，卻可能迎來一種新優生學——一種奠基於自由選擇與市場消費主義的自由或自由主義的優生學。赫胥黎在 1962 年出版了一本名不經傳的烏托邦小說《島》，故事中的女人自願選擇以高智商與高藝術天賦的男人精子受精。

9　原註：阿道斯·赫胥黎的《再訪美麗新世界》（*Brave New World Revisited*, Harper, 1958）第 120 頁。

「大多數已婚夫妻都覺得接受注射，擁有一個本質優秀的孩子，要比冒險盲目生出不知道丈夫家族中會遺傳下什麼怪毛病或缺陷的孩子，更合乎道德，」故事中的主角如此解釋。[10]

自由市場的優生學

在我們這個時代，攸關基因編輯的決定，不論好壞，很可能因為消費選擇與行銷說服力而被驅動。話說回來，這有什麼問題嗎？我們為什麼不能像其他的生殖選擇一樣，把基因編輯的相關決定權留給個人或為人父母者？我們為什麼必須召集倫理會議、尋求更廣泛的社會共識，讓整個群體都顯得焦躁不安？難道把決定權留給你、我以及所有希望我們的孩子，以及孩子的孩子都有最美好前途的其他人，不是最好的選擇嗎？[11]

讓我們先放鬆一下心情，問一個最基本的問題，避免對當前的態勢產生偏見──基因改善有什麼問題？如果可以安全地進行基因改善，我們為什麼不應該防止異常、疾病或身心障礙？為什麼不去增強我們的能力、創造能力的強化？「為什麼消弭一種身心障礙、讓孩子擁有一雙藍色的眼睛，或智商增加 15分，對於大眾健康或道德是種威脅，我完全不瞭解道理何在，」道納的朋友，

10　原註：阿道斯・赫胥黎的《島》（*Island*, Harper, 1962）第 232 頁；德瑞克・索（Derek So）2019 年 10 月刊於《*CRISPR*》期刊的〈CRISPR 爭論中美麗新世界的利用與錯用〉（The Use and Misuse of Brave New World in the CRISPR Debat）。

11　原註：納塔尼爾・康佛特 2015 年 8 月 3 日刊於《國家》（*The Nation*）的〈我們有能力治療遺傳性疾病而不陷入優生學嗎？〉（Can We Cure Genetic Diseases without Slipping into Eugenics?）；納塔尼爾・康佛特的《人類完美化的科學》（*The Science of Human Perfection*, Yale, 2012）；馬克・法蘭可（Mark Frankel）2012 年 3 月 6 日刊於《哈斯汀斯中心報告》（Hastings Center Report）的〈遺傳基因改造與美麗新世界〉（Inheritable Genetic Modification and a Brave New World）；亞瑟・凱普蘭 2001 年 1 月 14 日刊於《時代》雜誌的〈應該設定什麼規範？〉（What Should the Rules Be?）；佛朗索瓦・貝利斯與傑森・史考特・羅伯 2004 年 2 月刊於《生命倫理學》的〈基因強化技術的無可避免性〉（The Inevitability of Genetic Enhancement Technologies）；丹尼爾・凱夫勒（Daniel Kevles）2015 年 12 月 9 日刊於《政客》（*Politico*）的〈如果你可以設計自己寶寶的基因，你會這麼做嗎？〉（If You Could Design Your Baby's Genes, Would You?）；李・席爾佛 1999 年刊於《哈夫斯特拉法律評論》（*Hofstra Law Review*）秋季刊的〈生殖遺傳學將會如何影響美國家庭〉（How Reprogenetics Will Transform the American Family）；尤根・哈伯瑪斯的《人性的未來》（*The Future of Human Nature*, Polity, 2003）。

也是哈佛遺傳學家喬治‧丘奇問。[12]

事實上，從道德的角度來看，我們難道不是有義務要去照顧自己的孩子以及未來人類普遍的福祉嗎？不擇手段地去增加自己後代繁榮的機會，是幾乎所有物種都擁有的相同演化天性，而且這樣的天性本來就編寫在演化本質的密碼中。

朱立安‧沙福萊斯庫（Julian Savulescu）是主張這個觀點的最重要哲學家。他是牛津大學實踐倫理學的教授。他發明了「生殖受益」（procreative beneficence）這個名詞，用來論證為自己出世的孩子選擇最好的基因是合乎道德的事情。不但如此，他還辯稱不這麼做是不道德的事情。「夫妻應該選擇最可能擁有最好生活的胚胎或胎兒，」他宣稱。他甚至駁斥那些認為這麼做可能會讓有錢人為他們的孩子購買較好的基因，進而創造出一個強化基因新階級（或甚至人類亞種）的憂慮。「就算會維持或增加社會不平等性，我們也應該允許選擇沒有疾病的基因，」他寫道，還特別提到「智力基因」。[13]

要分析這個觀點，我們先進行另一個思想實驗。設想在一個基因工程主要是由個人自由選擇來決定的世界裡，政府制訂的規範少之又少，也沒有惹人嫌的生物倫理小組告訴你什麼可以做，什麼不可以做。你走進一家生殖醫學中心，像進入一家基因超級市場那樣，手上被塞了一份你想要為自己孩子購買的特質清單。你會排除像杭汀頓舞蹈症或鐮刀型貧血症這類嚴重的遺傳疾病嗎？當然會。我還會額外選擇讓我的孩子不會得到導致失明的基因。那麼避免低於平均值的身高、高於平均值的體重，或低智商呢？我們可能也都會選擇那些項目。我甚至還可能選擇強化孩子身高、肌肉和智商這類價格高昂的項目。現在，假設有一些基因可能會讓孩子的性傾向更偏於異性戀，而非同性戀。由於你本身對性向並沒有成見，所以你可能會拒絕選擇這個項目，最起碼一開始可

---

12 原註：作者對丘奇的訪問以及引述瑞秋‧考克（Rachel Cocker）2019年3月16日刊於《電訊報》的〈我們不應該害怕為了強化人類智力而「編輯」胚胎〉（We Should Not Fear 'Editing' Embryos to Enhance Human Intelligence）中類似的言論；李‧席爾佛的《重整伊甸園》（Morrow, 1997）；約翰‧哈里斯的《強化演進》（*Enhancing Evolution*, Princeton, 2011）；隆納‧葛林的《設計的實實》（Yale, 2008）。

13 原註：朱立安‧沙福萊斯庫2001年11月刊於《生命倫理學》的〈生殖受益原則：我們為什麼應該選擇最好的孩子〉（Procreative Beneficence: Why We Should Select the Best Children）。

能不會這樣選擇。假設沒有人會評斷你的決定，那麼你會不會在理性考慮後，希望孩子能避免遭到歧視，或有一點點希望孩子將來能讓你當上祖父或祖母？再想一想後，你會不會順便為孩子選擇棕髮、碧眼？

天啊！不對勁了。這樣的選擇確實變成了一步錯就步步錯的滑坡了！在沒有任何關卡或警示旗號的情況下，我們都可能以無法控制的速度，夾帶著社會的多樣性與人類基因體滾下坡。

儘管聽起來很像電影《千鈞一髮》裡的場景，但這種利用胚胎著床前基因檢測的真實世界版設計寶寶服務，2019 年就由一家紐澤西的新興公司基因體預測公司（Genomic Prediction）推出了。試管嬰兒生殖醫學中心會將準寶寶們的基因檢體送到基因體預測公司。幾天大的胚胎細胞 DNA 經過排序，得出一份預測統計資料，推測一長串清單上各種狀況的發展機會。準父母們可以根據他們希望自己小孩有什麼樣的特性，來選擇置入母體的胚胎。這些胚胎可以篩檢出諸如囊狀纖維化與鐮狀細胞這樣的單基因疾病。檢測也可以透過統計方式預測出譬如糖尿病、心臟病風險、高血壓，以及，根據該公司的宣傳資料，「智力障礙」與「身高」等多基因狀態。公司的創辦人說，10 年內，他們很可能就可以預測智商，讓父母取選擇擁有非常聰明的孩子。[14]

所以我們現在知道了，若把這樣的決定權留給個人選擇所會發生的問題。一種個人選擇的自由或自由主義遺傳學，就像政府掌控的優生學所必然發生的結果一樣，終將把我們帶領到一個多樣性降低且偏離常態的社會。這樣的狀況也許是某一個父母所樂見，但我們卻會得到一個創意、激勵與優勢都大幅降低的社會。多樣性不僅對社會有好處，對我們人類這個物種也有益處。一如任何其他物種，我們演化與復原力的強化，都是因為基因池裡一點點的隨機。問題在於多樣性的價值，就像我們的思想實驗所展現的，很可能與個人選擇的價值

---

14 原註：安東尼奧·瑞萬拉多 2019 年 11 月 8 日刊於《麻省理工科技評論》的〈世界第一個千鈞一髮寶寶試驗終於出現〉（The World's First Gattaca Baby Tests Are Finally Here）；刊於基因體預測公司官網的「常見問題」，2020 年 7 月 6 日移除；哈娜·戴夫琳（Hannah Devlin）2019 年 5 月 24 日刊於《衛報》的〈體外受孕夫妻可能可以選擇「最聰明」的胚胎〉（IVF Couples Could Be Able to Choose the 'Smartest' Embryo）；內森·特瑞夫（Nathan Treff）……與勞倫特·泰利爾（Laurent Tellier）2020 年 6 月 12 日刊於《基因》（Genes）的〈多基因疾病的胚胎著床前基因檢測相關風險降低〉（Preimplantation Genetic Testing for Polygenic Disease Relative Risk Reduction）；路易斯·雷羅（Louis Lello）……與徐道輝（Stephen Hsu）2019 年 10 月 25 日刊於《自然》的〈16 種複雜疾病風險的基因體預測〉（Genomic Prediction of 16 Complex Disease Risks）。2019 年 11 月，《自然》發佈了一項利益衝突修正聲明，表示某些作者並未揭露他們與基因體預測公司的從屬關係。

產生衝突。身為社會一分子，我們或許會覺得有矮有高、有同性戀有異性戀、有平靜有苦難、有盲有看得見，對群體大有裨益。但是我們有什麼道德權利去要求另一個家庭，僅僅為了增加社會的多樣性，就去放棄他們所希冀的基因干預？我們希望國家對我們提出這樣的要求嗎？

對個人選擇設定一些限制，之所以讓大家抱持開放立場的其中一個原因，在於基因編輯會加深不公平，甚至將不公平永遠烙印我在們這個物種的編碼當中。當然，由於出身與父母選擇等因素，社會已經容許了一些不公平的存在。我們欽佩那些會讀書給孩子聽、會確保孩子就讀好學校、會陪著孩子訓練他們踢足球的父母。而且就算或許會翻白眼，但我們甚至也接受那些為孩子聘僱學術能力評估測試（SAT）家教，以及送孩子去電腦營的父母。許多這類的事情，都為出生在特權環境中的人提供了優勢。但不公平現象已經存在的事實，並不能成為深化不公平或將之永遠銘刻的論據。

允許為人父母者為孩子購買最好的基因，將會代表不公平的一次真正大躍進。換言之，不僅僅是一次大步的邁進，而是直接躍入一個與現在毫無連結的新軌道中。數百年來，我們壓制了以出身為基礎的貴族與種姓制度，大多數的社會都選擇了相信機會平等這個同時也是民主基本前提的道德原則。如果我們把財務不公平轉成遺傳不公平，那麼源於「生而平等」信條的社會紐帶就會斷裂。

這樣的認知雖然不代表基因編輯從本質上就是錯的，但確實表達了反對讓基因編輯成為自由市場的一部分，讓有錢人可以在這個集市中購買最好的基因，並將這些基因根深柢固地封存在他們家族當中的意見。[15]

然而限制個人的選擇必將難以執行。各式各樣的大學入學醜聞，在在顯示某些父母為了讓孩子取得優勢，會做出多麼出格的事情、願意付出多大的代價。遑論還要再加上科學家想要開拓新的程序以及挖掘新發現的天生本能。如

15　原註：除了之前引述的資料外，另請參見羅拉‧赫契爾（Laura Hercher）2018年10月22日刊於《麻省理工科技評論》的〈設計寶寶不是未來主義。他們已經出現了〉（Designer Babies Aren't Futuristic. They're Already Here）；伊亞‧索明（Ilya Somin）2018年11月11日刊於《理性》（Reason）的〈為設計寶寶辯護〉（In Defense of Designer Babies）。

果一個國家強行實施太多限制，其國內科學家就會遷居到其他地方，而這個國家的有錢父母也會到某些饒富企業家精神的加勒比海島嶼或國外的避風港尋找診所。

　　儘管存在著這些反對原因，但針對基因編輯達成某些社會共識，而不是便宜行事地把這個問題完全留給個人選擇，還是有可能達成的目標。從商店內行竊到性交易，我們的確無法完全掌握某些實際的操作面，只能透過法律制裁，並結合社會譴責的力量，盡可能將這些問題壓制在最小範圍。舉例來說，美國食品藥物管理局就針對新藥以及藥品取得管道制訂了相關的規範。即使有人取得藥品的目的是為了仿單標示外的使用目的，或者旅途勞頓地去了一些地方進行非正統的治療，食品藥物管理局的限制依然執行得相當嚴格。我們所面臨的挑戰是要釐清基因編輯的準則應該是什麼。這樣我們才能試著訂出讓大多數人都遵守的規範與社會制裁。[16]

扮演上帝

　　引導著我們演化的方向、設計我們自己的寶寶，之所以可能帶來不安感的另一個原因，在於「扮演上帝」。一如普羅米修斯盜火，我們這次也很可能篡奪了一份我們不夠資格獲得的力量。得到了這樣的力量後，我們會失去自己在天地萬物間的定位所應有的謙卑感。

　　不願扮演上帝的立場，也可以透過一種較世俗的觀點來看。一如某位天主教神學家在美國國家醫學研究院的座談小組會上所說，「每當我聽到有人說我們不應該扮演上帝的時候，我猜說這句話的人，90% 都是無神論者。」這樣的論述也許只是單純地表示我們不應該狂妄地認定我們應該玩弄自然界這種令人敬畏、神祕、微妙交織又美麗的力量。「朝著優化人類基因體方向進行的演化，已長達 38 億 5000 萬年，」無神主義論的美國國家衛生研究院院長法藍西斯·柯林斯說，「我們真的以為一小組人類基因體的修補匠，在沒有各種意料之外

16　原註：法蘭西斯·福山 2002 年 3 月刊於《外交政策》（*Foreign Policy*）的〈基因管理體制〉（*Gene Regime*）。

的結果作用下，做的會比較好嗎？」[17]

　　人類對於自然以及自然界主宰者的敬重，確實會在介入干預基因時，對人類造成潛移默化的影響，讓我們仍保有一些謙卑，然而這樣的敬重與謙卑，就應該成為絕對禁止基因編輯應用的理由嗎？畢竟，我們智人這個物種是大自然的一部分，與細菌、鯊魚、蝴蝶沒有兩樣。不論是出於它無盡的智慧，還是盲目的失誤，大自然賦予我們這個物種編輯自己基因的能力。如果我們利用CRISPR 是錯，那麼錯誤的原因也絕不僅僅是這樣的作法不自然。基因編輯就和細菌與病毒所利用的所有謀略一樣自然。

　　縱觀歷史，人類（以及所有其他物種）與自然界的有毒物質，始終處於對戰狀態，而非相互接納的情況。大自然創造出了極其大量的痛苦與折磨，而且分配的方式非常不平等。也是因為如此，我們才會設計發明出各式各樣的方式來對抗瘟疫、治療疾病、協助身心障礙者，以及孕育出更好的植物、動物與孩子。

　　達爾文就曾寫過「大自然創造下的笨拙、愚蠢、浪費、粗魯、低級，而且殘忍到令人驚恐的作品。」他發現，在演化過程中，根本找不到任何有智慧的設計者或上帝慈愛的指紋。他曾做過一張詳細的表，列出了各種邁向缺陷的演化，包括雄性哺乳動物的泌尿道、靈長類功能不佳的鼻竇引流，以及人類沒有合成維他命 C 的能力。

　　這些設計上的瑕疵並非只是例外。它們全是演化過程方式的自然結果。大自然偶爾發現了什麼東西，就會胡亂拼湊出一些新的功能，有點像微軟 Office 軟體在最糟糕時期所發生的狀況，而不是根據一個大規模的核心計畫，或在腦子裡已經設定完整的最終產品樣貌一步步進行。演化的首要準則就是生殖適存度——什麼樣的特質可能會讓某種有機體生殖更多後代，也就是說，大自然允許、或甚至鼓勵包括新冠病毒與癌症等各類型疫病，在有機體生殖目的一旦結束時，就為它們帶來痛苦與折磨。這並不代表源於對自然的敬重，我們就應該

17　原註：派崔克・史蓋瑞特（Patrick Skerrett）2016 年 11 月 17 日刊於《Stat》電子期刊的〈專家辯論：編輯人類基因是在玩火嗎？〉中法蘭西斯・柯林斯的部分。

停止尋找對抗新冠病毒與癌症的方法。[18]

不過反對扮演上帝還有另一個更深刻的論點，由哈佛哲學家邁可‧桑德爾做了最佳闡述。如果我們人類找到了操縱大自然彩券機制的方法，並以工程手法設計自己孩子的遺傳天賦，我們就不太可能認為自己的特質是天賜的禮物，而這樣的態度會削弱源於「若非上帝的恩典，我必然逃不過劫難」的感覺，所衍生出對那些比我們不幸之人的同理心。「這種想要征服的驅動力所缺失的，甚至可能毀滅的，是對人類力量與成就中所蘊含的天賦性格所懷有的一顆感恩之心，」桑德爾提出，「承認生命的恩賜，也就是認同我們的天賦與力量，並非完全來自於我們自己的所作所為。」[19]

當然，對大自然所賜予的一切不請自來的天賦，我們都應心懷虔敬的論調，我無法完全苟同，桑德爾也一樣。人類歷史一直都是場探索之旅──一場非常自然的探索之旅，這趟旅程追求的目標，是去征服那些主動發生在我們身上的挑戰，不論是大流行的疫病、旱災，抑或是暴風雨。大概不會有人認為阿茲海默或杭汀頓舞蹈症是恩賜的結果。在我們發明了用化療的方式去抵禦癌症、疫苗抑制新冠病毒，或基因編輯工具向先天的缺陷開戰時，我們其實應該可以說已經掌握了自然，而非只是全盤接受這些不請自來的挑戰，並視之為恩賜。

但是我認為桑德爾的論述也促使我們應該抱持更謙遜的態度，特別是在試著為我們的孩子設計強化能力，以及讓他們變得完美之時。在刻意避免去努力完全掌握我們根本無法掌握之事的嘗試這個議題上，桑德爾提出了一個深刻、精彩，甚至堪稱崇高的論據。要掌控老天賜予我們的稟賦，又避免完全屈服於隨機制度的不可捉摸，其實我們可以採取一條迥異於普羅米修斯征途的路徑。所謂的智慧，就包含了找到正確的平衡點。

18　原註：羅素‧鮑爾（Russell Powell）與亞倫‧布坎南2011年2月刊於《醫藥哲學期刊》（*Journal of Medical Philosophy*）的〈斷開演化之鏈〉（Breaking Evolution's Chains）；亞倫‧布坎南的《勝人》；達爾文1856年7月13日致胡克（J. D. Hooker）的信。

19　原註：邁可‧桑德爾的《反對完美》；李昂‧卡斯2003年1月刊於《新亞特蘭提斯》的〈不老的身體、快樂的靈魂〉（Ageless Bodies, Happy Souls）；麥可‧豪斯凱勒2011年2月26日刊於《哲學論文》（*Philosophical Papers*）的〈人類強化與生命的天賦〉（Human Enhancement and the Giftedness of Life）。

香港高峰會一隅

第 43 章

道納的道德之旅

正當大家愈來愈清楚道納合他人之力所共同發明的工具 CRISPR-Cas9 可以用來進行人類基因編輯之際,她出現了一種「發自內心的反射反應」。她說,編輯孩子基因的想法,從人性的角度來看,讓她感覺既不自然又令人害怕。「一開始,我就直覺地反對這樣做。」[1]

然而這樣的立場,卻在 2015 年 1 月她所舉辦的納帕山谷基因編輯研討會上開始改變。在那場研討會的其中一場會議上,正當大家為是否應該允許生殖細胞系編輯的爭議而吵得沸沸揚揚時,有位與會者靠向她,並對她輕聲地說,「有一天,我們可能會開始考慮,不應用生殖細胞系編輯減輕人類的痛苦,才是不道德的行為。」

編輯生殖細胞系「不自然」的想法,因此逐漸自她的思維中消褪。她知道所有的醫學進步,其實都是為了要矯正某些「自然」發生之事的嘗試。「有時候大自然的行事風格,就只是冷血得毫不留情,而且許多突變都造成極大的痛苦,所以生殖細胞系編輯不自然的想法,在我心裡的重量愈來愈輕,」她說,「在醫學層面,我不太確定如何去畫出什麼是自然、什麼是不自然的鮮明界線,而且我覺得利用這種二分法去防堵可能減輕痛苦與身心障礙程度的事,是危險的舉動。」

---

[1] 原註:作者對道納的訪問;道納與山姆·斯騰伯格合著之《創造的裂縫》第 222 ～ 240 頁;哈娜·戴夫琳 2017 年 7 月 2 日刊於《觀察家報》(*The Observer*) 的〈珍妮佛·道納說「我必須對得起身為科學家的我」〉(Jennifer Doudna: 'I Have to Be True to Who I Am as a Scientist')。

在道納因為發現了基因編輯而出名後，她開始聽到很多受遺傳疾病影響的人向科學界求救的故事。「尤其和孩子有關的事情，很能觸動我一個當母親的人，」她回憶道，而其中一個例子更始終縈繞在她腦海中。有名女子寄了一張她漂亮的新生兒子照片給道納，可愛的小光頭，讓道納想起了自己兒子安迪出生的景況。那個男寶寶剛被診斷出遺傳性的神經退化性疾病。小傢伙的神經細胞很快就會邁向死亡，最終他將無法走路、說話，然後無法吞嚥或進食。這是個注定夭折的孩子，而且過程中會受到很多的痛苦。這張短箋是一份飽受煎熬的求助之請。「妳怎麼可能不在設法預防這類事情的努力上有所進展？」道納說，「我心都碎了。」如果未來基因編輯可以預防這樣的事件，不去繼續推進就是不道德的行為，她這麼認定。她回覆所有類似的電子郵件。她寫信給那位求助的母親，並承諾自己與其他研究人員一定會勤奮地研究，找出治療與預防這類基因問題的方式。「但是我仍然必須告訴她，就算基因編輯真的對她有幫助，那可能也是好幾年以後的事，」道納說，「我不想造成她的任何誤解。」

2016 年 1 月，道納出席在瑞士達沃斯（Davos）舉辦的世界經濟論壇，並和與會者分享她對基因編輯的道德疑慮後，在一場小組會談間，有名女子把道納拉到旁邊，向道納描述她妹妹患有先天的退化性疾病。這個病不僅影響了她自己，也影響了整個家庭的財務狀況。「她說如果我們進行基因編輯預防這樣的疾病，她家裡的每個人都絕對支持，」道納回憶，「她提到那些制止生殖細胞系編輯者的冷酷時，情緒非常激動，而且一直都在強忍著淚水。給我的觸動很大。」

同年稍晚，有個男人到柏克萊拜訪她。他的父親與祖父都死於杭汀頓舞蹈症。他的 3 個姊妹也被診斷出罹患了這種疾病，將面臨極度折磨人的緩慢死亡。道納一直控制著自己不要詢問那個男人是否也罹患了這個病症。這個人的造訪說服了她，如果生殖細胞系編輯能夠安全且有效地杜絕杭汀頓舞蹈症，她也投贊成票。她說，你只要看過罹患了遺傳疾病者的臉，尤其是類似杭汀頓舞蹈症這樣的疾病，你就很難會去支持我們為什麼要對基因編輯設限的論點。

她的想法也受到了多倫多病童醫院（Hospital for Sick Children）的研究部主任珍娜·羅森（Janet Rossant）與哈佛醫學院院長喬治·達利之間的長談影響。

「我知道我們正處於有能力矯正致病突變的邊緣，」她說，「怎麼可能不要？」相較於所有其他的醫療程序，為什麼評斷 CRISPR 的標準要提高那麼多？

道納想法的改變，讓她偏向於支持應該把許多基因編輯決定交由個人抉擇的觀點，而非提交官僚體系或道德委員會管制。「我是個美國人，認為個人自由與選擇具有高度優先的價值是我們文化的一部分，」她說，「身為母親，我也認為當這些新技術問世時，我應該同樣會想要保留對自己個人以及家人健康的選擇權。」

然而，因為現階段仍有極大的未知風險，道納覺得只有在醫療絕對必要且不存在任何其他更好的替代方案時，才應該應用 CRISPR。「那表示我們現在還沒有理由進行基因編輯，」她說，「這也是為什麼我無法接受賀建奎利用 CRISPR 去達到 HIV 免疫嘗試的原因。要做到 HIV 免疫還有其他方法，那並不具絕對的醫療必要性。」

不過不平等這個道德問題，卻一直是她心裡過不去的坎，特別是有錢人可以為他們的孩子購買基因能力強化這件事。「我們很可能會造成基因鴻溝，而且鴻溝的深度與廣度會逐代增加，」她說，「如果你認為我們現在已經在面對不平等了，不妨想像一下社會如果變成經濟力分級伴隨著遺傳基因分級，把現在的經濟不平等轉錄至我們的基因密碼中的狀況。」

道納說，把基因編輯應用僅限制在那些真正有「醫療必要性」的人身上，為人父母者就比較不可能去追求「強化」他們孩子的機會，道納覺得，其實不論從道德或社會的角度去看，能力強化都是錯誤的行為。醫療行為與能力強化之間的分界線很可能模糊不清，這一點她很清楚，分界卻並非完全沒有意義。我們都知道矯正一個具有極大傷害力的基因變異，以及增加一些並沒有醫療必要性的遺傳特質，兩者間確實存在著差異。「只要我們是矯正基因突變，讓基因回復到『正常』的版本，而不是去編造一般人類基因體中沒有見過的什麼全新強化能力，我們很可能就處在安全的這一側。」

道納堅信 CRISPR 可以帶來的大善程度，最終必然會超過風險。「科學不會倒退，我們也無法把已經學到的知識全部吐出來，所以我們需要找到一條謹慎的前進之路，」她再次重複著 2015 年她在自己舉辦的納帕山谷會議後所寫

的報告標題句。「我們以前從來沒有見過類似的東西。現在我們有能力掌控自己的遺傳未來，這件事既令人興奮，又令人恐懼。所以我們必須謹慎地前行，並且對自己所獲得的能力抱持敬重之心。」

第 8 篇

前線調度

向瘋狂的人們致意。特立獨行的人、桀驁不馴的人、惹是生非的人、與方正的世界格格不入的人、眼界與眾不同的人。他們討厭規矩、他們不安於現狀。你可以引述他們的話、可以質疑他們、可以頌揚或詆毀他們，唯獨不能漠視他們。因為他們會做出改變。他們推著人類往前邁進。他們也許是某些人眼中的瘋子，卻是我們眼中的天才。因為那些瘋狂到以為自己足以改變世界的人，才是改變世界的人。

——賈伯斯，1997 年蘋果《不同凡想》廣告詞

魁北克

跳躍基因

參加 2019 年魁北克舉行的 CRISPR 會議期間，我才驚訝地領略到生物學竟然已經變成了一種新科技。這場會議與 1970 年代後期的自釀電腦俱樂部、西海岸電腦展等活動，有著相同的氛圍，唯一的差別是年輕的創新者嘴裡，嘰嘰喳喳討論的不再是電腦密碼，而是遺傳密碼。這樣的氣氛因為競合關係的催化而更顯熱絡，也令人懷念起了早期個人電腦展中經常上演的比爾・蓋茲與賈伯斯亦敵亦友的關係，而這次的兩位搖滾明星，換成了珍妮佛・道納與張鋒。

此外，我也意識到生物科技怪胎都已不再是局外人。CRISPR 革命與新冠病毒危機，讓生物科技界的怪胎們全成了迫切想要行動的酷小子，就像那些曾經充斥在網路前哨區的彆扭先驅們。埋首穿梭於因為這些怪胎的革命而產出的基因編輯革命前線相關報導資訊時，我注意到，在這些人追求新發現的過程中，他們對於自己正在創造的新時代，要比數位技術人員更早面臨道德覺醒的議題、更早陷入左右為難的困境。

魁北克騷動的引爆原因是一項令人稱奇的突破，而這次的突破也重新點燃了道納與張鋒兩人研究領域之間的緊張。這次他們互相競爭第一發現者的主角之位，舞台是一種能夠更有效地在 DNA 內增加新序列的方式。這次新發現的 CRISPR 系統，不是在雙鍵 DNA 中進行裁切，而是藉由控制被稱為「跳躍基因」（jumping genes）的轉位子，直接插入一段新的 DNA 片段。所謂的「跳躍

山謬爾（山姆）‧斯騰伯格

基因」，指的是可以從染色體的一處跳到另一處的 DNA 大片段。

　　曾在道納團隊中學習的山姆‧斯騰伯格，是位聰明靈巧的生物化學家，後來應聘到哥倫比亞大學主持自己的實驗室。他那時剛以副教授的身分，在《自然》發表了他的第一篇重要論文。這篇報告描述的 CRISPR 引導系統，可以把一段量身打造的跳躍基因插入到鎖定的 DNA 位置。但出乎斯騰伯格意外的是，

就在幾天前，張鋒也在《科學》網站上發表了一份類似的報告。[1]

抵達魁北克時，斯騰伯格顯得有些洩氣，而他的朋友，包括道納在內，都相當氣憤。斯騰伯格在 3 月 15 日將報告交給《自然》，但當他實驗室裡的一位研究生針對這個議題發表了一次演講後，斯騰伯格的發現就在圈子裡傳開了。「張鋒這時默默地加速競爭，率先發表他的報告，」馬丁・伊尼克在魁北克的會議上告訴我。對道納來說，這就是典型的張鋒作為，「他的人脈自然會告訴他有關這篇報告的事，接著他就會加快速度、設法超前。」[2]

回顧 2012 年雙方的競爭時，道納與蘭德那時都曾向我承認，在當事人意識到有競爭存在時，加速發表論文是正當的手段。但是張鋒這次的轉位子論文發表卻引起了不滿。張鋒在 5 月 4 日才將報告送給《科學》，比斯騰伯格送交報告的時間整整晚了 7 週，但他的報告 6 月 6 日就在網路上刊出，而斯騰伯格的報告直到 6 月 12 日前一直無消無息。

我發現自己對於道納陣營對張鋒的憤怒很難感同身受。兩篇報告都與控制跳躍基因有關，但在重要的方法以及對 CRISPR 程序上的貢獻則有所不同。張鋒的論文在網上發表的第二天，我剛好去他布洛德的實驗室拜訪他，當時距離魁北克會議還有 10 天。他向我描述了他對轉位子的研究。他的報告並非急就章的結果。關於這個議題，他已經研究很長一段時間了。在聽到其他人的腳步聲時，他催促《科學》盡快審閱與上網發表，就像道納聽到了維吉尼亞斯・希克斯尼斯與其他人的動靜時，對自己和夏彭蒂耶 2012 年合著的那篇研討會論文所做的一樣。[3]

魁北克會議的第一天，包括道納在內的斯騰伯格友人聚在飯店大廳酒吧

1　原註：山能・克隆普（Sanne Klompe）……斯騰伯格與其他人於 2019 年 7 月 11 日刊於《自然》上的〈編入了轉位子密碼的 CRISPR-Cas 系統指引 RNA 引導的 DNA 整合〉（Transposon-Encoded CRISPR-Cas Systems Direct RNA-Guided DNA Integration，2019 年 3 月 15 日收件，6 月 4 日決定刊出，6 月 12 日於網路刊登）；強納森・史錐克（Jonathan Strecker）……尤金・庫寧、張鋒與其他人 2019 年 7 月 5 日刊於《科學》的〈RNA 引導的 DNA 與 CRISPR 關聯轉位子的插入〉（RNA-Guided DNA Insertion with CRISPR-Associated Transposases，2019 年 5 月 4 日收件，5 月 29 日決定刊出，6 月 6 日於網路刊登）。

2　原註：作者對斯騰伯格、伊尼克、道納、喬瑟夫・邦迪—迪諾米的訪問。

3　原註：作者對張鋒的訪問。

裡，用帶著香氣的加拿大羅蜜歐琴酒（Romeo's gin）慶祝他的成就，一方面也對他的遭遇表示遺憾。斯騰伯格天性很容易開心，讓他第二天接著張鋒之後上台報告時，看起來已經完全擺脫了這件事帶來的煩惱。畢竟他的發現確實是一項重要的勝利，也是他事業上的重要一步，張鋒具互補性的發現絲毫都無法貶低他的發現。因此斯騰伯格的演講非常謙和而優雅。「今天稍早，我們已經從張鋒那裡得知 CRISPR-Cas12 可以如何驅動轉位因子了，」他說，「我現在向各位報告的是我最近針對一型態系統所發表的相關內容，這個系統也可以用相同或不同的方式驅動這些細菌轉位子。」他在報告時，還確保了他哥倫比亞大學實驗室裡負責執行主要實驗的研究生山能・克隆普（Sanne Klompe）能享有榮譽。

　　「還有什麼領域會比生物研究更殘酷、更競爭？」在張鋒與斯騰伯格結束了兩人決鬥式的演講後，有位與會者問我。嗯，想一想還真有。從企業到新聞業，幾乎每個領域的競爭都很激烈。但生物研究之所以獨特，是交織於這個領域中的合作關係。這種戰士之間儘管對立但追求共同目標的過程中卻存在著的同志情誼，濃烈地瀰漫在魁北克會議中。想贏得獎項與專利的慾望，很容易製造出競爭，進而刺激發現加速。但我覺得，同樣具激勵性的，還有發覺達文西所稱的「大自然無盡奧妙」的熱情，特別是當揭露奧祕的對象，是像活細胞內在運作機制這類美麗到令人屏息的東西。「跳躍基因的發現，顯示出生物學實在是有趣極了，」道納說。

烤野牛

　　魁北克會議第一天議程的所有報告發表結束後，道納與斯騰伯格到魁北克老城區的一家休閒餐廳吃飯，而我則接受了張鋒的邀請，和他與他一小群朋友共進晚餐。除了想聽聽他的觀點，我也想試試他所選擇的那家創意料理新餐廳布雷之家（Chez Boulay）的菜色。這家餐廳主打酥脆的肉餅封、生鮮大干貝、北極紅點鮭、烤野牛，以及甘藍血腸。當天一起用餐的還有與張鋒共同著作跳躍基因報告的美國國家生物技術資訊中心的琪拉・馬卡洛瓦（Kira

Makarova）、路希阿諾‧馬拉費尼的導師但始終超然於 CRISPR 世界個人競爭之外的 CRISPR 前輩艾力克‧松泰默，以及曾在道納實驗室進行博士後研究，但現在是《細胞》編輯的艾普兒‧鮑魯克。《細胞》是與《科學》和《自然》競爭的同儕審閱期刊。頂尖研究員之間都有一種共生關係，他們要確保自己的論文可以得到快速且有利的對待，而諸如鮑魯克這類聰明的期刊編輯，則是想要刊出最重要的新發明文獻。

松泰默點了魁北克當地生產的葡萄酒，味道出乎意料地好，我們舉杯敬了轉位子。當餐桌上圍繞著 CRISPR 的話題，焦點從科學轉到道德時，大多數的在座者都同意，如果基因編輯——甚至人類生殖細胞系的遺傳性編輯——安全又實用，那麼在矯正如杭汀頓舞蹈症與鐮刀型貧血症這類嚴重的單基因突變疾病上，若有必要，就應該應用。但他們也都強烈反對利用基因編輯強化人體能力的想法，譬如試著讓我們的孩子擁有更多的肌肉量、增加身高，或某天提升智商與認知技能。

問題在於兩者之間的界線難以定義，而差別對待甚至更難實施。「修補異常與強化能力之間有道很模糊的界線，」張鋒說。於是我問他，「能力強化為什麼不好？」他思考了相當長的時間。「我就是不喜歡，」他說，「這是在干擾自然。而且從長遠的人口觀點來看，這樣可能會減少多樣性。」他曾上過哲學家邁可‧桑德爾在哈佛開設的著名道德正義課程，而且顯然相當認真地深入思考過這些問題。然而他也和我們其他人一樣，還沒有找到簡潔有力的答案。

在座的人都同意，有一個道德問題正迫在眉睫，而且愈逼愈近，那就是基因編輯可能加劇社會的不公平，甚至讓不公平永遠嵌在我們的基因密碼當中。「有錢人應該獲准購買他們負擔得起的最好基因嗎？」松泰默問。當然，整個社會的利益分配，包括醫療層面，都不公平，這是事實，但是創造一個遺傳能力基因的買賣市場，必然會把這個問題踢向另一個全新的高度。「看看父母為了讓孩子進大學，能心甘情願地做到什麼地步，」張鋒說，「有些人絕對會付錢強化遺傳能力。在一個還有人連矯正視力的眼鏡都沒有管道取得的社會，要找到方法讓能力強化基因得以公平取得，令人難以想像。想想那會對我們這個物種帶來什麼樣的改變。」

蓋文・納特正在展示如何基因編輯

第 45 章

我學習基因編輯

蓋文·納特

我之前太過沉浸在 CRISPR 先驅者的世界中，因此認定應該自不量力地找人引領我成為 CRISPR 俱樂部的會員：我應該學習如何利用 CRISPR 編輯 DNA。

於是我安排在道納的開放實驗室中待了幾天。這個開放實驗室夾在幾十個雜亂擺放著離心機、移液吸管與培養皿的工作區當中，而這些工作區全是道納的學生與博士後研究生進行實驗的地方。我想要複製自己所敘述過的那些重要進展：用 CRISPR-Cas9 在試管裡編輯 DNA，就像道納與夏彭蒂耶在 2012 年 6 月所描述的那樣，然後用這個技術在人體細胞內進行編輯，就像張鋒、丘奇、道納以及及他人在 2013 年 1 月所描述的那樣。

一開始，協助我的是蓋文·納特，他是澳洲西部來的年輕博士後研究生，鬍子修得整整齊齊，態度隨和。他念研究所的時候，就決定要找出攻擊 RNA 而非 DNA 的 CRISPR 關聯酵素，於是他寫了一封信給道納，毛遂自薦到她的實驗室進行這項研究。道納的團隊當時已經在進行這項研究了，他們研究的焦點是一種名為 Cas13 的酵素。「她對整個狀況的掌握比我強多了，」納特說。不過她還是邀請他到她的實驗室進行博士後研究。除了負責的其他工作，納特後來也成了國防高等研究計畫署安全基因計畫的小組成員。[1]

1　原註：作者對蓋文·納特的訪問。

走進道納實驗室裡進行實驗的安全區時，我穿上了實驗外套、戴上眼罩，把消毒液噴在戴了手套的雙手上殺菌。一切就緒後，我立刻感覺自己已經像個專家了。納特帶我到其中一個通風實驗台前。這是擺設了一個桌面的工作區，部分位置安裝了塑膠隔板，有著特別的通風設備。動手前，穿著牛仔褲和黑色創新基因學院 T 恤、外罩白色實驗袍的道納匆匆經過。她快速地檢查了每一個學生（以及我）手上的實驗，接著就帶著學院裡的高階研究員去進行一整天的策略規劃活動了。

納特向我說明完整的實驗內容，其中包括裝在一個移液吸管中的 DNA，DNA 內含有一個可以讓細菌抵禦抗生素安比西林的基因。這其實並不是件好事，尤其是如果你感染了這類細菌。所以納特特別向我解釋，有些 Cas9 攜帶著特別為了摧毀這種基因所設計的嚮導 RNA。這一切都是這個實驗室從無到有做出來的成果。「我們需要的 Cas9 被編入一個 DNA 內，至於細菌，任何人都可以在一個實驗室裡培養出一大堆，」他向我保證。大概我的表情透露了我其實不太確定自己的技術足以處理這樣的程序。「別擔心，」他說，「如果不想從頭開始做，你也可以在網路上向 IDT 這樣的公司購買 Cas9；甚至還可以買到嚮導 RNA。如果你想要編輯基因，這些成分都很容易就可以從網路上訂購。」

（後來我上網去看了。IDT 的網站上宣傳著「進行成功基因體編輯所需的所有試劑」，連同遞送進人體細胞所設計的工具組，價格從 95 塊美金起跳。另一個名為 GeneCopoeia 的網站上，一個 Cas9 蛋白質配上一個核定位訊號，價格從美金 85 塊起跳。）[2]

納特事先準備的一些小瓶子，排排站在一個需要用冰塊維持瓶內液體低溫的老式冷藏箱裡。「這個冷藏箱有著重要的歷史，」他一面說著，一面把箱子轉了個方向。冷藏箱的後面蝕刻著「馬丁」這個名字。這是伊尼克離開這裡，

2　原註：刊於美國整合 DNA 科技公司（Integrated DNA Technologies）網站 IDTDNA.com 的〈Alt-R™ CRISPR-Cas9 系統：利用 Amaxa 細胞核轉染系統，傳遞核糖核蛋白複合物進入 HEK-293 細胞內〉（Alt-R CRISPR-Cas9 System: Delivery of Ribonucleoprotein Complexes into HEK-293 Cells Using the Amaxa Nucleofector System）；刊於 GeneCopoeia 公司網站 GeneCopoeia.com 的〈CRISPR 基因編輯工具〉（CRISPR Gene-Editing Tools）。

到蘇黎世大學主持他自己的實驗室前所用的東西。「傳給我用了，」納特驕傲地說。這一來，連我都感覺自己成了歷史鏈的一部分了。我們準備要做的實驗，正是 2012 年伊尼克實驗的翻版：取一個 DNA 片段，在其間埋入 Cas9 蛋白質與引導 DNA，然後在目標位置進行裁切。能用到伊尼克的冷藏箱，是件很讓人窩心的事情。

納特向我詳細說明了各個步驟，先用移液吸管混和成分，然後靜置 10 分鐘進行培養。我們用了一種染料協助結果顯現，再藉由電泳的程序，呈現出之前所完成的結果影像。電泳的作用是將一片電場透過一種膠質，把不同大小的 DNA 分子分離開來。印出來的結果顯示出沿著膠質不同位置的不同叢聚，可以讓我們判定這些區域的 DNA 是否已被 Cas9 切割，以及如果被切割了，切割成了什麼樣子。「完全符合教科書標準的成功！」納特在拿到印表機上的影像圖時宣告，「看看這些叢聚範圍的差異。」

步出實驗室途中，我在電梯旁遇到了道納的先生傑米·凱特，我把列印出來的實驗結果拿給他看。他指著其中兩個欄位底端的模糊長條問，「這是什麼？」我竟然真的知道答案（多謝納特的一對一個別指導）。「這就是RNA，」我回答。那天稍晚，凱特寫了則推特，並貼上一張納特和我在實驗台上做實驗的照片，推文上寫著「於是華特·艾薩克森通過了我的臨時小考！」在我理解到所有真正的工作，其實都是納特完成的這件事之前，有那麼一小會兒，我真的覺得自己是個實實在在的基因編輯者。

珍妮佛·漢彌頓

下一個挑戰是在人類細胞內編輯一個基因。換句話說，我想要一步邁上張鋒、丘奇與道納他們實驗室在 2012 年底所達到的成就。

為了達成這個目標，我與道納實驗室另一位博士後研究生珍妮佛·漢彌頓（Jennifer Hamilton）湊成了一組。漢彌頓是土生土長的西雅圖人，紐約市西奈山醫療中心（Mount Sinai Medical Center）的微生物學博士。戴著一副大大的眼鏡，但笑容比眼鏡更大的漢彌頓，對於控制病毒傳遞基因編輯工具到人類

細胞裡的工作，擁有無比的熱情。道納 2016 年去西奈山為「科學界的女性」（Women in Science）團體演講時，漢彌頓以學生身分充當她的全程助理。「我立刻就覺得與她十分契合，」漢彌頓回憶道。

道納那時正開始在柏克萊建立能夠把舊金山灣區附近的研究人員全聚在一起的創新基因學院。這個機構的宗旨之一，就是為了醫療目的，設法將 CRISPR 編輯工具送到人類細胞中。所以她錄用了漢彌頓。「以工程手法設計病毒，我有技術，而且我也想把我的技術應用來找出把 CRISPR 送進人體內的方法，」漢彌頓說。[3] 後來道納的實驗室擔負起對付新冠病毒大流行的責任，需要設法把 CRISPR 為基礎的治療工具送進人體細胞時，漢彌頓的技術被證明是非常有價值的專長。

當我們開始在人體細胞內嘗試編輯 DNA 時，漢彌頓強調，這樣的實驗要比在試管中進行編輯的挑戰難得多。我在前一天與納特編輯的 DNA 株，僅含 2100 對鹼基，而我們計畫使用源於人類腎臟細胞的 DNA，則有 64 **億**對鹼基。「人類基因編輯的挑戰，」她告訴我，「在於讓你的編輯工具通過細胞外層的細胞膜以及細胞的核膜，抵達 DNA 所在，此外，你還必須讓工具找到基因體的位置。」

儘管並非刻意，但漢彌頓對於我們即將進行的程序說明，似乎支持當初張鋒的說法：把試管內編輯 DNA 的工作移轉到在人體細胞內編輯 DNA，並非簡單的一步。不過話說回來，連我都要進行這種編輯的事實，也可以用來支持反向的論述。

漢彌頓說我們的計畫是要在人類細胞 DNA 的目標位置造成雙股斷裂。除此之外，我們還要供應一個模版，讓新的基因可以被插入。我們一開始使用的人類細胞，已經透過工程手法讓它內含一種螢光蛋白質的基因，使得細胞能夠發出藍光。在其中一個程序中，我們會利用 CRISPR-Cas9 裁切基因，並藉此解除其螢光功能。也就是說，這個細胞經過裁切後，就不會發光了。在另一個實驗中，我們提供的是一個會讓細胞自動併入的模版，藉此改變細胞內 DNA 的 3

3　原註：作者對珍妮佛・漢彌頓的訪問。

對鹼基，使得螢光蛋白質從藍光變成綠光。

我們用來把 CRISPR-Cas9 與模版送入細胞內的方式，被稱為核轉染（nucleofection）。這個方法以電脈衝去讓細胞的膜層變得具滲透性。在整個編輯過程的最後階段，我透過螢光顯微鏡看到編輯結果。控制組的細胞依然發出藍光，但用 CRISPR-Cas9 裁切卻沒有提供取代模版的細胞組，則完全不會閃光。最後，輪到我們裁切並編輯的細胞組了。我用顯微鏡看，細胞真的在發綠光！我成功編輯了（嗯，實際編輯的人是漢彌頓，我只是躍躍欲試的副駕駛）一個人類細胞，改變了其中一個基因。

在大家過於擔心我所做出來的成果會用來幹嘛之前，請各位放心：我們把我做的所有東西，用漂白水混合後，直接沖下了水槽。但我確實瞭解到，對一個有些實驗技術的學生或流氓科學家來說，這樣的程序是如何地相對簡單。

第 46 章

再訪華生

智力

　　冷泉港實驗室，是詹姆斯・華生在 1986 年啟動極具影響力的人類基因體系列年度會議的地方。這個地方後來決定從 2015 年秋天開始，增加一個聚焦於 CRISPR 基因編輯的新系列會議。第一屆會議邀請的演講者中，有我們的 4 位主角人物：珍妮佛・道納、埃瑪紐埃爾・夏彭蒂耶、喬治・丘奇與張鋒。

　　華生維持著他對大多數冷泉港會議的一貫作法，參加了 CRISPR 專題的初次會議，而且坐在大禮堂前排他自己巨幅油畫畫像下的位置，聽著道納的演講。這是她 1987 年夏天以研究生身分首次來此後的舊地重訪。當年華生也是挺直了身子坐著，聽她帶著年輕人特有的緊張，報告某些 RNA 如何可以自我複製。這次當道納結束了她的 CRISPR 報告後，華生走向前對她說了幾句讚揚的話，簡直就是 30 年前的影像重播。他說，推動基因編輯應用在人類身上的科學，包括智力強化，是很重要的事。對某些與會者來說，這一刻讓他們感受到了歷史意義。史丹佛的生物學教授大衛・金斯利（David Kingsley）還拍了一張華生與道納說話的照片。[1]

　　不過在我出席 2019 年的會議時，華生並沒有坐在他前排的老位子上。50 年後，他被禁止出席這些會議，他的油畫畫像也被移除。他被機構內部放逐，

1　原註：作者對華生、道納的訪問；2015 年 9 月 24 ～ 25 日冷泉港實驗室召開的「CRISPR/Cas 革命」會議（The CRISPR/Cas Revolution）。

道納與華生在他的肖像畫下說話

冷泉港的油畫畫像，路易斯・米勒作品

與他的妻子伊莉莎白住在冷泉港院區北端的一棟名為巴利邦（Ballybung）的灰白色帕拉迪歐風格（Palladian-style）大宅院中，過著優雅卻煎熬的孤立生活。

華生的麻煩始於 2003 年。為了紀念自己（與克里克共同）發現 DNA 結構 50 周年，他接受了美國公共廣播公司與英國國家廣播公司製作的紀錄片專訪。他說，基因工程未來應該用來「治療」那些智力不高的人。「如果你真的很笨，我就會稱之為一種疾病。」這句話反映出他虔誠深信 DNA 的力量可以解釋人類本質，而他這樣的堅信不疑，或許是源於他那具開創性科學發現所帶來的驕傲，以及與思覺失調症的兒子羅弗斯日日相處所衍生的焦慮。「智力最差的 10% 人口，真的面臨很大的困難，他們甚至連上小學都有問題，造成這種狀況的因素是什麼？」華生問，「許多人都會說，『啊，貧窮啦之類的。』其實很可能不是這樣。所以我想要解決這個問題，幫助那 10% 智力最低的人口。」就像是要確定自己足以煽動夠大的爭議一樣，華生還補充，基因編輯也可以用來

改善大家的長相。「如果我們讓所有女孩子都漂漂亮亮，大家會說那不是好事。但在我看來，這簡直棒透了。」[2]

在政治上，華生自詡進步人士。從羅斯福總統到伯尼．桑德斯（Bernie Sanders）參議員，他支持的始終都是民主黨。他堅持擁護基因編輯的原因，在於他想要改善不太幸運的那群人。然而一如哈佛哲學家邁可．桑德爾所說，「華生言辭中所隱含的老式優生學感覺，絕對不只一點點。」[3]基於冷泉港實驗室以往有過相當長的一段時間，挑起並助長這種優生學的散播，華生言語中夾帶的這一點點感覺，成了冷泉港特別厭惡的信號。

華生對於智力的發言本就引發許多爭議，但他在 2007 年更進一步跨過了界線，把智力與種族連在一起。那一年他出版了另一本回憶錄《不要煩人》（*Avoid Boring People*），其實這本書的英文書名在他眼中有兩種解讀方式，因為「無聊」既可以當作動詞（不要煩人），也可以看成形容詞（躲開無聊的人）。華生本來就是討厭無聊的人，也許天性如此，他津津有味地嘟囔著從未過濾的挑釁意見，而且隨著這些意見一起出現的，經常還有鼻子裡噴出的哼與一抹頑皮的咧嘴笑容。當他配合新書造勢的宣傳活動，接受為倫敦《週日泰晤士報》撰寫華生人物側寫的獨立科學記者夏綠蒂．杭特－葛拉布（Charlotte Hunt-Grubbe）一系列專訪時，他的這些招牌舉動益發加油添火。因為杭特－葛拉布不但曾是他的學生、網球球友，還在華生的冷泉港家裡借住過一年，於是向來不知慎言為何物的華特，這一次更加毫無保留。

專訪後的結果是一篇氣氛悠閒的專題報導，杭特－葛拉布在報導中隨著華生的腳步，從他家的書房、當地的餐廳，一路跟到了管岩俱樂部（Piping Rock Club）的草地網球場。打過一輪網球後，華生想著自己當前的生活。「我依然在想，」他說，「在我有生之年，我們是否找得到精神疾病相關的基因、我們能否

2　原註：Windfall Films 2003 年為美國公共廣播公司旗下 WNET 製作的紀錄片《DNA》，製片人大衛．杜甘（David Dugan）；蕭尼．布塔查理亞（Shaoni Bhattacharya）2003 年 2 月 28 日刊於《新科學家》的〈DNA 發現者說愚蠢應該也可以被治癒〉（Stupidity Should Be Cured）。另外請參見湯姆．阿貝特（Tom Abate）2000 年 11 月 13 日刊於《舊金山紀事報》（*San Francisco Chronicle*）的〈諾貝爾獎得主的理論在柏克萊掀起軒然大波〉（Nobel Winner's Theories Raise Uproar in Berkeley）。

3　原註：邁可．桑德爾 2004 年 4 月於《大西洋月刊》刊出的〈反對完美〉。

在 10 年內阻絕癌症，還有，我打網球的時候，發球功力還能不能再進步？」[4]

在 4000 字文章的最後，杭特－葛拉布興之所至地描述了華生對於種族議題的一些思考：

他說他對於「非洲的前景，抱持著固有的灰暗看法」，因為「我們所有的社會政策依據的都是他們的智力與我們相同的事實上，然而所有的測驗結果都顯示不見得如此，我知道這個燙手山芋會很難處理。」他希望人人平等，但他又反駁道，「需要應付非裔員工的人發現，人人平等不是真的。」

這篇文章引發了輿論軒然大波，華生因此被迫自冷泉港的主任職務引退。即使如此，他暫時還是可以在想要參加會議的時候，自由地從他位於院區山丘上的家裡晃下山去。

華生試著扭轉他自己的說法，他表示對於自己隱喻非洲人「不知為什麼在遺傳上就不如人」的說法，覺得「慚愧」。他透過一份預先備好，由實驗室發表的聲明補充：「我沒有那樣的意思。更重要的是，在我看來，這樣的認定並沒有科學根據。」[5]只不過他的道歉聲明中有個問題，那就是他**的確**是那樣想的，而且以他為人處事的行徑來看，他早晚必然會因為不吐不快而再次惹上麻煩。

華生的 90 歲大壽

到 2018 年華生 90 大壽的時候，之前纏著他不放的爭議，似乎已經平息了下來。他的生日、他落腳冷泉港 50 週年，以及和妻子伊莉莎白結褵 50 年的金婚紀念，併在一起慶祝。慶祝活動的地點是冷泉港院區的大禮堂，活動內容包括一場以鋼琴家艾曼紐・艾克斯（Emanuel Ax）彈奏莫札特樂曲為高潮的音樂

4　原註：夏綠蒂・杭特－葛拉布 2007 年 10 月 14 日刊於《週日泰晤士報》的〈華生博士的 DNA 基礎課程〉（The Elementary DNA of Dr. Watson）；作者對華生的訪問。

5　原註：作者對華生的訪問；羅珊娜・卡姆西（Roxanne Khamsi）2007 年 10 月 25 日刊於《新科學家》的〈詹姆斯・華生從種族爭議中撤離〉（James Watson Retires amidst Race Controversy）。

會，以及會後的盛大晚宴。這個活動募集了 75 萬美金，以華生的名義成立了冷泉港實驗室的講座教授基金。

華生的友人與同僚都試著維持一種脆弱的平衡。因為華生身為當代科學界最具影響力的思想家之一，他們敬重他，因為他作品與爭議中的粗魯無禮，他們容忍他，而因為他對種族智力上的意見，他們也譴責他。這樣的平衡有時其實很難維繫。華生生日慶祝會的幾週後，在冷泉港院區舉辦的一場以遺傳為主題的會議上，有人請艾瑞克・蘭德上台，向也是與會者的華生敬酒。蘭德評論華生「不完美」，但他以他特有的熱情奔放，繼續用親切的詞彙提到華生在人類基因體計畫，以及「促使我們所有人為了人類的利益而探索科學邊境」的領導地位。

他的敬酒行為隨後引發了反彈，推特上的反應尤其火爆。之前因為〈CRISPR 功臣錄〉文章貶抑道納與夏彭蒂耶的重要性而飽受批評，並且已經有點焦頭爛額的蘭德，為此出面道歉。「我向他敬酒是錯誤的行為，很抱歉，」他在一封給布洛德同僚，後來向大眾公開的郵件中寫著，「我拒絕接受他的看法，我認為那樣的想法很惡劣。儘管科學必須開放所有人表達意見，但他的意見在科學中毫無價值。」他補充了一段令人費解的評論，指的是他和華生曾經針對那些捐款給兩人轄下所屬機構的猶太捐款者的對談內容。「身為他可惡言論所針對的對象，不論我以任何方式肯定他，我都應該對肯定他所造成的傷害更敏感才對。」[6]

蘭德的「以任何方式肯定他」都是錯誤行為的主張，以及影射華生反猶太人的說法，令華生極其憤怒。「蘭德在其他人眼裡，就是一個笑話，」華生簡直氣壞了，「這輩子，我父親對猶太人的愛，從一開始就一直影響著我，我在美國所有的好朋友都是猶太人。」他又繼續以一種絕對無法安撫到批評者的方式向我強調，他認為在北歐居住了數百年的阿什肯納茲猶太人[7]，在先天智力

<hr />

6 原註：作者對蘭德的訪問；雪倫・貝格利 2018 年 5 月 14 日刊於《*Stat*》電子期刊的〈推特罵聲隆隆，艾瑞克・蘭德因向詹姆斯・華生敬酒道歉〉（As Twitter Explodes, Eric Lander Apologizes for Toasting James Watson）。

7 希伯來文中的 Ashkenazi，就是「德國」，因此阿什肯納茲猶太人指的就是德國猶太人，在中世紀生活在德國萊茵一帶的猶太人後裔。

詹姆斯‧華生與羅弗斯‧華生，美國公共廣播公司紀錄片《解碼華生》

上，就是要比其他族群都高，而且他不假思索地一一數著過去的諾貝爾獎得主來支持自己的論點。[8]

美國大師

　　美國公共廣播公司的《美國大師》系列在 2018 年決定製作華生的紀錄片時，立意是要從平衡、親密、複雜以及細膩入微的角度，看待華生在科學界的成就以及他那些引爆爭議的觀點。他完全配合拍攝，允許攝影機跟著他在他高雅的家裡以及冷泉港院區轉來轉去。這部紀錄片涵蓋了他的整個人生，包括他與法蘭西斯‧克里克在知識上的兄弟情、他未經同意就擅用了羅莎琳‧法蘭克林的 DNA 相片所引發的爭議，以及他晚年事業中，把治療癌症的基因治療法當成追求目標。最動人的是他與他的妻子、他們的兒子羅弗斯在一起的畫面。持續對抗思覺失調症的羅弗斯這時已經 48 歲，仍和父母住在一起。[9]

8　原註：作者對華生的訪問。
9　原註：《解碼華生》紀錄片。

這部紀錄片也處理了他因為種族問題的發言所引發的爭議。第一位在演化生物學科取得博士學位的非裔美國人約瑟夫‧葛瑞夫斯，做了一項研究駁斥華生的這些看法。「我們對於人類的基因變異以及其分布在世界的狀況，都已經有了相當的瞭解，」他說，「絕對沒有任何證據顯示任何人類的亞種族群，因為遺傳差異而在智力上獨厚於其他族群。」然後節目的訪問者做球給華生與兒子，讓他有機會（幾乎是在敦促他）背棄或放棄他之前引起爭議的一些聲明。

　　他沒有這麼做。在鏡頭的近距離特寫下，他似乎停頓了一下，甚至有些輕微的顫抖，就像一位上了年紀的學生，無法說出他應該說出來的話，也像是他天生就無法美化自己的想法或管住自己的嘴巴。「我很希望這些事情都能有所改變，我也很希望有新的知識告訴我們，後天努力比先天本質更重要得多，」他對著正在錄製的攝影機說，「可是我一直沒有看到任何這樣的知識。黑人與白人在智商測驗上的平均值，是有差異的。我覺得差異就是，就是遺傳。」之後，他的自我意識出現了，「贏得了發現雙螺旋比賽的人，認定基因是非常重要的東西，應該不會讓大家過於驚訝。」

　　這部紀錄片在 2019 年 1 月的第一週播出後，《紐約時報》的艾美‧哈門（Amy Harmon）針對華生所說的話寫了一篇報導。〈詹姆斯‧華生有機會挽救他在種族議題上的聲譽〉（James Watson Had a Chance to Salvage His Reputation on Race）標題寫著，〈卻讓問題每下愈況〉（He Made Things Worse）。[10] 她在文章中指出，針對種族與智商之間的關係，大家有過非常複雜的討論，接著引用了美國國家衛生研究院院長，也是接替華生繼任人類基因體計畫負責人職務的法藍西斯‧柯林斯的話，內容與她的論點一致。柯林斯說，研究智力的專家「認為所有黑白智商測驗上的差異，主要都是因為環境差異所造成，並非遺傳。」[11]

　　至此，冷泉港實驗室的董事會終於決定要斬斷與華生之間幾乎所有的殘存關係。他們稱他的意見「應該受到譴責，而且毫無科學根據，」並剝奪了他所

10　原註：艾美‧哈門 2019 年 1 月 1 日刊於《紐約時報》的〈詹姆斯‧華生有機會挽救他在種族議題上的聲譽。卻讓問題每下愈況〉。

11　原註：哈門的〈詹姆斯‧華生有機會挽救他在種族議題上的聲譽。卻讓問題每下愈況〉。

有的榮譽頭銜，也移走了掛在大禮堂的那幅華生隨性優雅的大型畫像。但是董事會允許他繼續住在冷泉港院區內那棟位於海灣前的大別墅中。[12]

傑佛遜難題 [13]

華生為歷史學家帶來了一個可以稱為傑佛遜難題的問題：當一個有偉大貢獻的人（「我們認定這些真理」）犯下了應受譴責的錯誤（「生而平等」），我們會尊敬他到什麼程度？

這個難題所勾起的一個相關問題，至少在比喻意義上，就是基因編輯。剪除一個基因，消弭一個不想要的特質（鐮刀型貧血症或愛滋病毒），可能會改變某些既有的想要特質（對瘧疾或西尼羅病毒的抵抗力）。這個問題並不單單是要在對一個人成就的敬重以及對他缺點的鄙視之間取得平衡。更複雜的問題是這個成就是否與缺點交織揉合而密不可分。如果賈伯斯能夠親切一點、溫柔一點，他還會具備讓現實向自己低頭，並壓著大家發揮所有潛力的熱情嗎？華生是否天生就與正統格格不入並深具挑釁的傾向，而是否正是這樣的特質，在他對的時候，幫助他拓展科學的疆域，但在他錯的時候，又引領著他走入偏見的黑暗無底洞呢？

我相信一個人的缺點就算與他的偉大交揉，也不能成為大家原諒他的理由。然而華生是我這本書中很重要的一部分——這本書就是從道納拿起了他那本極具開創性的《雙螺旋》後，決定成為生化學家開始——而他對於遺傳學以及人類能力強化的觀點，也確實是基因編輯政策辯論中的一股暗流。所以我決定在 2019 年冷泉港的 CRISPR 會議前去拜訪他。

---

12 原註：《解碼華生》紀錄片；哈門的〈詹姆斯・華生有機會挽救他在種族議題上的聲譽。卻讓問題每下愈況〉；作者對華生的訪問。

13 The Jefferson Conundrum，美國第三任總統湯瑪斯・傑佛遜是《美國獨立宣言》主要起草人，宣言中清楚闡明人皆生而平等，所有人都有包括生命、自由與追求幸福的不可剝奪權利，是美國最重要的立國價值，但他本人卻是維琴尼亞州好幾座大農場的主人，一生擁有的黑奴超過600人。

拜訪華生

早在詹姆斯・華生爭議性沒那麼大的 1990 年代初，我就認識他了。當時我在《時代》雜誌任職，他曾委託我們寫過文章，我們也將他列在 20 世紀最具影響力的百大人物名單上。在慶祝我們稱為「時代百大人物」的 1999 年晚宴餐會上，我請他舉杯向當時已過世的萊納斯・鮑林致敬。華生在發現 DNA 結構的競賽中贏過了鮑林。「失敗總是如芒刺在背般地隨侍在偉大身旁，徘徊不去，」他說到鮑林，「現在重要的是他的完美，而非他過去的不完美。」[14] 也許某天也會有人這麼說華生，但在 2019 年，他已是被放逐的人。

在我抵達華生位於冷泉港院區的家時，他正坐在一張罩著印花棉布套的扶手椅上，看起來相當羸弱。幾個月前他才剛結束中國之行，因為冷泉港實驗室沒有提供接機服務，所以他在晚上自己開車從機場回家。途中車子衝出了路外，翻進了他家旁邊的海灣當中，他為此住院很長一段時間。不過他的頭腦依然非常敏銳，而且他仍繼續專注地計畫如何以合理的方式部署 CRISPR 的運用。「如果只把這個玩意兒用來解決頂端那 10% 的人的問題、滿足那些人的冀望，就太可怕了，」他說，「過去幾十年，我們的演化讓社會變得愈來愈不公平，而這個玩意兒只會讓事情變得更糟。」[15]

他提議，也許有個辦法可以幫點小忙，那就是不讓基因工程技術取得任何專利。大家很可能還是需要很多錢，才能找到安全的方式去處理具毀滅性的疾病，譬如杭汀頓舞蹈症與鐮刀型貧血症。但是如果沒有專利，那麼爭著去當能力強化方法的第一發明人，報酬就不會那麼高，而且如果所有人都可以複製使用那些真正被發明出來的方法，價格會便宜得多，使用的範圍也會廣泛得多。「如果可以讓這個東西變得更公平，就算整個科學進程速度慢一點，我也可以接受，」他說。

---

14 原註：詹姆斯・華生 1998 年 3 月 3 日於《時代》雜誌 75 週年紀念晚宴上的「致萊納斯・鮑林」（An Appreciation of Linus Pauling）。

15 原註：作者對華生的訪問。作者引述自己撰寫之〈應該同意有錢人購買最好的基因嗎？〉中的一些句子與段落。

每當他提出任何他知道可能會讓其他人震驚的主張時，他總是會發出一陣短促的笑聲，臉上掛著露齒的微笑，簡直像個剛剛完成惡作劇的流氓。「我想我的直截了當與叛逆天性，在我的科學生涯上幫了不少忙，我不會因為其他人都相信一件事，我就簡單地去接受，」他說，「我的長處並不是我比別人聰明，而是我比別人更願意去冒犯整個群眾。」他承認，有時候他會為了要推展一個想法而「過於誠實」，「你必須要誇大其詞。」

我問他，他對於種族與智力的論述，是否就是這樣？一如他的本性，他或許會表現出一些遺憾，但絕對不會悔改。「公共廣播公司製作的那部我的紀錄片，其實做得非常好，但是我真希望他們當時不要強調我以前對種族問題的意見，」他回答，「我已經不再公開談論這個問題了。」

不過話說回來，如果我咄咄逼人，他還是會開始偏離主題，再次轉進那個話題領域。「我無法否認自己相信的東西，」他告訴我，然後開始談論歷史上對於智商的各種不同量測方式、氣候造成的影響，以及當初他在芝加哥大學當大學生時，路易斯・里昂・瑟史東[16]所教授的智力因子分析。

我問他，為什麼他覺得有必要說出這樣的事情？「自從和《週日泰晤士報》的那個女孩子談過後，沒有人訪問過我有關種族的問題，」他說，「那個女孩子在非洲住過，她知道。唯一一次再提到這件事，就是對這次的電視訪問者說的，因為我忍不住。」我對他說，如果他想自助，其實是可以做到的。「我一直遵循著我父親的忠告，要說實話，」他回答我，「總得有人說實話。」

但是他認定的這些事情並非事實。我告訴他，大多數專家都說您的觀點是錯的。

他沒有再接著談這件事，所以我也改問他，他的父親還給了他其他什麼樣的忠告。「永保善良之心，」他回答。

他有遵循這個忠告嗎？

「我真希望自己在這一點上能夠做得更好，」他承認，「我希望自己之前在永保善心這一點上，能更努力。」

---

16 Louis Leon Thurstone，1887 ～ 1955，美國心理量測學與心理物理學領域先驅，提出了比較判斷法則的理論，對因子分析的貢獻也很大。

他迫切地想要再次坐在冷泉港一週後舉行的年度 CRISPR 會議觀眾席中，但是冷泉港實驗室當局不願意解除他的禁令。於是他拜託我把道納從會場帶到山上，讓他能和她說說話。

羅弗斯

訪問華生的過程中，他的兒子羅弗斯一直坐在廚房裡。他並沒有參與我們的對談，只是仔細聆聽著我們說的每一句話。

羅弗斯從小就跟年輕的華生很像，瘦長的身型、亂糟糟的頭髮、輕鬆的笑容，還有經常微微傾斜，就像對什麼事情都很好奇的一張稜角分明的臉。有其父必有其子。遺傳與教養。不過現在即將邁入 50 歲的羅弗斯卻顯得矮胖，而且有些衣冠不整。他已經失去了隨性大笑的能力，而且對於自己以及他父親周遭的一切，總是保持著敏銳的警覺性。喜怒無常、敏感、聰明、邋遢、口無遮攔、不自覺地滔滔不絕、不顧情面地坦白、專注聆聽每段談話，但也很溫柔，這些都標示著羅弗斯思覺失調症的特徵。而所有的這些特徵，也都是他父親的特質，只不過程度與呈現的方式有些不同。或許，某天，人類基因體的解密可以告訴我們這是怎麼一回事，也或許就算解了密，我們還是無法知道所以然。

「我爸會說，『我兒子羅弗斯啊，他很聰明，不過他罹患了精神疾病，』」羅弗斯曾對《美國大師》系列的訪問者這麼說，「不過我覺得事情剛好顛倒。我覺得自己很笨，但沒有精神方面的疾病。」他覺得他讓父親失望。「我一直到察覺自己很笨時，才覺得事情很奇怪，因為我爸一點都不笨，」他說，「然後我覺得自己是父母的累贅，因為我爸很成功，他應該有個很成功的孩子。而且他非常努力，如果你相信因果報應，那我爸就該值得有個成功的兒子。」[17]

在我與華生對話的過程中，他一度把話題轉到種族問題上，那時羅弗斯突然從廚房衝進來，而且大喊著，「如果你打算要他說這些事情，那我就必須請你離開。」華生只是聳了聳肩，沒有對兒子說任何話，但也不再繼續種族的話

---

17 原註：《解碼華生》紀錄片。

題了。[18]

　　我可以感覺到羅弗斯對他父親的強烈保護慾。這些爆發也透露了他具備了他父親所經常欠缺的智慧。「我爸的發言可能會讓他呈現出一種偏執與歧視的形象，」他曾說，「但那些看法其實只不過代表了他對遺傳命運相當狹隘的詮釋。」他說的對。從很多角度來看，羅弗斯都比他的父親更有智慧。[19]

18　原註：作者與詹姆斯・華生、羅弗斯・華生以及伊莉莎白・華生的會面。

19　原註：麥爾肯・瑞特（Malcolm Ritter）2019 年 1 月 11 日美聯社報導的〈實驗室撤銷爭議性 DNA 科學家華生的榮耀〉（Lab Revokes Honors for Controversial DNA Scientist Watson）。

第 47 章
———•———

道納到訪

謹慎的對談

　　應華生的要求，我問了道納是否願意在華生被禁止參加的會議期間去看看他。在我們兩人踏進華生家裡後，他要求看一看會議資料，資料中附有議程演講的科學論文報告摘要。我並不太願意把資料給他，因為資料封面是幫助華生發現 DNA 結構的羅莎琳・法蘭克林 X 光繞射的「第 51 號照片」。然而他看起來並未感覺沮喪，反而顯得興致盎然。「啊，這張照片，這東西會永遠纏著我不放，」他說，然後停頓了一會兒，再次露出了他那招牌的頑皮笑容。「可是她一直都不知道這是個雙螺旋啊。」[1]

　　華生穿著杏色毛衣，待在透進了點點陽光的起居室內，為我們指出過去那些年他所收集的一些藝術品。其中最凸出、吸睛的作品是透過現代主義與抽象的描繪手法所展現出來的畫作，畫作主角是因為各種情緒而扭曲的人臉。這些作品的畫家包括了約翰・葛拉罕（John Graham）、安德烈・德朗（André Derain）、林飛龍、堆力歐・巴納貝（Duilio Barnabé）、保羅・克利（Paul Klee）、亨利・摩爾（Henry Moore），以及胡安・米羅（Joan Miró）。還有一張華生自己有些扭曲的臉譜畫作，是由大衛・霍克尼（David Hockney）執筆，展現出了華生情緒性的憂沉。襯著古典音樂的背景，伊莉莎白・華生坐在一個角落裡看書，羅弗斯則在廚房裡我們看不到的地方來回走動，傾聽著我們的談話。所有人在這段對

1　原註：作者對華生與道納的訪問。會議資料由道納實驗室的梅根・赫許崔慇設計。

談時間內，都試著謹慎——連華生本人都不例外，至少大部分的談話過程都是如此。

「CRISPR 之所以是 DNA 結構之後最重要的發明，」華生對道納說，「是因為這個技術不僅像我們用雙螺旋所說的故事一樣，描述了這個世界，也讓改變世界變得容易。」他和道納討論著他的另一個兒子鄧肯（Duncan）。鄧肯現在住在柏克萊，離道納住的地方很近。「我們才剛去看過他，」華生說，「柏克萊的學生都不是好東西，左傾得嚴重。這些左傾的小鬼比共和黨還要笨。」伊莉莎白打了岔，轉移了話題。

道納憶起 5 年前華生在冷泉港召開的第一次基因體編輯會議，以及他在觀眾席中問她問題的情景。「我對這種技術的使用實在太興奮了，」他說，「那些腦袋想不清楚的人，可以因為這個技術而有非常大的進步。」伊莉莎白再次介入把話題帶開。

人生的複雜度

這趟造訪的時間很短，當我們一起從華生居所所在的山上走回山下時，我問道納有什麼想法。「我在想自己 12 歲開始讀那本被翻舊了的《雙螺旋》的時候，」她說，「如果知道多年後，我會到他家拜訪他，而且還有這樣一段對談，應該會覺得難以想像吧。」

那天，她對探視華生的事情談得不多，但這次的造訪還是產生了共鳴。接下來的幾個月裡，我們的談話總是會回到那天。「那趟造訪，既讓我感動又令我難過，」她說，「他無疑是一個對生物學與遺傳學都有非常巨大影響的人，但他所表達的觀點卻相當令人憎惡。」

她承認當初在決定是否要去看他的時候，情感上很複雜。「但我決定要走這一趟，是因為他在生物學以及對我個人生命所帶來的影響。這個人有過非常好的事業，而且也有潛力成為這個領域真正受到敬重的人物，然而這一切全都因為他所抱持的觀點被揮霍殆盡。有些人可能會說你根本就不應該跟他碰面。但對我來說，事情並不是這麼簡單。」

道納記起了她父親個性中讓她覺得非常沮喪的一個特質。馬丁‧道納很容易就把人分成好人與壞人兩派，他對大多數人都擁有的灰色地帶幾乎沒有任何尊重。「他認識一些他很敬重的人，認為這些人棒得不得了，而且絕對不會犯錯，同時他也認識一些很糟糕的人，這些人的所作所為，他都不贊同，也認為這些人不可能做對的事情。」為了撥亂反正，道納非常努力地去瞭解一個人的複雜度。「我覺得這個世界其實就是一種不同濃淡的灰度表。有些人有非常了不起的品行，但他們也同樣有缺陷。」

　　我提出了經常在生物學上看到的名詞「嵌合體」。「這個詞比灰度表更傳神，」她說，「而且說實話，我們所有人都是這樣。我們所有人。如果我們對自己夠誠實的話，我們就會知道自己有很棒的地方，但也有我們知道不是那麼棒的地方。」

　　這個間接承認我們都有缺陷的論點，讓我覺得很有趣。我試著進一步套出她更多的想法，因此問她這樣的原則如何套用在她自己身上。「如果有讓我覺得後悔的事情，那就是我和我爸在某些事情上的互動，我一點都不覺得驕傲，」她回答，「我總是因為他戴著非黑即白的眼鏡看人而沮喪。」

　　我問她，這樣的經歷是否影響到她對詹姆斯‧華生的觀感。「我不想用我爸的那一套原則，得出簡單的結論，」她回覆，「我盡量去跟那些成就了很了不起的事，但有些事讓我完全無法認同的人相處。」華生就是一個最佳的例子，她說，「他說過一些真的很糟的話，可是每一次看到他，我都會回想起我讀《雙螺旋》時，想著『天啊，哪天我是不是也可以做出那樣的科學成就。』」[2]

2　原註：作者對道納的訪問。

第 9 篇

新冠病毒

什麼東西在等著我，或者這一切都結束後，會發生什麼事情，我沒有一點兒概念。在這一刻，我只知道，現在有人生病，而他們都需要救治。

——卡繆，《瘟疫》（1947）

第 48 章

備戰

創新基因學院

2020 年 2 月底，道納原排定要從柏克萊飛到休士頓參加一場研討會。這時候的美國生活，還沒有因為迫在眉睫的新冠疫情而被打亂。沒有正式報導的死亡數字，但警示標誌已經高高舉起。中國已有 2,835 個死亡案例，股票市場也注意到了風向。道瓊指數在 2 月 27 日跌了超過 1000 點。「我很緊張，」道納回憶道，「我和傑米討論是否應該參加那場研討會。但那個時候，我所認識的人依然照著一貫的步調生活，所以我還是飛去了休士頓。」她帶了自己要用到的濕巾。

從休士頓回來後，她開始考慮自己與同僚應該做些什麼來對抗疫情。自從把 CRISPR 變成了基因編輯工具後，她對於人類可以用這個工具來偵測與摧毀病毒的分子機制這件事，深有感觸。更重要的是，她已經成為協同合作的大師。在她看來，情況愈來愈清晰，抵禦新冠病毒需要橫跨許多專業領域的專家攜手組隊。

幸運的是，身為創新基因學院執行主任的她，已經擁有可以做出這種努力的基礎。創新基因學院是柏克萊與加州大學舊金山分校的合作研究機構，在柏克萊校區西北角，擁有一棟空間寬敞的 5 層樓現代化大樓。（這個機構原本計畫取名為基因工程中心，但柏克萊擔心這個名稱或許會讓人感到不安。）[1] 學院的核心主旨之一，是要促成不同領域的合作，這也是為什麼學院大樓裡進駐了植物界的科學家、微生物的研究員，還有生物醫藥方面的專家。將自己的實驗

室設於這座大樓的研究人員中，也包括了道納的先生傑米、道納最早的 CRISPR 研究夥伴吉莉安・班菲爾德、她以前的博士後研究生洛斯・威爾森，以及生物化學家戴夫・塞維奇。塞維奇當時正在研究如何利用 CRISPR 提高池塘裡的細菌把大氣中的碳轉換成有機化合物的能力。[2]

　　塞維奇的辦公室就在道納隔壁。近一年的時間，道納與塞維奇不斷討論在未來即將成為跨領域團隊標竿的創新基因學院裡計畫啟動的一些專案。其中有一項專案的構想，源於暑假在一家當地生物科技公司打工實習的道納兒子安迪。安迪暑期實習的一天工作，從登入系統，瞭解各部門負責人分享的各自進行中的工作，到公司未來計畫的規劃開始。道納在聽到這樣的作業程序時，大笑著告訴安迪，她完全無法想像用這樣的程序管理一間學術實驗室。「為什麼不可以？」她兒子問。她向安迪解釋，學術研究人員習慣在他們各自封閉的小世界裡工作，而且極為注重保護自己的獨立性。自此之後，兩人針對團隊、創新，以及如何創造一個可以刺激創意的工作環境，在家裡展開了一場長期且連續的討論。

　　2019 年年底，道納與塞維奇在柏克萊一家日本麵店裡，就各個角度討論不同的想法。她問，你要怎麼結合一支擁有學術自主文化合作團隊的各種最優特質？兩人都懷疑是否真有可能找到一個計畫，讓不同實驗室的研究人員通力合作，共同為單一目標努力。他們戲稱這個想法為「Wigits」，就是取自創新基因學院科學團隊工作坊（Workshop for IGI Team Science）英文的縮字語，還開玩笑說，兩人會攜手創立起這個 Wigits。

　　等兩人在學院的某個週五歡樂時段提出這個想法讓大家集思廣益時，一些學生展現了很大的熱情，但大多數的教授都不太看好這樣的構思。「在工商業界，每個人都專注於達成已取得協議的共同目標，」迫切想看到這個構想成真

1　原註：羅伯特・山德斯 2014 年 3 月 18 日刊於《柏克萊新聞》的〈新 DNA 編輯技術孵育了肆意成長的加州大學優勢〉（New DNA-Editing Technology Spawns Bold UC Initiative,）；創新基因學院網站「關於我們」，https://innovativegenomics .org/about-us/。這個機構在 2017 年 1 月以創新基因學院之名重新啟動。

2　原註：作者對戴夫・塞維奇的訪問；班傑明・歐克斯（Benjamin Oakes）……珍妮佛・道納、戴夫・塞維奇與其他人 2019 年 1 月 10 日刊於《細胞》的〈CRISPR-Cas9 環狀排列作為基因體改造的可設計式鷹架結構〉（CRISPR-Cas9 Circular Permutants as Programmable Scaffolds for Genome Modification）。

的其中一個學生蓋文・納特說,「但在學術界,每個人都在自己的小泡泡裡運作。我們進行著符合自己研究興趣的計畫,只有在必要時才會合作。」就這樣,在沒有資金來源,教職員也沒什麼熱情的狀況下,這個想法繼續被束之高閣。[3]

然後,冠狀病毒出現。塞維奇的學生之前就一直傳簡訊給他,問他柏克萊打算如何因應這場危機並出力,他因此領悟到這可能就是他和道納討論過的那種團隊合作所應該切入的議題型態。當他帶著這個想法晃到道納的辦公室時,發現她也在做類似的思考。

他們議定應該由道納發起一場會議,召集創新基因學院的同僚,以及灣區可能有興趣加入對抗冠狀病毒計畫的其他合作夥伴。在本書前言中提到的那場會議,於 3 月 13 日星期五下午兩點召開,而在這場會議之前,道納與她先生才剛於天亮前摸黑開車去弗雷斯諾,把正要參加機器人競賽的兒子給接回來。

SARS-CoV-2

快速傳染開來的新型冠狀病毒,那時已經有了正式名稱:嚴重急性呼吸道症候群冠狀病毒 2 型,又稱為 SARS-CoV-2。之所以會取這個名字,是因為這個病毒引發的症狀與 2003 年在中國爆發且導致全球 8000 人感染的 SARS 冠狀病毒症狀相近。這種新病毒造成的疾病叫做 COVID-19。

病毒是包裹著壞消息卻假裝簡單的小囊體。[4] 它們是包在一個蛋白質外殼內的非常非常小的遺傳物質,也許是 DNA,也許是 RNA。當病毒設法進入有機體的細胞後,就會駭進細胞機制中進行自我複製。以冠狀病毒為例,其遺傳物質為道納專長的 RNA。SARS-CoV-2 的 RNA 長度約有 29900 對鹼基,與人類 DNA 超過 30 億對鹼基相比,實在不夠看。這個病毒序列所提供的基因碼,僅僅只能做出 29 種蛋白質。[5]

---

3   原註:作者對戴夫・塞維奇、蓋文・納特與道納的訪問。

4   原註:確實,這個世界充斥著一些非常有用且必要的病毒,不過那是另一本書要討論的議題。

5   原註:強納森・科倫(Jonathan Corum)與卡爾・吉莫 2020 年 4 月 14 日刊於《紐約時報》的〈蛋白質內包裹的壞消息:透視新冠病毒基因體〉(Bad News Wrapped in Protein: Inside the Coronavirus Genome);2020 年 4 月 14 日更新之美國國家衛生研究院基因銀行(GenBank)SARS-CoV-2 序列。

以下是冠狀病毒 RNA 裡鹼基片段的樣本：

CCUCGGCGGGCACGUAGUGUAGCUAGUCAAUCCAUCAUUGCCUACA
CUAUGUCACUUGGUGCAGAAAAUUC。

這段序列是一串製造某種蛋白質的部分基因碼，這種蛋白質會待在病毒外殼的外側上，看起來像是一個尖刺，讓病毒在電子顯微鏡下呈現出一種皇冠的形狀，因此有了**冠狀**之名。病毒的尖刺有如一把鑰匙，可以插入人類細胞表面的特定受器中。特別是上述序列的前 12 對鹼基，會讓尖刺緊緊綁住人類細胞中一種特定受器。這種短序列的演化，也解釋了為什麼這個病毒會從蝙蝠身上跳到其他動物，再跳到我們人類的身上。

從 SARS-CoV-2 冠狀病毒的角度來看，人類受器是一種名為 *ACE2* 的蛋白質。*ACE2* 所扮演的角色，與中國那位流氓博士賀建奎製作 CRISPR 雙胞胎所剪輯剔除的 *CCR5* 蛋白質，在 HIV 病毒感染所扮演的角色類似。因為 *ACE2* 蛋白質的功用不僅僅是受器，因此從我們這個物種身上直接編輯移除，並非什麼好主意。

新型冠狀病毒跨物種傳給人類，是 2019 年年底某段時間所發生的事情。第一件正式登記在案的死亡案例，是 2020 年 1 月 9 日。同樣在那一天，中國研究人員公開貼出了病毒的完整基因序列。結構生物學家透過冷凍電子顯微技術，對凍結在液體中的蛋白質發射電子，一個原子一個原子、一個扭轉一個扭轉地，建立起這種冠狀病毒和它那些尖刺的精準模型。一旦掌握了病毒的序列資訊與結構數據後，分子生物學家就可以加快腳步，找出治療方式與疫苗，阻擋病毒進入人類細胞。[6]

6　原註：亞歷山大‧瓦爾斯（Alexander Walls）……大衛‧維斯勒（David Veesler）與其他人 2020 年 3 月 9 日刊於《細胞》的〈SARS-CoV-2 棘蛋白的結構、功效與抗原性〉（Structure, Function, and Antigenicity of the SARS-CoV-2 Spike Glycoprotein）；王奇慧……齊建勛 2020 年 5 月 14 日刊於《細胞》的〈SARS-CoV-2 利用人類 ACE2 進入的結構與功效基礎〉（Structural and Functional Basis of SARS-CoV-2 Entry by Using Human ACE2）；法藍西斯‧柯林斯 2020 年 4 月 14 日於美國國家衛生研究院發表的〈抗體指出可能的弱點在……新型冠狀病毒〉（Antibody Points to Possible Weak Spot on ……Novel Coronavirus）；邦妮‧伯考維茲（Bonnie Berkowitz）、艾倫‧史黛可伯格（Aaron Steckelberg）與約翰‧穆易斯坎斯（John Muyskens）2020 年 3 月 23 日刊於《華盛頓郵報》的〈新冠病毒的結構透露了什麼〉（What the Structure of the Coronavirus Can Tell Us）。

戰鬥序列

　　道納在 3 月 13 日所召開的會議，吸引到的參與者遠遠超過她和塞維奇的預期。就在校園的其他地方都關閉之時，十多位重要實驗室的負責人與學生，都在那個週五下午，聚集在創新基因學院的一樓會議室。除此之外，還有 50 位灣區的研究人員透過 Zoom 視訊會議系統與會。「沒有事先的規劃，也沒有預先設想會有什麼樣的結果，」道納說，「我們當初在麵店的想法就這樣成了真。」[7]

　　一如道納所發現的，作為加州大學柏克萊分校與創新基因學院這類大型機構的一分子，確實有其優勢。創新通常出現在車庫或學校的宿舍裡，但創新的維繫與發揚光大，靠的卻是機構組織。複雜計畫所需要的後勤作業，需要基礎建設來處理。在傳染病大規模流行的時候尤其如此。「創新基因學院這樣的存在，實在太有用了，」道納說，「因為有各種團隊可以協助撰寫提案、建立 Slack 頻道、發群體郵件、安排 Zoom 視訊會議，以及協調設備與器材等等工作。」

　　柏克萊的法律團隊擬定了一套政策，在保護智慧財產權的基礎下，與其他冠狀病毒研究人員自由地分享發現。在最初的其中一場會議上，一位柏克萊的律師拿出了一份免權利金授權的方針範本。「這個合作計畫所產出的任何成果，我們都會允許非獨家的免費授權，」這位律師說，「我們還是希望對所有發現結果都提出專利申請，但為了這次的目的，大家都可以利用這些專利。」這個團隊在 3 月 18 日召開的第二場 Zoom 視訊會議上，道納準備了一份投影片。她簡潔地概述了這個政策所要傳遞的訊息，「我們現在這樣做不是為了賺錢。」

　　召開這場第二次會議時，道納另外準備了一張投影片，列出了 10 個大家已經決定要進行的計畫，以及每個計畫的團隊負責人名字。有些規劃的工作用到最新的 CRISPR 技術，包括發展以 CRISPR 為基礎的診斷測試，以及找出方法，把以 CRISPR 為基礎，能夠鎖定並摧毀病毒遺傳物質的系統，安全地送進患者肺部。

7　原註：作者對梅根・赫許崔瑟、道納、戴夫・塞維奇與費爾多・烏爾諾夫的訪問。

就在各種想法紛沓湧至時，當時會議室裡眾多睿智的幫手中，錢澤南教授[8]突然提出了一個清晰的註解。「我們要把工作分成兩部分，」他說，我們可以試著去發明很多新的東西，「但首先，我們現在面對的是燃眉之急。」會場靜默了一會兒後，他接著解釋，在大家各自坐回實驗台，努力找出未來的生物技術之前，必須先處理大眾檢測的緊急需求。於是道納所啟動的第一個團隊，被賦予的任務就是在這棟大樓的一樓，把他們當時所坐的會場附近的一處空間改造成一個最先進的冠狀病毒自動化快速檢測實驗室。

第 49 章

檢測

美國的失敗

美國地區衛生官員收到的第一份新型冠狀病毒正式檢測相關官方指導，來自 2020 年 1 月 15 日由美國疾病管制與預防中心（疾管中心）的微生物學家史蒂芬・林斯壯（Stephen Lindstrom）所主持的一場視訊會議。他說，疾管中心發展出了一種檢測新型冠狀病毒的方式，但在美國食品藥物管理局（食藥局）核准之前，無法供應給各州的衛生管理當局。林斯壯承諾，檢測套組應該很快就能提供，但在那之前，醫師們必須把檢體送到亞特蘭大的疾管中心檢驗。

第二天，一位西雅圖醫生寄給疾管中心一份鼻腔拭子檢體，檢體來自於一位剛從武漢返美且出現了類似流行性感冒症狀的 35 歲男子。這名男子成為美國第一個檢測陽性的確診案例。[1]

1 月 31 日，食藥局的上級單位美國衛生及公共服務部（衛生部）部長亞歷克斯・阿扎爾（Alex Azar）宣布全國進入公共衛生緊急狀態。這項宣布給了食藥局加快核准冠狀病毒檢測的權力。然而這項加速批核的過程卻帶來了一個意

---

[1] 原註：肖恩・波伯格（Shawn Boburg）、小羅伯特・歐哈若（Robert O'Harrow Jr.）、妮娜・沙提加（Neena Satija）與艾美・葛史登（Amy Goldstein）2020 年 4 月 3 日刊於《華盛頓郵報》的〈深入瞭解新冠病毒的檢測失敗〉（Inside the Coronavirus Testing Failure）；羅伯特・拜爾德（Robert Baird）2020 年 3 月 16 日刊於《紐約客》的〈美國的新冠病毒篩檢出了什麼錯？〉（What Went Wrong with Coronavirus Testing in the U.S.）；麥可・錫爾（Michael Shear）、艾比・古德瑙（Abby Goodnough）、席拉・卡普蘭（Sheila Kaplan）、雪莉・芬克（Sheri Fink）、凱蒂・湯瑪斯（Katie Thomas），以及諾亞・魏蘭（Noah Weiland）2020 年 3 月 28 刊於《紐約時報》的〈失去的那個月：檢測失敗如何讓美國對 COVID-19 視而不見〉（The Lost Month: How a Failure to Test Blinded the U.S. to COVID-19）。

費爾多・烏爾諾夫在德克・哈克邁爾注視下，從柏克萊消防隊多莉・趙手中接過第一批測試檢體

料之外的怪異後果。在正常情況下，只要不上市，醫院與大學院校的實驗室可以運用各自的設備自行發明自己的檢測方式。但宣布全國進入公共衛生緊急狀態，也強迫實施了一個規定，那就是這些檢測在取得「緊急使用授權」前，通通不可以使用。這項規定的本意是在避免健康危機期間使用未經核准的檢測方式。就因為這樣，阿札爾的宣布引發了學術實驗室與醫院的新一波限制。如果疾管中心的檢測方案可以大範圍利用，這也沒有問題。但問題是食藥局尚未批准疾管中心的檢測方法。

批准令終於在 2 月 4 日發布，第二天疾管中心開始寄發檢測套組給各聯邦與地方的實驗室。檢測方法的程序，或者應該進行的程序，是把一根長長的棉花棒插入檢測者的鼻腔後端。實驗室在套組內使用了一些化學混合物，讓棉花棒能夠提取到鼻腔黏液中的所有 RNA。RNA 經過「反轉錄」的過程，變成 DNA。這個 DNA 株接著會藉由一種名為聚合酶連鎖反應（PCR）的大多數生物系大學生都會學習如何操作的過程，被擴增為數百萬個複製版本。

PCR 程序是 1983 年由一家生物科技公司的化學家凱瑞・穆勒斯（Kary Mullis）所發明。有天晚上他在開車時，構思出了一種方式，先針對一段 DNA 序列進行標記，然後透過名為熱循環的重複加熱與冷卻循環，利用酵素進行 DNA 複製。「PCR 可以在一個下午從一個 DNA 的單一分子，產出 1 兆個相似的分子，」穆勒斯寫道。[2] 現在這種程序通常都是由一個微波爐大小，混合了升溫與降溫功能的機器完成。如果黏液中含有冠狀病毒的遺傳物質，那麼 PCR 程序就可以透過擴增過程偵測到病毒。

當各州的衛生官員收到疾管中心的檢測套組後，他們用已經確認陽性或陰性的患者來校驗這些工具的效用。「2 月 8 日一大早，聯邦快遞把疾管中心第一梯次當中的一批檢測套組，送到了曼哈頓東部的一個公共衛生研究室，」華盛頓郵報報導，「實驗室連著好幾個小時努力驗證檢測套組是否有效。」當研究人員檢測已經知道含有病毒的檢體時，得到了陽性結果。很好。遺憾的是，

2　原註：凱瑞・穆勒斯 1990 年 4 月刊於《科學人》的〈聚合酶連鎖反應異乎尋常的起源〉（The Unusual Origin of the Polymerase Chain Reaction）。

當他們檢測經過淨化水的檢體時，得到的結果仍是陽性。疾管中心提供的檢測套組化學混合物中有一個化學成分有瑕疵。這個成分在製造過程中受到了污染。「噢，完蛋了，」曼哈頓市衛生部的副處長珍妮佛・瑞克曼説，「現在怎麼辦？」[3]

讓這次丟臉事件更加雪上加霜的，是世界衛生組織之前曾向全球送出了 25 萬組功能正常的診斷檢測套組。美國本來可以分到部分檢測套組或進行複製，但有關當局拒絕了世衛組織的贈與。

一所大學介入

華盛頓大學位於美國首次新冠疫情大爆發的其中一處中心，也是第一所衝入這個地雷區的大學。在 1 月初看到來自中國的報導之後，這所大學醫學中心病毒學研究室裡圓臉的年輕副主任艾力克斯・葛雷寧傑（Alex Greninger），就和他的上司凱斯・傑若米（Keith Jerome）討論要發展他們自己的檢測方式。「也許疫情不會過來。但總要有所準備。」[4]

短短兩週內，葛雷寧傑就做出了有效的檢測。在正常狀況的規範下，這套方法可以在他們自己的醫院系統內使用。然而衛生部部長阿札爾宣布了緊急狀態令，讓一切規範都從嚴執行。葛雷寧傑於是正式向食藥局申請「緊急使用授權」。光是填寫所需的表格，他就花了將近 100 個小時。接著上演的是一齣精彩的官僚混戰。他先是在 2 月 20 日收到了食藥局的回覆，通知他除了透過電子系統提出申請外，他還得將所有申請資料全部列印出來，並且另外燒錄到一張光碟片中（有人記得什麼是光碟嗎？），將書面資料與光碟一起寄到馬里蘭州的食藥局總局。在一封寫給朋友的電子郵件中，葛雷寧傑描述了食藥局的離譜

---

3   原註：波伯格與其他人的〈深入瞭解新冠病毒的檢測失敗〉；大衛・威爾門（David Willman）2020 年 4 月 18 日刊於《華盛頓郵報》的〈美國疾病管制與預防中心實驗室污染致使新冠病毒篩檢推出日期延後〉（Contamination at CDC Lab Delayed Rollout of Coronavirus Tests）。

4   原註：喬奈爾・阿雷沙（JoNel Aleccia）2020 年 3 月 16 日刊於《凱瑟健康新聞》（Kaiser Health News）的〈無敵實驗室在冠狀病毒步步進逼時加速擴大篩檢〉（How Intrepid Lab Sleuths Ramped Up Tests as Coronavirus Closed In）。

作法後，發洩地寫道，「跟我複頌一遍，緊急。」

幾天後，食藥局回覆葛雷寧傑，要求他再做更多的實驗確認他使用的檢測工具，是否可以順便檢測到 MERS 與 SARS 病毒。只不過這兩種病毒均已蟄伏多年，而且葛雷寧傑根本沒有這兩種病毒檢體可以做檢測。他打電話給疾管中心，希望能取得舊的 SARS 病毒檢體，疾管中心拒絕提供。「這個時候我就在想，『哈，也許食藥局和疾管中心根本就沒有溝通過這件事情，』」葛雷寧傑對記者茱利亞・艾歐夫（Julia Ioffe）說，「我這時才理解到，噢，哇，這大概要花上好長一段時間才辦得成。」[5]

其他人也碰到了類似的問題。梅約診所（Mayo Clinic）為了對應這次疫情，組建了一個危機小組。15 位危機小組成員中，有 5 位的工作是全職處理食藥局的文書要求。到了 2 月底，數十家醫院與學術實驗室，包括史丹佛與麻省理工學院和哈佛的布洛德研究所，都已經開發出了檢測的能力，但沒有任何單位有辦法拿到食藥局的授權。

到了這個節骨眼，已經成為全國超級明星的美國國家衛生研究院傳染病負責人安東尼・佛契（Anthony Fauci）介入。2 月 27 日他和衛生部長阿札爾的幕僚長布萊恩・哈里遜（Brian Harrison）對話，促請食藥局同意大學、醫院與私人檢測服務機構，在等待緊急使用授權的同時，開始使用他們自己的檢測方式。哈里遜與相關單位舉行視訊會議，並用強烈的言辭告訴他們，在這場會結束前，他們必須提出這樣的計畫。[6]

終於，食藥局的態度在 2 月 29 日週六軟化，宣布非政府所屬實驗室在等待緊急使用授權的同時，准許應用各自的檢測方法。公告之後，葛雷寧傑的實驗室在週一針對 30 位患者進行篩檢。幾週內，他們一天的檢驗量超過 2500 人。

艾瑞克・蘭德的布洛德實驗室也加入戰局。布洛德傳染病計畫的協調人

5　原註：茱利亞・艾歐夫 2020 年 3 月 16 日刊於《GQ》雜誌的〈令人氣憤的政府拖延冠狀病毒檢測始末〉（The Infuriating Story of How the Government Stalled Coronavirus Testing）；波伯格與其他人的〈深入瞭解新冠病毒的檢測失敗〉。葛雷寧傑寄給友人的電子郵件中也納入了這篇優秀的《華盛頓郵報》事件重建報導。

6　原註：波伯格與其他人的〈深入瞭解新冠病毒的檢測失敗〉；派崔克・博耶（Patrick Boyle）2020 年 3 月 12 日於美國醫學院學會（AAMC）發表的〈冠狀病毒檢測：學術醫藥實驗室如何加緊腳步填補空白〉（Coronavirus Testing: How Academic Medical Labs Are Stepping Up to Fill a Void）。

黛博拉·洪（Deborah Hung），同時也是波士頓布萊根婦女醫院（Brigham and Women's Hospital）的內科醫師。3 月 9 日晚上，麻省的新冠病毒確診人數增加到 41 人時，她對這種病毒可能造成的嚴重程度感到非常震驚。她打了電話給同僚、布洛德研究所基因體定序設備處的主任史黛西·蓋博瑞爾（Stacey Gabriel），問她是否可以把這個設備處變成檢測冠狀病毒的實驗室？設備處的地點距離布洛德總部僅隔了幾條街，之前是專門幫芬威球場（Fenway Park）存放啤酒與爆米花的倉庫。蓋博瑞爾回覆可以之後，洪就打了電話給蘭德，詢問這麼做是否沒問題。蘭德對於把科學有效應用在公共利益的事情上向來都積極參與，而且把這些與自己有相同直覺的隊友全聚集一堂，不但令他覺得非常驕傲，而且理所當然的驕傲。「那通電話其實無關緊要，」蘭德說，「我當然說沒問題，不過不管怎麼樣，她都已經打定主意要這麼做了，她也應該這麼做。」這間實驗室在 3 月 24 日就完全轉型運作，接收來自波士頓各地區醫院送出的檢體。[7] 由於川普政府無法執行大規模檢測，因此通常都是由政府負責的工作，就這樣由各大學的研究實驗室開始接手。

7　原註：作者對蘭德的訪問；麗亞·愛因史達特（Leah Eisenstadt）2020 年 3 月 27 日刊於《布洛德通訊》的〈布洛德研究所如何在數天內就將一個臨床處理實驗室改造成大規模的 COVID-19 篩檢機構〉（How Broad Institute Converted a Clinical Processing Lab into a Large-Scale COVID-19 Testing Facility in a Matter of Days）。

第 50 章

柏克萊實驗室

志願軍大隊

道納與她在柏克萊創新基因學院的同僚，在 3 月 13 日的會議上決定要專心建造屬於他們自己的冠狀病毒檢測實驗室時，曾就應該應用什麼技術而有過討論。應該利用之前所描述的 PCR 那種繁瑣但可靠的程序，擴增檢測棉棒上的遺傳物質嗎？或者他們應該試著發明新的檢測方法，一種用 CRISPR 技術直接檢測病毒 RNA 的篩檢？

最後他們決定兩者並行，不過一開始會快速進行第一種檢測方法。「在能跑之前，我們必須先用走的，」道納在這場討論會結束前說，「當下，我們先用現有技術，然後可以創新。」[1] 有了自己的檢測實驗室，創新基因學院就會有數據以及患者檢體可以嘗試新的作法。

會議後，學院在推特上張貼了這樣的內容：

創新基因學院（@igisci）：我們正在柏克萊校區努力建立臨床 #COVID19 檢測能力。我們會針對試劑、設備與志工的需求，經常更新本頁。

---

[1] 原註：2020 年 3 月 13 日創新基因學院 COVID-19 快速對應研究會議（COVID-19 Rapid Response Research meeting）。作者獲准參與這支快速對應團隊的會議以及工作小組，大多數溝通都是透過 Zoom 視訊會議配合 Slack 頻道的資料分享。

兩天內，超過 860 個人回應，志工單滿到不得不停止招募。

　　道納組成的團隊反映出了她的實驗室以及生物科技界所常見的多樣性。費爾多・烏爾諾夫是她委以運作指揮官重任的人。他是基因編輯的鬼才，一直領導著創新基因學院團隊，努力開發價格親民的鐮刀型貧血症治療法。

　　烏爾諾夫 1968 年出生於莫斯科中心地區，跟著當教授的母親茱莉亞・帕里耶夫斯基（Julia Palievsky）學英文，而他的父親迪米崔・烏爾諾夫（Dmitry Urnov）是傑出的文學批評家與鑽研莎士比亞的學者，同時還是福克納（William Faulkner）的書迷，以及為丹尼爾・笛福[2]做傳的傳記作家。烏爾諾夫的父親現在也住在柏克萊，兩家離得很近。我曾問他是否有因為冠狀病毒的流行，而去向他父親請教過 1722 年笛福問世的作品《大疫年紀事》（*A Journal of the Plague Year*）[3]。「有，」他說，「我打算請他用 Zoom，給我和我們目前住在巴黎的女兒上一堂課，講講這本書。」[4]

　　烏爾諾夫和道納一樣，在大概 13 歲時讀了華生的《雙螺旋》，然後決定成為生物學家。「珍妮佛和我拿著我們約莫在相同年紀看了《雙螺旋》的這件事開玩笑，」他說，「儘管華生做人有明顯的缺點，但他確實創造了一個很好的故事，讓整個追獵生命機制的行動變得非常刺激。」

　　18 歲時的烏爾諾夫有點叛逆，徵兵制度讓他進了蘇聯軍隊服役，理了一個大光頭。「我毫髮無傷地存活下來了，」他說。當完兵後，他就到了美國。「1990 年 8 月，我發現自己降落在波士頓的洛根機場，布朗大學接受了我的入學申請，然後一年後我媽拿到了傅爾布萊特（Fulbright）的學者名額，成了維琴尼亞大學的訪問學者。」沒多久，烏爾諾夫就開心地在布朗大學攻讀他的博

2　Daniel Defoe，1960 ~ 1731，英國作家、生意人與記者。著名的《魯賓遜漂流記》（*Robinson Crusoe*）就是出自其筆下。

3　丹尼爾・笛福作品，描述1665年一個人置身因鼠疫造成的倫敦大瘟疫（1665～1666年）期間的所見所聞。

4　原註：作者對費爾多・烏爾諾夫的訪問。迪米崔・烏爾諾夫後來成為紐約艾德菲大學（Adelphi University）的教授。他是經驗非常豐富的馴馬師，前蘇聯領導人赫魯雪夫（Nikita Khrushchev）要送名駒給美國工業鉅子賽勒斯・伊頓當禮物時，就是迪米崔陪著 3 匹名駒渡海。他和他的妻子茱莉亞・帕里耶夫斯基合著有《異源同流的作者：狄更斯在俄國》（*A Kindred Writer: Dickens in Russia*）；夫妻兩人都是美國作家福克納的研究學者。

士學位，埋首在試管當中。「我知道我不打算回俄國了。」

　　烏爾諾夫是那種可以自在地跨足學術與工業兩種領域的研究人員。16 年來，他一面在柏克萊教書，一面領軍山佳摩治療公司（Sangamo Therapeutics）團隊，把科學發現轉譯為醫學治療。他的俄國出身與文學家世，潛移默化地培育出他戲劇的天賦，而他又把這樣的天賦與他對美國事在人為精神的熱愛加以融會。當他接到道納的指派要他主持實驗室時，他發送的訊息是一段出自托爾金《魔戒》的文字：

「我希望這件事不會在我有生之年發生，」佛爾多說。
「我也希望如此，」甘道夫說，「我們所有活著目睹這些年代的人都這麼希望。但這由不得我們來決定，我們能決定的就只有如何善用我們有的時間。」

　　道納麾下兩位科學大將，另一位是珍妮佛·漢彌頓，她是道納的弟子，一年前曾花了一天時間教我如何利用 CRISPR 編輯人類基因。她是在西雅圖長大的女孩，在華盛頓大學修生物化學與遺傳學，然後一邊聽播客的〈本週的病毒學世界〉（This Week in Virology），一邊當個實驗室技術人員。她從紐約的西奈山醫療中心取得了博士學位，並在那兒將病毒以及與病毒相似的分子轉變成可以傳遞醫療效用的機制，後來以博士後研究生身分進了道納的實驗室。在 2019 年的冷泉港會議上，道納驕傲地看著漢彌頓報告她利用與病毒相似的分子，將 CRISPR-Cas9 基因編輯工具送進人體的研究成果。

　　冠狀病毒危機在 3 月初重擊美國時，漢彌頓對道納說，她想和她的母校華盛頓大學的人一樣，親身參與病毒對抗。就這樣，道納指派她領導實驗室的技術發展工作。「感覺像武裝動員，」漢彌頓說，「我絕對會接下這份工作。」她作夢都沒有想過自己的靈巧能優化 RNA 粹取過程，成為全球危機中的一種緊急技術。真實世界的部署，也讓她和她的學者同儕們體驗到了一點商業世界常見的專案導向團隊合作模式。「這是我第一次參與這樣的科學團隊，這麼多

擁有不同才幹的人，都因為一個共同的目標而結合在一起。」[5]

　　與漢彌頓一起維持檢測實驗室運作的是安立奎・林・蕭。林・蕭在哥斯大黎加出生、成長，父親是割捨一切、全部從頭來過的臺灣移民。1996 年複製的桃莉羊引發了他對遺傳學的興趣。高中畢業後，他取得了慕尼黑科技大學（Technical University of Munich）的獎學金，跨海去研究如何把 DNA 折疊成不同型態，打造奈米科技的生物工具。完成慕尼黑大學的課業後，他轉赴劍橋大學學習 DNA 的折疊對細胞功能有多重要。接著他去賓州大學攻讀博士，並釐清我們基因體之前被稱為「垃圾 DNA」的非編碼區，在疾病惡化的過程中所可能扮演的角色。換句話說，在美國吸引全球各種天才聚集的時候，安立奎・林・蕭和張鋒一樣，都是這個環境下的典型美國成功故事。

　　以博士後研究生身分進入道納實驗室的林・蕭，研究重點在於找出可以做出裁切與貼上長 DNA 序列的新基因編輯工具方法。2020 年 3 月居家躲避疫情，他在瀏覽推特訊息時，看到創新基因學院同僚為檢測實驗室徵求志工的推文。「他們要找的是有 RNA 提取和 PCR 經驗的人，而這都是我固定會在實驗室裡操作的技術，」他說，「第二天我接到珍妮佛的電子郵件，問我是否有興趣一起領導技術方面的工作，我立刻說好。」[6]

實驗室

　　創新基因學院很幸運，因為一樓有超過 756 坪的面積正在進行基因編輯實驗室改裝。道納的團隊開始移進新的機器與裝滿了化學品的箱子，把這塊空間變成冠狀病毒的檢測場所。一個原本需要好幾個月才能建立的實驗室，在幾天之內就建立完成。[7]

5　原註：作者對珍妮佛・漢彌頓的訪問；珍妮佛・漢彌頓 2020 年 6 月刊於《CRISPR》期刊的〈打造一間 COVID-19 的短期檢測實驗室〉（Building a COVID-19 Pop-Up Testing Lab）。

6　原註：作者對安立奎・林・蕭的訪問。

安立奎‧林‧蕭與珍妮佛‧漢彌頓

---

7 原註：作者對費爾多‧烏爾諾夫、道納、珍妮佛‧漢彌頓、安立奎‧林‧蕭的訪問；霍普‧韓德森（Hope Henderson）2020 年 3 月 30 日刊於《創新基因學院新聞》（*IGI News*）的〈創新基因學院啟動重要的自動化 COVID-19 診斷檢測措施〉（IGI Launches Major Automated COVID-19 Diagnostic Testing Initiative）；梅根‧莫坦尼（Megan Molteni）與格雷哥里‧巴伯（Gregory Barber）2020 年 4 月 2 日刊於《連線》雜誌的〈CRISPR 實驗室如何改頭換面成為 COVID 臨時檢測中心〉（How a Crispr Lab Became a Pop-Up COVID Testing Cente）。

創新基因學院向校園各實驗室請求、商借和徵收物資與器材。有一天，當大家準備做實驗時，才猛然發現他們沒有可以讓其中一台 PCR 設備運轉的正確檢體盤。於是林・蕭和其他人先後跑遍了創新基因學院以及鄰近兩棟大樓的所有實驗室，才找到了一些檢體盤。「因為校園絕大部分都封閉了，所以有點像大規模的尋寶探險，」他說，「每天都感覺像在坐雲霄飛車，一大早我們會發現新的問題，讓大家憂心忡忡，然後在一天結束前想出解決辦法。」

　　這個實驗室在器材以及物資上大概花了 55 萬美金。[8] 其中有台關鍵設備是很精巧的機器，能夠自動提取患者檢體中的 RNA。這台漢米敦 STARlet 設備（Hamilton STARlet）利用機械移液吸管，從每個患者檢體中汲取少量檢體，注入一個蘋果手機大小的檢體分隔盤上的檢體盤微孔。一個檢體盤有 96 個微孔。檢體盤接著會被送入機室，在每一個檢體上澆上試劑，提取 RNA。這個設備可以透過條碼追蹤每一個檢體的患者資訊，確保程序符合隱私權規範。對學術研究人員來說，這是個嶄新的經驗。「像我們這種實驗台上的科學家，通常都會覺得我們的影響有點間接且需要很長的時間，」林・蕭說，「這次則感覺非常直接且即時。」[9]

　　漢彌頓的祖父以前是美國太空總署阿波羅火箭升空計畫的工程師，有天她的團隊成員暫停了手上工作，看著其他人在他們 Slack 頻道上分享的一段《阿波羅 13 號》電影片段。在這段影片中，工程師必須找出方法，把「方形的過濾器置入登月艙圓形的接頭內」，才能解救 3 位太空人。「我們每天都面對很多挑戰，但都見招拆招，一一克服，因為我們知道時間很趕，」漢彌頓說，「這個經驗讓我很想知道，1960 年代我爺爺在太空總署的工作狀況，是不是就是這樣。」這樣的類比非常恰當。在這條人類細胞進入下一個邊境的路上，新冠病毒與 CRISPR 都幫上了忙。

　　至於道納，必須弄清楚的是在檢測外人時，學校可能要負起的法律責

8　原註：創新基因學院 SARS-CoV-2 檢測協會（Innovative Genomics Institute SARS-CoV-2 Testing Consortium）、德克・哈克邁爾（Dirk Hockemeyer）、費爾多・烏爾諾夫與道納 2020 年 4 月 12 日刊於《medRxiv》的〈SARS-CoV-2 臨時檢測中心藍圖〉（Blueprint for a Pop-up SARS-CoV-2 Testing Lab）。
9　原註：作者對費爾多・烏爾諾夫、珍妮佛・漢彌頓與安立奎・林・蕭的訪問。

任。釐清這樣的事情，律師通常要殫精竭慮好幾個禮拜，所以道納直接打電話給擔任過美國國土安全部部長的加州大學體系主席珍娜‧納波里塔諾（Janet Napolitano）。12個小時內，納波里塔諾批准了道納的要求，並且讓整個加州大學體系的法務組織全部就位。烏爾諾夫發現在這類情況下，道納這面大旗扯起來非常管用。「我開玩笑地稱她為美國珍妮佛‧道納號軍艦，」他說。

由於聯邦檢測依然一團亂、商業實驗室也要花一週以上的時間回報結果，各界對於柏克萊的檢測需求極其龐大。柏克萊市的衛生官員麗莎‧赫南德茲（Lisa Hernandez）要求烏爾諾夫提供 5000 份檢測套組，其中部分會用在城裡最貧困的區域以及遊民區。消防局局長大衛‧布來尼根（David Brannigan）告訴烏爾諾夫，消防隊有 13 名消防員因為無法取得檢測結果而被隔離。道納與烏爾諾夫承諾滿足他們的需求。

「創新基因學院，謝謝」

新實驗室迎來的第一個重大挑戰，是要確保他們的新冠病毒檢測結果正確。道納在這個計畫中善用了她的特殊眼力。從她還是研究生開始，就已經是破譯 RNA 相關資料以及結果判讀的專家了。每當結果出來，研究人員就會在 Zoom 視訊系統的畫面上分享，然後在網路上看著道納傾過身子，專注地盯著代表數據點的各種藍色、綠色的倒三角形與方形圖案。有時候道納就只是坐在那裡盯著資料看，動也不動。這種時候，其他人大氣都不敢喘一聲。「可以，看起來沒問題，」在一次會議中，她把游標指在 RNA 檢測試驗的一個部分。然後 Zoom 前面的所有人都看到，在游標指向其他地方的時候，她的表情變了，嘴裡喃喃說著，「不行、不行、不行。」

4 月初，道納注視著林‧蕭收集到的最新數據，終於宣布結果「很棒。」檢測可以上場了。

4 月 6 日星期一早上 8 點，一輛消防車停在創新基因學院門口，一位名叫多莉‧趙（Dori Tieu）的消防隊員送來了一箱檢體。戴著白色手套與藍色口罩的烏爾諾夫，在同僚德克‧哈克邁爾（Dirk Hockemeyer）注視下，接收了這個

費爾多・烏爾諾夫在拍下感謝留言時的倒影

保麗龍保溫箱。他們承諾第二天提出檢測結果。趁著大家都在進行最後準備，要讓實驗室整個動起來的期間，烏爾諾夫幫他住在附近的父母去拿外賣餐點。等他回到創新基因學院時，他看到一張紙貼在學院的大玻璃門上。紙上寫著，「創新基因學院，謝謝！柏克萊人與世界敬上」

珍妮斯·陳與盧卡斯·哈靈頓

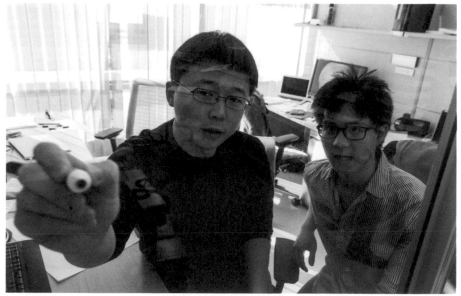

張鋒與徐安祺

第 51 章

猛獁與福爾摩斯

作為檢測工具的 CRISPR

在道納召集因應冠狀病毒的 3 月 13 日會議上，她同時的當務之急是優先建立一種高速的傳統 PCR 檢測實驗室。但討論過程中，費爾多·烏爾諾夫建議大家一併考慮一種更創新的想法，那就是利用 CRISPR 去偵測冠狀病毒的 RNA，類似細菌如何利用 CRISPR 偵測到入侵病毒的作法。

「有篇關於這個議題的報告剛出來，」一名與會者突然發言。

烏爾諾夫的不耐煩與被打斷的懊惱一閃而過，因為他對這篇報告知之甚詳。「沒錯，作者是珍妮斯·陳（Janice Chen），之前曾是道納研究室的研究員。」

事實上剛出爐的類似題目論文有兩篇。一篇是道納實驗室的前研究人員，她以 CRISPR 作為檢測工具的技術，成立了一家公司。另外一篇論文的作者，毫無意外地是布洛德研究院的張鋒。兩大陣營再次短兵相接。然而這次雙方的競爭，卻不是為了編輯人類基因方式的專利。此次新開闢的戰場，目標在於協助拯救人類脫離新型冠狀病毒肆虐，因此雙方的發現都無償共享。

Cas12 與猛

2017 年，珍妮斯·陳與盧卡斯·哈靈頓都是道納實驗室的博士研究生，當時他們研究的是新發現的 CRISPR 關聯酵素。具體來說，他們兩人當時正在分析的是一種具有特殊屬性的酵素，這個酵素後來廣為人知的名字是 Cas12a。這

個酵素和 Cas9 一樣，可以針對性地發現並裁切 DNA 的特定序列，然而 Cas12a 卻又不僅止於鎖定與裁切，它會進入一種瘋狂的無差別裁切模式，把附近所有單株的 DNA 全切光光。「我們注意到這種非常怪異的行為，」哈靈頓說。[1]

某天早餐期間，道納的先生傑米・凱特提議，也許可以利用這種特質創造出一種診斷工具。陳與哈靈頓也有同樣的想法。他們結合了一個 CRISPR-Cas12 系統與一個「通報」分子。通報分子是一個與 DNA 有一點點連結的螢光信號。當 CRISPR-Cas12 系統找到 DNA 序列標的時，也會把通報分子切掉，造成一個會發光的信號。結果就是可以偵測到患者是否感染了特定病毒、細菌或癌症的診斷工具。陳與哈靈頓把它命名為「DNA 核酸內切酶鎖定之 CRISPR 轉通報」（DNA endonuclease targeted CRISPR trans reporter）系統，兩人之所以如此匠心獨具地想出這個超級繞口的名字，就是為了要創造出一個像 CRISPR 般的縮頭語 DETECTR。

陳、哈靈頓與道納把他們的發現寫成論文，並於 2017 年 11 月向《科學》投稿。編輯請他們就如何把這個發現轉成診斷測試增加一些內容。這個時候，在連結基礎科學與可能的應用方式這個領域，連傳統的科學期刊都展現了極大的興趣。「如果一家期刊告訴你多補充內容，」哈靈頓說，「那你就得開始使盡吃奶力氣去做。」於是 2017 年的聖誕假期間，他和陳與另外一位加州大學舊金山分校的研究人員合作，證明了他們的 CRISPR-Cas12 工具能夠如何偵測到一種透過性行為傳染的人類乳突瘤病毒（HPV）。「我們抱著巨大的實驗室設備，搭著 Uber 來來回回，檢測不同患者的檢體，」他說。

因為這是要加快進程的計畫，所以道納敦促《科學》盡快發表。他們重新在 2018 年 1 月提出論文，增加了編輯之前要求呈現 DETECTR 檢測 HPV 感染的資料；論文通過審查，這一版的內容於 2 月在網路上發表。

自從華生與克里克以「我們所假設的特定配對型態，立即讓人想到遺傳物質可能具備的一種複製機制，而這一點，我們並未忽略，」做為他們著名的 DNA 報告結尾後，期刊論文以一段輕描淡寫卻展望未來重要性的文字做為

1　原註：作者對魯卡斯・哈靈頓與珍妮斯・陳的訪問。

結尾，儼然成了一種標準的論文寫法。陳、哈靈頓與道納的這篇報告最後一段話，是 CRISPRCas12 系統「提供了一個照護當下就可以取得診斷的方式，提升核酸檢測的速度、靈敏度與特異性。」換言之，不論在家裡還是在醫院裡，CRISPR-Cas12 系統都可以用來快速偵測病毒感染。[2]

儘管哈靈頓與陳還沒有取得博士學位，但道納還是鼓勵他們成立公司。道納現在已是個篤信基礎研究應該結合轉譯研究、科學發現應該從實驗台轉到臨床應用的虔誠信徒了。「許多我們之前發現的其他技術，都被當時並沒有發展這些技術的大公司買下來，當成了一種防禦型的戰略部署，」哈靈頓說，「而這些都是刺激我們創立自己公司的動機。」猛獁生物科學（Mammoth Biosciences）就這樣在 2018 年 4 月成立，道納是這家公司科學顧問委員會的主席。

Cas13 與福爾摩斯

一如既往，道納和她的團隊與布洛德的張鋒這位橫隔了一整個美國的對手，又處在競爭的態勢之中。張鋒與 CRISPR 的先驅，美國國家衛生研究院的尤金・庫寧合作，運用計算生物學，分類整理了數千上萬個微生物的基因體，並在 2015 年 10 月提出他們發現許多新 CRISPR 關聯酵素的報告。除了已知可以鎖定 DNA 的 Cas9 與 Cas12，張鋒與庫寧還發現了一整類可以鎖定 RNA 的酵素。[3] 這類酵素後來被稱為 Cas13。

2　原註：珍妮斯・陳……魯卡斯・哈靈頓……珍妮佛・道納及其他人 2018 年 4 月 27 日刊於《科學》的〈CRISPR-Cas12a 鎖定目標後所開啟的單株去氧核糖核酸酶活性無差別待遇〉（CRISPR-Cas12a Target Binding Unleashes Indiscriminate Single-Stranded DNase Activity），2017 年 11 月 29 日送達，2018 年 2 月 5 日決定刊出，2 月 15 日正式於網路發表；約翰・卡洛 2018 年 4 月 26 日刊於《端點》（Endpoints）的〈CRISPR 傳奇珍妮佛・道納協助一些剛畢業的大學生成為診斷新貴〉（CRISPR Legend Jennifer Doudna Helps Some Recent College Grads Launch a Diagnostics Up-start）。

3　原註：瑟蓋・施瑪可夫（Sergey Shmakov）、奧瑪・阿布達耶（Omar Abudayyeh）、綺拉・馬拉洛瓦（Kira S. Makarova）……康斯坦丁・賽維里諾夫（Konstantin Severinov）、張鋒以及尤金・庫寧 2015 年 11 月 5 日刊於《分子細胞》的〈多元第二型 CRISPR-Cas 系統的發現與功用〉（Discovery and Functional Characterization of Diverse Class 2 CRISPR-Cas Systems），2015 年 10 月 22 日於網路發表；奧瑪・阿布達耶、強納森・古騰伯格（Jonathan Gootenberg）……艾瑞克・蘭德、尤金・庫寧與張鋒 2016 年 8 月 5 日刊於《科學》的〈C2c2 是針對 CRISPR 效應物的可程式化單一成分 RNA 嚮導 RNA〉（C2c2 Is a Single-Component Programmable RNA-Guided RNATargeting CRISPR Effector），2016 年 6 月 2 日於網路發表。

Cas13 與 Cas12 具有相同的怪異特質，當它找到目標時，就會進入瘋狂裁切模式。Cas13 不僅裁切目標 RNA，還會繼續大刀闊斧地對所有附近的 RNA 下毒手。

張鋒一開始以為自己弄錯了。「我們以為 Cas13 會像 Cas9 切割 DNA 那樣切割 RNA，」他說，「可是不論我們什麼時候讓 Cas13 去執行任務，許多地方的 RNA 都會被砍得片甲不留。」他詢問實驗室團隊是否確實、正確地完成了酵素的淨化工作；會不會是酵素被污染了。大家不厭其煩地認真仔細排除了所有可能的污染源，但無差別的裁切依然持續發生。張鋒猜測這或許是一種當入侵病毒感染得過於嚴重時，免疫統讓細胞自殺，以避免病毒快速擴散所演化出來的方法。[4]

道納實驗室接著的研究，對 Cas13 的實際運作方式做出了貢獻。2016 年 10 月的一篇報告中，道納與她的共同作者——包括她的先生傑米・凱特以及負責 2012 年 CRISPR 在人體細胞內運作部分重要實驗的亞歷珊卓・伊斯特－瑟雷特斯基（Alexandra East-Seletsky）——解釋了 Cas13 負責的不同功能，其中一個就是在抵達目的地後，無差別地將附近數千個其他的 RNA 全切下來。這種惡搞式的裁切，讓帶有螢光通報分子的 Cas13（就像對 Cas12 所做的一樣）有可能成為偵測譬如冠狀病毒等特定 RNA 序列的檢測工具。[5]

張鋒與他在布洛德的同僚在 2017 年 4 月開發出了這樣的檢測工具，他們命名為「特定高敏感度酵素通報解譯」（specific high sensitivity enzymatic reporter unlocking），這個名字其實是為了想要透過（不太成功的）逆向工程所衍生的字詞，創造出福爾摩斯（SHERLOCK）這個縮寫。所以兩個敵對陣營的戰爭還在持續進行中！張鋒他們展現了福爾摩斯可以偵測如茲卡與登革熱等特定病毒

4　原註：作者對張鋒的訪問。

5　原註：亞歷珊卓・伊斯特－瑟雷特斯基……傑米・凱特、羅伯特・提簡（Robert Tjian）與道納 2016 年 10 月 13 日刊於《自然》的〈CRISPR-C2c2 的兩個獨特核糖核酸酶活性激發嚮導 RNA 程序以及 RNA 偵測〉（Two Distinct RNase Activities of CRISPR-C2c2 Enable Guide-RNA Processing and RNA Detection）。CRISPR-C2c2 後來更名為 CRISPERCas13a。

株的能力。[6] 第二年，張鋒團隊又發展出了一個結合了 Cas13 與 Cas12 的版本，可以透過一個反應偵測到多個標的物。接著，他們再簡化這個系統，讓它的檢測結果可以像驗孕一樣，顯現在側流試紙上。[7]

張鋒決定要開設一家診斷公司，將福爾摩斯商業化，一如陳和哈靈頓之前創立猛獁那樣。張鋒的公司創立合夥者，包括了兩位在張鋒實驗室所發表的許多描述 CRISPR-Cas13 論文中，都擔任第一作者的研究生奧瑪·阿布達耶與強納森·古騰伯格。古騰伯格回憶當初他們剛發現 Cas13 有瘋狂無差別裁切 RNA 的傾向時，差點決定不發表報告。因為這種現象看起來就像是大自然一種毫無用處的怪癖。但是當張鋒發現可以透過特定方式掌控那個怪癖，創造出一種偵測病毒的技術時，古騰伯格就理解到，基礎科學的發現最後可以在真實世紀提供完全令人意想不到的應用方式。「你知道，大自然藏著怎麼數都數不盡的精彩奧祕，」他說。[8]

福爾摩斯生物科學公司（Sherlock Biosciences）花了相當一段時間才籌募到資金成立，因為張鋒和他的兩個研究生都不希望讓獲利成為這家公司的主要目標。他們希望發展中國家可以用負擔得起的價格，取得這項技術的應用。也因此這家公司的結構在一方面可以透過其創新獲利，但在有巨大需求的地方，也能採用一種非營利的作法。

與道納、張鋒爭取專利競爭不同的是，這次與診斷公司相關的競爭，並未引起太多爭議。雙方都知道這類的技術有極大的行善潛力。任何時候，只要出現新的疫情，猛獁與福爾摩斯都可以迅速地針對新的病毒，重新設定診斷工具，產出檢測套組。舉例來說，2019 年布洛德團隊派了一個小組，帶著福爾摩

6　原註：強納森·古騰伯格、奧瑪·阿布達耶……卡麥隆·米荷沃德（Cameron Myhrvold）……尤金·庫寧……張鋒與其他人 2017 年 4 月 28 日刊於《科學》的〈利用 CRISPR-Cas13a/C2c2 的核酸檢測〉（Nucleic Acid Detection with CRISPR-Cas13a/C2c2）。

7　原註：強納森·古騰伯格、奧瑪·阿布達耶……張鋒與其他人 2017 年 4 月 27 日刊於《科學》的〈利用 Cas13、Cas12a 與 Csm6 的多套式輕便核酸鹼測平台〉（Multiplexed and Portable Nucleic Acid Detection Platform with Cas13, Cas12a, and Csm6）。另請參見奧瑪·阿布達耶等人合著的〈C2c2 是針對 CRISPR 效應物的可程式化單一成分 RNA 嚮導 RNA〉。

8　原註：作者對張鋒的訪問；凱瑞·戈伯格（Carey Goldberg）2020 年 7 月 10 日美國全國公共廣播電台旗下 WBUR 新聞節目中播出的〈CRISPR 走向 COVID〉（CRISPR Comes to COVID）。

斯技術去拉薩熱疫情爆發的奈及利亞，篩檢與伊波拉病毒系出同門的拉薩病毒受害者。[9]

　　當時，把 CRISPR 當成診斷工具似乎是值回票價的努力，但並不特別令人興奮。這個研究帶來的轟動，與應用 CRISPR 治療疾病或進行人類基因編輯所造成的盛況，毫無可比性。不過到了 2020 年初，這個世界突然有了改變。快速檢測出入侵病毒的能力，變得至關重要。相較於需要許多步驟與不同溫度循環混合在一起的 PCR 檢測，以更快速度、更低價格進行檢測的最佳方式，就是部署已經完成偵測病毒遺傳物質設定的 RNA 引導酵素，換句話說，就是採用細菌已經有效運用了數百萬年的 CRISPR 系統。

9　原註：艾蜜麗·穆林 2019 年 7 月 25 日刊於 OneZero 平台的〈CRISPR 可能成為未來的疾病診斷器〉（CRISPR Could Be the Future of Disease Diagnosis）；艾蜜麗·穆林 2019 年 7 月 30 日刊於 OneZero 平台的〈CRISPR 先驅珍妮佛·道納研究未來診斷檢測〉（CRISPR Pioneer Jennifer Doudna on the Future of Disease Detection）；丹尼爾·卻爾考（Daniel Chertow）2018 年 4 月 27 日刊於《科學》的〈應用 CRISPR 的下一代診斷工具〉（Next-Generation Diagnostics with CRISPR）；安·葛羅恩勞斯基（Ann Gronowski）2018 年 11 月刊於《EJIFCC》電子期刊〈誰是福爾摩斯？或者該問什麼是福爾摩斯？〉（Who or What Is SHERLOCK?）。

第 52 章

冠狀病毒檢測

張鋒

2020 年 1 月初，張鋒開始收到以中文寫來的冠狀病毒相關電子郵件。有些寄件者是他見過的中國學者，但他還意外收到了中國駐紐約領事館的科學官員所寄來的郵件。「雖然您是美國籍，而且並不住在中國，」這封郵件寫著，「但這真的是對整個人類都至關重要的問題。」信中還引用了一句中國老話：一方有難，八方來援。「因此我們希望您能夠想一想，是否有可以一伸援手之處，」這封郵件敦促著。[1]

張鋒對於新型冠狀病毒知道得不多，他大部分的瞭解都來自於之前《紐約時報》一篇說明武漢狀況的報導，但這些電子郵件「讓我對現況產生了一種急迫感，」他說。在與中國領事館溝通的過程中，這樣的迫切感尤其強烈。「我通常和他們沒有任何互動，」11 歲就和父母移民到愛荷華州的張鋒說。

我問他中國官員是否認為他是中國科學家。「可能吧，」他停頓了一下後回答，「我想他們可能認為所有華人都是中國人。不過這個與這件事無關，因為世界現在是如此緊密相連，特別是在一場大疫情之下。」

張鋒決定重新調整福爾摩斯檢測工具，讓它可以檢測新型冠狀病毒。可惜他的實驗室裡沒有人可以處理必要的實驗。於是他決定走到自己的實驗台前，親自動手。他同時徵召了自己帶過的研究生奧瑪·阿布達耶和強納森·古騰伯格

---

[1]　原註：作者對張鋒的訪問。

456　破解基因碼的人

張鋒（左上）、奧瑪・阿布達耶（右上）與強納森・古騰伯格（右中）正透過 Zoom 視訊系統召開新冠病毒偵測會議

來幫忙。他們這時已經在離布洛德一條街的麻省理工學院麥高文腦科學研究所（McGovern Institute）主持自己的實驗室了，但他們同意再次和張鋒合作。

張鋒一開始並沒有管道向確診者取得冠狀病毒樣本，所以他自己合成了一個版本。他和他的隊友利用福爾摩斯程序，發明了一種只需要 3 個步驟，1 個小時內就可以產出結果，完全不需要先進複雜設備的檢測方法。這種檢測唯一的需求，就只是一台小設備，可以在透過比 PCR 更簡單的化學程序，進行樣本遺傳物質擴增時，維持溫度穩定，而且檢測結果可以透過試紙顯現。

早在美國集中全力因應新型冠狀病毒之前的 2 月 14 日，張鋒的實驗室就已經發表了一份描述這種檢測的白皮書，也邀請所有實驗室免費利用或採納這樣的檢測程序。「我們今天分享以福爾摩斯為基礎的一個 COVID-19 的 #冠狀病毒檢測研究，希望可以幫助正在努力對抗疫情的其他人，」張鋒在推特上說，「我們在進一步改善檢測過程的同時，也會繼續更新這個檢測方法。」[2]

張鋒所創立的這間福爾摩斯生物科學公司，很快就開始著手將檢測過程變成可以在醫院與醫生診間使用的商業化檢測。當公司的執行長拉胡爾·丹達（Rahul Dhanda）告訴張鋒的團隊，他想要讓公司專注於新冠病毒時，毫不誇張的，研究人員就這麼坐著椅子滑回了各自的實驗台前，接下這個任務。「當我們說樞軸的時候，我們指的是字面上的椅子樞軸，同時也是在說整個公司朝向一個新目標邁進的中樞，」他說。到了 2020 年底，福爾摩斯生物科學已經在與製造夥伴合作，要生產出可以用在 1 個小時內產出結果的小型設備。[3]

2　原註：張鋒、奧瑪·阿布達耶與強納森·古騰伯格 2020 年 2 月 14 日刊於布洛德網站上的〈使用 CRISPR 診斷法檢測協定〉（A Protocol for Detection of COVID-19 Using CRISPR Diagnostics）；卡爾·吉莫 2020 年 5 月 5 日刊於《紐約時報》的〈CRISPR，冠狀病毒的可能快速檢測〉（With Crispr, a Possible Quick Test for the Coronavirus）。

3　原註：凱瑞·戈伯格的〈CRISPR 走向 COVID〉；2020 年 7 月 1 日美通社（PR Newswire）發布的〈福爾摩斯生物科學與賓克斯健康共同宣布全球性合作，發展第一個以 CRISPR 為基礎的 COVID-19 定點照護檢驗〉（Sherlock Biosciences and Binx Health Announce Global Partnership to Develop First CRISPR-Based Point-of-Care Test for COVID-19）。

陳與哈靈頓

　　大概就在張鋒開始研究他的冠狀病毒檢測方式時，珍妮斯・陳接到了她和道納以及盧卡斯・哈靈頓一起成立的猛獁生物科學公司一位科學顧問委員會研究員的電話。「妳覺得發展以 CRISPR 為基礎的 SARS-CoV-2 病毒檢測診斷怎麼樣？」他問。珍妮斯・陳也認同大家應該試一試。就這樣，她和哈靈頓捲入了道納與張鋒兩派人馬的另一場跨越了美國東西兩岸的競爭賽事中。[4]

　　兩週內，猛獁團隊就發展出了重新配置以 CRISPR 為基礎的 DETECTR 工具能力，讓這項工具可以偵測到 SARSCoV-2。與擁有自己所屬醫院的加州大學舊金山分校合作，其中一個好處就是猛獁可以檢測從 36 名新冠病毒確診者身上所提取出來的真正人類檢體樣本，不像布洛德的檢體樣本，一開始使用的是合成病毒。

　　猛獁檢測方法仰賴的是陳與哈靈頓在道納實驗室所研究的 CRISPR 關聯酵素，也就是以 DNA 為目標的 Cas12。這個方法看起來並不如福爾摩斯以 RNA 為目標的 Cas13 那麼好用，因為冠狀病毒的遺傳物質就是 RNA。但是兩種檢測方式都必須將冠狀病毒的 RNA 轉換成 DNA，才能進行擴增。在福爾摩斯的檢測法中，要檢測出病毒，DNA 就必須再被轉錄回 RNA，所以過程中需要增加一個小小的步驟。

　　陳和哈靈頓加快速度在網路上發表內含猛獁實驗細節的白皮書。猛獁的檢測方式，在許多方面都與福爾摩斯的程序相似。絕對必要的過程包括了一個加熱塊、反應試劑，以及可以顯示結果資訊的側流試紙。猛獁團隊也和張鋒團隊一樣，決定把他們的發明放在公眾領域免費分享。

　　2 月 14 日，就在他們準備把白皮書掛上網時，陳和哈靈頓看到了他們正

4　原註：作者對珍妮斯・陳與魯卡斯・哈靈頓的訪問；吉姆・達利（Jim Daley）2020 年 4 月 23 日刊於《科學人》的〈CRISPR 基因編輯或許有助於擴大冠狀病毒檢測〉（CRISPR Gene Editing May Help Scale Up Coronavirus Testing）；約翰・康伯斯（John Cumbers）2020 年 3 月 14 日刊於《富比士》雜誌的〈藉由旗下產品冠狀病毒快速檢測試紙，這家 CRISPR 新興公司希望幫助制止疫情〉（With Its Coronavirus Rapid Paper Test Strip, This CRISPR Startup Wants to Help Halt a Pandemic）；羅倫・馬茲（Lauren Martz）2020 年 2 月 28 日刊於《生物世紀》（Biocentury）的〈以 CRISPR 為基礎的診斷工具計畫在 COVID-19 疫情爆發期間提前出道〉（CRISPR-Based Diagnostics Are Poised to Make an Early Debut amid COVID-19 Outbreak）。

在使用的 Slack 頻道跳出了一則訊息。有人在推特上貼文，說張鋒剛發出聲明說自己發表了白皮書，說明如何利用福爾摩斯協定來檢測冠狀病毒。「我們當時全都是『噢，完蛋了』的感覺。」陳還記得那個星期五的下午。不過幾分鐘後，他們理解到兩篇報告同時發表，其實是件好事。他們在本來要張貼的論文後附上了後記。「準備這份白皮書之時，另外一份運用 CRISPR 診斷方式檢測 SARS-CoV-2 的協定（SHERLOCK, v.20200214）也發表了，」這份跋文指出。接著他們提供了兩種檢測技術流程的比較圖表，相當有幫助。[5]

張鋒表現得相當大器，不過他本來就有大器的條件，因為他們的發表比猛獁早了 1 天。「去看看猛獁提供的資訊，」他在推特上寫了這則推文，還附上了連結猛獁白皮書的網址連結。「很高興看到科學家攜手努力並公開分享。＃冠狀病毒。」

這則推文反映出了 CRISPR 世界一股深孚眾望的新趨勢。專利與獎項的激烈競爭，導致了研究的祕密性以及各個 CRISPR 公司陸續成立且相互對立的狀況。但這次道納、張鋒與他們的同僚都感覺到了擊敗冠狀病毒的急迫性，促使他們的心胸更開拓，也更願意分享他們的研究成果。競爭依然是方程式中重要又有用的一環。道納與張鋒的兩個小世界，在誰能更先發表論文、更早在新冠病毒的新檢測研究中有所進展的比賽依然繼續。「我不打算粉飾太平，」道納說，「競爭絕對仍是進行式。大家感覺到了繼續向前走的急迫性，或者，他們覺得自己如果不向前走，其他人就會先得到一些東西。」然而冠狀病毒卻讓這樣的對立不再那麼不擇手段，因為專利不再是天下第一重要的大事了。「在這

5　原註：詹姆斯·博拉騰（James Broughton）……查爾斯·邱（Charles Chiu）、珍妮斯·陳與其他人2020年2月15日於猛　生物科學網站張貼的《運用 CRISPR 檢測工具 SARS-CoV-2 DETECTR 進行2019新型冠狀病毒 SARS-CoV-2 檢測協定》（A Protocol for Rapid Detection of the 2019 Novel Coronavirus SARS-CoV-2 Using CRISPR Diagnostics: SARS-CoV-2 DETECTR）。這份內含患者完整數據與其他細節內容的猛　報告，由詹姆斯·博拉騰……珍妮斯·陳與查爾斯·邱撰寫，2020年4月16日（2020年3月5日期刊決定刊登）刊於《自然生物科技》期刊，報告名稱為《以 CRISPR–Cas12 為基礎的 SARS-CoV-2 檢測》（CRISPR–Cas12-Based Detection of SARS-CoV-2）。另請參見伊尤克·布蘭德斯瑪（Eelke Brandsma）……與艾蜜莉·范·登·亞克（Emile van den Akker）2020年7月27日刊於《medRxiv》的《快速、靈敏且明確的 SARS 冠狀病毒2型檢測：標準 qRT-PCR 檢測與 CRISPR 為基礎的 DETECTR 檢測的多中心比較》（Rapid, Sensitive and Specific SARS Coronavirus-2 Detection: A Multi-center Comparison between Standard qRT-PCR and CRISPR Based DETECTR）。

個非常糟糕的狀況中，發生了一件棒極了的事情，那就是所有的知識財產權問題都被放到了一邊，每個人真的都是一心一意想要找出解決問題的辦法，」陳說，「大家專注於拿出有效的辦法，而不是這些方法的商業前景。」

家用檢測

由猛獁和福爾摩斯發展出來以 CRISPR 為基礎的檢測，要比 PCR 檢測便宜、快速。再說，相較於其他諸如於新冠疫情年 8 月通過批准的亞培（Abbott）實驗室所開發出來的快篩試劑，這兩家公司的檢測方法也具有優勢。只要一個人遭到感染，以 CRISPR 為基礎的檢測就可以檢測到病毒 RNA 的存在，但試劑檢測所偵測的是病毒表面所存在的蛋白質，通常要等到被感染者出現高度傳染性時，才有準確的檢測結果。

所有的這些方法最終目標，就是要製造出一種以 CRISPR 為基礎，但可以像家用驗孕那樣廉價、一次性、快速又簡單，而且隨便在街角藥局就可以買到，在家中浴室的私密空間就可以使用的冠狀病毒檢測套組。

哈靈頓與陳的猛獁團隊在 2020 年 5 月發表了他們這種設計的構想，並宣布與總部在倫敦的跨國藥廠葛蘭素（GlaxoSmithKline）合作，由葛蘭素負責生產。猛獁的檢測可以在 20 分鐘內提供更正確的結果，而且不需要特殊工具。

同樣的，張鋒的實驗室也在這個月開發出了一種簡化福爾摩斯檢測系統的方法，將原來的兩步驟程序濃縮成只需要單一步驟就可以引起反應。唯一需要的設備，是可以讓檢測系統穩定維持在攝氏 60 度的鍋子。張鋒將這個步驟命名為 STOP，取自在一個鍋子內進行的福爾摩斯檢測（SHERLOCK Testing in One Pot）的縮頭語。[6]「我來展示這個檢測的方式，」張鋒一面在 Zoom 的視訊系統上分享他的投影片，一面用他小男孩般的熱切態度對我說，「只需要把鼻腔

---

6 原註：茱利亞・莊（Julia Joung）……強納森・古騰伯格、奧瑪・阿布達耶與張鋒 2020 年 5 月 5 日刊於《medRxiv》的〈使用福爾摩斯診斷工具的 COVID-19 定點照護檢測〉（Pointof-Care Testing for COVID-19 Using SHERLOCK Diagnostics）。

或唾液中取得的檢體樣本放入這個小管筒中，將管筒滑入這個設備內，先破開一個泡封殼，釋出可以粹取病毒 RNA 的溶劑，再破開另一個泡封殼，釋放出一些在擴增室內引發反應的冷凍乾燥 CRISPR。」

張鋒稱這套設備為 STOP 新冠病毒（STOP-COVID），但是這個平台其實可以輕易地用來檢測任何病毒。「這正是我們選擇 STOP 當作名字的原因，這四個字母可以與任何目標配對，」他說，「我們可以創造出一個 STOP 流感（STOP-flu）、STOP 愛滋（STOP-HIV）或許多在這同一平台上要偵測的目標。這套設備可以偵測任何它要偵測的病毒。」[7]

能夠輕易地重新設定自己的工具，去檢測任何可能來襲的新病毒，在這一點上，猛獁的想法與福爾摩斯完全一樣。「CRISPR 最妙的地方，就在於平台一旦建立完成，剩下的就只有偵測不同病毒時重新配置你要的化學成分。」陳解釋，「這個平台可以用來因應下一個大流行疫情或任何病毒。也可以用來抵禦任何細菌，或任何具遺傳序列的東西，甚至連癌症都不例外。」[8]

生物學的衝擊

開發家用檢測套組所帶來潛在衝擊，遠遠超過新冠病毒之戰的範疇，因為這股開發的趨勢，也把生物學帶進了家庭，就像 1970 年代個人電腦把數位產品與服務以及對晶片和軟體碼的認知，帶入大家的日常生活與意識當中一樣。

個人電腦以及接踵而至的智慧手機，成了一波波創新者推出精巧產品的平台。不僅如此，這樣的平台還幫助數位革命走進更個人的領域，拓展大家對這類科技的一些瞭解。

在張鋒的成長過程中，他父母一直強調他應該把電腦當作一個建造其他能力的基礎工具。當他的學習焦點從微晶片轉到微生物後，他曾質疑過為什麼生物學與人類日常生活的關聯度不如電腦。因為沒有簡易的生物學相關設備或平

7　原註：作者對張鋒的訪問。
8　原註：作者對珍妮斯‧陳的訪問。

台可供創新發明者打造新產品，或讓大家在家裡使用。「我在做分子生物的實驗時就在想，『這實在太酷、太有生命力了，但是為什麼對人類生活的影響卻不如軟體應用程式？』」

進了研究所的張鋒，依然在問同樣的問題。「你能夠想出我們可以如何把分子生物學帶進廚房或大家的家裡嗎？」他會這麼問他同學。在研究如何開發自己的家用 CRISPR 病毒測試時，他意識到這樣的平台很可能就是讓分子生物學走進家庭的方法。家用檢測套組可能成為平台、操作系統，以及讓我們把分子生物學的精彩與日常生活連結出更多交織點的機會。

開發者與企業家某天或許有能力利用以 CRISPR 為基礎的家用檢測套組，建構起各式各樣生物醫學應用軟體的平台：病毒檢冊、疾病診斷、癌症篩檢、營養分析、微生物群系評估，以及遺傳檢測。「我們可以讓大家在家裡就檢查自己是否感染上了流感或傷風，」張鋒說，「如果家裡的孩子喉嚨痛，也可以確認他們是否得了鏈球菌咽喉炎。」在這個過程中我們或許會更深刻的敬佩分子生物學的運作方式。對於大多數人來說，分子的內部運作模式或許依然和那些微晶片一樣難以理解，但至少我們所有人對這兩種存在的美麗與力量，都能夠有多一點點的認識。

第 53 章

疫苗

我的疫苗注射

「看著我的眼睛，」醫生對我說，她那雙隔在塑膠護面罩後的眼睛緊緊地盯著我。醫生的眼睛是非常鮮豔的藍色，幾乎和她戴的醫院口罩一樣藍。過了一會兒，我開始轉頭面向我左手邊的醫生，他正拿著一根長針深深地戳進我的上手臂中。「不要看那邊！」第一位醫生冷不防地厲聲對我說，「看著我！」

之後她向我提出了解釋。因為我是新冠疫苗的雙盲臨床試驗參與者[1]，所以他們必須確保我對注射到自己體內的是真疫苗，抑或只是食鹽水做成的安慰劑，不會得到任何線索。僅是看著針筒裡的注射液體，真的就能夠分辨出差異嗎？「可能沒有辦法，」醫生說，「但我們還是希望盡可能謹慎。」

當時是疫情年的 8 月初，我爭取加入了輝瑞藥廠與德國公司 BioNTech 合作開發的新冠病毒疫苗臨床實驗。這是一種從未應用過的新型態疫苗。這種新型態疫苗與把目標病毒的滅活成分送進人類體內的傳統作法不同，它們送進人體內的是一個片段的 RNA。

到現在，大家都應該已經很清楚，RNA 是貫穿道納整個科學事業與本書的要角。1990 年代，當其他科學家的焦點還放在 DNA 的時候，道納在哈佛的指導教授傑克・索斯達克就已經成功讓她把焦點轉移到不如它兄弟 DNA 那麼有

1　原註：歐舒納健康醫療體系（Ochsner Health System），輝瑞大藥廠與生物與科技公司（BioNTech SE）自 2020 年 7 月開始共同進行的對抗 SARS-CoV-2 之申請中試驗新疫苗 BNT162b2 第 2、3 期研究。

名卻始終苦幹實幹地監督著蛋白質的製造、充當酵素引導、有能力自我複製，而且很可能是地球上所有生命基礎的 RNA 身上。「RNA 竟然可以做這麼多事情所帶我給的迷戀，一直都沒有退燒，」當我告訴道納，我參與了 RNA 疫苗實驗時，她對我說，「這是冠狀病毒的遺傳物質，而且很可能會以一種非常有趣的方式，同時成為疫苗與治療的基礎。」[2]

傳統疫苗

疫苗藉由刺激一個人的免疫系統而發揮效用。我們把某種與特定危險病毒（或任何其他病原）[3] 類似的物質，送入人體。這樣的物質可能是滅活版的病毒、安全的病毒殘片，或製成這種殘片的遺傳指令。這麼做的目的在於啟動人的免疫系統。一旦成功啟動免疫系統，身體就可以製造出抗體，抵擋真正病毒入侵時的任何感染。有時候人體產生的抗體效力可以持續多年。

疫苗的先驅，是 1790 年一位叫愛德華・詹納（Edward Jenner）的醫師。當時他注意到許多酪農廠的女工對天花免疫。這些女工都感染過一種讓乳牛飽受折磨，但對人體無害的痘疹，詹納推測牛痘就是這些女工對天花免疫的原因，因此他把牛痘膿包中取出的膿水，揉入他家園丁 8 歲兒子手臂上被刮傷的傷口中，再讓這個孩子暴露在天花病毒環境裡（別忘了那是早在生物倫理委員會存在之前的年代）。這孩子沒有生病。

疫苗藉由許多不同方式，試圖刺激人類的免疫系統。傳統的作法之一是把弱化且安全（減毒）的病毒，打入人體。這些毒性降低的病毒可以成為很好的老師，因為它們跟真的病毒長的非常像。人體透過製造抗體來抵禦病毒的因應方式，免疫效用可能維持一輩子。亞伯特・沙賓（Albert Sabin）利用這個作法，在 1950 年代發明了小兒麻痺的口服疫苗，而這個方式，也是我們現在擺脫麻

2　原註：作者對道納的訪問。

3　原註：所謂「病原」，泛指「讓人生病的微生物」，任何一種能夠致命或感染的微生物體都算病原。最常見的病原有病毒、細菌、真菌，以及原生生物。

疹、腮腺炎、德國麻疹與水痘的作法。開發與培養出這些疫苗需要很長的時間（這些疫苗必須在雞蛋中孵育），不過有些公司在 2020 年把疫苗當成新冠病毒攻擊下的長期選項。

在沙賓試著開發出一種弱化的小兒麻痺病毒作為接種疫苗時，喬納斯‧沙克（Jonas Salk）則採用了一種似乎更安全的方式製作疫苗：他用的是被殺死的病毒。這種疫苗仍然可以教導人類免疫系統如何去抵禦活的病毒。總部在北京的中國科興採用這種方法，在早期開發出了新冠病毒疫苗。

另外一種傳統疫苗製作方式，是注射病毒的次單位，譬如病毒外殼的其中一種蛋白質。免疫系統會記住這些次單位，讓身體在遭遇真正病毒時，快速而強悍地因應。舉例來說，對抗 B 型肝炎病毒的疫苗就是透過這種方式運作。僅利用病毒的一個殘片，表示這樣的疫苗在注射進人體時比較安全，而且製造起來也比較簡單，但通常無法提供長期的免疫力。參與 2020 年競相開發新冠疫苗比拚的許多公司都採用這種方法，開發出把冠狀病毒表層的棘蛋白引入人體細胞的各種方法。

基因疫苗

在世人的記憶中，疫情大流行的 2020 年很可能會成為基因疫苗取代傳統疫苗的時間點。這些新型態的疫苗，不再是把弱化的危險病毒或部分病毒注射入人體內，而是將可以引導人類細胞自行產生病毒成分的一個病毒基因或一段基因編碼送進人體。製造這些成分的目的在於刺激接種者的免疫系統。

達到這個目的的其中一個方法，是將可以製造出所需成分的基因，放入一種工程處理後的無害病毒內。大家現在都已經知道，病毒進入人類細胞內的功夫非常高強。這也是為什麼安全的病毒可以用來當作一種傳遞系統或載體，把遺傳物質運送進接種者的細胞內。

這種方法帶來了最早期的新冠疫苗候選者之一，由牛津大學名實相符的詹納研究所（Jenner Institute）開發而成。詹納研究所的科學家以基因工程處理一種安全的病毒，並在這種病毒內進行編輯，讓它的基因可以製造出新冠病毒的棘

蛋白。這個獲選的安全病毒是一種會讓黑猩猩染上流行感冒的腺病毒。2020 年其他公司所發展的類似疫苗，利用的是人類版的腺病毒。舉例來說，嬌生發展出來的疫苗，利用一種人類腺病毒作為傳遞機制，負責運送一個編入可以製造部分棘蛋白的基因。但牛津團隊的判斷是利用來自黑猩猩的腺病毒比較好，因為之前感染過感冒的接種者，很可能已經對人類版本的腺病毒產生免疫力。

牛津與嬌生疫苗背後的概念，都是讓經過重新設計的腺病毒進行人體後，引發人體細胞自行製造許多這類的棘蛋白。這些棘蛋白會刺激一個人的免疫系統製造抗體。最後的結果就是免疫系統可以整裝待發，若真的冠狀病毒攻擊時，人體能夠快速對應。牛津團隊的領導研究者是莎拉·吉伯特（Sarah Gilbert）[4]，她在 1998 年早產生下三胞胎後，她先生為了讓她可以回到實驗室，請假在家照顧孩子。2014 年，她利用一種編輯過後內含特定棘蛋白基因的黑猩猩腺病毒，致力於開發中東呼吸症候群（MERS）疫苗。MERS 的疫情在她的疫苗能夠部署之前就平息了，但也因為這個經驗，她的疫苗發展能夠在新冠病毒肆虐之際領先其他人。她已經知道黑猩猩腺病毒曾帶著 MERS 棘蛋白基因進入人體。所以當中國在 2020 年 1 月發表了新型冠狀病毒的基因序列後，她立即著手以工程手法將這種病毒的棘蛋白基因編入黑猩猩的腺病毒內，當時她每天清晨 4 點起床工作。

她的三胞胎這時都已經 21 歲了，學的全是生物化學。三個孩子自願當她的早期實驗者，接受疫苗注射，看自己會不會產生抗體。（他們全都產生了抗體。）3 月在蒙大拿州一個靈長類動物中心猴子身上進行的實驗，結果令人滿意。比爾與梅琳達·蓋茲基金會提供了初期的資金。比爾·蓋茲還催促牛津，如果疫苗有效，要與一家可以生產與配銷疫苗的大公司合作。因此牛津跟英國和瑞士合資的藥廠阿斯特捷利康（AstraZeneca）建立了夥伴關係。

4　原註：西曼提尼·戴伊（Simantini Dey）2020 年 7 月 21 日於 CNN 第 18 頻道新聞（News18）播出的「莎拉·吉伯特專訪」（Meet Sarah Gilbert）；史蒂芬妮·貝克（Stephanie Baker）2020 年 7 月 14 日刊於《彭博商業周刊》（*Bloomberg Business-Week*）的〈Covid 疫苗領跑者超前對手好幾個月〉（Covid Vaccine Front-Runner Is Months Ahead of Her Competition）；克萊夫·庫克斯森（Clive Cookson）2020 年 7 月 24 日刊於《金融時報》的〈莎拉·吉伯特，Covid-19 疫苗競賽的領先研究員〉（Sarah Gilbert, the Researcher Leading the Race to a Covid-19 Vaccine）。

DNA 疫苗

另外還有一種把遺傳物質送進人體細胞，讓細胞製造病毒成分，進而刺激免疫系統的方式。然而這類的疫苗並不是透過工程作法處理基因，將製造目標病毒的部分片段送進另一種病毒內，取而代之的是它只把病毒成分的基因密碼當作 DNA 或 RNA，直接送入人類細胞內。因此人類細胞就成了病毒的製造設備。

我們先來談 DNA 疫苗。儘管在新冠疫情大流行之前，從來沒有任何一支 DNA 疫苗獲得批准使用，但這個概念似乎大有可為。Inovio 製藥公司以及一小撮其他公司的研究人員，在 2020 年創造了一個小小的 DNA 環，並在這個環裡面編入了冠狀病毒的部分棘蛋白。他們的想法是如果這個 DNA 環能進入細胞核，就能非常有效地大量生產出許多信使 RNA 株去監督棘蛋白部分的製造，達到刺激免疫系統的目的。DNA 製作成本低廉，而且不需要處理活病毒，也不需要在雞蛋中孵育。

DNA 疫苗面臨的挑戰是遞送。要如何把這個經過工程編輯的 DNA 小環，不僅送進人體細胞內，還要送進細胞核內？注射大量的 DNA 疫苗到接種者的手臂內，可以讓部分 DNA 跑進細胞裡，但效能不佳。

包括 Inovio 在內的一些 DNA 疫苗開發者，嘗試透過稱為電穿孔的方式，達到將 DNA 運送至人類細胞內的目的。電穿孔是電擊大家接種的部位，打開細胞膜的毛孔，允許 DNA 進入。執行電穿孔的電脈衝槍有許多微小細針，讓人看了毛骨悚然。因此這種技術不受歡迎的原因，並不難理解，特別是那些要接種的人。

2020 年 3 月冠狀病毒危機開始之際，道納所組織起來的其中一組團隊，研究的焦點就是 DNA 疫苗所面對的這些傳遞挑戰。這個團隊的領導者是道納以前的學生洛斯・威爾森以及加州大學舊金山分校的艾力克斯・馬森（Alex Marson）。威爾森這時已經在柏克萊主持自己的實驗室了，而他的實驗室與道納實驗室就隔了一條長廊。在一場道納的例行 Zoom 視訊會議中，威爾森提出

一張 Inovio 電擊槍的投影片。「他們真的就是用這種槍，打在接種者的肌肉上，」他説，「要説這 10 年來，唯一看得到的進步，就只是他們用了一個小小的塑膠套，把那些微小的針全遮了起來，不至於讓接種者驚嚇過度。」

馬森與威爾森想出了一種用 CRISPR-Cas9 來解決 DNA 疫苗傳遞問題的方法。他們把一個 Cas9 蛋白質、一個嚮導 RNA，以及一個可以幫助這個複合體進入細胞核內的核定位訊號放在一起，產出一個可以把 DNA 疫苗送進細胞內的「穿梭器」。進入人類細胞內的 DNA，接著會指導細胞製造冠狀病毒棘蛋白，藉此刺激免疫系統抵禦真的冠狀病毒。[5] 這個構想非常棒，因為在未來可以運用於許多治療上，然而要能真的達到目的，過程卻困難重重。一直到 2021 年初，威爾森跟馬森仍然在努力確認自己發明的方法是否有效。

RNA 疫苗

這個議題把大家的焦點帶回到我們最喜歡的分子，也是本書的生化之星 RNA 身上。

我參與的臨床試驗所測試的 RNA 疫苗，利用的是生物中心法則中 RNA 運作的最基本功能：信使 RNA（mRNA）的角色。RNA 攜帶著深埋在細胞核當中的 DNA 遺傳指令到細胞的製造區域，並在那兒指示應該製造什麼樣的蛋白質。在新冠病毒疫苗的例子中，信使 RNA 要指示細胞製造新冠病毒表面的部分棘蛋白。[6]

RNA 疫苗把它們的荷載物送進一個被稱為脂質奈米粒的小小脂肪囊包當

5　原註：作者對羅斯‧威爾森、艾力克斯‧馬森的訪問；2020 年 3 月，創新基因學院尋求資金進行 DNA 疫苗傳遞系統研究白皮書；2020 年 6 月 11 日羅斯‧威爾森在創新基因學院 COVID-19 對應會議（IGI COVID response meeting）上的報告。

6　原註：美國國家衛生研究院網站 ClinicalTrials.gov 於 2020 年 5 月張貼之〈4 款健康成人抵抗 COVID-2019 之 BNT162 疫苗安全性與有效性試驗調查〉（A Trial Investigating the Safety and Effects of Four BNT162 Vaccines against COVID-2019 in Healthy Adults），識別碼：NCT04380701；2020 年 8 月 4 日發表於《精準疫苗接種》（*Precision Vaccinations*）的〈BNT162 SARS-CoV-2 疫苗〉（BNT162 SARS-CoV-2 Vaccine）；馬克‧穆勒岡（Mark J. Mulligan）……吳沙忻、凱薩琳‧詹森（Kathrin Jansen）與其他人 2020 年 8 月刊於《自然》的〈COVID-19 RNA 疫苗 BNT162b1 人體第 1、2 期研究〉（Phase 1/2 Study of COVID-19 RNA Vaccine BNT162b1 in Adults）。

中，再透過長針注射到人類的上手臂肌肉裡。我的肌肉疼了好幾天。

與 DNA 疫苗相比，RNA 疫苗擁有一些優勢。最引人注意的是 RNA 疫苗不需要進入 DNA 總部所在的細胞核內。RNA 在細胞質這個細胞的外圍區運作，蛋白質也是在此建造。因此 RNA 疫苗只需要把它荷載的貨物送進細胞的這個外圍區域，就大功告成了。

2020 年有兩家初生的創新藥廠，為新冠疫苗生產 RNA 疫苗，分別是總公司設在美國麻省劍橋的莫德納（Moderna），以及與美國藥廠輝瑞建立了聯盟關係的德國公司 BioNTech。我的臨床實驗是 BioNTech ／輝瑞疫苗。

BioNTech 在 2008 年由一對研究員夫妻檔吳沙忻（Uğur Şahin）與歐茲蘭‧圖勒奇（Özlem Türeci）創立，他們的目標是要創造出癌症的免疫療法，也就是刺激免疫系統對抗癌細胞。這家公司很快就成為利用信使 RNA 做出疫苗抵禦病毒這種藥物設計的領導者。2020 年 1 月，吳沙忻在醫學期刊上看到一篇有關中國新型冠狀病毒的論文後，他寄了一封電子郵件給 BioNTech 董事會，並在信上說如果大家相信這個病毒會和 MERS 與 SARS 一樣，猛然突襲後又輕易離開，那就大錯特錯了。「這次這個病毒不一樣，」他告訴董事會的成員們。[7]

BioNTech 展開了他們稱為光速計畫（Project Lightspeed）的專案，根據可以讓人類細胞製造出冠狀病毒棘蛋白版本的 RNA 序列開發疫苗。當這個作法看起來很有潛力時，吳沙忻立即致電輝瑞疫苗研究與發展單位的主管凱薩琳‧詹森（Kathrin Jansen）。兩家公司從 2018 年就開始合作利用信使 RNA 技術開發流感疫苗。吳沙忻問詹森，輝瑞想不想進行類似的合作，開發新冠病毒疫苗。詹森說她之前正打算打電話向他提出相同的建議。雙方於 3 月簽署合作協議。[8]

那時，公司規模小了很多，只有 800 名員工的莫德納也正在開發一支類似

7　原註：喬‧米勒（Joe Miller）2020 年 3 月 20 日刊於《金融時報》的〈尋找疫苗的免疫競賽〉（The Immunologist Racing to Find a Vaccine）。

8　原註：作者對菲爾‧多米茲爾（Phil Dormitzer）的訪問；馬修‧賀波（Matthew Herper）2020 年 8 月 24 日刊於《Stat》電子期刊的〈輝瑞在 COVID-19 疫苗競賽中求助於挑戰過懷疑論者的科學家〉（In the Race for a COVID-19 Vaccine, Pfizer Turns to a Scientist with a History of Defying Skeptics）。

的 RNA 疫苗。莫德納的董事長與創辦人紐巴·阿費楊（Noubar Afeyan）是出生於貝魯特，移民到美國的亞美尼亞人。他從 2005 年開始，對於信使 RNA 可以插入人類細胞內下令細胞生產研究人員設定的特定蛋白質的前景深深著迷。於是他聘雇了一些畢業於哈佛大學傑克·索斯達克實驗室的學生。當初道納的博士指導教授就是傑克·索斯達克，也是他讓道納開始關注 RNA 所帶來的驚奇。莫德納主要的焦點，是試著利用 RNA 開發出個人化的癌症治療法，但他們之前也已經開始採用這個技術製造對抗病毒的疫苗實驗。

2020 年 1 月，當阿費楊在劍橋區一家餐廳裡慶祝女兒生日時，接到了公司執行長史戴方內·班塞爾（Stéphane Bancel）從瑞士發來的緊急簡訊。於是他步出餐廳，在凍死人的溫度下回電。班塞爾說他想要啟動一個專案，試著利用信使 RNA 做出抵禦新型冠狀病毒的疫苗。這時的莫德納已進行了 20 種藥物的開發，但一個都沒有取得許可，或者該說連第三期的臨床實驗都還沒摸到邊。然而阿費楊卻立即授權班塞爾進行這個專案，不用等董事會同意。莫德納沒有輝瑞的資源，所以必須仰賴美國政府的金援。政府的傳染病專家安東尼·佛契非常支持這個計畫。「儘管放手去做，」他明白地表示，「不論要花多少錢，你們都不用擔心。」結果莫德納兩天就做出了期待中可以製造棘蛋白的 RNA 序列，38 天後送出第一箱裝瓶的疫苗給美國國家衛生研究院進行初期實驗。阿費楊的手機裡還保存了一張當初那個箱子的照片。

就像 CRISPR 療法一樣，疫苗發展的困難點在於如何把這個機制送進細胞內。莫德納研究了 10 年，希望能讓攜帶分子進入人類細胞的小小合成囊體脂質奈米粒更完善。這一點是莫德納領先 BioNTech ／輝瑞之處，因為莫德納的粒子更穩定，不必儲存於極低溫的環境下。此外，莫德納還要利用這個技術，把 CRISPR 送進人類細胞。[9]

---

9 原註：作者對紐巴·阿費楊與克里絲汀·希南的訪問。

生物駭客介入

在這個節骨眼上，曾把 CRISPR 注射進自己體內的車庫科學家喬西亞・札伊納，重新粉墨登場扮演精靈帕克。2020 年夏天，就在大家都引頸期盼進入臨床實驗的基因疫苗結果出爐時，札伊納又擺出了他那聰明愚者的態度，步入戰場，徵求兩名與他志同道合的生物駭客，在這條路上同行。他的計畫是製造出一種當時正在開發且可能成功的冠狀病毒疫苗，然後注射在自己身上。他要看看：一、他是否存活，以及二、他是否可以產生保護自己免於新冠病毒戕害的抗體。「如果你高興，你也可以稱之為特技表演，但這真的是攸關大家掌控科學，而且讓整個科學進程他媽的加快一點速度的事情，」他對我說。[10]

具體來說，他決定要製作以及測試的疫苗，源於哈佛研究人員 5 月發表在《科學》上的一篇論文。論文中描述的疫苗，當時才剛開始進行人體實驗，[11]但成功的可能性很高。這是一支 DNA 疫苗，內含冠狀病毒棘突的基因密碼。論文精確描述了製作方式。既然掌握了配方，札伊納就訂購了相關材料，直接動手製作。

札伊納位於加州奧克蘭（Oakland）的車庫實驗室，離道納的柏克萊實驗室只有 7 哩，而他就是在這個實驗室裡展開了一場邁克菲計畫（Project McAfee）的 YouTube 串流課程。他這麼做是要讓其他人也可以跟著做自己的實驗。這個計畫的名字取自防毒軟體。「生物駭客也可以被視為現代世界的試飛駕駛，因為他們總是去做些應該有人去做的雜七雜八瘋狂爛事，」他宣稱。

他有兩名副駕駛。大衛・伊許（David Ishee）來自密西西比州，是個梳著馬尾的育狗業者，他用 CRISPR 編輯大麥町跟獒犬，試圖讓這兩個犬種更健康、更強壯，在一個另類實驗中，他還試著讓這些狗能夠在黑暗中發光。他在自己

10　原註：作者對喬西亞・札伊納的訪問與電子郵件溝通；克里斯登・布朗（Kristen Brown）2020年6月25日刊於《彭博商業周刊》的〈一位生物駭客製造 DIY 新冠病毒疫苗的不可能嘗試〉（One Biohacker's Improbable Bid to Make a DIY Covid-19 Vaccine）；喬西亞・札伊納的 Youtube 影片：www.youtube.com/josiahzayner。

11　原註：景佑・于（Jingyou Yu）……丹・巴魯赫（Dan H. Barouch）2020年5月20日刊於《科學》的〈DNA 疫苗在恆河獼猴體內產生的對抗 SARS-CoV-2 保護力〉（DNA Vaccine Protection against SARS-CoV-2 in Rhesus Macaques）。

達莉亞・唐塞瓦、喬西亞・札伊納與大衛・伊許正在注射自己製作的疫苗

後院堆滿了實驗室設備的木造小屋裡，以 Skype 連線。當札伊納說在未來兩個月會串流播出他們的實驗時，伊許喝了一口他的魔爪（Monster）能量飲料，然後用他那似乎帶著金銀花氣味的慵懶聲調插嘴說，「或者至少在有關當局上門之前。」同時透過 Skype 在線的還有達莉亞・唐塞瓦（Dariia Dantseva），她是烏克蘭第聶伯羅市（Dnipro）的學生，在自己的國家建立了第一間生物駭客實驗室。烏克蘭對於駭客的規範相當鬆散，「政府這種東西根本就不存在，」她說，「我相信不是只有菁英才有權得到知識，我們所有人都有權得到知識。這是我們參與這件事的理由。」

札伊納在 2020 年夏天所進行的實驗，與他之前在舊金山會議中把 CRISPR 注入自己手臂內的行為不同，因為這次不只是場賣弄的特技表演。「我們大可閉著眼睛注射這個鬼東西，」他指的是哈佛研究人員所描述的 DNA 疫苗。「可是我不認為會有人因此獲得任何好處。我們想要多增加一點價值。」因此，取而代之的是他和他的兩位副駕駛，仔細地週復一週以串流直播示範方式，教導大眾如何製作冠狀病毒棘蛋白的基因密碼。這樣的方式讓他們有數十或數百人測試這類的自製疫苗，並因此收集到疫苗效力相關的有用資訊。「如果像我們

這樣的一堆廢物都可以做到，成千上百的人就可以依樣畫葫蘆，加快科學向前移動的速度，」他說，「我們希望每個人都有機會製造這種 DNA 疫苗，並測試能否在人類細胞內產生抗體。」

我問他為什麼認為 DNA 疫苗可以透過簡單的一次注射就生效，而不像其他研究人員說的那樣，必須利用電擊或其他技術操作，確保 DNA 進入人類細胞核。「我們想要盡可能貼近那篇哈佛報告的內容，那篇報告中並沒有使用類似電擊這類的任何特別技術，」他回答，「製造 DNA 很簡單，如果某種傳遞方式讓效力加倍，你也可以打入大約兩倍的量以達到相同效果。」

8 月 9 日星期日，3 位生物駭客從加州、密西西比州，以及烏克蘭三地同時出現在一個現場直播的串流影片中，把他們過去兩個月所調配出來的疫苗，打入自己的手臂中。「我們三個想要讓所有人知道，在動手自己做的環境中，大家有能力做出什麼樣的事，並希望藉此推著科學向前邁進，」札伊納在影片一開始就這麼解釋，「所以，管他去死，打吧！我們就是要行動！」然後，穿著紅色麥可・喬登背心球衣的札伊納，把一根長針戳進了自己的手臂，伊許與唐塞瓦也照著做。札伊納向他的觀眾提出了一點點的安慰保證：「你們當中，所有那些登進來想看我們死翹翹的人，這種事情不會發生。」

他說得對，他們都沒死，3 個人只不過是臉部肌肉抽搐了一下子而已。最後，有證據顯示，他們的疫苗可能都發揮了效用。因為札伊納的實驗中，並沒有納入任何將 DNA 送進人類細胞核內的特殊方法，所以結果並不完全清楚，或令人完全信服。不過當札伊納 9 月驗血的時候，他在網路上現場串流播出給所有人看，他已經出現了抵抗冠狀病毒的中和抗體。他稱之為「小小的成功」，但他也特別提到，生物界常常會出現狀況不明的結果。這讓他對謹慎的臨床實驗有了更高的肯定。

部分和我談過的科學研究人員，被札伊納的行為嚇壞了。但我發現我自己卻很支持他。如果他的精靈角色冒犯了您，請這樣想，就不會耿耿於懷了[12]：

---

[12] 這原是莎士比亞《仲夏夜之夢》中，精靈帕克的獨白台詞：「如果我們這些精靈冒犯了眾看官，請這樣想，各位就不會耿耿於懷：所有發生過的事情，只不過是大家的黃粱一夢。」作者在本書中一直把札伊納比喻成帕克，因此代表他說出這段小幅改寫過的話。

更多公民參與科學，是件好事。基因編碼的普遍化以及網路群眾合作解決問題的程度，永遠不可能達到軟體編碼的水準，但生物學不應該只局限在固守實驗室一畝三分地的研究人員獨佔領域之內。札伊納好心地寄給我一劑他的自家疫苗，但我還是決定敬謝不敏。儘管如此，我依然很佩服他們三劍客的作為。也因為這件事，我想要參與疫苗測試，只不過參與的是更為合法的測試。[13]

我的臨床實驗

我個人的公民科學參與行為，是去登記參加輝瑞／BioNTech 那支信使RNA疫苗的臨床實驗。如同本章一開始所述，這是一場雙盲的研究，也就是說，不論我還是研究人員，都不知道誰注射的是真疫苗，誰注射的是安慰劑。

我在紐奧良的奧克斯納醫院（Ochsner Hospital）報名志願參加時，院方告訴我這項研究會持續兩年。我的腦子因此浮現了幾個問題。我問那位協調人員，如果疫苗在研究開始前就獲准了，會發生什麼事？她告訴我，那時候我就會被「解盲」，代表他們會讓我知道我注射的是安慰劑還是真疫苗。

如果疫苗研究進行了一半，其他疫苗獲准施打，會發生什麼事？她說，那麼我如果想要退出研究，就可以退出，去打已經取得許可的疫苗。接著我又問了一個更難回答的問題，如果我退出這個研究，我會被解盲嗎？她想了一下後，打電話問她的主管，對方同樣想了一下。最後，他們告訴我，「還沒有決定。」[14]

於是我直接找到最高層。我向負責監督這些疫苗研究的美國國家衛生研究院院長法藍西斯·柯林斯提出這些問題。「你問的問題，目前疫苗工作小組（Vaccines Working）成員正在激烈討論中，」他回答。不過幾天前，位於馬里蘭州貝塞斯達（Bethesda）的國家衛生研究院總院的生物倫理部門，才剛準備好

13　原註：作者對喬西亞·札伊納的訪問；克里斯登·布朗2020年10月10日刊於《彭博商業周刊》的〈家庭自製疫苗似乎有效，但疑慮仍存〉（Home-Made Vaccine Appeared to Work, but Questions Remain）。

14　原註：輝瑞／生物與技術疫苗 BNT162b2 歐舒納健康醫療體系針對輝瑞／生物與技術疫苗 BNT162b2 的臨床試驗，該試驗由臨床傳染病疾病研究（Clinical Infectious Diseases Research）主任茱利亞·賈西亞－迪亞茲（Julia Garcia-Diaz, director of Clinical Infectious Diseases Research）與學術長里奧納多·西歐阿涅（Leonardo Seoane）主持。

一份有關這個議題的「諮詢報告」。[15] 在閱讀這份 5 頁的報告之前，我就對國家科學研究院有這麼一個名為生物倫理部門的單位，感到敬佩與安心。

這份報告思慮周延，針對各種情境，兼顧了持續進行盲目研究所帶來的科學價值，以及臨床實驗參與者健康考量的平衡。如果有疫苗通過食藥局核准，這份報告的建議是「相關單位有義務告知參與者，讓他們決定是否施打通過核准的疫苗。」

消化完這份報告的內容後，我決定不再提問，直接登記。我的行為也許可以小小地幫到科學，而且我可以獲知信使 RNA 的第一手，或該說第一「手臂」的資訊。有些人對於疫苗和臨床實驗都抱持懷疑的態度，但我選擇寧願犯錯，也要相信。

RNA 的勝利

2020 年 12 月，新冠病毒重新在世界許多地方掀起災情，兩支 RNA 疫苗在美國率先通過核准，成為這場擊退疫情的生物科技戰先鋒隊伍。有膽識的小小 RNA 分子，讓生命得以在我們的星球開始，再以冠狀病毒的型態帶來災難，現在又趕來救援。珍妮佛・道納與她的同僚已經將 RNA 用於編輯我們基因的工具中，之後又把它當成偵測冠狀病毒的一種方法。現在科學家找到了利用 RNA 的方法，利用它最基本的生物功能，要把我們的細胞變成刺激自身免疫系統抵禦冠狀病毒的棘蛋白製造工廠。

各位讀者請看看由代表鹼基的字母所組成的光環──GCACGUAGUGU……。那是一段可以製造出鎖住人類細胞的棘蛋白 RNA 片段，也是用於新疫苗中編碼部分的鹼基。在此之前，從來沒有任何 RNA 疫苗通過核准使用。然而就在新型冠狀病毒首次被完整辨識的一年後，輝瑞／BioNTech 與莫德納都設計出了

15　原註：作者對法藍西斯・柯林斯的訪問；美國國家衛生研究院臨床中心（NIH Clinical Center）生命倫理學部門 2020 年 7 月 31 日發布的〈生命倫理學諮詢服務部諮詢報告〉（Bioethics Consultation Service Consultation Report）。

這些新的基因疫苗,並於包括我在內的許多人身上進行大規模臨床實驗,證明了擁有 90% 以上的效能。輝瑞的執行長亞伯特·博爾拉(Albert Bourla)在會議上被告知這個結果時,也錯愕不已。「請再說一次,」他要求,「是 19% 還是 90%?」[16]

綜觀人類歷史,我們曾經臣服於一波又一波的病毒與細菌大疫情。大家已知的第一場大疫情,是發生在西元前 1200 年的巴比倫流感。西元前 429 年的雅典大瘟疫,收割了將近 10 萬人的生命;西元 2 世紀的安東尼大瘟疫死了上千萬人;西元 6 世紀的查士丁尼大瘟疫奪走了 5000 萬條生命;14 世紀的黑死病更是造成了近兩億人死亡,相當於當時歐洲人口的一半。

2020 年奪走了 150 萬條人命的新冠疫情,不會是人類的最後一場瘟疫。但是,感謝新的 RNA 疫苗技術,讓我們在對抗大多數未來病毒的防禦工程上,不論是速度還是效用,看起來都大幅強化。「對病毒來說,這實在是倒楣的一天,」2020 年 11 月的那個星期日,當莫德納董事長阿費楊看到臨床實驗結果的第一個字時,他就是這麼說的。「人類科技與病毒能力之間的演化平衡,出現了突然的轉變。說不定我們再也不會經歷大規模的疫情了。」

可以輕易加以設定的 RNA 疫苗發明,是人類創造力快如閃電的一次勝利,但這個勝利的基礎,卻是我們對於地球生命各個最基本層面,數十年來出於好奇心的孜孜研究。生命最基本的層面,是 DNA 所編碼的基因,如何轉錄為告訴細胞該組合哪種蛋白質的 RNA 片段。CRISPR 基因編輯技術,同樣也是奠基於我們對於細菌利用 RNA 片段,去嚮導 RNA 裁下危險病毒這種方式的瞭解之上。偉大的發明來自於對基礎科學的瞭解。大自然就是用這樣的方式展現它的美麗。

---

16 原註:雪倫·拉法蘭尼爾(Sharon LaFraniere)、凱蒂·湯瑪斯、諾亞·魏蘭、大衛·蓋勒斯(David Gelles)、雪若·蓋·史多伯格(Sheryl Gay Stolberg)與丹尼斯·葛萊帝(Denise Grady)2020 年 11 月 21 日刊於《紐約時報》的〈政治、科學,以及爭相開發冠狀病毒疫苗的精彩競賽〉(Politics, Science and the Remarkable Race for a Coronavirus Vaccine);作者對紐巴·阿費楊、蒙塞夫·史勞伊(Moncef Slaoui)、菲利普(菲爾)·多米茲爾及克里絲汀·希南的訪問。

第 54 章

CRISPR 的療效

　　不論是傳統類型還是採用了 RNA 類型的疫苗開發，終將只是擊退冠狀病毒疫情的助力，絕非解決問題的最完美方式。疫苗依賴的是對一個人免疫系統的刺激，這永遠都是有風險的。（大多數因新冠病毒致命的人，都是因為免疫系統過度反應而造成的器官發炎。）[1] 就如疫苗製造者一再發現的事實，多層次的人類免疫系統，是極難掌握的機制。這個機制內藏著很深的奧祕。人類的免疫系統並沒有一個簡單的開關，它的運作完全是透過難以精準鎖定的複雜分子交互作用。[2]

　　利用復原患者血漿裡的抗體或合成的抗體，都有助於對抗新冠病毒的肆虐。但對每一波新竄起的病毒攻勢，這些治療方法也同樣不是長遠的完美解決方案。再說，復原者的癒後血漿，很難從捐贈者那兒大量採集，而實驗室的單株抗體也很難生產。

　　長期解決這場與病毒對抗的方法，和一種細菌發現的解決方法相同，那就是在不觸動患者免疫系統的情況下，利用 CRISPR 引導像剪刀的酵素砍掉病毒的遺傳物質。於是，當道納與張鋒彼追我趕地要把 CRISPR 應用在這個緊急任務時，他們身邊的科學家也再次發現自己深陷在兩人的競爭漩渦之中。

1　原註：大衛‧多爾沃德（David Dorward）……與克里斯多夫‧魯卡斯（Christopher Lucas）2020 年 7 月 2 日刊於《*medRxiv*》的〈致命新冠病毒的組織特異耐受性〉（Tissue-Specific Tolerance in Fatal COVID-19）；張碧程……與萬俊（Jun Wan）2020 年 7 月 9 日刊於《公共科學博物館綜合版》（*Plos One*）的〈新冠病毒 82 例死亡案件的臨床特性〉（Clinical Characteristics of 82 Cases of Death from COVID-19）。

2　原註：艾德‧楊（Ed Yong）2020 年 8 月 5 日刊於《大西洋月刊》的〈免疫學是直覺完全走不通的地方〉（Immunology Is Where Intuition Goes to Die）。

卡麥隆・米荷沃德與 CARVER

　　卡麥隆・米荷沃德（Cameron Myhrvold）橫跨數位編碼與基因編碼的世界。從他的家世與教養來看，這個結果一點都不令人驚訝。卡麥隆和他的父親長得很像，有他父親開心的眼睛、像花栗鼠般胖嘟嘟雙頰的圓臉、歡快的笑聲，以及無邊無際的好奇心。他的父親內森・米荷沃德（Nathan Myhrvold）在微軟擔任過很長一段時間的科技長，也是微軟耀眼的天才。我這一代的人對他父親聰明才智的讚嘆，並不僅局限於數位領域，他從食物科學、小行星追蹤，到恐龍甩尾速度等各方面所展現出的光彩，同樣令我們佩服得五體投地。卡麥隆遺傳到了他父親電腦編碼的天賦，但和許多他這個世代的人一樣，他把更多的注意力放在遺傳編碼以及生物學的精彩之上。

　　在普林斯頓念大學時，卡麥隆・米荷沃德學的是分子與計算生物學，之後他拿到了哈佛大學結合了生物學與資訊科學的系統、合成與定量生物學（Systems, Synthetic, and Quantitative Biology Program）博士學位。他熱愛智力上的挑戰，卻也擔心自己在有機體奈米工程上的研究過於先進，在可見的未來當中，實際影響力很可能微乎其微。[3]

　　於是米荷沃德在取得博士學位之後，休息了一段時間，去科羅拉多州棧道（Colorado Trail）健行。「我是真的想要釐清自己在科學世界裡該往哪裡去，」他說。在其中的一段路程，他遇到了一個認真問了他許多科學相關問題的人。「在那段談話中，」米荷沃德說，「我愈來愈清楚，我喜歡去解決與人類健康有直接關聯的問題。」

　　這個認知引導他決定去哈佛大學帕蒂絲・薩比提（Pardis Sabeti）的實驗室進行博士後研究。帕蒂絲・薩比提是利用電腦演算解釋疾病發展過程的生物學家，出生於伊朗的德黑蘭，年幼時在伊朗革命期間與家人逃難到美國。她是布洛德研究所的一員，與張鋒有很密切的合作。「加入帕蒂絲的實驗室，以及與張鋒共事，似乎是動手抵抗病毒問題一個棒極了的方式，」米荷沃德說。結果，

3　原註：作者對卡麥隆・米荷沃德的訪問。

米荷沃德成了波士頓區張鋒科學圈的一員，而且最終在與柏克萊區道納科學圈的 CRISPR 星際戰爭當中，成了主力科學家。

在哈佛修博士的時候，米荷沃德就和強納森・古騰伯格、奧瑪・阿布達耶這兩位與張鋒一起研究 CRISPR-Cas13 的研究生成了好友。當他造訪張鋒實驗室，使用那兒的基因編輯設備時，也時常與他們討論一些想法。「那時我才領悟到一些事情，譬如，哇，這兩個傢伙其實真的是一對非常特別的搭檔，」米荷沃德說，「我們想出了不同的方法，利用 Cas13 偵測不同的 RNA 序列，我覺得這實在是一個非常酷的機會。」

他向薩比提建議，他們應該與張鋒的實驗室合作，薩比提對這個建議的反應很熱烈，因為兩個團隊本來就有許多協同合作。結果一支只會出現在電影中的美國多種族作戰排現世：古騰伯格、阿布達耶、張鋒、米荷沃德與薩比提。

張鋒 2017 年所發表描述探測 RNA 病毒的福爾摩斯系統的論文，就是他們合作的成果。[4] 這篇論文與道納實驗室描述由陳和哈靈頓開發出來的病毒偵測工具論文，出現在同一期的《科學》中。

除了利用 CRISPR-Cas13 偵測病毒外，米荷沃德對於將 CRISPR-Cas13 變成可以擺脫病毒侵擾的治療處理方式也產生了興趣。「可以感染人類的病毒高達數百、數千種，但可用的藥物卻寥寥可數，」他說，「造成這種狀況的部分原因是病毒之間的差異性實在太大。但是如果我們可以設計出一套系統，只要透過程式設計就可以處理各種不同的病毒呢？」[5]

包括冠狀病毒在內，大多數引發人類問題的病毒都以 RNA 作為它們的遺傳物質。「這些病毒，剛好就是那種你可以讓一個像 Cas13 這種能夠鎖定目標 RNA 的酵素上場表現的病毒類型，」他說。於是他想出了一個方法，

4　原註：強納森・古騰伯格、奧瑪・阿布達耶……卡麥隆・米荷沃德……尤金・庫寧……帕蒂絲・薩比提……與張鋒 2017 年 4 月 28 日刊於《科學》的〈用 CRISPRCas13a/C2c2 進行的核酸偵測〉（Nucleic Acid Detection with CRISPRCas13a/C2c2）。
5　原註：作者對卡麥隆・米荷沃德的訪問。

內森與卡麥隆‧米荷沃德

把 CRISPR-Cas13 為細菌做的事情，複製到人類身上，也就是鎖定一個危險的病毒後直接裁切掉。有鑑於以 CRISPR 為基礎的各種發明，名字都來自於聰明縮寫的逆向工程，米荷沃德也承續了這個傳統，為這套他所要做的系統取名為 CARVER，全名為「Cas13 輔助的病毒表現與讀出限制」（Cas13-assisted restriction of viral expression and readout）。

2016 年 12 月，就在米荷沃德進入薩比提的實驗室作博士後研究不久，他寄了一封電子郵件給薩比提，向她匯報一些利用 CARVER 系統針對會造成腦膜炎或腦炎症狀的病毒所做的初步實驗狀況。他的數據顯示這個系統明顯降低了病毒量。[6]

薩比提後來拿到了國防高等研究計畫署的資金，專案的研究計畫就是把 CARVER 當成一種摧毀人體內病毒的系統。[7] 米荷沃德與她實驗室裡的其他研

6　原註：2016 年 12 月 22 日，卡麥隆‧米荷沃德致帕蒂絲‧薩比提的信件內容。
7　原註：國防高等研究計畫署研究金，編號 D18AC00006。

究人員，針對 350 多種感染過人類，並被認定是大家稱為「保守序列」的 RNA 病毒的基因體進行電腦分析。保守序列的意思是許多病毒中的相同序列。這些序列受到了演化保存，一直都沒有變化，因此在短期內，也不太可能產生變異。米荷沃德的團隊以工程手法設計產出了一整個兵工廠的嚮導 RNA，目標全鎖定這些保守序列。接著他檢測 Cas13 阻止 3 種病毒的能力，其中包括引起嚴重流感的那型病毒。在實驗室裡培養出來的細胞中，CARVER 系統可以明顯降低病毒數量。[8]

他們的報告在 2019 年 10 月於網上發表。「我們的實驗結果證實可以控制 Cas13 去鎖定許多不同種類的單株 RNA 病毒，」他們在報告上寫著，「一種對抗病毒的可程式化技術，將可以讓針對既有或新發現病原體的抗病毒物質快速發展。」[9]

CARVER 論文發表數週後，中國檢測出第一起新冠病毒案例。「這個瞬間，就是你幡然領悟到原來自己研究了很長時間的東西，竟然要比先前以為的還要更貼近現實的其中一個時刻，」米荷沃德說。他為此開了一個新的電腦文件夾，標題是 nCov，代表的是「新型冠狀病毒」。當時這支病毒還沒有被正式定名。

到了 1 月底，他和同僚已經破解了冠狀病毒基因體的序列，並開始研究如何利用以 CRISPR 為基礎的檢測方式偵測這種病毒。他們努力的成果就是 2020 年春天發表了一連串以改善 CRISPR 基礎的病毒偵測技術為題的相關論文，其中包括一篇介紹名為卡門（CARMEN）的系統。卡門是一種一次可以偵測 169 種病毒的設計[10]，檢測過程結合了福爾摩斯系統的檢測能力以及一種被稱為哈

8　原註：蘇珊娜‧漢彌頓（Susanna Hamilton）2019 年 10 月 11 日刊於《布洛德通訊》的〈CRISPR-Cas13 發展為抗病毒與診測混合系統〉（CRISPR-Cas13 Developed as Combination Antiviral and Diagnostic System）。

9　原註：凱薩琳‧費依潔‧卡麥隆‧米荷沃德……奧瑪‧阿布達耶‧強納森‧古騰伯格……張鋒與帕蒂絲‧薩比提 2019 年 12 月 5 日刊於《分子細胞》的〈利用 Cas13 可設定病毒 RNA 的抑制與偵測〉（Programmable Inhibition and Detection of RNA Viruses Using Cas13），2019 年 4 月 16 日提交，2019 年 7 月 18 日修訂，2019 年 9 月 6 日決定刊登，2019 年 10 月 10 日於網路發表；譚雅‧路易斯（Tanya Lewis）2019 年 10 月 23 日刊於《科學人》的〈科學家設定 CRISPR 去抵禦人類細胞內的病毒〉（Scientists Program CRISPR to Fight Viruses in Human Cells）。

10　原註：卻莉‧奧克曼（Cheri Ackerman）、卡麥隆‧米荷沃德……與帕蒂絲‧薩比提 2020 年 4 月 29 日刊於《自然》的〈利用 Cas13m 的大量多重核酸偵測〉（Massively Multiplexed Nucleic Acid Detection with Cas13m），2020 年 3 月 20 日提交、2020 年 4 月 20 日決定刊登。

德遜（HUDSON）的 RNA 抽取方式，結果是創造出了僅需一個步驟就可以完成的檢測技術，米荷沃德命名為閃耀（SHINE）。[11] 布洛德除了在 CRISPR 領域展現魔法，在創造縮頭語上也是大師。

米荷沃德深信，若要最有效的利用時間，就應該把精力專注於開發能夠偵測病毒的工具上，而不是聚焦在 CARVER 這類以摧毀病毒為設計目的的治療研究。米荷沃德的實驗室這個時候正在往普林斯頓搬，因為他接受了普林斯頓起自 2021 年的招聘。「長期來看，我覺得我們還是需要有治療方式，」他說，「但我認為診斷方法是我們實際上可以很快就做出來的東西。」

不過道納所在的西岸圈子裡，有一個團隊正在努力推進冠狀病毒治療方法的進程。與米荷沃德所發明的 CARVER 系統相似，這個團隊也是利用 CRISPR 去尋找並摧毀病毒。

亓磊與小精靈

亓磊生長在他稱為中國小城的山東濰坊，位於北京南邊的海岸邊，距離北京約 300 哩。濰坊的市中心人口其實多達 260 萬人，相當於芝加哥，「不過以中國來說，這樣的人口規模算小地方，」他說。濰坊因為各處林立的工廠而熙熙攘攘，卻沒有世界級水準的大學，因此亓磊進了北京的清華大學就讀，主修數學與物理。大學畢業後，他申請到柏克萊攻讀物理，但他發現自己對生物學的興趣愈來愈濃厚。「要幫助這個世界，生物學的應用之處似乎更多，」他說，「所以我在柏克萊的第二年，就決定從物理轉到生物工程。」[12]

就是這樣的因緣際會，他轉到了道納的實驗室中，而道納也成為他兩位指導教授之一。他的研究焦點不是基因編輯，而是開發利用 CRISPR 干擾基因表現的新方法。「我對於她怎麼花時間和我討論科學的態度，不是那種皮毛層

11　原註：瓊・阿瑞斯提—山茲（Jon Arizti-Sanz）、凱薩琳・費依潔……帕蒂絲・薩比提與卡麥隆・米荷沃德 2020 年 5 月 28 日刊於《bioRxiv》的〈SARS-CoV-2 整合樣本滅活、擴增與以 Cas13 為基礎的偵測〉（Integrated Sample Inactivation, Amplification, and Cas13-Based Detection of SARS-CoV-2）。

12　原註：作者對亓磊的訪問。

面的泛泛之談，而是非常深入，並且涵蓋了關鍵技術細節的討論方式，非常驚豔，」他說。亓磊對於病毒的興趣在 2019 年開始提升，當時他拿到了國防高等研究計畫署的資助（一如米荷沃德與道納），進行為疫情大流行做準備的研究。「我們一開始是專注於尋找對抗流感的 CRISPR 方法，」他表示。接著冠狀病毒襲擊。2020 年 1 月底，亓磊在看完一篇中國現況的報導後，就召集了自己的團隊，把研究目標從流感移轉到了新冠狀病毒。

亓磊的解決方案與米荷沃德所進行的作法類似。他想要利用一個引導酵素，鎖定並裁切入侵病毒的 RNA。和張鋒與米荷沃德一樣，他也決定要用 Cas13。發現 Cas13a 與 Cas13b 的人是布洛德的張鋒。但另外一種變異的 Cas13，是由道納科學圈的傑出生物工程師徐安祺所發現，他在布洛德和柏克萊陣營都有研究工作經驗。[13]

出生在臺灣的徐安祺，是柏克萊的學士、哈佛的博士。在哈佛期間，他曾在張鋒的實驗室裡工作，當時正好也是張鋒與道納發表將 CRISPR 運用於人類細胞的論文競爭時期。徐安祺在張鋒與其他人共同創建、後來道納退出的愛迪塔斯醫藥公司當過兩年的科學家。接著，他去了南加州的沙克研究所（Salk Institute），並在那兒發現了後來大家稱為 Cas13d 的酵素。2019 年，他成為柏克萊的副教授以及道納對付新冠病毒團隊裡的一員，並負責帶領其中一個小組。

因為徐安祺發現的 Cas13d，具有體型小以及具體鎖定能力極高的特性，所以亓磊就選定這個酵素，作為鎖定人類肺部細胞內冠狀病毒的最佳酵素。在利用縮寫取名的競賽中，亓磊的得分也非常高。他給自己的系統取名小精靈（PACMAN），系統全名是「人類細胞內的預防性抗病毒 CRISPR」（prophylactic antiviral CRISPR in human cells）。小精靈是曾經紅極一時的電動遊戲中那個不斷吃東西的角色。「我很喜歡電動遊戲，」亓磊告訴《連線》雜誌的記者史蒂分‧

---

13 原註：席爾瓦納‧柯納曼（Silvana Konermann）……徐安祺 2018 年 3 月 15 日刊於《細胞》的〈RNA 鎖定 VI-D 型態 CRISPR 效應物的轉錄組工程〉（Transcriptome Engineering with RNATargeting Type VI-D CRISPR Effectors）。

亓磊

賴維（Steven Levy），「小精靈在前面忙著吃餅乾，後面又有鬼在追。可是當它碰到一種叫做威力餅乾的特別餅乾時——在我們的例子裡，那就是 CRISPR-Cas13 的設計——突然間，小精靈就會變得非常強。它可以開始吃鬼，並清理整個戰場。」[14]

　　亓磊與他的團隊在合成的冠狀病毒片段上檢測小精靈系統的效用。2 月中，他的博士學生提姆・亞培（Tim Abbott）所做的實驗顯示出，實驗室設定的小精靈系統將冠狀病毒量降低了 90%。「我們證明以 Cas13d 為基礎的基因鎖定，可以有效鎖定並裁切 SARS-CoV-2 片段的 RNA 序列，」亓磊與他的合作研究人員寫道，「不論是應付包括引發新冠肺炎在內的各種冠狀病毒，抑或對抗範圍廣泛的其他病毒，小精靈系統都是一個極具潛力的策略。」[15]

14　原註：史蒂分・賴維（Steven Levy）2020 年 3 月 10 日刊於《連線》雜誌的〈CRISPR 可能是人類下一個病毒殺手嗎？〉（Could CRISPR Be Humanity's Next Virus Killer?）。

15　原註：提摩西・亞培……與亓磊 2020 年 3 月 14 日刊於《bioRxiv》的〈CRISPR 發展作為對抗新型冠狀病毒與流感的預防性策略〉（Development of CRISPR as a Prophylactic Strategy to Combat Novel Coronavirus and Influenza）。

這篇報告在 2020 年 3 月 4 日於網上發表，就在道納召集大家共同加入冠狀病毒戰爭的第一場灣區會議隔天。亓磊發送了一個連結給道納，不到一個小時就收到了她的回覆，邀請他加入團隊，並請他在第二次的網上週會中，向大家說明這個系統。「我告訴她，發展小精靈的構想，需要一些資源，我們得取得活的冠狀病毒樣本，也要釐清可以讓系統進入患者肺部細胞的傳遞系統，」他說，「她超級支持。」[16]

傳遞

CARVER 與小精靈系統背後的概念非常精彩，不過公平起見，我應該要特別提醒大家，細菌在 10 多億年前就已經想到了這個作法。裁切 RNA 的 Cas13 酵素會用力嚼下人類細胞中的冠狀病毒。如果可以成功，那麼 CARVER 與小精靈系統的運作，將會比施打疫苗引起免疫反應的作法更有效。這些以 CRISPR 為基礎的技術，藉由直接鎖定入侵病毒的方法，避開了依賴人體不穩定免疫反應的必要性。

這種對抗方式的問題在於傳遞，如何讓這些系統成功進入病人體內的正確細胞，然後穿過那些細胞膜？這是個難度非常高的挑戰，尤其還牽涉到進入肺部細胞。這也是 CARVER 與小精靈系統在 2021 年還沒有準備好要應用於人類身上的原因。

在 3 月 22 日的週會上，道納向團隊成員介紹了亓磊，並展示了一張投影片，向大家描述亓磊在他們這場冠狀病毒戰事中所帶領的團隊。[17]道納讓亓磊和她實驗室中負責新型傳遞方式研究的研究人員合作，她自己也與亓磊合作準備白皮書，說服可能的資金提供者加入。「我們利用一種 CRISPR 的變異酵素 Cas13d，鎖定病毒的 RNA 序列進行裁切與摧毀，」他們在白皮書中寫著，「我們的研究提供了 一個可能用於新冠病毒的基因疫苗以及基因治療的全新策

---

16 原註：作者對亓磊的訪問。

17 原註：創新基因學院 2020 年 3 月 22 日以 Zoom 系統召開的週會；作者對亓磊與道納的訪問。

略。」[18]

　　傳遞 CRISPR 與其他基因治療工具的傳統方法，是利用安全的病毒，譬如不會引發任何疾病，或不會刺激嚴重免疫反應的腺相關病毒這類的病毒，作為「病毒載體」，把遺傳物質遞送進細胞。不然就是製造出與病毒相似的合成分子負責運作工作，這個部分是珍妮佛‧漢彌頓與道納實驗室中其他研究人員的專長。另外還有一種電穿孔的方式，是在細胞膜上造成一片電場，讓 CRISPR 工具較容易穿透。這些方法都有其缺陷。病毒載體的小體型，通常會對 CRISPR 蛋白質種類以及可以傳送的嚮導 RNA 設限。在研究一個安全且有效的傳遞機制時，創新基因學院必須要能對得起自己的名字，進行創新。

　　為了與亓磊合作遞送系統的研究，道納讓他和自己以前的博士後研究生洛斯‧威爾森接上了頭。威爾森是尋找遞送物質進入患者細胞內的新方法專家，他目前在柏克萊的實驗室，就在道納實驗室旁邊。如同之前所說，他和艾力克斯‧馬森正在為一支 DNA 疫苗研究與設計傳遞系統。[19]

　　威爾森擔心遞送小精靈或 CARVER 到細胞內會太困難，亓磊卻對未來幾年內就可以部署這些以 CRISPR 為基礎的治療工具，充滿希望。目前已經有一種遞送方式在驗證可行性了，利用的是被稱為類脂質（lipitoid）的分子。類脂質是大小與病毒相似的合成分子，可以將 CRISPR-Cas13 複合物包覆在內。亓磊已經在和勞倫斯柏克萊國家實驗室的生物奈米結構研究室（Biological Nanostructures Facility）合作，製造可以遞送小精靈系統到肺部細胞的類脂質。[20]生物奈米結構研究室位於柏克萊校園上方的山丘，是屬於政府的不規則狀複合式建築物。

18　原註：亓磊、道納與羅斯‧威爾森2020年4月完成的〈利用 CRISPR 技術發展新型冠狀病毒預防性與治療性作法白皮書〉（A White Paper for the Development of Novel COVID-19 Prophylactic and Therapeutics Using CRISPR Technology），未發表。

19　原註：作者對羅斯‧威爾森的訪問；羅斯‧威爾森2020年4月完成的〈以工程手法處理 CRISPR 核糖核蛋白作為體內免疫與幹細胞基因體編輯的目標效應物〉（Engineered CRISPR RNPs as Targeted Effectors for Genome Editing of Immune and Stem Cells In Vivo），未發表。

20　原註：特瑞莎‧杜克（Theresa Duque）2020年6月4日刊於《柏克萊實驗室新聞》（*Berkeley Lab News*）的〈細胞傳遞系統在對抗 SARS-CoV-2 的戰役中可能漏失連結〉（Cellular Delivery System Could Be Missing Link in Battle against SARS-CoV-2）。

亓磊説有一種可以讓類脂質遞送方式奏效的作法，那就是藉由鼻用噴器或某種類似的噴霧器，把小精靈治療工具送進人體。「我兒子有氣喘，」他説，「所以身為小孩子的他，踢足球時，會把噴霧器當作一種預防措施。大家平常也都會固定使用這種東西，萬一肺暴露在什麼東西之下，就可以降低過敏程度。」這個作法同樣也可以在冠狀病毒流行期間施行；大家可以利用鼻用噴器，讓小精靈系統或其他 CRISPR-Cas13 預防性治療方法保護自己。

　　一旦傳遞機制有效，小精靈與 CARVER 這類以 CRISPR 為基礎的系統，就能夠在不啟動多變且複雜的自身免疫系統前提下，提供大家治療與保護。如果病毒產生突變，這類系統也可以重新設定，鎖定病毒遺傳密碼中的必要序列，讓突變病毒無法輕易入侵。另外，如果出現了新病毒，這些系統同樣可以很輕易地重新設定。

　　這種重新設定序列的概念，也很容易擴大應用。CRISPR 治療源於重新設定一個我們人類在大自然中所找到的系統。「這給了我希望，」米荷沃德説，「當我們面對其他嚴峻的醫療挑戰時，我們可以在大自然中尋找其他這類的技術，再加以運用。」這是一個提醒，提醒我們切記好奇心所驅動的基礎研究價值，總是可以讓大家深刻領略到大自然的無際精彩，而這也正是達文西喜歡掛在嘴邊的説法。「你永遠也不會知道，」米荷沃德説，「你正在研究的某種隱晦的東西，對人類的健康將有重要的意涵。」就像道納説的，「自然就是以這種方式展現美麗。」

冷泉港實驗室

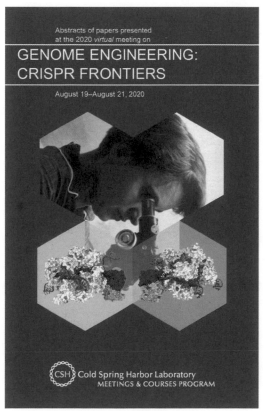

2020 年冷泉港年度 CRISPR 會議資料封面

第 55 章

冷泉港線上會議

CRISPR 與新冠病毒

這場會議的主要議題之一是如何應用 CRISPR 來抵禦冠狀病毒，由道納、張鋒以及兩人對立陣營中的一些新冠病毒戰士披掛主講。這次大家也不是聚集在地勢起伏、俯瞰長島灣小港的院區內，而是改由透過 Zoom 與 Slack 系統與會。連續好幾個月都是在電腦螢幕上與小框框裡的人臉互動的與會者，顯得有些視線失焦。

這場會議同時融入了本書的另一條支線故事。這次的會議也為了慶祝羅莎琳・法蘭克林的百年誕辰。她在 DNA 結構上的開創性研究，啟發了當時在讀《雙螺旋》時的小道納，讓她相信女性也可以做科學研究。這次會議資料的封面特寫，就是是法蘭克林使用顯微鏡觀察研究成果的彩色照片。

一開場，由道納在柏克萊所建立的新冠病毒檢測實驗室團隊的領航人費爾多・烏爾諾夫向法蘭克林致敬。我本來期待他會展現出平常顯露的戲劇天分，他卻以恰如其份的嚴肅表情，敘述著法蘭克林的科學成就，包括她對菸草鑲嵌病毒的 RNA 位置研究。唯一情緒起伏的時刻，出現在他致詞的尾聲。他放了一張法蘭克林去世後，她那張空無一物的實驗台照片。「向這位前輩致敬的最佳方式，就是記住她當時所面對的結構性性別歧視，至今依然存在於你我之間，」他聲音有些哽咽，「羅莎琳是基因編輯的教母。」

道納的演講從一開始就提醒所有人 CRISPR 與新冠病毒之間自然的關聯。「CRISPR 是演化因應病毒感染問題的一種了不起的方式，」她說，「在這次

疫情大流行期間，我們可以以它為師。」張鋒接著更新他 STOP 技術的資訊，描述了這台便於使用的攜帶型檢測設備。在他結束後，我發了一則簡訊給他，問他這些檢測設備何時可以讓機場與學校使用。他在幾秒內就傳來了回覆，還附上了當週才剛製造出來的最新設備試作原型品照片。「我們正加緊腳步，努力讓大家在這個秋天可以拿到，」他說。卡麥隆・米荷沃德則是像他父親一樣，雙手揮舞著，生動描述著他的 CARMEN 系統，如何透過重新設定，一次偵測多種病毒。道納以前的學生珍妮斯・陳接著向與會者報告她與盧卡斯・哈靈頓共同在猛瑪發明出來的 DETECTR 平台。徐安祺報告他與道納團隊一直在研究如何創造出更好的方法去放大基因物質，偵測病毒。亓磊描述他的小精靈系統如何不僅被使用來偵測冠狀病毒，也可以用來摧毀這些病毒。

我受邀主持一場關於新冠病毒的分組討論會。一開始，我就問張鋒與道納關於這場大疫情引起大眾對於生物學更高興趣的可能性。張鋒回答，當家用檢測套組變得成本低廉且便於使用時，這些設備就會造成醫療的大眾化與分權化。接下來最重要的步驟將是「微流控」的創新，包括引入微量液體進入設備中，然後把資訊與我們的手機連結。這樣做可以讓我們所有人都在家裡的私密空間中，檢測自己的唾液與血液、瞭解數百種醫療指標、用手機監控自己的健康狀況，並將數據與醫生和研究人員分享。道納補充提到這次的疫情大流行，加快了科學與其他領域的匯流。「非科學家人員參與我們的研究工作，有助於創造出一場極為有趣的生物科技革命，」她預測。這是分子生物學發光的時刻。

在這場分組討論會接近尾聲時，線上觀眾凱文・畢夏普（Kevin Bishop）舉起了他的手。[1]他在美國國家衛生研究院工作，想要知道為什麼像他這樣的非裔美國人，登記新冠病毒疫苗臨床實驗的人數少之又少。這個問題引起了一波因為發生過塔斯基吉梅毒試驗（Tuskegee experiments）這類恐怖歷史事件，而使得非裔美國人完全不信任醫療實驗的討論。在塔斯基吉梅毒試驗案中，有些感染了梅毒的佃農以為自己正在接受真正的治療，但實際上醫療單位給他們施打的只是安慰劑。少數與會者質疑種族多樣性在新冠疫苗試驗中是否具重要性。（大

1　原註：凱文・畢夏普（Kevin Bishop）與其他人同意作者引用他們在會上的發言。

家的共識是：不論從醫療或道德角度去看，種族多樣性都很重要。）畢夏普建議到非裔美國人的教會與大學去招募志願參與者。

結果，令我驚訝的是，種族多樣性議題所涉及的範圍，遠遠要比臨床實驗大得多。從這次會議的與者會名單來看，生物研究界的女性佔了相當的比例，但非裔美國人的比例卻非常低，不論是這場會議，抑或是我造訪過各實驗室的實驗台前。就這一點來說，很遺憾地，新的生命科學革命也與數位革命相似。如果各界的努力沒有向外擴展或提供輔導人員的協助，生物科技會是另一場把大多數黑人甩在後面的革命。

CRISPR 向前推進

在這場會議上，有關如何部署 CRISPR 來對抗新冠病毒的報告，令人印象深刻，但那些推動著 CRISPR 基因編輯向前邁進的各種發現報告，同樣令人欽佩。在這當中，最重要的報告，莫過於來自和道納一同籌備這場會議的籌辦者之一，哈佛大學那位說話溫和的超級明星劉如謙。他與麻省劍橋的哈佛體系以及加州的柏克萊體系都有關係。劉如謙以第一名的優異成績從哈佛畢業後，在柏克萊取得了博士學位，之後又回到哈佛任教，成為張鋒在布洛德的同事，與他共同創立了光束治療公司（Beam Therapeutics）。劉如謙有著令人毫無招架之力的紳士風度以及讓人如沐春風的才識，他和道納、張鋒也都建立了非常親近的情誼。

2016 年開始，劉如謙著手開發一種稱為「鹼基編輯」的技術。這種技術讓我們在 DNA 內不需要造成雙股斷裂，就可以針對單一鹼基進行精準改變，一如用削得非常尖的鉛筆編輯。2019 年冷泉港會議上，劉如謙宣布了名為「先導編輯」的更進一步發展。透過先導編輯技術，一個嚮導 RNA 可以攜帶一長串序列，再將之編輯到 DNA 的目標區域中，而且要達到這個目標，只需要在 DNA 中打開一個小小的豁口，不需要造成雙股斷裂。這個技術可以編輯高達

基。[2]「如果説 CRISPR-Cas 像剪刀，那麼鹼基編輯就像鉛筆，而先導編輯，則是像文書處理器，」劉如謙這麼解釋。[3]

2020 年發表報告的數十人當中，不乏找到聰明新方法去利用鹼基編輯與先導編輯的年輕研究人員。劉如謙就描述了他自己最近如何在細胞能量製造區域部署鹼基編輯工具的發現。[4] 此外，他也是一篇描述方便用於設計先導編輯實驗的應用程式相關論文的共同作者。[5] 新冠病毒完全沒有減緩 CRISPR 革命向前的腳步。

這次會議資料冊的封面特別凸顯了鹼基編輯的重要性。就在羅莎琳・法蘭克林彩色照片之下，有一張鹼基編輯器連結著一個紫色的嚮導 RNA 與一個藍色的 DNA 目標區的美麗立體影像。利用一些法蘭克林所開拓的結構生物學與影像技術所設計出來的這張封面圖片，早在一個月前就公布在道納與劉如謙的實驗室中了，這張圖的大部分工作都是由之前教我如何使用 CRISPR 編輯 DNA 的博士後研究生蓋文・納特所完成。

黑灘酒吧

在冷泉港院區的餐廳裡，有一個提供寬敞與舒適空間的木裝休憩區，大家都稱之為黑灘酒吧（Blackford Bar）。牆上排排掛著老照片、隨時可以取用的艾爾與拉格啤酒、好幾台電視在同一時間播放著科學演講與洋基的棒球賽，酒吧

2　原註：安得魯・安札隆（Andrew Anzalone）……劉如謙與其他人，2019 年 12 月 5 日刊於《自然》的〈不需要雙股斷裂或供體 DNA 的搜尋與取代基因體編輯〉（Search-and-Replace Genome Editing without Double-Strand Breaks or Donor DNA），8 月 26 日提交，10 月 10 日決定刊登，10 月 21 日於網路發表。

3　原註：梅根・莫坦尼 2019 年 10 月 21 日刊於《連線》雜誌的〈新 CRISPR 技術幾乎可以修補所有基因疾病〉（A New Crispr Technique Could Fix Almost All Genetic Diseases）；雪倫・貝格利 2019 年 10 月 21 日刊於《Stat》電子期刊的〈新 CRISPR 工具有可能矯正所有 DNA 故障所造成的所有疾病〉（New CRISPR Tool Has the Potential to Correct Almost All Disease-Causing DNA Glitches）；雪倫・貝格利 2019 年 10 月 6 日刊於《Stat》電子期刊的〈問劉如謙的問題〉（You Had Questions for David Liu）。

4　原註：比佛莉・莫（Beverly Mok）……劉如謙與其他人 2020 年 7 月 8 日刊於《自然》的〈細菌胞苷腺苷脫氨酶毒素啟動無 CRISPR 的線粒體鹼基編輯〉（A Bacterial Cytidine Deaminase Toxin Enables CRISPR-Free Mitochondrial Base Editing）。

5　原註：強納森・徐（Jonathan Hsu）……劉如謙、凱斯・鄭、路肯・皮內羅（Lucan Pinello）與其他人 2020 年 5 月 4 日刊於《bioRxiv》的〈快速與簡化設計嚮導 RNA 基本編輯的基本設計軟體〉（PrimeDesign Software for Rapid and Simplified Design of Prime Editing Guide RNAs）。

外還有俯瞰著沉靜海港的露天平台。在大多數的夏季夜晚，你可以在黑灘酒吧裡看到會議的與會者、附近實驗室大樓的研究人員，以及偶爾出現的院區場地管理人員或院區的工作人員。以前的 CRISPR 會議期間，這裡總是人聲鼎沸，滿是關於近在眼前的發現、天馬行空的想法，或可能開放的工作機會等各種討論，外加形形色色的八卦與小道消息。

2020 年的會議籌辦者試著透過 Slack 頻道與 Zoom 視訊會議系統，建立一個稱為＃虛擬酒吧的空間，重現黑灘酒吧的場景。籌辦者說這個虛擬酒吧的目的在於「模擬你在黑灘酒吧可能經歷的因緣際會。」我決定試一試。第一天晚上進入這個會議室的人大概有 40 位。就跟一場真正的雞尾酒會一樣，大家先是很拘謹地自我介紹了一下。然後有位主持人把我們分成了 6 組，各自丟進分組討論室中。20 分鐘後，分組室時間結束，我們再被隨機指派到另一個分組。怪異的是，當大家的討論鎖定在特定科學議題，並深入探究時，這種安排的效果竟然相當不錯。大家興致勃勃的討論議題包括了蛋白質合成技術，以及 Synthego 公司正在打造的自動細胞編輯硬體設備。但是彼此的交談中，卻完全沒有那種可以讓現實生活更平順，或感情連結更豐富的一般社交性質的內容。環境中沒有洋基球賽的聲音作為陪襯，坐在露台上也沒有可以共享的夕陽。兩個回合後，我就下線了。

冷泉港實驗室在 1890 年創立，創立的基礎根植於深信現場會議所帶來的魔力。這座實驗室選擇的公式，是吸引有興趣的人到一個美景如畫的地點，提供大家互動的機會，包括一間優質的酒吧。大自然的美麗，加上人與人之間未經刻意安排的自由接觸，是非常強而有力的結合。即使沒有互動——就像當年年輕而充滿敬畏的珍妮佛・道納與日漸老邁的偶像芭芭拉・麥克林托克在冷泉港院區某條路上的擦肩而過——大家也能從一種飽含著激發創造力的充電環境中獲益。

被冠狀病毒疫情絞揉成一團的改變中，其中一個就是未來將有更多的虛擬會議。這實在是非常遺憾的事情。就算新冠病毒沒有殺了我們，Zoom 的視訊系統也會把我們都解決掉。一如賈伯斯在建立皮克斯動畫工作室（Pixar）總部以及在設計新的蘋果園區時所強調的，新的想法誕生於不期而遇。面對面的互

動對於新概念以及人與人之間羈絆的淬煉，尤其重要。亞里斯多德曾教導我們人類是社會動物，而網路上的互動，無法滿足社會動物的本能。

不論如何，冠狀病毒拓展了我們攜手合作與分享思想的方式，是一個對大家都有利的事實。透過 Zoom 世紀的加速推廣，疫情將擴大科學合作的範圍，讓科學合作能夠更全球化，而群眾透過網路貢獻心力的程度也將更高。一趟沿著聖胡安鵝卵石道的散步，催化了道納與夏彭蒂耶的合作，但 Skype 與 Dropbox 科技，卻能夠讓身處 3 個不同國家的她們以及她們的兩名博士後研究生，戮力合作 6 個月，解開 CRISPR-Cas9 的奧祕。因為大家現在愈來愈習慣於透過電腦螢幕的小方塊見面，團隊合作必然會愈來愈有效率。但我還是希望所有人都能達到一個平衡。我希望我們高效虛擬會議的獎賞，可以是大家有機會在類似冷泉港院區這種地方，面對面地待在一塊兒談天說地。

夏彭蒂耶，在彼方

在這次會議中，道納即將完成她的科學報告時，一位年輕研究人員問了她一個私人問題，「一開始，是什麼事情激發了您對 CRISPR-Cas9 的研究？」因為這並不是科學研究人員在一場技術性報告後會提出的典型問題型態，所以道納想了一會兒。「是從與埃瑪紐埃爾·夏彭蒂耶一次很美好的合作開始，」她回答，「之前一起合作的研究，讓我永遠都欠她一份情。」

這是個很有趣的回答，因為不過幾天前，道納還跟我談到她對自己與夏彭蒂耶，不論是私人還是科學的關係都漸行漸遠，感到很難過。她對她自己不斷試探，卻一再得到冷淡的對待而感慨，還問我在我與夏彭蒂耶的對談中，有沒有感覺到為什麼情況竟會如此發展的任何蛛絲馬跡。「在 CRISPR 這個故事中，讓我最難過的一件事，就是我真的很喜歡埃瑪紐埃爾，但我們的關係卻愈來愈淡漠，」她說。道納讀高中的時候學過法文，甚至一度考慮把主修科目從化學轉為法文。「我一直都有這種自己是個法國女孩的幻想，而從某個角度來說，埃瑪紐埃爾讓我想起了這樣的幻想。在某種程度上，我就是非常崇拜她。我真希望我們在專業與私人的關係上，都可以繼續維持很棒的緊密關係，能以朋友

的身分，一起享受科學，以及隨著科學而來的一切。」

當她告訴我這些後，我建議她邀請夏彭蒂耶擔任冷泉港線上會議的演講人。道納立即接納了這個建議，並透過一起籌辦會議的瑪麗亞·賈辛（Maria Jasin）提出邀請，請夏彭蒂耶致詞向羅莎琳·法蘭克林表達敬意，或針對任何其他專題發表演講。我接著跟進，與夏彭蒂耶聯絡，鼓勵她接受邀請。

夏彭蒂耶一開始有些猶豫，但後來說她那段時間要去參加一個遠處的會議。賈辛與道納給了她時間與日期上的彈性，但夏彭蒂耶最後還是婉拒了。感覺到了她的沉默後，我試著改採其他策略。我邀請她參加道納和我在會後透過 Zoom 的一次私人閒聊。我告訴她我想在這本書結尾納入她們兩人的回憶。她非常贊同這樣的想法，這一點讓我頗為驚訝。她甚至寫電子郵件給道納，說她很期待這次的線上聊天。

會後的那個週日，我們在線上碰面。我準備了一整張清單的問題要提問。但道納與夏彭蒂耶從在線上一見到面，就講個不停，互報近況。剛開始她們還有點一般人久未見面的那種不太自然的感覺，但幾分鐘過後，兩人就熱烈地暢談了起來，而道納也開始用夏彭蒂耶的暱稱瑪努（Manue）稱呼她，兩人很快就連聲大笑。在傾聽她們敘舊的時候，我關掉了電腦視訊的鏡頭，從畫面上退出。

道納說著自己那個已是青少年的兒子安迪有多高、長得有多快，分享著馬丁·伊尼克寄來的新寶寶照片，還開玩笑地提到她與夏彭蒂耶參加過的一場 2018 年的美國癌症協會（American Cancer Society）頒獎活動，席間喬·拜登告訴她們，他沒有競選總統的計畫。道納向夏彭蒂耶道賀她的 CRISPR 醫療公司在納許維爾治療鐮刀型貧血症的臨床實驗很成功。「我們在 2012 年發表了我們的論文，現在 2020 年，有人已經治癒了一種疾病，」道納說。夏彭蒂耶點頭大笑。「事情發展得這麼快速，我們可以非常開心了，」她說。

兩人的對談慢慢地愈來愈偏向私人內容。夏彭蒂耶回想起她們合作的開始，當時兩人在波多黎各的會議期間共進午餐，在小石街道散步，最後在某家酒吧裡一塊兒喝酒。她說，很多時候，當你遇到另一位科學家時，妳就是會知道自己無法與對方共事。可是她們兩人的見面，卻剛好相反。「我知道我們可

以合作得非常愉快，」她對道納說。然後兩人交換著當年整整 6 個月，全天候地靠著 Skype 與 Dropbox 接力合作，奮力盡快揭開 CRISPR-Cas9 奧祕的點點滴滴。夏彭蒂耶承認那時每當她寄給道納部分她們共同著作的論文時，都很擔心。「我以為你必然會修正我的英文，」她說。道納則回答，「妳的英文非常好，我記得妳還必須改正我的一些錯誤。一起寫報告實在太好玩了，因為我們對事情的想法完全不同。」。

最後，當兩人的交談開始有些遲滯時，我打開了自己的電腦視訊鏡頭，問了一個問題：過去這幾年間，你們漸行漸遠，不論是科學事業還是個人生活，都是如此，你們懷念曾經的友情嗎？

夏彭蒂耶開了口，急著解釋曾經發生的事情。「我們因為頒獎典禮與其他的事情，常常都要跑來跑去，」她說，「大家把我們的行程填得太滿，我們根本沒有時間去享受不忙的時刻。所以部分問題，單純就是因為我們兩個人實在都太忙的事實。」她若有所思地提及 2012 年 6 月兩人在柏克萊為了完成報告而待在一起的那一個星期。「有一張合照，我的頭髮剪得很點好笑，就在妳的學院門口，」她說，指的是本書第 17 章一開始放的那張照片。這是她們最後一次輕鬆在一起的時光，夏彭蒂耶說。「之後，因為我們那篇報告帶來的衝擊，日子簡直都要過瘋了。我們幾乎沒有任何留給自己的時間。」

夏彭蒂耶的話讓道納露出了微笑，因此她也吐露了更多的心聲。「我享受我們的友誼，就像我享受做科學，」她說，「我非常喜歡妳令人愉悅的樣子。從我在學校學法文開始，就幻想著住在巴黎。而瑪努，你幫我體現了那個幻想。」

兩人的交談最後在將來再一起合作的話題中結束。夏彭蒂耶說她拿到了一個到美國做研究的獎助金。而在新冠病毒疫情快速蔓延前，道納自己也計畫在 2021 春季班期間休假，去哥倫比亞大學進修。「也許 2022 年春天可以在紐約碰面，」道納建議。「我非常喜歡這個跟妳在一起的建議，」夏彭蒂耶回答，「我們可以再一起合作。」

第 56 章

諾貝爾獎

「重寫生命密碼」

2020 年 10 月 9 日凌晨 2 點 53 分，道納睡得正熟。但她已設定成靜音的手機，卻持續不斷的嗡嗡作響，把她吵醒了。她來帕拉奧圖（Palo Alto）參加一場有關老化生物學的小型會議，這個時候的她，正一個人待在飯店房間內。這也是冠狀病毒危機開始 7 個月後，她所參加的第一場現場會議。電話是《自然》的記者打來的。「我實在不想這麼早打擾妳，」她說，「可是我需要你對諾貝爾獎的看法。」

「得獎的是誰？」道納問，聲音裡帶了點火氣。

「妳是說妳還不知道嗎？！」記者這麼反應，「妳和埃瑪紐埃爾·夏彭蒂耶啊！」

道納檢查自己的手機紀錄，看到了一堆未接來電，的確似乎都是從斯德哥爾摩打來的。她花了一點時間靜下心消化這個消息，「我再回妳電話。」[1]

把 2020 年諾貝爾化學獎頒給道納和夏彭蒂耶，非但不全然令人意外，而且這個認同來得之快，在歷史上都佔了一席之地。她們兩人的 CRISPR 相關發現，不過才短短 8 年。一天前，羅傑·彭羅斯[2] 才因他 50 多年前的黑洞相關發

1　原註：作者對海蒂·雷弗德、道納，以及夏彭蒂耶的訪問。

2　Roger Penrose，1931 ～，英國數學家、數學物理學家，以及科學哲學家，2020 年諾貝爾物理學獎得主，牛津大學數學系榮譽教授，也是劍橋大學聖約翰學院榮譽研究人員。

現，而成為這一屆諾貝爾物理學獎得獎人。這一屆化學獎還有另一層歷史意義。這次的獎不僅是認同一項成就，似乎也在預告著一個新時代的降臨。「今年的獎，是關於生命密碼的重寫，」瑞典皇家科學院（Royal Swedish Academy）祕書長在公布得主的時候宣稱，「這些基因剪刀將生命科學帶進了一個新的紀元。」

另一件值得注意的事情，是這屆的獎項只頒給了兩個人，並沒有依照慣例頒給 3 個人。有鑑於最先將 CRISPR 視為基因編輯工具的兩組人馬，當下依然在持續競爭著專利，第 3 個名額大可以頒給張鋒，不過這麼一來，在同時間發表了類似發現的喬治・丘奇，就會成為遺珠之憾。除此之外，還有許多值得這個殊榮的候選人，包括法蘭西斯可・莫伊卡、羅道夫・巴蘭古、菲利普・霍瓦、艾力克・松泰默、路希阿諾・馬拉費尼，以及維吉尼亞斯・希克斯尼斯等。

這屆化學獎頒給兩名女子同樣具有歷史重要性，我們可以感應到羅莎琳・法蘭克林的幽靈臉上，帶抹緊張的微笑。儘管她製作出來的照片幫助詹姆斯・華生與法蘭西斯・克里克解開了 DNA 的結構之謎，但她在早期歷史中，終究不過是個次要的角色，而且她在華生與克里克 1962 年拿到諾貝爾獎之前就已經辭世。就算法蘭克林當時仍活在人世，她也不太可能取代摩里斯・威爾金斯，成為當年諾貝爾獎的第三人。從 1911 年居里夫人（Marie Curie）開始，截至 2020 年為止，諾貝爾化學獎一共 186 位得主，只有 5 位女性。

道納按照手機留言留下的電話號碼打去斯德哥爾摩，回應她的是電話答錄機。但幾分鐘後，她還是聯絡上了對方，並正式收到獲獎消息。她接著又打了幾通電話，其中包括馬丁・伊尼克與那位堅持不懈的《自然》記者，然後把衣物全丟進行李袋，再跳進自己的車子，開一個小時車回柏克萊。途中，她打了電話給傑米，他告訴道納學校已經派了一組宣傳溝通團隊，在露台架好了設備等她。等她終於在清晨 4 點半到家時，道納發了簡訊給鄰居，為家裡的騷動與攝影機的燈光致歉。

她有幾分鐘的時間和傑米與安迪喝咖啡慶祝這個消息。之後，在自家露台上，她對著攝影團隊發表了一些感言，接著趕赴柏克萊參加臨時舉辦的虛擬全

球記者會。去學校途中，她和同事吉莉安・班菲爾德通了電話。2016 年，就是班菲爾德突然致電給她，要求在校園的言論自由運動咖啡館碰面，討論班菲爾德不斷在細菌 DNA 中發現的一些叢聚的重複序列。「有妳這樣的合作同事與朋友，我真的很感激，」她對班菲爾德說，「一直以來都非常有趣。」

　　記者會上有許多問題都聚焦在這個獎如何代表女性突破的議題上。「我以身為女人為榮！」道納大笑著說，「這件事實在太棒了，尤其是對年輕的女性，以及許多覺得不論怎麼做，她們的工作都不會像如果自己是個男人那樣受到認可的女性。我很期待看到那樣的改變，而這也是邁向正確方向的一步。」之後，她回想著自己在學校念書的那些日子。「好幾次有人告訴我女孩不要走化學這條路，或者女孩不要搞科學。幸好我都沒有聽進去。」

　　她說這些話的同時，夏彭蒂耶也在柏林召開記者會，當時正是下午 3、4 點。數小時前，就在她剛接到斯德哥爾摩的正式電話通知之後，我聯絡上了她，而她的情緒罕見地激動。「有人跟我說早晚會等到這一天，」她告訴我，「可是我接到電話時，還是非常感動、非常情緒化。」她說，這件事把她拉回到自己經過家鄉巴黎的巴斯達研究所時，決定要當個科學家的那個很小的時候。不過等到召開記者會時，夏彭蒂耶的情緒已經完美地隱藏在她的蒙娜麗莎微笑之下了。帶了一只白酒杯的她，走進自己工作的研究所大廳，站在馬克斯・普朗克的半身像旁讓大家照相，然後以刻意混合了輕鬆與誠懇的態度回答問題。一如柏克萊的記者會，會場大部分焦點都放在這個獎項對女性的意義上。「珍妮佛和我今天得獎的事，可以為年輕女孩提供一則非常強而有力的訊息，」她說，「這個獎向她們證明了，女性也可以得獎。」

　　那天下午，她們的對手艾瑞克・蘭德從他布洛德研究所的辦公室發出了一篇推文：「大大地恭喜夏彭蒂耶與道納兩位博士，因為她們在 CRISPR 這個神奇科學領域的貢獻，榮獲諾貝爾獎！看到科學的無盡邊界繼續向外擴張，並為患者帶來很大的影響，實在令人興奮。」在公開場合上，道納的回應優雅。「我非常感謝艾瑞克・蘭德的認可，收到他的恭賀之語，實在榮幸，」她說。不過私底下，她很想知道蘭德選擇「貢獻」這兩個字，是不是一種律師的手法，其實是在隱晦地淡化她們兩人得到了諾貝爾獎掛保證的發現。然而讓我更注意的

剛獲知諾貝爾揭曉得獎名單時，與安迪、傑米在家中廚房慶祝

其實是未來「為患者帶來很大的影響」這個說法。蘭德的這句話，勾起了我的希望，也許張鋒、丘奇，以及或許劉如謙，某天也能成為諾貝爾醫學獎的勝利組，就像這次道納與夏彭蒂耶是諾貝爾化學獎的勝利組一樣。

道納在她的記者會上提到她正對著夏彭蒂耶「隔著海揮手」，但她實在非常想真正跟她說到話。她在白天一直發簡訊給夏彭蒂耶，並在她的手機裡留了3通留言。「拜託，拜託打電話給我，」道納在簡訊中一度這麼寫，「我不會佔用妳太多時間。只是想在電話上恭喜妳。」夏彭蒂耶終於回覆，「我真的、真的累壞了，但我答應明天一定給妳電話。」兩人終於聯絡上了，並沒有真的等到第二天早上，而且輕鬆又漫無邊際的聊了好一會兒。

道納在記者會後，進了她的實驗室，先是辦了一場 Zoom 的視訊慶祝會，有上百位朋友舉杯向她祝賀，接著又在實驗室裡開了香檳慶祝會。馬克・祖克柏與普莉西拉・陳也出現在線上恭喜她，他們兩人的基金會有贊助一些道納的研究工作。吉莉安・班菲爾德以及柏克萊各學院的院長和主管，也都在網上向她祝賀。最美好的舉杯道賀來自傑克・索斯達克，這位哈佛教授在道納念研究所時，點燃了她對 RNA 精彩世界的熱情。在 2009 年（與另外兩位女性）榮獲諾貝爾醫學獎的索斯達克，坐在他位於波士頓的堂皇磚造連排別墅後院裡，舉起了一杯香檳。「唯一一件比拿到諾貝爾獎更棒的事，」他說，「就是自己的學生也拿到了諾貝爾獎。」

道納與傑米做了西班牙蛋捲當晚餐，然後她和兩個妹妹透過 FaceTime 視訊聊天。她們談到了過世父母可能出現的反應。「我真希望他們還在身邊，」道納說，「媽媽的情緒一定會變得非常激動，爸則是會假裝他一點都不激動。不但如此，他還會確保自己瞭解科學面的來龍去脈，然後問我下一步的計畫是什麼。」

轉型

在一種病毒肆虐全球之際，諾貝爾委員會透過推崇 CRISPR 這個我們在自然界所發現的病毒抵禦系統提醒所有人，秉持著好奇心所驅動的基礎研究，最後很可能會引導出非常實際的應用。CRISPR 與新冠病毒都在加快我們進入一

個生命科學時代的速度。分子正在變身成為新的微晶片。

在冠狀病毒危機的高峰期間，有人請道納以正在發生的社會轉型為題，為《經濟學人》雜誌撰文。「就像當今生活的許多層面，科學及其實踐似乎正在進行快速，而且很可能是永久的變化，」她寫道，「這是為了更好的未來而變。」[3] 她預測大眾對於生物學與科學的方法會有更多瞭解；民選官員會更瞭解挹注資金進行基礎科學研究的價值；科學家合作、競爭與溝通的方式，也會持久變化。

在疫情大流行前，學術界研究人員的溝通與合作方式，愈來愈受限。各大學設置大規模的法務團隊，不論多麼微不足道，致力於提出所有權的主張，以及死守嚴防任何可能損及專利申請的資訊分享。「他們把科學家之間任何一次的互動，都扣上智慧財產權交易的大帽子，」柏克萊的生物學家麥可·埃森指出，「只要對方是另一所學術機構的同儕，不論我從對方那兒收到資料，還是我寄資料給對方，都涉及一份複雜的法律文件。這份文件的目的，不是在促進科學，而是在保護學校的獲利。至於學校的獲利來源，則是我們這些科學家因為做自己應該做的事情——分享彼此的研究成果——而可能產生的假設性發明。」[4]

擊退新冠病毒的競賽，沒有受到這些規定的束縛。相反的，在道納與張鋒帶領下，大多數的學術實驗室都宣稱，他們的發現將提供給所有抵抗這個病毒的人。這樣的行為促成了研究人員之間，甚至國與國之間更大規模的攜手合作。道納在舊金山灣區組織的夥伴聯盟，如果必須擔心智慧財產權的安排，就不可能如此快速地集結成軍。同樣地，世界各地的科學家也群策群力地為一個新冠病毒序列的公開資料庫做出貢獻，截至 2020 年 8 月底為止，這個資料庫

3　原註：道納 2020 年 6 月 5 日刊於《經濟學人》的〈COVID-19 如何鞭策科學界加速〉。另請參見珍·麥特考非（Jane Metcalfe）2020 年 7 月 5 日刊於《連線》雜誌的〈新冠病毒加快人類轉型——別浪費這個機會〉（COVID-19 Is Accelerating Human Transformation—Let's Not Waste It）。

4　原註：麥可·埃森 2017 年 2 月 20 日刊於「非垃圾」部落格的〈專利正在摧毀學術科學的靈魂〉。

所收到的輸入資料高達 3 萬 6 千筆。[5]

　　因新冠病毒而引發的緊迫感，也掃到了昂貴、同儕審閱評鑑，而且受到付費機制保護的學術性期刊所扮演的把關者，譬如《科學》與《自然》。一篇論文不再需要等待編輯與審閱者用好幾個月的時間去決定是否刊登，在冠狀病毒疫情高峰期間，研究人員每天在《medRxiv》與《bioRxiv》這類期刊的預印版伺服器上張貼的論文數超過 100 份，全都是免費、公開，而且只需要最低程度的審閱評鑑流程。這樣的變通使得大家都能夠即時且免費地分享資訊，甚至可以讓人在社群媒體上剖析。這麼做或許會出現尚未經過完全審查的研究因而擴散的風險，但快速與公開的資訊傳播，效果卻非常好。這個方式加速了每一個新發現的數據累積過程，容許大眾亦步亦趨地跟隨著科學的實際進展向前挪動。一些攸關冠狀病毒的重要文獻上，因為預印版伺服器上的發表，引來了全球專家不只透過網路進行審閱，還提供了更多的知識。[6]

　　喬治・丘奇說他始終對一件事情很好奇，那就是會不會出現一件具有足夠催化效果的生物界大事，讓整個科學走進我們的日常生活中。「新冠病毒就是這件大事，」他說，「隕石時不時地撞擊，突然之間哺乳動物就成了老大。」[7]未來的某天，我們大多數人家中都會有檢測設備，讓我們自行檢測病毒的感染以及其他許多健康狀況。我們也會有安裝了奈米孔與分子電晶體的可配戴設備，監測我們所有的生物機能，然後還有網路連線，分享資訊、創造出全球生物氣象地圖，即時顯示生物威脅的蔓延狀況。所有的這些，都讓生物學成為更刺激的研究領域；2020 年 8 月，醫學院的生物相關領域應用，較前一年爆增了17%。

　　學術界也變了，而且出現的變化不僅是增加更多線上課程。各大學不再偏安於象牙塔內，他們開始參與解決從疫情肆虐到氣候變遷的現實世界問題。這

5　原註：美國國家生物技術資訊中心（National Center for Biotechnology Information）的〈SARS-CoV-2 序列序列讀取檔案提交處〉（SARS-CoV-2 Sequence Read Archive Submissions），https://www.ncbi.nlm.nih.gov/sars-cov-2/,n.d.。

6　原註：席米尼・瓦西列（Simine Vazire）2020 年 6 月 25 日刊於《連線》雜誌的〈同儕審閱的科學期刊未真正善盡其責〉（Peer-Reviewed Scientific Journals Don't Really Do Their Job）。

7　原註：作者對丘奇的訪問。

些計畫全都是跨領域的問題，因此傳統上始終以獨立領地方式存在，而且各領主激烈捍衛自主性的學術小世界與實驗室，周遭的藩籬與高牆，現在全被打破了。對抗冠狀病毒需要不同專業的合作。就像開發 CRISPR 的過程中，涉及到微生物獵人與遺傳學家、結構生物學家、生物化學家，以及電腦怪才的通力合作。也像創新業界的運作方式，各單位為了一個特定計畫或特定任務，協力攜手。我們所面臨的科學威脅本質，將會加速助長不同實驗室之間這種專案導向的合作趨勢。

　　然而科學的一個基本層面將維持不變。科學始終都是一種世代合作的領域，從達爾文與孟爾德、到華生與克里克，到道納與夏彭蒂耶。「在一天終了時，所謂的發現，其實只有那些能夠持久延續下去的東西，」夏彭蒂耶說，「我們不過是這個星球的短暫過客。大家把自己的事情做好，然後離開，其他人會接手這些工作，繼續做下去。」[8]

　　我在本書中寫到的所有科學家，都說他們的主要動機不是金錢，甚至不是榮耀，而是解開自然奧祕的機會，以及利用這些發現，讓世界成為一個更好的地方。我相信他們的話。我也認為這或許是此次肆虐的疫情所留下的最重要資產之一。這次的病毒大流行，提醒了科學家他們所擔負任務的崇高性。所以，同樣的，希望新一代的學生在思考自己未來的事業時，能把這種價值深深印刻在心中。或許當這些新一代的學生看到了科學研究有多麼令人興奮、多麼重要之後，他們會更願意去從事科學的研究。

8　原註：作者對夏彭蒂耶的訪問。

2020 年秋天，紐奧良皇家街

新冠病毒的大流行暫時控制住了，世界也開始慢慢癒合。我坐在紐奧良法國區的自家陽台上，再次聽到了街上的音樂聲以及轉角餐廳傳來熬煮鮮蝦的香味。

可是我很清楚，更多的病毒感染，不論是當下的冠狀病毒，抑或未來的新型病毒，很可能一波波重新襲擊，所以我們需要的絕對不只疫苗。就像細菌，我們需要的是一套可以輕易採用來摧毀每一種新病毒的系統。CRISPR 和細菌一樣，可以為我們提供這樣的系統。未來有一天，CRISPR 也可以用來解決基因問題、擊垮癌症、強化我們的後代，讓我們駭進演化過程中，主導人類這個物種的未來。

我的這趟旅程，起於生物科技會是下一個偉大科學革命的思考。這個議題充滿了令人敬畏又讚嘆的自然的精彩、研究的競爭、扣人心弦的發現、救命的勝利，還有像珍妮佛・道納、埃瑪紐埃爾・夏彭蒂耶與張鋒一眾充滿了創意的科學家。新冠大疫年，讓我領悟到，我之前完全低估了這趟旅程的重要性。

幾個禮拜前，我找到了自己那本詹姆斯・華生的《雙螺旋》舊書。就像道納一樣，這本書也是我父親在我還是個學生的時候送我的禮物。那是首版的《雙螺旋》，淺紅色的書封。如果不去計較當時在一知半解情況下，用鉛筆在書頁邊隨處留下的註釋、記錄以及像「生物化學」這類當時對我全然陌生的字詞定義，如今在 eBay 上可能還可以拍出些價值。

就像對道納造成的影響一樣，當時讀這本書也讓我想要當個生化學家。但

和她不一樣的是，我沒有走上這條路。如果人生重來一遍——小心，學生正在看這段文字——我會更關心生命科學，特別是如果我成長在 21 世紀的環境裡。我這一代的人對個人電腦與網路更為著迷。我們確保自己的兒女學會如何編碼。現在我們得確保孩子們瞭解生命的密碼。

要做到這一點的其中一個辦法，是我們這群老孩子都確實知道，去瞭解生命運作的方式是非常有用的事，就像 CRISPR 與新冠病毒這兩場大戲如何交織穿插所帶來的啟發一樣。有些人對於食物中的基因改造生物使用，有非常強烈的意見，這是好事，但若是有更多人瞭解什麼是基因改造的有機體（以及乳酪製造廠所發現的東西），會更好。對用於人類的基因工程有強烈的意見是件好事，但如果你知道基因是什麼，會更好。

弄清楚生命的精彩，不僅僅是因為有用，也是因為激勵與喜悅。這也是為什麼我們人類被賦予了與生俱來的好奇心。真是幸運至極。

我的這些感觸，源於一隻小蜥蜴帶來的提醒。小傢伙正沿著我家陽台的弧型緞鐵爬到藤類植物上，身上的顏色稍稍起了變化。我開始感到好奇，**造成**皮膚顏色改變的原因是什麼？還有，老天爺啊，為什麼在看到了如此豐富種類的蜥蜴後，我想起的竟然是這次的冠狀病毒疫情？我必須強迫自己去回想中古世紀的一些解釋來阻斷這樣的聯想。我很快地選擇上網轉移焦點，安撫自己的好奇心，而這其實是個非常愉快的經驗。這個過程讓我想起了達文西在他其中一本寫得滿滿的筆記本頁邊，塗鴉寫下的一句我最喜歡的話：「描述啄木鳥的舌頭。」誰會在某天早晨起床後，決定自己應該要知道啄木鳥的舌頭長什麼樣子？只有懷抱融入了熱情與遊戲趣味好奇心的達文西才會這樣做。就只有他。

好奇心是那些令我著迷之人的重要特色，從班傑明‧富蘭克林、阿爾伯特‧愛因斯坦，到史蒂芬‧賈伯斯與李奧納多‧達文西。詹姆斯‧華生、噬菌體團隊這個想要瞭解攻擊細菌的病毒團體、因為 DNA 叢聚重複的序列而引發興趣的西班牙研究生法蘭西斯可‧莫伊卡，以及想要瞭解當人觸碰到含羞草時，是什麼原因讓它蜷曲的珍妮佛‧道納，他們的背後都有好奇心在推動。或許正是這樣的本能——好奇心，純粹的好奇心——將成為我們的救贖。

1 年前，在多次造訪柏克萊及參與多場會議後，我坐在這個陽台上，試著

消化自己對於基因編輯的想法。我那時的擔憂包括了我們物種的多樣性。

　　我及時回到家，得以參加紐奧良備受敬愛的偉大女性莉雅・卻斯（Leah Chase）[9]的喪禮。莉雅享年96歲，在春梅區（Tremé）經營一家餐廳達70個年頭。她總是拿著她的木湯勺，攪拌著她的鮮蝦香腸秋葵麵糊（一杯花生油與八茶匙的麵粉），直到麵糊的顏色轉變成牛奶咖啡的奶棕色後，再加入許多不同的配料。一種克里奧[10]的顏色，就像她那間融合了紐奧良各種不同生活的餐廳，有黑、有白、有克里奧。

　　那個週末，整個法國區人聲鼎沸。有一場計畫宣導交通安全的裸體自行車競賽（有夠奇怪）、有為了歌頌莉雅女士以及被稱為約翰博士（Dr. John）的放克音樂家麥克・瑞本內克[11]生平而舉行的遊行與第二階段的慶祝活動。有一年一度的同志遊行活動以及相關的街區派對。還有與這些活動開心共存的法國市場克里奧番茄節（French Market Creole Tomato Festival）。番茄節的重頭戲，在於讓蔬菜農場與廚師賣弄當地各種不同品種的非基因改良多汁番茄。

　　從我的陽台往下看，我驚嘆著穿梭來往之人的形形色色。高個子、矮個子、同性戀、異性戀、跨性別者、胖子、瘦子、白皮膚、黑皮膚，還有牛奶咖啡色的皮膚。我看到一群人穿著高立德大學（Gallaudet University）的T恤，正興奮地比著手語。CRISPR理應給予我們的承諾，或許是未來我們可以挑選要為自己的孩子以及後代的子子孫孫保留哪些特質。我們可以選擇讓他們長得高高的、肌肉鼓鼓的、金髮碧眼、不聾、不……嗯，隨便你挑。

　　當我以所有的這些自然差異來研究眼前的景象時，我開始思考CRISPR所提供的這個承諾，或許也正是它的危險之處。自然用了許許多多個百年時光，將30億個DNA的鹼基對，以一種複雜且偶爾不完美的方式交織在一起，讓我們這個物種產生了各種令人稱奇的多樣性。那麼我們自認現在已經到達了一定

9　Leah Chase，1923～2019，紐奧良廚師，也是作者與電視名人，被稱為克里奧美食女王（Queen of Creole Cuisine）。她的餐廳Dooky Chase是1960年代許多參與人權運動者的聚集場所。

10　Creole原指歐洲殖民地的歐洲白種人移民後代，在美國被用來指1803年路易斯安那州購地之前，具有法屬路易斯安那原住民血統的人，後來又被擴用於不同種族通婚的後代。

11　Mac Rebennack，1941～2019，美國歌手與作曲家，藝名約翰博士，他的音樂作品結合了藍調、流行、爵士、布基烏基、放克與搖滾。

2020 年的懺悔節

的高度，藉著編輯基因體去消弭我們視之為不完美的遺傳，是對的事情嗎？我們會失去我們的多樣性嗎？我們會失去我們的人性與同理心嗎？我們會像我們的番茄一樣，愈來愈沒有滋味嗎？

2020 年的懺悔節，聖安妮遊行的群眾昂首闊步地從我家陽台前走過，其中有少數人裝扮成冠狀病毒，他們身上的衣服模仿的是可樂娜[12]啤酒瓶的樣子，而頭上的罩子讓他們看起來像是病毒火箭。幾週後，我們的禁止營業令頒佈了。總是在我們家轉角藥房前帶著她的樂隊演奏，且備受大家喜愛的單簧管演奏家多琳・凱欽斯（Doreen Ketchens），在四處幾乎空無一人的街道，舉辦了一場暫時告別的演奏會。她最後一次演繹了《聖者的行進》（*When the Saints Go Marching In*），強化了「當太陽開始照耀四方」這段歌詞。

我的心情與去年大相逕庭，對於 CRISPR 的想法也有了變化。就像我們這個物種，我的思想有了演化，隨著環境改變做了調整。我現在看到 CRISPR 所帶來的承諾，要比危險更清晰。如果我們睿智地知道如何使用這個技術，生物科技可以讓我們有更強的能力去抵擋病毒、克服遺傳缺陷，以及保護我們自己的身體與心靈。

世間萬物，不論大小，都利用所有可能的方式存活，我們也不應該例外。這是本性。細菌想出了一個相當聰明的抵抗病毒手法，但為了這個方式，它們付出了數兆次的生命輪迴。我們等不了那麼久。我們必須要結合自己的好奇心與創造力，加快整個進程。

數百萬個世紀的演化後，有機體「自然」產生，現在，我們人類有能力駭進生命密碼當中，以工程手法規劃我們自己的遺傳未來。或者，為了讓那些將基因編輯貼上「不自然」或「扮演上帝」的人知難而退，讓我們這麼說吧，大自然以及自然的上帝，以他們無垠的智慧，讓一個物種演化到能力足以改變他們自己的基因體，而這個物種，恰巧是我們人類。

一如所有的演化特質，這個新的能力可以幫助這個物種興盛，甚至讓他們製造出接續的物種。又或者根本什麼都做不到。這個新能力也可能像偶爾會發

12　可樂娜是 Corona 發音直譯，Corona 的意譯就是冠狀病毒的（皇）冠。

生的其中一種演化特質那樣，導致一個物種走向危及生存的道路。演化就是這麼難以捉摸的東西。

這也是為什麼演化的過程愈慢，結果愈好。但是偶爾出現如賀建奎、喬西亞·札伊納這樣的流氓或叛逆分子，總是會促使我們加快腳步。如果我們夠聰明，我們可以停下來，用更謹慎的態度去決定該如何邁出下一步。這樣的走法，斜坡才不至於太滑。

要引導大家向前走，我們不僅需要科學家，也需要人文主義者。最重要的是，我們需要能在這兩個世界都感覺自在的人，就像珍妮佛·道納。我覺得，這也是為什麼，我們所有人都試著去瞭解大家即將進入的那個看起來神祕卻充滿著希望的全新空間，是非常有用的事情。

不是所有的事情都必須在當下立刻做出決定。我們可以從問問自己這個問題開始：你想要留給自己孩子什麼樣的世界。然後我們可以一起摸索著我們要走的路，一步一步，最好手牽著手。

非常感謝珍妮佛‧道納對我的容忍。她接受了數十次的訪問、回答我無窮無盡的電話詢問與電子郵件騷擾、允許我花時間待在她的實驗室裡、給我參加各式各樣會議的權利，甚至讓我蟄伏在她的 Slack 頻道中。也非常感謝她的先生傑米‧凱特對我的容忍，他幫了很大的忙。

張鋒特別謙和。雖然這本書寫的是他的競爭對手，他依然愉快地在他的實驗室招待我，並接受我多次的訪問。我漸漸開始喜歡他、欽佩他，就像我漸漸開始喜歡他的同僚艾瑞克‧蘭德一樣。蘭德同樣大方地撥冗與我碰面。為這本書進行調查報告時，開心的事情之一就是能夠在柏林與埃瑪紐埃爾‧夏彭蒂耶相處，她實在非常**迷人**。雖然我不太能夠確實掌握這兩個字的意涵，卻能體會這兩個字的意義，我希望這本書的字裡行間，能讓大家感受到她迷人的氣質。跟喬治‧丘奇的相處，同樣讓我覺得非常好玩。他是位非常有魅力（**迷人？**）的紳士，只不過偽裝成一個瘋狂的科學家。

創新基因學院的凱文‧道格斯森與杜蘭大學的史賓塞‧奧克利（Spencer Olesky）是本書的兩位科學審閱者。他們提供了非常高明的意見與指正。杜蘭大學的麥克斯‧溫道（Max Wendell）、班傑明‧伯恩斯坦（Benjamin Bernstein）以及萊恩‧布魯恩（Ryan Braun）也都提供了意見與協助。他們全都棒極了，所以本書若有任何逃脫了我們注意的謬誤，請千萬不要責怪他們。

我也非常感謝所有撥出時間給我、提供我深入見解、接受我訪問，以及幫我進行事實查核的科學家以及他們的粉絲：紐巴‧阿費楊、理查‧艾克索、大衛‧巴爾帝摩、吉莉安‧班菲爾德、柯莉‧巴格曼（Cori Bargmann）、羅道夫‧巴蘭古、約瑟夫‧龐迪─迪諾米、達納‧卡洛、珍妮斯‧陳、法藍西斯‧柯林斯、凱文‧大衛斯、梅若迪斯‧迪薩拉薩拉札爾、菲爾‧多米茲爾、莎拉‧道納、凱文‧道格斯森、曹文凱、艾爾朵拉‧艾利森、莎拉‧古德溫（Sarah Goodwin）、瑪格麗特‧漢伯格、珍妮佛‧漢彌頓、盧卡斯‧哈靈頓、瑞秋‧哈爾威茲、克里絲汀‧希南、唐‧艾梅斯、梅根‧赫許崔瑟、徐安祺、瑪麗

亞・賈辛、馬丁・伊尼克、艾略特・克斯許納、蓋文・納特、艾瑞克・蘭德、樂叢、理查・利夫頓、安立奎・林、蕭、劉如謙、路希阿諾・馬拉費尼、艾力克斯・馬森、安迪・梅伊、錫爾文・孟紐、法蘭西斯可・莫伊卡、卡麥隆・米荷沃德、羅傑・諾瓦克、瓦爾・帕卡路克（Val Pakaluk）、裴端卿、馬修・波提亞斯、亓磊、安東尼奧・瑞葛拉多、麥特・瑞德里、戴夫・沙瓦許（Savage）、雅各・雪考、維吉尼亞斯・希克斯尼斯、艾力克・松泰默、山姆・斯騰伯格、傑克・索斯達克、費爾多・烏爾諾夫、伊莉莎白・華生、詹姆斯・華生、強納森・威斯曼（Jonathan Weissman）、布雷克・威登海夫特、洛斯・威爾森，以及喬西亞・札伊納。

　　一如既往，我要深深感謝阿曼達・厄本（Amanda Urban），她擔任我的經紀人，至今已四旬。她總是設法付出關懷卻又能保持理智的誠實，在這一點上，她給了我很大的支持。普西拉・潘頓（Priscilla Painton）和我在我們少不更事的時候，就一起在《時代》雜誌工作，而在我們的孩子還是少不更事的年紀時，我們是鄰居。突然之間，她現在成了我的編輯。緣分的流轉實在妙不可言。不論是一度重組這本書的架構，還是逐字逐句地打磨拋光，她都表現得勤奮而高明。科學講的是團隊合作，創造一本書也一樣。和西蒙與舒斯特的合作之所以愉快，是我可以和一個由熱情狂熱且深具洞察功力的強納森・卡普（Jonathan Karp）所領導的優秀團隊共事。卡普似乎看過本書的稿子多次，不斷地提出改善意見。這個優秀團隊包括了史蒂芬・貝德佛（Stephen Bedford）、達娜・坎乃迪（Dana Canedy）、強納森・艾文斯（Jonathan Evans）、瑪麗・佛羅利歐（Marie Florio）、金柏莉・戈德史坦（Kimberly Goldstein）、茱蒂斯・胡佛（Judith Hoover）、露絲・李—莫依（Ruth Lee-Mui）、哈娜・帕克（Hana Park）、茱莉亞・普洛塞（Julia Prosser）、理查・洛若爾（Richard Rhorer）、伊萊斯・瑞林戈（Elise Ringo），以及傑基・蕭（Jackie Seow）。柯提斯・布朗（Curtis Brown）的海倫・曼德斯（Helen Manders）和佩帕・米格諾內（Peppa Mignone）與國際出版社的合作，極其順暢。我還要感謝我那位聰明、睿智又有高判斷力的助理琳西・畢拉普斯（Lindsey Billups）。她每天提供的協助，是無價之寶。

我最深的感謝要獻給內人凱西，她在研究工作上提供協助、仔細閱讀我的稿子、提出智者般的建議，還要維持我情緒的穩定（或者，試著維持我情緒的穩定）。我們的寶貝女兒貝西也讀了我的稿子，並且提出聰穎的建議。她們都是我生命的基石。

這本書是由愛麗斯・梅修拍板發行，我之前所有的作品，全是由她擔任編輯。在我們第一次的討論會上，我驚訝於她的科學知識竟然如此淵博。她立場堅定地持續堅持我應該把這本書寫成一趟發現之旅。早在 1979 年，她就編輯過這類作品的經典之作：何瑞斯・喬德森的《創世紀的第八天》，40 年後，她似乎依然記得那本書中的每一個段落。2019 年聖誕節假期間，她看了這本書的前半部內容後，排山倒海地回饋給我充滿喜悅的意見與深刻的看法和見解。遺憾的是，她並未看到這本書的完成。一直是我的導師、引導以及總是帶給我喜悅的西蒙與舒斯特總裁卡洛琳・瑞蒂，也沒有看到這本書誕生。我生命中最大的喜悅之一，就是讓愛麗斯與卡洛琳露出微笑。如果你有幸看過她們的笑容，你就會瞭解我在說什麼。希望這本書能讓她們兩位愉悅而笑。僅將此書獻給她們，以誌紀念。

（依據內文章節）

封面：Jeff Gilbert/Alamy
傳主照（實驗袍）：Brittany Hosea-Small/UC Berkeley
題獻頁：（左至右）David Jacobs
前言之前：Jeff Gilbert/Alamy
第 1 章：（順時針）Courtesy of Jennifer Doudna; Leah Wyzykowski; courtesy of Jennifer Doudna
第 2 章：達爾文和孟德爾：（左至右）George Richmond/Wikimedia/Public Domain; Wikimedia/Public Domain
第 3 章：華生和克里克：A. Barrington Brown/Science Photo Library
第 3 章：法蘭克林和 51 號照片：（左至右）Universal History Archive/Universal Images Group/Getty Images; Courtesy Ava Helen and Linus Pauling Papers, Oregon State University Libraries
第 3 章：DNA 圖：Historic Images/Alamy
第 4 章：Courtesy of Jennifer Doudna
第 5 章：Natl Human Genome Research Institute
第 6 章：Jim Harrison
第 7 章：YouTube
第 8 章：Courtesy of Jennifer Doudna
第 9 章：（由上至下）Courtesy of BBVA Foundation; courtesy of Luciano Marraffini
第 10 章：The Royal Society / CC BY-SA（https://creativecommons.org/licenses/by-sa/3.0）
第 11 章：Mark Young
第 12 章：（由上至下）Marc Hall/NC State courtesy of Rodolphe Barrangou; Franklin Institute/YouTube
第 13 章：Courtesy of Genetech
第 14 章：Roy Kaltschmidt/Lawrence Berkeley National Laboratory
第 15 章：Courtesy of Caribou Biosciences
第 16 章：Hallbauer & Fioretti/Wikimedia Commons
第 17 章：Berkeley Lab; CRISPR：MRS Bulletin
第 18 章：Miguel Riopa/AFP via Getty Images
第 19 章：（順時鐘）Edgaras Kurauskas/Vilniaus universitetas; Heribert Corn/courtesy of Krzysztof Chylinski; Michael Tomes/ courtesy of Martin Jinek
第 20 章： Andriano_CZ/iStock by Getty Images

第 21 章：（由上至下）Justin Knight/McGovern Institute; Seth Kroll / Wyss Institute at Harvard University; Thermal PR 536 Image Credits

第 22 章：Justin Knight/McGovern Institute

第 23 章：Seth Kroll / Wyss Institute at Harvard University

第 24 章：Wikimedia Commons

第 25 章：Anastasiia Sapon/The New York Times/Redux

第 27 章：Courtesy of Martin Jinek

第 28 章：Courtesy Rodger Novak

第 29 章：BBVA Foundation

第 30 章：Casey Atkins, courtesy Broad Institute

第 31 章：Courtesy of Sterne, Kessler, Goldstein & Fox P.L.L.C.

第 32 章：Amanda Stults, RN, Sarah Cannon Research Institute/The Children's Hos

第 33 章：Courtesy of The Odin

第 34 章：Susan Merrell/UCSF

第 35 章：（由上至下）National Academy of Sciences, courtesy of Cold Spring Harbor Laboratory; Peter Breining/San Francisco Chronicle via Getty Images

第 36 章：Pam Risdom

第 37 章：（由上至下）Courtesy He Jiankui; ABC News/YouTube

第 38 章：（由上至下）Kin Cheung/AP/Shutterstock

第 39 章：Courtesy of UCDC

第 40 章：Tom & Dee Ann McCarthy/Getty Images

第 41 章：Wonder Collaborative

第 43 章：saac Lawrence/AFP/Getty Images

第 44 章：Nabor Godoy

第 46 章：華生與道納 Courtesy of Jennifer Doudna; 華生畫像 Lewis Miller; 華生父子 PBS

第 48 章：Irene Yi / UC Berekely

第 49 章：Fyodor Urnov

第 50 章：Courtesy of Innovative Genomics Institute

第 51 章：（由上至下）Mammoth Biosciences; Justin Knight/McGovern Institute

第 52 章：Omar Abudayyeh

第 54 章：亓磊 Paul Sakuma; 米荷沃德父子 courtesy of Cameron Myhrvold

第 55 章：（由上至下）Wikimedia Commons; Cold Spring Harbor Laboratory Archives

第 56 章：Brittany Hosea-Small/UC Berkeley E103

後記：Gordon Russell

國家圖書館出版品預行編目資料

破解基因碼的人:諾貝爾獎得主珍妮佛.道納、基因編輯以及人類的
未來/華特.艾薩克森(Walter Isaacson)著;麥慧芬譯. -- 初版. -- 臺
北市:商周出版:英屬蓋曼群島商家庭傳媒股份有限公司城邦分
公司發行, 2021.09
　面; 公分. --(科學新視野;175)
譯自:The code breaker : Jennifer Doudna, gene editing, and the
future of the human race
ISBN 978-626-7012-80-2(平裝)

1.道納(Doudna, Jennifer A.) 2.遺傳工程 3.基因組

363.81　　　　　　　　　　　　　　　　110014181

科學新視野 175

破解基因碼的人
──諾貝爾獎得主珍妮佛‧道納、基因編輯,以及人類的未來

作　　　者/華特‧艾薩克森(Walter Isaacson)
譯　　　者/麥慧芬
企 劃 選 書/黃靖卉
責 任 編 輯/黃靖卉

版　　　權/吳亭儀、江欣瑜
行 銷 業 務/周佑潔、黃崇華、賴玉嵐
總　編　輯/黃靖卉
總　經　理/彭之琬
發　行　人/何飛鵬
事業群總經理/黃淑貞
法 律 顧 問/元禾法律事務所　王子文律師
出　　　版/商周出版
　　　　　　台北市 104 民生東路二段 141 號 9 樓
　　　　　　電話:(02) 25007008　傳真:(02)25007759
　　　　　　blog: http://bwp25007008.pixnet.net/blog　E-mail:bwp.service@cite.com.tw
發　　　行/英屬蓋曼群島商家庭傳媒股份有限公司城邦分公司
　　　　　　台北市中山區民生東路二段 141 號 2 樓
　　　　　　書虫客服服務專線:02-25007718;25007719
　　　　　　服務時間:週一至週五上午 09:30-12:00;下午 13:30-17:00
　　　　　　24 小時傳真專線:02-25001990;25001991
　　　　　　劃撥帳號:19863813;戶名:書虫股份有限公司
　　　　　　讀者服務信箱:service@readingclub.com.tw
　　　　　　城邦讀書花園 www.cite.com.tw
香港發行所/城邦(香港)出版集團
　　　　　　香港灣仔駱克道 193 號東超商業中心 1F E-mail : hkcite@biznetvigator.com
　　　　　　電話:(852) 25086231　傳真:(852) 25789337
馬新發行所/城邦(馬新)出版集團【Cite (M) Sdn Bhd】
　　　　　　41, Jalan Radin Anum, Bandar Baru Sri Petaling, 57000 Kuala Lumpur, Malaysia.
　　　　　　電話:(603) 90578822　傳真:(603) 90576622

封 面 設 計/徐璽設計工作室
內 頁 排 版/林曉涵
印　　　刷/中原造像股份有限公司
經　銷　商/聯合發行股份有限公司
　　　　　　新北市 231 新店區寶橋路 235 巷 6 弄 6 號 2 樓　電話:(02) 2917-8022　傳真:(02)2911-0053

■ 2021 年 9 月 30 日初版一刷
■ 2022 年 9 月 5 日初版 4.3 刷　　　　　　　　　　　　　　　Printed in Taiwan
定價 600 元

城邦讀書花園
www.cite.com.tw

 商周出版

讀者回函卡

線上版讀者回函卡

感謝您購買我們出版的書籍！請費心填寫此回函卡，我們將不定期寄上城邦集團最新的出版訊息。

姓名：＿＿＿＿＿＿＿＿＿＿＿＿＿＿＿＿＿＿＿＿ 性別：□男 □女

生日：西元＿＿＿＿＿＿年＿＿＿＿＿＿月＿＿＿＿＿＿日

地址：＿＿＿＿＿＿＿＿＿＿＿＿＿＿＿＿＿＿＿＿＿＿＿＿＿＿＿

聯絡電話：＿＿＿＿＿＿＿＿＿＿＿＿＿ 傳真：＿＿＿＿＿＿＿＿＿＿＿

E-mail ：

學歷：□ 1. 小學 □ 2. 國中 □ 3. 高中 □ 4. 大學 □ 5. 研究所以上

職業：□ 1. 學生 □ 2. 軍公教 □ 3. 服務 □ 4. 金融 □ 5. 製造 □ 6. 資訊

□ 7. 傳播 □ 8. 自由業 □ 9. 農漁牧 □ 10. 家管 □ 11. 退休

□ 12. 其他＿＿＿＿＿＿＿＿＿＿＿＿＿＿＿＿＿＿＿＿＿＿＿＿＿

您從何種方式得知本書消息？

□ 1. 書店 □ 2. 網路 □ 3. 報紙 □ 4. 雜誌 □ 5. 廣播 □ 6. 電視

□ 7. 親友推薦 □ 8. 其他＿＿＿＿＿＿＿＿＿＿＿＿＿＿＿＿＿＿

您通常以何種方式購書？

□ 1. 書店 □ 2. 網路 □ 3. 傳真訂購 □ 4. 郵局劃撥 □ 5. 其他＿＿＿＿

您喜歡閱讀那些類別的書籍？

□ 1. 財經商業 □ 2. 自然科學 □ 3. 歷史 □ 4. 法律 □ 5. 文學

□ 6. 休閒旅遊 □ 7. 小說 □ 8. 人物傳記 □ 9. 生活、勵志 □ 10. 其他

對我們的建議：＿＿＿＿＿＿＿＿＿＿＿＿＿＿＿＿＿＿＿＿＿＿＿

＿＿＿＿＿＿＿＿＿＿＿＿＿＿＿＿＿＿＿＿＿＿＿＿＿＿＿＿＿＿＿

＿＿＿＿＿＿＿＿＿＿＿＿＿＿＿＿＿＿＿＿＿＿＿＿＿＿＿＿＿＿＿

廣　告　回　函
北區郵政管理登記證
北臺字第000791號
郵資已付，免貼郵票

104　台北市民生東路二段141號2樓

英屬蓋曼群島商家庭傳媒股份有限公司城邦分公司　收

- -

請沿虛線對摺，謝謝！

| 書號：BU0175 | 書名：破解基因碼的人 | 編碼： |